上海社会科学院创新工程"特色人才"资助项目

上海地区家风家训文献汇编

叶舟 / 主编

上海社会科学院出版社
SHANGHAI ACADEMY OF SOCIAL SCIENCES PRESS

前　言

所谓家规家训，是指全体家庭或家族成员所共同遵守的行为规范。在中国，随着家族的发展演变，形成了各具特色的家训，也延伸出了如家约、家训、家风、家规、家法、家范、家诫、家劝、族规、族谕、宗约、宗规、公约、祠约等名词。家规家训大致分成两种，一种是家训，主要侧重于强调家庭或家族成员的伦理道德、人伦关系，通过规范家庭或家族成员的思想行为，使其符合社会要求与家族发展的需要。另一种是家规，是家训的具体化，是对家族成员言行举止的约束和规范，带有"法"的性质，甚至带有奖惩手段。上海地区自宋代以来，作为江南文化发达地区，便呈现出家族繁盛、望族群起的特点，家规家训也随之兴盛，并形成了独特的发展历史。2018年，上海制订了《全力打响上海文化品牌，加快建设国际文化大都市三年行动计划（2018—2020）》，确定了46项抓手，其中第14项便有"培育践行城市精神的先进群体、传承良好家风家训"的内容。如何对上海地区传统的家规家训和家风文化进行创造性转化、创新性发展，弘扬优秀传统文化，建设新时代的良好家风家训，成为摆在我们面前的重要课题。

（一）

从理论上讲，自父权制家庭出现后，家规家训便会随之产生。随着传统氏族社会的血缘关系被以嫡长子继承制为核心的宗法制度所取代，以维护宗法制度和王朝统治的帝王家训逐渐开始成熟，《尚书·五子之歌》中便记载了夏启之子追忆先祖大禹的三则遗训，西周文王、武王、周公等家训更是详见于《尚书》等典籍中。春秋战国时期，私学兴起、百家争鸣，原来只见于帝王家族的家训随之进入士大夫中，孔子、孟子、荀子、曾子、墨子等各家言论中都有相关的家训内容，孔子之子伯鱼受过庭之训；孟母三迁，教子"学以立名，广则问知"更是成为佳话，流传至今。汉代以后，产生了许多著名的家训，如刘向《诫子书》、班昭《女诫》、诸葛亮《集诫》、王昶《家戒》、嵇康《家诫》等，而其中尤以颜之推的《颜氏家训》为最著名。宋代陈振孙在《直斋书录解题》中甚至说："古今家训，以此为祖。"可见其影响之大。另外，家规家训已经开始从单纯强调家庭教育方面向家族法规方向发展。如《史记》便载,任公家约,非田畜所出弗衣食,公事不毕则不得饮酒食肉。《三国志》也记载魏人田畴率族聚居,"为约束相杀伤、犯盗、诤讼立法,法重者至死,其次抵罪,二十余条"。但必须承认,此时对家族成员关系、行为的调整,主要还是依靠的习惯法,以伦理说教为主要内容的家训、家诫仍是主流;另一方面家训针对的主要对象也是家庭,特别是子女,而面向整个家族的家规家训仍是少数。

唐代以后,一方面唐太宗李世民《帝范》、吴越钱武肃王《家训》等流传至今,同时劝导性的家训向强制性的家法演变的趋势也开始显现。柳玭在《序训》中便说:"先祖河东节度使公绰,在公卿间,最名有家法。"著有《家令》的穆宁也被当时人称为"家法最峻"。到了唐昭宗大顺元年(890),以同居共爨为特色的著名的义门陈氏形成了中国现存最古老的家法族规——《义门家法》三十三条。

唐以后门阀制度日趋没落,宋代已经形成了名副其实的"科举社会",社会阶层流动加速,士绅们逐渐开始意识到,只有强大的家族力量的支持,才能保证资源的代际传承,从而保证本支的长久繁荣,因此宋代家规家训空前繁荣,涌现出了大量的家训名著,其中有代表性的便有司马光《家范》、黄庭坚《家戒》、吕本中《童蒙训》、朱熹《家礼》、赵鼎《家训笔录》、吕祖谦《家范》、袁采《世范》、真德秀《教子斋规》。这一时期还涌现了第一部家训总集——孙颀编纂的《古今家诫》和现存最早的家训总集——刘清之编纂的《戒子通录》。值得注意的是,这一时期,家规家训的对象已经逐渐从家庭向家族发展。北宋韩琦的《戒子侄诗》已经说:"有一废吾言,汝行则臣房,宗族正其罪,声伐可鸣鼓。宗族不绳之,鬼得而诛汝。"赵鼎《家训笔录》中主要内容都是与家族经营相关的,范仲淹《义庄规条》更是对日后家族的发展产生了深远的影响。

明清以后,随着家族进一步组织化,定期编纂家谱成为各个家族的通行习惯。在这一基础上,家规家训在范围、内容、形式上都日臻完善,现存大部分的家谱中都载有家规家训的内容,而单独成书的家规家训也为数众多,如著名的《朱柏庐先生治家格言》便是其中代表。这一时期家规家训在承袭之前历朝历代原有内容的基础上,覆盖范围进一步扩大,内容更加丰富和细致。同时只规范家族活动某一方面内容的单一性家规数量也开始显著增长,如祠规、墓规以及族田、义学、义塾、义庄的规条等日益发展。

近代是家规家训的转型期。随着新思想、新观念的传入,除了坚持父系原则之外,传统家庭和传统家族开始发生裂变,传统家族和家规家训在整体衰落的同时,却出现了一个局部开新的现象,如对下一代的尊重、对女性的包容、职业选择的自由度以及禁止缠足之类的陋习等内容逐渐出现,关于财产继承、婚姻存续等方面的规定也开始与近代法律制度接轨。原本是一姓一族之间精神纽带的家训由此发生了质的升华,家族的自我封闭属性在民族意识的觉醒中逐渐化解,并为国家和区域社会的近代化作出了一定的贡献。

(二)

唐宋以前,今天的上海地区在整个中央帝国中仍处于边缘地区,上海的家族发展也要晚于中原。三国时期顾、陆两姓可以认为是上海地区较早的两个大姓,陆机、陆云更被称为上海的人文之祖。随着唐、宋间两次大规模人口迁移和经济重心的南移,一些北方家族开始向上海迁移,如宋代名臣卫泾便是"其先齐人,唐末避乱南迁,居秀州之华亭"。明清时期是上海地区发展的关键阶段,经济上超越了传统的农业生产结构,逐步跃居全国领先地位,与此同时,文化领域群星璀璨,展现出繁荣的面貌。这一时期同时是上海地区家族逐渐完善的时代,《中国家谱总目》中载上海家谱总计400多部,属于约300个家族,据笔者的统计,其中宋代迁入的为51个,元代迁入的41个,明代迁入的73个,清代及以后迁入的则超过100个。正是在这一时期,上海地区的家规家训发展也进入一个黄金时代。当时,由族中尊长或有名望的人士,以"家训""家诫""家范"等形式对族人进行道德教化,在上海的家族中十分流行,并涌现出了一大批家训名作,其中既有安身立命、为人处世的道理,也有家族日常生活和人际关系的准则,但多以开导、劝诫的口吻述说,重在对族人品格情操的培养,希望通过唤醒和增强家族成员的道德自觉来维持家族组织的稳定,尽管其对族人行为的规范是软性的、间接的,效果也可能有限,但所起的潜移默化的作用仍不可忽视。当然也必须承认,当时的家规家训所倡导的礼仪教育根植于古代宗法社会的等级制度,其倡导的众多思想,如名分观念、等级差异,在其形成之初便有着难以克服的弊端,压制了人们的思想与行为,后期儒者所提出来的"存天理,灭人欲"思想更是将礼教规范发挥到极致,吞噬了无数人的精神与思想,因此对于这些家规家训需要用辩证的眼光认真分析。

近代上海自开埠以来,在中外贸易通商的推动下,短短几十年间就一跃而成为远东商业巨埠。都市化的进程和新思想的传入,对家族组织的冲击尤为显著,由此也越加推动了家族内部的变革,这种变革无论是主动还是被动,都已经是一种不可遏制的时代潮流。除了坚持父系原则之外,家族开始向着现代意义上的社会组织演进。这一变革也同样反映在家规家训中,如对女性的宽容,对职业选择的改变,禁止缠足之类的陋习等,练西黄氏在《家宪》中规定:"吾族子弟,不论男女,已届就学龄,必须入学,如有学龄已届,父兄不令入学者,族长得强迫之,族人得督促之。"另外关于财产继承、婚姻存续等方面也开始与近代法律制度接轨。

更重要的是，家族组织的构建方式在这一时期也发生了改变。在光绪末年，随着预备立宪公会等近代社会团体的成立以及地方自治意识的增强，上海的朱氏、王氏、曹氏、黄氏、金氏便已经"集族人为族会，从事家庭立宪"，分别成立自家的族会。朱氏族会规约纲要便称："家嫡众庶之称，今已一律平等，无所分别，从前公产应归嫡支保管之称既与现行法抵触，已不攻自破，将来一应公产自当遵照公意，随时选举族中公正之人及德望素孚者为之管理。"族会与以前家族的组织形态最大不同的是以近代社会团体为标准建立起来的组织。一些近代社会团体的基本特点，如有组织、有宗旨、有纲领，根据选举产生，实行民主管理，族会已经基本具备。社会团体是现代公民社会发展的产物，而族会的出现，特别是在上海的出现，很显然和现代公民社会思潮引入中国是息息相关的。不过由于受到家规家训自身所具有的世代性、传承性和延续性等特征的影响，又使其在走向现代化的过程中始终呈现出新旧杂糅、传统与现代并存的现象。总体而言，上海的家训文化有着独特的发展历史，呈现出了"古今承续、海纳百川、中西融汇、多元并存"的特色。

经统计，目前上海地区家规家训有传世专著文献10余种，或是单独成书，或是收入于作者文集之中，总字数约30万字。这些单独成书的家训文献大多集中在明代，这也是传统时代上海文化和经济最为发达的时期，从侧面反映了当时上海地区的发展状况。其中陆深号称明代海上文坛的先驱，他的《陆深家书》也是现存最早的上海地区的家训文献。此外还有明代陆树声的《陆氏家训》、周思兼《家训》、徐三重撰《家则》、宋诩著《宋氏家要部》《宋氏家仪部》《宋氏家规部》、徐祯稷著《耻言》、唐文献著《家训》、陈继儒著《安得长者言》、黄标著《庭书频说》、清倪元坦著《家规》等。另如前所述，现存于各大图书馆的上海地区家谱约400种，涉及近300个家族，其中大部分家谱中都有家规家训的内容，总字数30余万字。对这些家规家训的整理和研究也是亟待展开的工作。

（三）

目前对待包括家规家训在内的传统文化，有着很多不同的看法，错误的历史观念在社会上流行，在理论界也有很多杂音存在。有人认为中华传统文化是过时的文化形态，在今天已经失去了价值和意义，必须全盘否定和彻底摒弃；又有人认为中华传统文化都是好的，要一切按古人的行为方式行事。传统的家规家训作为中国优秀传统文化的精华，承载着中华民族的精神基因，积淀着中华民族的精神追求，浸润在每个中国人的血脉深处，凝结为深厚的家国情怀，具有强烈的道德感召力。但同时，这当中有很多具有鲜明专制性、等级性的内容，这些已不适应现代社会的发展要求,如男尊女卑的等级观念和家长制等有违个性自由发展的陈腐观念要予以清理。对于那些良莠并存,却又对现实社会尚能发挥一定积极影响的传统家规家训则要合理进行转化,剔除其糟粕成分,保留其合理内核,并赋予新的时代内涵。相信这些家规家训经过创造性转化、创新性发展,是可以用来规范民众的现代生活方式,帮助家庭成员确立法律规范和社会道德准则,解决当代家庭及教育中所面临的种种困惑和矛盾,发展成与时俱进的新时代的家风文化的。

值得一提的是,近代以来很多有识之士对传统家规家训的内容进行批判、改造、扬弃和重建,是今天我们对传统家规家训进行创造性转化和创新性发展的最为坚实的基础。我们不应该忽视、否定近代以来,无数卓越先辈所作出的极大努力,可以说没有他们的工作,很多传统文化中的糟粕无法肃清,很多新的思想、新的观念无从确立,他们的工作也是传统优秀家规家训文化的重要组成部分,甚至可以说是最为关键的部分。中国传统的家风家训文化并不等同于古代的家规家训,如果这一点认识不清楚,就等于是否定历史的发展进程。

《上海地区家风家训汇编》的编纂,是想通过对上海地区现存的家规家训进行全面的收集整理,其目的既是保存史料,推进相关学术研究,也希望有更多的有识之士能够以此为契机,以史为鉴,古为今用,深入挖掘传统家规家训的思想内涵及其应用价值,对其中优秀的思想进行系统挖掘和现代转化,并客观评判传统家规家训中的负面因素,为传统家规家训的创造性转化和创新性发展做出一点努力。如果能够达到这一目标,本书便是有其存在之一定价值。

编纂说明

一、本书主要搜辑汇编现存上海地区家规、家训,其中既包括家规家训著作,也包括家谱、族谱中的相关内容。因有相当部分的家规家训著作已收入于《中国家训文献集成》等相关出版物中,为免重复,本次不再收入,仅倪元坦《家规》一种,未曾整理,特置于篇首。家谱、族谱中的家规家训,则以《中国家谱总目》所收家谱编排次序为序。每一条目后均附有简介,对作者、家族迁移、书籍及家谱编纂情况等作一简单介绍,其中家谱部分内容均以《中国家谱总目》为基础,略作增补。

二、本书所收家规家训,以保存资料为出发点,故取其广义,家谱中所有家约、家训、家规、家法、家范、家诫、家劝、族规、族谕、宗约、宗规、公约、祠约等内容均一并收入。

三、本书所收家规家训,除异体字、错别字等按照现行规范进行修订外,基本保持原貌,一般不作更动。

四、因原书或原谱印刷方式不一,质量参差,不免有漫漶之处,其中无法辨识者,均以"□"代替。

五、很多家族的家规家训会互相辗转传抄,内容往往大同小异,如有重复者,本书仅择其一种收入。

六、各家族的家规家训大都编纂于传统社会,其中不可避免地存在着与今天时代不相适应的内容。本书在编纂时并未进行删减,以存其真。对于其内容,相信读者自会加以鉴别。

目 录

前言	1
编纂说明	1
倪氏家规	1
丁氏家乘	13
王氏家谱	19
续修王氏家谱	21
上海倪王家乘	26
罗溪王氏家谱	30
嘉定王氏续修支谱	31
王氏宗谱	32
上海朱氏族谱	33
罗阳朱氏家谱	58
紫阳朱氏家乘	60
朱氏家乘	62
朱氏家谱	64
周浦朱氏家谱	70
鹤沙沛国朱氏宗谱	73
崇明朱氏家乘	75
涟溪法华李氏族谱	80
竹冈李氏族谱	81
申江吴氏	99
吴氏宗谱	102
吴氏源流宗谱	112
孝义旌门沈氏北支十三房上海支族谱	121
东阳沈氏家乘	123
枫泾沈氏支谱	124

郁氏家乘	127
黎阳郁氏家谱	131
季氏家乘	145
瓯山金氏同族会	149
金氏宗谱	151
湾周世谱	155
胡氏家乘	157
胡氏世谱	159
施氏宗谱	163
澧溪姚氏家谱	165
泗泾秦氏宗谱	180
乱溪夏氏家谱	186
徐氏族谱	190
殷氏宗谱	196
云间珠溪陆氏谱牒	200
陆氏世谱	204
南翔陈氏宗谱	206
练西黄氏宗谱	209
黄氏雪谷公支谱	232
金山黄氏族谱	235
纂修黄氏白分家乘	237
曹氏族谱	245
曹氏宗谱	249
西城张氏宗谱	251
清河族谱	261
上海叶氏支谱	263
万氏家乘	268
葛氏家谱	270
嘉定葛氏宗谱	276
崇川镇单氏宗谱	277
乔氏宗谱	310
傅氏家谱	316
傅氏续修家谱	325
南关杨公镇东支谱	341

北山杨氏	349
忠诚赵氏支谱	352
嘉定廖氏宗谱	360
上海潘氏家谱	363
金山钱氏支庄全案	366
宝山钟氏族谱	370
黑桥苏氏家谱	376
顾氏家乘	380
顾氏汇集宗谱	387
后记	409

倪氏家规

自 序

宋朝衢州袁君载著《袁氏世范》，相传已久。国朝桂林陈文恭公录其最切要者，刻入《训俗遗规》。其教家之法浅近易行，惟人情土俗，今昔不同，且有专为袁氏言者。元坦不揣冒昧，复取桂林定本，繁冗者删之，简略者增之，理不足、辞不达者易之，务期合于人情，宜于土俗，不特为一家言，凡有家者，皆可取法。分上下两卷，名曰"家规"。后附《千乘义田记》，则欲使我后人恪遵家规，以保守此田。闻宗族乡党庶几有其举之，莫敢废也，此余之隐愿也。昔王士晋著《宗规》、王孟箕著《宗约会规》，化及闾里。元坦妄希曩哲，只因迂拘赾识，纂辑多疏。惟冀见者谅我，并有以教我云。

道光庚寅七月，畲香倪元坦谨识

卷 上

华亭倪元坦醒吾辑，受业甥范台嘿农校

骨肉失欢，有出于一时而至终不可解者。由失欢之后，子弟不肯认差，是傲也；即或不差，既为子弟，亦当降心下气，请罪于父兄，待父兄怒气消融，然后婉言以进。或其事甚微，即不必再说。须知人肯认差，一直去，即是圣贤；不肯认差，一直去，即是禽兽。自古圣贤，一言以蔽之，曰责已不责人。今人在父兄前尚不肯认差，不肯改过，及与众聚处，满口说人差，责人过，难矣哉！

父子兄弟有不和者，父子或因责善，兄弟或因争财，更有不因责善争财而不和者。盖人之性，或宽缓，或褊急，或刚强，或柔懦，其性情不同，则其言行必不能同。故当临事之际，一以为是，一以为非，争论不已，不和之情，从此日深，甚至有终身失欢者。若父兄不责子弟之同于己，子弟不求父兄惟己之听，各顺其性情，则彼此相得。《记》曰：父子笃，兄弟睦，夫妇和，家之肥也。惟处事不循天理，不合人情，必须再三力劝。劝之而不从，当以德慧术智，委曲转移，不可为径直之辞，忿恨之态，此不惟无益，而且有损者也。

自古人伦不齐，或父子不能皆贤，或兄弟不能皆贤，或夫放荡，或妻暴悍，虽圣贤亦无如之何。惟顺理以化之，积诚以感之，于此可以验我学问。如行有不得，反求诸己而已矣。躬自厚而薄责于人，则远怨。若忿恨激烈，以气相争，则气不相下。先儒云：气质未化，不能修身，而欲齐家，如儿童相斗，瞎闹一场。

不孝所以习成者，一因好货财。财入我手，便为我有，财足则忘亲，财乏则怨亲，亲不能自养，以子之财养亲则薄亲。殊不知身谁之身？财谁之财？我不带一财来，而襁哺无缺，以至今日，谁为之乎？一因私妻子。货财以畜妻子，笑言以娱妻子，情欲宴私，遂失父母之养。胡不念子为我子，我为谁子，亲有子而我不顾亲，则我何赖有子耶？亲，我之本也，不培本而欲枝叶之茂，其可得耶？智者当有以自省。

子于父母以天合者也，妇于舅姑以人合者也。从未有子不孝父母而媳妇独能孝舅姑者。故妇之失，皆子致之也。

前后嫡庶之间，父母或有偏向，为子者直须渣滓消融，不存一毫火性，下气怡色，期于必得欢心而后已。然亦不可用意太重，太重则物不转。惟自化其心，徐以格亲之心而已。

人到晚年，转与儿童相似。喜得钱财微利，喜受饮食小惠，喜与幼辈玩狎，为子弟者能知此而顺适之，则尽其欢矣。

父母见诸子中有最贫者，往往常加矜恤，饮食、衣服之类，或有所私。子有所献，则转以与之。此乃父母均平之心，而或以偏爱为怨。此殆未之思也。若使我贫，父母必移此心以待我矣。

父母爱怜少子，大抵皆然。盖人当稚幼，举动言笑，无非天性。及其长也，天性渐漓，往往不受教训，为父母所恶。当长子可恶之时，正幼子可爱之日。父母移其爱长子之心，以爱幼子。及幼子既长，更无有移其爱者，父母遂终爱之。为子者，当各尽其道，长者无失亲心，幼者克供子职。而父母亦须自省，不可任意偏向。不然，爱之适以害之矣。

家庭不睦，其端甚微，或因所与稍吝，或因所取不公，或因各执其意见，总而言之，无非不肯吃亏而已。故而启猜嫌，遂酿争端。古人有学吃亏一法，凡辞受取与语言辩论，能吃亏些，自觉随处受用。须知吃亏处即是便宜处。

兄弟子侄同居，长者或恃长凌幼，专用其财，簿书出入，不令幼者知，此一时自便，日后必启争端。若长者总挈大纲，幼者分任细务，长必幼谋，幼必长听，各尽公心，自然无争。更或幼者渐入匪类，盗长者之财，以为不肖之资，此必长者有失德处。货悖而入，亦悖而出。长者能悔过迁善，反求诸己，幼者或可回头。或加以拷掠,或置之死地,将来不但破家,必至绝嗣。

兄弟无子,理应承嗣者,不论家计有无,固义不容辞。若非应嗣而争夺,殊不思人能争其所无,天必夺其所有。试观争产夺嗣之家,有不败坏者乎?有子孙久享其利者乎?瞎费心机,到底一场空,何不及早醒悟。

人有数子,无一不爱,而于兄弟或视若仇雠,其子遂不礼于伯叔。殊不知己之兄弟,即父之储子;己之诸子,即诸子之兄弟,我与兄弟不和睦,则我之诸子岂能和睦;我之子不礼于伯叔,则孝于父亦其渐也。故欲诸子和睦,须以我之处兄弟者先之。欲子之孝于己,须以其善事伯叔者先之。

子弟及仆婢等,好传述背后议论,最易开争忿之端。凡人作事,岂能尽合他人之意。背后议论所不免,若经传述,或又从而增易之,甚至播弄是非,报复仇怨,听者信之,酿成种种乖谬。惟有言不听,则风波自息。

同居之人,时相往来,须扬声曳履,使人知之。虑其论我之短,则见面后,彼此难堪,更有女子、小人好伺人之语言者。故不可谓左右无人,而辄肆讥评。《小雅》云:"君子无易由言,耳属于垣。"

古今以妇人酿成亲戚邻里之衅者,不可胜计。总以妇人之性,自是非人。其辞或婉转,或激切,巧言如簧,最易动听。妇人与人争论,只有怨人责人,曾有说自己不是者乎?曾有能向人谢过者乎?偏执狠愎,其过终不自觉也。顾亭林《日知录》云:张公艺九世同居,高宗问之,书"忍"字百余以进,其意美矣而未尽善也。居家御众,当令纪纲法度,截然有章,乃可行之永久。若使妇姑勃溪,奴仆放纵,而为家长者仅含忍隐默而已,此不可一朝居,而况九世乎?善乎!浦江郑氏对太祖之言曰:"臣同居,无他,惟不听妇人言耳。"此格论也。《日知录》所云,洵得之矣。

人家不和,每因妇女谗言,激怒其夫,盖妇女性情执拗,于舅姑、伯叔、妯娌,其分虽亲,无关天性,故易于结怨。非丈夫有定识,鲜不为其所蔽。于是有兄弟子侄,隔屋连墙,至死不相往来者;有无子,不肯以犹子为后者;有多子,不以嗣兄弟之无子者;有不恤兄弟之苦,养亲必欲分其力,甘弃亲而不顾者;有不恤兄弟之贫,葬亲必欲均其费,忍停柩而不葬者。然余每见有识之人,知妇女不可教诲,而外与兄弟相爱,救其所急,周其所乏,勿令妇女知之。更有进者,能向妇女婉言化导,使舅姑、伯叔、妯娌,渐觉和睦,遂以得父母兄弟之欢心,和气致祥,家道必有可观。所谓自求多福也。

子弟读书之暇,当洒扫应对,以习勤劳。妇女纺织,各随其力,惟炊爨不可委之他人。即有仆婢可供使唤,主母不入厨房,恐多作弊,且不免有意外之虞。每日黎明即起,扫地、焚香、整顿几席,虚室生白,则心地自清。大凡子弟晏起者,读书必荒;妇女晏起者,家业必败。谚云:"寅卯辰,好光阴,抵一日,值千金。"

子弟读《孝经》、"四书"既毕，接读经传，凡"五经"、《周礼》《仪礼》《左传》《尔雅》全读，《公羊》《穀梁》《国语》《国策》《史记》《汉书》《昭明文选》《唐宋八家》选读。每日午后，听讲经书及《纲鉴》，并取古人嘉言懿行讲贯诵习，以发其善心，开其识见。十六岁习制艺，十八岁应童子试。入泮不必欲速。过二十四岁成婚。古人三十有室，是有深意。成婚太早，血气未充，易致痨瘵之疾。为父母者，不可不知。

子弟少不戒色，贪恋片刻欢娱，岂知斫丧本原，肝肾亏而水不制火，猝发痨瘵，往往不可救药。当离亲长逝，抛妻弃子之时，悔何及矣。不如及早戒之。孟子曰：守孰为大？守身为大。

子弟方有知识，未曾婚娶，此数年间，父母宜时刻防闲，恐其情窦一开，溃决难遏，不特有关品行，且性命可危。从师须择端严方正之人，凡语言意气，子弟之观听存焉不绝。风流艳丽，性情即引而荡矣。窗友本求相长，然为陷害亦甚深，尝有严师所不及察者。又或狡童引诱，以致秽亵难言，皆当防微杜渐。

训子弟先令习寡言。盖言多则气浮心放，不特举动错误，且读书易忘。蔡虚斋曰："有道德者，必不多言；有信义者，必不多言；有才谋者，必不多言。惟细人、狂人、佞人乃多言耳。"未有多言而不妄者也。寡言自童子始。

子弟少年不可以世事妨读书，但令以读书通世事。切勿顺其欲，须以训谦恭。鲜衣美食当为之禁，淫朋匪友勿与之交。读书有暇，学习静坐以摄其心，以养其气。不但学业易进，且自有一种文雅可观。若恣肆失学，行同市井，列之文墨之地，面目可憎，即自己亦觉置身无地矣。

亲戚邻里中有狡狯子弟，能行其权术，巧为计算，为家长者倚之为心腹，殊不知将来诱子弟为非者，即此辈也。大抵为家长者，能驾驭此辈，偶得其力。至于子弟，鲜不为所播弄，以致破家丧身。不如延端谨刚正之人，与之聚处，虽言语多拂人意，苟能虚心听受，得益无穷。所谓快意之言常有损，拂意之言常有益，美疢不如恶石，宜细思之。

老成之言，似乎迂阔，殊不知阅历已深，见识自远。后生虽偶俛过人，而见识终不及老成，往往自用自专，辄以老成为迂阔，得小便宜，失大便宜；用小聪明，生大周折。及年齿渐长，应事日紧，方悟老成之言，真药石也，然已在险阻备尝之后矣。

衣食不必华美，饮食不必肥甘，"俭朴"二字是儒者本色，不特省费，且可绝非分之求。如子弟略近奢侈，即须训诫。高忠宪公训其子曰：受些穷光景，每事节省尽过。得凡临事着一"苟"字便坏，自身享用着一"苟"字便安。吾一生得此力。

饮食所需，切勿轻用鱼肉，若每膳必腥，一见蔬菜，不能下咽。此恶习也。须以蔬食菜羹，习惯自然，觉得淡泊中自有真味，不同鱼肉腥膻。孔颜饮水，乐在其中；箪瓢陋巷，不改其乐。我何人斯，而敢贪口腹乎？惟遇祭祀宾客，然后烹庖，亦不宜宰生物。东坡日用三十余钱，自甘淡泊。郭文麓为郡侯，尝自言曰：吾蔬食则喜，肉食则不喜。布裯则寝乃安，纻裯则寝不安。子弟当以此为法。

子弟或因质钝，不能读书，或因家贫，不能就傅。即令农工商贾，各执其业，或管自己家务，或代人管店务，及收租收息等事。若终日安闲，不特仰事俯育，无所取资，且恐交友不端，行同败类严惩。又云：子弟如不能读书，必要寻一件事叫他去做，不但借以治生，且拘束了身心，演习了世务，谙练了人情，长进了学识，这便是大利益。

子弟童稚之年，父母师长，严者异日多贤，宽者多不肖。盖严则督责笞挞之下，有以柔服其血气，收束其身心，诸凡举动，知所顾忌，而不敢肆。宽则姑息放纵，过恶从此生矣。《易》曰："家人有严君。"又曰："家人嗃嗃，悔厉吉。"

子弟差失，即细微处亦不可忽略，如几案必正，书籍器用必整，坐立必端，出入必告之类，必须随时指摘。今之为父兄者，往往以为年幼无知，细微差失不必训诫。及期年长，怙恶不悛，虽父师教训，置若罔闻，由少时未尝督责故也。谚云："十岁定终身。"此言深有味。

善教子者，必使之从严师，亲益友，有善则奖之，以鼓其志；有不善则惩之，以闲其心。顾子之教，虽父成之，而母教尤重。子有过行，往往父未及知，而母先知之，知之而必戒之，必训之，过端泯矣。乃母以爱子之故，既不忍责治，又代为隐讳，父严于外而母宽于内，父督于暂而母纵于常，欲子之成，其可得乎？人必刑于其妻，而后可以教子。故《易》曰："家人利女贞。"

冠婚丧祭之礼最重，持其简要易行者，莫如宋栗庵《四礼初稿》、吕叔简《四礼翼》，子弟宜常置案产，朝夕观省。

男欲娶，女欲嫁，须自量子女何如。如子粗而顽，若娶美妇，岂特不知或有他事；如女丑而妒，若嫁美婿，万一不和，卒为所弃。此皆父母贻之累也。

嫁娶必有媒，须择亲友中之方正者，则其言可信。苟非方正之人，言多反复，给女家则曰男富而有才，给男家则曰女美而有德。近世尤甚，百端诡谲，无所不至。若轻信其言而成婚，必至翁婿失欢，姑媳不睦，或夫妻反目者有之。故嫁娶之媒不可不知，人所谓慎之于其始也。

女子未嫁者全在父母，朝夕教诲，使之学勤俭，学柔顺，切勿遂其纵逸暴戾之性。须知今之事父母，即异日事舅姑丈夫之法；待兄弟姊妹，即异日待伯叔妯娌之法，使奴婢即异日驭婢妾之法。女子有过，当委曲开导，如不肯听从，即加扑责，久之性情驯伏。未嫁为贤女，既嫁为贤妇，殆非一朝一夕之故矣。

嫁女妆奁，须随力量，不可勉强，或财产有余，则不宜吝惜。今世有生男不得力，而依托女家及身后葬祭，皆赖女子者，其可谓生女不如生男乎？大抵妇人之心,最为可怜。母家富而夫家贫,则欲得母家之财以与夫家;夫家富而母家贫,则欲得夫家之财以与母家。为父母及夫者宜体恤其心,时为周济。及其又生男女,当嫁娶之后,为男女者,此心亦复如是。故择婿娶媳,在门楣相称,不可高攀,亦不宜俯就。

奴仆当取朴直谨愿,勤于任事者,不必应对进退之便,捷然如此者,十不得一。凡就役于人者,天资愚钝,作事舛错,或以曲为直,或以长为短,或性多忘,嘱之以事,全不记忆;或性多执,自以为是,不肯听从;或性多狠,加以捶楚,辄肆暴戾,有失手而至死亡者,转受其害。故使令之际,有不如意处,当云若辈何足深责,平其嗔心,徐为教诲,如此则省事多矣。至于妇人,往往褊急狠愎。为家长者,常以待奴仆之理告之,庶几久而渐化严惩。又云:人生世间,昏浊者多,而况婢仆,禀质尤粗,不称我意,且莫谴诃,付之一笑,心平气和。

子弟不可擅打奴婢,亦不可擅自詈骂,如奴婢有过,只应告诉家长。家长亦不可因其告诉,即加扑责,恐增长子弟意气。应于告诉时,唤奴婢训饬一番,使之畏惧而已。

人之争讼,各有短长,两造偏执己见,言其长而掩其短,有司牵连不决,或决不尽其情,讼师逞巧舞文,胥吏得赃弄法,至于破家荡产。讼则终凶,有理者且然,况无理耶?人能守退步,学吃亏,则争讼自息。欲保家者,宜三复此言。

盗贼所至,必非无因。如人家不刻薄,又能积善好施,盗贼往往不至其门。即或偶至,必无焚掠一空之患。凡盗贼决意焚掠者,必是积恶之家,应受积恶之报。

居家或有失物,不可妄为猜疑,猜疑得其人,则彼或自危,恐生他患;猜疑不得其人,则真窃者反置身事外。况疑心一生,则视其人一言一动,皆适肖其为窃物者,甚至形于言,或妄执治。而所失之物,竟于别处得之,与向猜疑之人全无干涉,则悔将若何。

卷　下

华亭倪元坦醒吾辑,受业甥范台嘿农校
资州雷坦、昌黎韩毓楷、秦州吴鹏搏、镇洋吴堃校

富贵在天,暗中自有一定之分。愚者朝夕奔趋,老死而不悟,然奔趋而得者,不过一二人;奔趋而不得者,盖千万人。乃以一二人得之,千万人从而欣慕之,劳心殚力,至于老死无成。其实奔趋而得者,其一定之分本有也;奔趋而不得者,其一定之分本无也。故以道处己,君子赢得为君子;不以道处己,小人枉做了小人。

孔子曰：不义而富且贵，于我如浮云。不透此关，是逐物徇人，非守身处己。

凡人谋事，虽日用至微者，辄龃龉而难成，或几成而败，既败而复成，然后其成也可久。若猝然易成，将来必有不如意者。躁心人知此，可以平情。

人有所短，必有所长。与人交游，只见其短，不见其长，是我之度量褊浅，非取益之道。若舍其所短，取其所长，随处可以得益。孔子曰：三人行，必有我师。是长者、短者，皆我师也。其益无方矣。

处世常怀慢心、诈心、妒心、疑心，皆结怨于人，贻祸于己，智者不为也。慢心者，自矜其能，好轻薄人，见不如己者及有求于我者，面前既不加礼，背后又窃讥笑。诈心者，言语委曲，一似其情甚厚，人易受其欺。妒心者，闻称道人之善，则不以为然；闻摘人之短，则其心甚快，且从而附和之。疑心者，人之出言，未尝有心，而反复思维，则曰："此讥我也""此笑我也"。此种性情，最关阴骘，速宜痛改。

忠信笃敬，先存其在己者，然后望其在人者。人未学问，能忠信笃敬者盖寡，而责人以忠信笃敬者皆然。殊不知在我者能尽，在人者何必深责。若尽其在我而欲责人，稍不满意，疾之已甚，是在我亦未尽矣，于人何尤。

人之处事，常悔往事之非常，悔前言之失常，悔昔日之未有，自视欲然，其德日进而不自知也。为无益之事而不成，或为造物所厚，不必愤恨；为无益之事而易成，或为造物所薄，不必欣喜。为恶而得善报，此乃天之所弃。及其积恶深厚而殄灭之，不在其身则在其子孙也。为善而得恶报，安知非天之玉汝于成，使之动心忍性，增益其所不能也。

人之平居欲近君子而远小人者。君子之言多忠厚端谨，此言先入于我心，及应事接物，自然出于忠厚端谨矣。小人之言多刻薄诈伪，此言先入于我心，及应事接物，自然出于刻薄诈伪矣。且如朝夕闻人尚气好凌之言，我亦将尚气好凌而不自觉矣；朝夕闻人游荡不事绳检之言，我亦将游荡不事绳检而不自觉矣。此非大有定力，必不免渐染之患也。谚云："先入之言为主。"此言确有至情。

人有过失，非其父兄，孰肯指摘？非其契交，孰肯规讽？若泛然相识，不过背后窃议之耳。君子惟恐有过，闻人之言，急思悔改。小人闻人之言，则好为强辩，积过日深，祸必及之，所谓迷复凶也。

不远复者，圣贤也；频复厉者，君子也；迷复凶者，小人也。圣贤固不可及，当勉为君子，毋为小人。

天公无急性，有记性，大算盘，久而定。循天理，乐天命，不吃亏，是究竟。世有为善得祸，为恶得福者，似不可测度。然余历溯从前，近则三十年，远至六十年，祸福感应，不爽丝毫。更有圣贤豪杰，积至数百年，然后受其报者，积时弥久，食报更长，天网恢恢，疏而不失。慎勿谓感应之说不足信也。读书不可专习科举，当以圣贤之学体诸身心，一日有一日之益，一年有一年之益，务要反求诸己，迁善改过,兼之力行,方便广积阴功,不必问目前福祸感应如何。可一言以决之曰:究竟不吃亏。或问如何是不吃亏。余曰:天理常存此心,已足千古,是真不吃亏。或茫然不解,余仍以感应之说告之曰:积善有余庆,作善降百福。古人岂欺我哉!

人有称我之美,使我喜闻而不觉其谀者,小人之最黠者也。彼其面谀而我喜,及其与他人言,未必不窃笑我为其所愚也。人有善揣我意之所向,先向其端,导而迎之,使我喜其暗合者,亦小人之最黠者也。彼其揣我意而果合,及其与他人言,又未必不窃笑我为其所料也。此等处要留意,必也亲君子而远小人,斯有益无损。

事出无因,忽遭恶谤,此必有人,怀私愤,逞阴谋,或造作以炫听闻,或影射以资谐谑。设有来告者,当闻如不闻,切勿剖辩,久则必明。余历溯数十年来,无端遭谤者,一时受屈,造物必有以厚之,始知天道不爽。若哓哓置辩,或甚其辞,即增口过。袁了凡云:闻谤不辩,如举火焚空,终将自熄。辩则如春蚕作茧,自取缠绵。信然。

居家莫善于忍,然知忍而不知处忍之方,其失尤多。盖忍有藏蓄之意,人之犯我,藏蓄而不发,不过一再而已。积之既多,其发也,如洪水之决,不可遏矣。不若随而解之,曰此其不思尔;曰此其无知尔;曰此其失误尔;曰此其所见者小尔;曰此其未尝学问尔。始而忍,继而忘,然后见忍之功效。言必有忍,其乃有济。又言有容,德乃大。是知不能有容,便不能久忍。读书者,当于此深思。

大抵忿怒之际,最不可指人隐讳之事,暴其祖父之恶。一时怒气所激,必欲切责言之,不知彼之怨恨,深入骨髓。古人谓伤人之言,深于矛戟。是也。如规人过失,语虽切直,而能温颜下气,纵不见听,亦未必怒。若其事无关紧要,偶然指摘,词色俱厉,彼必蓄怒不忘。故盛怒之际,与人言语,尤当谨慎。前辈有云:戒酒后语,忌食时嗔,忍拂逆事,避阴险人。常能守此,最得便宜。

凡人吝于改过,偏要议论人过,甚至数十年前偶误,常记在心,以为话柄。独不思士别三日,不刮目相待。舜跖之分,只在一念转移。若向来所为是君子,一旦改行,即为小人矣。向来所为是小人,一旦改行,即为君子矣。更或背后议人过失,当面反不肯尽言,其过不小。如朋友,非泛交,偶有过失,当于静处尽言相告,令其改图。即所闻未真,不妨当面一问,以释胸中之疑。不惟不可背后讲说,亦不可对众言之,令彼难堪。交砥互砺,日迈月征,庶几共为君子。

出一言,发一念,必要有益于人;闻一言,见一行,无不反求诸己。人有善,我以言赞成之;人有不善,我以言劝阻之。见人之灾,如己之灾,存悲悯心;见人之穷,如己之穷,存救济心。容人之失,恕人之过,此即熊勉庵所谓不费钱功德也。更有进者,时时慎独,刻刻反照,到炯然不昧时,方知此心即天地,即鬼神。故曰明德,曰明命,曰天君,曰真宰。苟一念稍差,无以盟幽独,即无以对天地,质鬼神,明德失矣,明命亡矣,天君去矣,真宰涆矣。学庸慎独,是梦觉关,人鬼关,即是人禽分路,舜跖分徒。学者辨朱陆,谈心性,而不从此着力,是欺世盗名,与小人闲居为不善,相去几何? 子弟有志者,须令认清路头,然后循序渐进,有所趋向,所谓知止而后有定也。

与人相处,第一要谦下诚实。同干事则勿避劳苦,同饮食则勿贪甘美,同行走则勿择好路,同卧寝则弗占床席。我让人,勿使人让我;我容人,勿使人容我;我吃人亏,勿使人吃我亏;我受人气,勿使人受我气。人有恩于我,则终身勿忘;有仇于我,则即时丢去。见人善,是称扬不已;闻人过,则绝口不言。人胜我则敬重之,不可生忌嫉之心;不如我则谦待之,不可有轻忽之意。与人相交,久而益敬,则行之家邦,可无怨矣。

处己之方,惟事事反求诸己。如人毁谤我,必自己招尤;人怨恨我,必自己过分;官司控诉,必己之行有亏;亲族乖离,必己之情太薄;灾患至,必己之得罪于天;横逆来,必己之取辱于人。以省身改过,则可以转祸为福。若不知求己,徒怨天尤人,岂知后日之祸更有甚于今日者乎? 人能反求诸己,则恶念渐消,是败毒散;善念渐萌,又是清凉散。

问一人得一人之益,问十人得十人之益,问数十人得数十人之益,所问之人不必贤智,即樵夫牧竖,岂无有益于我者? 故先民有言,询于刍荛。今人自用自专,以问人为可耻,岂不偾事?

古人有设想一法,如人夺我所有,设想我从前本无所有;与我所无,设想我将来仍归于无。处家有逆境,则以不如我者设想;学有进境,则以胜我者设想;黄齑淡饭,设想饥饿时;穷居困守,设想患难时;忧忿怨嫉,设想我未生时;贪痴爱欲,设想我临死时。此摄心妙法。今人处境进则气升,处境退则气降,纯是血气用事,把自己身心为境所推移,岂不自误一生,可惜! 可惜! 严懴又云:翰林降官,气不了;老童入泮,喜不了;多子一殇,气不了;独子才生,喜不了。世事不平,人心亦不平,惟想退步则心自平。有诗云:"别人骑马我骑驴,自觉无颜叹不如。君试回头一察看,道旁还有赤脚汉。"人之处境,常作如是观,则无人而不自得矣。

读《周易》六十四卦,便知世事纷纭舛错,理当如此。即一家上下,吉凶悔吝,是非得失,皆在纷纭舛错之中。日间应事接物,凡顺境逆境,都要看得平淡。惟循理以处之,安心以俟之,切勿为境所动。苟能如此,不特身心受用,且学问日有长进。先儒云:遇顺逆无常,人须以心宰境,切勿因境生心。

家有灾悔,能恐惧修省,或可化凶为吉,转祸为福,即凶已成,祸已至,天道循环,无往不复,此修身立命功夫,是上等人。更有事到,无可如何,委心任运,安命听天,且安排过去,是中等人。人若不责己,不安命,徒怨天尤人,是下等人。天必绝之，人必恶之，《易》所谓迷复凶，有灾眚，终有大败，岂止十年而已哉？

人到中年以后，须学旷达，或寄情鱼鸟，或矢志林泉，或与高客谈心，或与故交话旧，即夫妇齐眉，不同少壮，尽可扫除斗室，煮茗焚香，一榻清风，半窗明月，可以却疾延年，何等快乐！更进一步，能放下一切，做身心性命，功夫到此，决不退转，尤易得力。崔文敏公云：老而懋学，谓之有终。

凡人身家之累，思前算后，便有许多未了。此须以不算算之，以不了了之，随缘随应，不起妄想，不作贪求，则身家之事，一算便了。若求适如我意，恐日出事生，算到老，终不了。

家有百亩，置有祭田，供祭扫，有数百亩，或千亩，置义田，赡宗族，并建立宗祠，以奉祭祀。内藏祖宗手泽、神主及一切祭器。如宗祠与住屋相隔，须招朴实之人居门首，务令洒扫整肃。即在义田内给薪水。《记》曰：亲亲故尊祖，尊祖故敬宗，敬宗故收族。凡宗族离散，皆由不设义田、宗祠之故。欲绵世泽者，当以此为首务。

人有困苦贫穷，无可告诉，或朴讷怀惭，不能自言于人者，虽无余力，亦当勉为周助。

亲戚邻里中有鳏寡孤独，无所依靠者，有其子不顾父母者，有夫妻不相顾，兄弟不相顾，以至流离失所者，量加周恤。力有余则多与之，不足则少与之，即一饭亦可救饥，一絮亦可救寒，数文钱亦可救贫，切勿漠视，则不仁矣。今人每见穷苦辈，辄言其咎由自取，可怜不足惜。此乃绝人生路，殊不知已自绝其生机矣。

耕种出于佃力，为一家衣食之源。善治家者，睦邻之外，更须养佃。睦邻以备水火盗贼之虞，养佃以免饥寒窘迫之患。盖业主苛刻，则佃户贫穷；佃户贫穷，则业主匮乏，其气相通，惟有识者能见及此。故凡遇佃户生育婚嫁，疾病死丧，如有余力，当周恤之。耕耘之际，有所借贷，少收其息。水旱之年，察其所入，量为轻减。不可有非分之求，不可有非时之役，不可令子弟及家人私有所取，未可增其岁入之租，不可轻为差保之扰，不可见其田园，辄起贪图之意，不可视其妇女，等诸奴仆之俦。苟能如此，家计必裕，家道必兴。此天算，非人算也。以人算，虽富不久。

飞禽走兽，与人形性虽殊，而贪生畏死，其情则与人同，故临杀则向人哀号，物之有望于人，犹人之有望于天也。物哀号而人不之恤，及人处患难死亡之境，乃欲叫天求救耶？大抵人之处境，苦极则善心生，往往自省平日所为，某者为罪恶，某者为过尤，其所以悔改自新者，誓死不变。及苦境脱身，即不复记省，造孽作恶，无异平时。昔坡公性嗜蟹蛤，及遭苦境，自念此身与蟹蛤，临死将毋同，从此永不食蟹蛤。即此一端，可见英雄见识，自足千古。

酒之为物，专以供祭祀、宾客，若家居常饮，流祸无穷。始则坏心术，变性情，语言舛错，举动乖违，继而酿成祸端，破家荡产，甚至因酒伤生。近有饱学之士，醉后一死于河，一死于厕，皆余所亲见。酒之为害，可胜言哉。范鲁公戒从子诗云："戒尔勿嗜酒，狂药非佳味。能移谨厚性，化为凶险类。古今倾败者，历历皆可记。"

赌之害人，甚于水火盗贼。每因恶少窥有家资，结党串通，密为勾引，始则但云一赌即歇，偶尔消闲，继则每赌皆赢，惊为神手。愚者受其播弄，遂自信善赌，猝起贪心。恶少更百端诡计，以固结之，于是堕其术中，执迷不悟。由父兄不戒其始故也。前辈有戒赌十条，今列于后。

一、坏心术。一入赌场，遂为利薮，百般打算，总是一片贪心；两面倾危，顿起无穷恶念。虽至亲，对局必暗设戈矛；即好友，同场亦俨如仇敌。只顾自己赢钱，那管别人破产。心术岂不大坏！

二、丧品行。凡人贵贱不同，尊卑有别，赌博场中，只问钱少钱多，哪计谁贵谁贱？坐无伦次，厮役即是友朋；分无尊卑，奴仆居然兄弟。任情嘲笑，信口称呼，有何体统，成何品行？

三、伤性命。赢得乘舆而往，不分昼夜；输惟激气再来，哪计饥寒。更有负债难尝，含羞忍辱自甘；百事全抛，只拼一死塞责。枉死城之去路，即赌博场之归途。岂不可叹！

四、玷祖宗。银钱送你，还笑浪子发呆；家产与人，转叹痴儿作孽。不能光祖耀宗，反至辱门败户。闾里皆归咎其先人，祖父必含羞于地下。

五、失家教。赌钱一事，引诱最易。一家之内，习染相同。每见父子赌，兄弟赌，奴仆赌，赌法大坏家法；白日赌，深夜赌，密室赌，赌风且酿淫风。家教如此，可为寒心。

六、荡家产。始而气豪，方挥金如土；终因情急，遂弃产如遗。祖父毕世辛勤，久垂基业；子孙片时挥霍，顿坏声名。衣裳典尽止留身，亲朋谁惜；田宅卖完仍负债，妻子何依？到此时，岂不可恨！

七、生时变。通宵出赌，彻夜开场，门户不关，盗贼每多偷窃；灯火未熄，室庐或至焚烧。甚至浪子贪夜而生计，匪人窥伺以为奸。主宾莫辨，男女逾闲。祸机所伏，不可不虑。

八、离骨肉。士农工商，各勤职业；父母妻子，互相欢娱。此天伦之乐，亦人事之常。自入赌场，遂沉苦海，典质钏钗，妻子吞声而饮恨；变卖田地，父母蒿目而攒眉。只图一己呼卢，不顾举家嗟怨。抚心自问，其何以安？

九、犯国法。赌博之禁，新例最严。轻则杖一百，枷两月，害切肌肤；重则徒三年，流三千，长离乡井。绅士照例斥革，有何面目；衙役加倍发落，罔恤身家。受此羞辱，悔何可追。

十、遭天谴。历观开赌之家，每多横祸，赢钱之事，必至奇穷。总由噬人血肉，饱我腹肠，所以鬼神抱恨，报应不爽丝毫；天地好还，彼此同归消灭。及早看透，毋入迷途。

附刻　千乘义田记

嘉庆癸亥冬，元坦为先考二初府君营窀穸，置华、娄田三十一亩零，为曾祖以下青浦、娄邑两茔祭田，撰《祭田记》，载入郡志。忽忽二十八载，元坦年七十有五矣。喜得曾孙，四代相聚，造物待我不可谓不厚。忆《戴记》云：不能敬其身，是伤其亲；伤其亲，是伤其本；伤其本，枝从而亡。元坦幼承先祖教读，及长侍庭训，嗣先君子往山右主讲书院，归而见背，生养死葬之礼阙如。虽有祭田，未能推广，心甚歉焉。近因祭扫修葺外，积有赢余，又得上海书院数年馆谷，置田七十亩。因念积田与子孙，子孙未必能守，不若设义田以绵先泽，敬其亲即所以敬其身也。溯五世祖承甫公家资数十万，临殁，置祭田若干亩。厥后子孙皆贫，而自国初至今，不敢变卖。元坦师守家法，以癸亥冬所置祭田增益之，共得华、娄田一百亩有零，改为义田。自曾祖以后，贫乏子孙，皆得取给。事属创始，其数甚微，故田号规条未刻而充之，将有待于后日焉。夫义田之设，始于宋范文正公，厥后踵行者不少。然兴废无常，故昔人谓创之难，继之不易。吾家九世祖于前明弘治间自无锡梅里迁上海，今属南汇之倪家桥，以耕读传家。高祖分支于华亭亭林镇，门祚日衰。先祖又分居郡治，先君子醇儒硕望。元坦不德，愧无以继，乃欲子孙常保此田，岂可必哉！虽然，公正以守之，节俭以广之，同心合力以经营之，古人所谓难，安知将来不以为易也，其中盖有天理焉在。吾子孙敬其身，勿伤其亲而已矣。

【注】倪元坦，字畲香，一字醒吾，清娄县人。华亭籍恩贡生，父为倪思宽。其学宗李颙，闭户著述，至老不倦，晚主上海敬业书院讲席，力言"正人心，息邪说，莫如兴理学"。年八十余卒。其著作收入《读易楼合刻》，有道光十年刻本。其所著《家规》便附刻于此。《家规》是清代较为少见的上海地区成文家训文献，据其自序，以《袁氏世范》为基础，以陈宏谋所编《训俗遗规》为定本，再根据上海地区的"人情""土俗"，经过进一步删编、补充而成，分上下两卷，后附《千乘义田记》。卷上首论家庭关系，次论子弟应遵从的规条；卷下论处世谋事，最后论赌博，并列有戒赌十条。倪元坦重理学，《家规》也以此为基础，文字则较明白晓畅。

丁氏家乘

谨按,谱系之作,所以明本原,昭尊敬,追祖德,重敦睦也。琳不自揣度,漫当领袖,修辑大任,力弗克荷,常惴惴焉。兹因吾先父琎暨先兄已有成规,了如指掌,又有宗伯叔昆季襄余不逮,聿观厥成,自愧自幸。乃推广祖宗燕翼贻谋,垂裕后昆之意,略述训言十六则,附于简末,请同族之君子。极知僭越,且愧不文,或始有刍荛之一得。若云扬宗德之休烈,颂前人之清芳,琳何有焉。谱列厥次如左。

训言十六则

一、重事亲;一、重葬亲;一、重敦睦;一、慎教子;
一、慎娶妇;一、慎教女;一、重嗣继;一、恤孤寡;
一、贵立身;一、勉为善;一、慎生业;一、慎经营;
一、戒赌博;一、戒淫酗;一、去垢行;一、重记事。

事 亲

乾称父,坤称母,天地者,万物之父母也。人自列祖相传,至于生我父母,非即我天地地乎? 故曰:孝者,天之经也,地之义也,民之行也。人不知孝父母,当思父母爱子之心。方其始生,饥不能自哺,寒不能自衣,父母审音声,察形色,笑则焉之喜,啼则焉之忧,行动则跬步不离,疾痛则寝食俱废,以养以教,至于成人。复为授室家,谋生理,百计经营,心力俱瘁,所以欲报之恩,昊天罔极也。人之欲报亲恩于万一,自当内尽其心,外竭其力,谨身节用,以勤服劳,以隆孝养,无忝吾博陵孝子家风焉。

葬　亲

死葬之礼，与事生并重。然孟子云：养生不足以当大事，惟送死可以当大事。则死葬为尤重也。死者入土为安，则子孙之心亦与之俱安。乃今人久淹亲柩，或诿时世之多艰，或推吉地之难遘，或借口于娶嫁之多用，或转咎于弟兄之不齐。彼不肖孝者无论已，俨然人望者而犹若是乎？贫窘者或难已，家拥素封者而亦安然乎？嗟嗟为自身，则耽风月；为子孙，则作牛马；为身后谋，则修醮祈祥，预修邀福，而独父母之柩膜外置之。亦思今所受者谁人之田宅，所享者谁人之福泽。吾身不能葬亲而欲望后人之葬其祖先也，不亦难乎。称家有无，亟宜安葬，慎毋抛露。

敦　睦

兄弟同居，当同心协力，不蓄私财。古有一钱尺帛不入私房，统于家长，产日增而家日昌，和气致祥，天必佑之。后人心不古，分居异爨，各拆产业，亦当思祖宗创业之难，念同气连枝之谊，休戚相关，有无共济，断不可争铢锱之利，怒气相加，不顾情义也。夫同气之人，一父母所分，当式相好而无相尤。苟争财而伤天性，有人心者忍为之乎？至有惑于谗间，视若仇雠，詈骂挥拳，真禽兽之所为。其子孙效尤，亦复如是，遂致诗礼家声，荡然无遗，小人从而构之，兴讼破家，更有不忍言者。是敦睦之道未之讲也。

娶　妇

人家为子娶妇，必访其父之家法何如，妇之德性何如。不宜贪慕富贵，竭力扳援。富贵之女，往往纵性自由，略无顾忌，或致轻慢舅姑，浪费家业，悔无及矣。且娶妇成家，继续宗嗣，求其贞德，何论妻财。古云：娶妇必须不若我家者，信不诬也。倘娶妇不贤，更有酷杀婢妾，使夫无后，谗间骨肉，妯娌不和，其害有不可胜言矣。念言及此，不觉寒心。故语以儆族之娶妇者。

教　　子

　　人家生子,幼鞠于保姆,长教于师傅,成则家之福,败则家之祸,可不慎欤?教子者,在于蒙养之时,问正言,见正事,无使任性以养骄。古云:少成若天性,习惯若自然,渐不可长也。若少而不知化道,长而自恣自便,以便佞为亲,以师友为嫉,以斗赌为乐,以诗书为仇,视钱财如泥沙,弃肥壤如鸿毛,淫酗慆荡,所自溺也,礼义廉耻,所自丧也。此时为父母者,视其覆坠,心有不忍。若欲别择贤能以任吾家,又有不可,悔之何及乎?是故教之以义方,束之以诗礼,儆之以勤劳,谓之以稼穑艰难,或庶几焉。

教　　女

　　女子年七八岁,便不可出门,习以女工,教以《女诫》。大凡女子立身无专遂之道,有顺从之义,教令不出闺门,事在馈食之间而已。其余动静语默,必须贞静,耳无邪听,目无邪视,口无邪言,昼游庭,夜行以火,非父、非夫、非伯叔兄弟,务要男女有别,不可相对,语相授受也。若不亲针刺,不亲纺织,专事嬉游,或识字者看淫书小说,听歌唱弹词,其心志必至不孝舅姑,不敬夫子,妯娌上下,一切傲慢,以此败家者多矣。为人父者不可不谨。

嗣　　续

　　夫子孙相承,绵延不绝,人之大愿也。不幸无子,自有亲支继嗣,以绵血食。如先继而后生男者,今于谱中必注"先继侄某,续娶某氏生男某某"。如先领外甥内侄,异姓别亲,自幼抚养为子者,本支继嗣,一定即令归宗,不得注名在谱,重宗祧,惧淆乱也。乃有下愚之人,以应继为冤仇,或冒认奸生,或诈妆假腹,或暗换下贱,以为己子,暗瞒带来,以为亲生。岂知妇女家人不免宣露于平日,其本生父母不忍忘弃于殁身,终必败露。即使人可欺,天不可欺,欲盖弥彰,而祖宗之祀自我而绝矣。故特为儆辞以垂戒。

孤　寡

茕民无告,孤寡为先,宗支有此,诚为不幸。念祖宗一脉相传,我团聚而彼独苦,吾祖视之,亦有凄然以哀者。卵翼安全,是在我也。每见今人,视为可欺,钱财产业,从而占之。随有无良小人为之左祖,为之瓜分,杀孤欺寡,先自本支始,良可叹也。若果有往来不明,当预鸣于生前,不妨索取于殁后,宁宽无刻,存长厚之道。吾愿宗属,咸垂轸恤。

立　身

凡人立德为上,其次立功,其次立言。而身被章服,名登仕籍,以夸耀于闾里者,不与也。夫人敬遇知,天子显扬,祖宗泽被生前,声施后世,固为最上。然是有命焉,不可幸致。即托处田间,何人不可立德?暗室不欺,大庭无忝,即立德也。何人不可立功?忠孝友悌,造福乡邦即立功也。何人不可立言?必忠必信,然诺无惭即立言也。余见营营逐逐之辈,家虽素封,无一功可记,无一言录,利欲熏心,专事刻薄,卒与草木同腐,可胜悼哉。

为　善

圣贤千言万语,只要人为善去恶。为善获福,为恶受祸,天理之常,无足怪者,《易》曰:"善有余庆,恶有余殃。"良有以也,吾不知所谓善,但使人感吾者,即善也;吾不知所谓恶,但是人恨吾者,即恶也。吾历观凶恶之徒,阴贼挑唆,贪暴嫉妒,每以势力压人,或以挟持图诈,小则令人破家,大则致人殒命。岂知天道昭昭,报施不爽,或官火盗贼,或暴病夭亡,身死之后,子孙不肖,丑行相传。孰谓圣贤遗训而可忽耶?后生小子,当自省诸。

生　业

天下生业,惟耕读为上,若得良田百亩,及时播种,用木栽培,不做旷为,省费节用,积少成多,亦可致富。若读书有得,无穷经史,下笔成章,命运亨通,幸邀富贵,为祖宗门户生辉,举族亦叨荫庇佑,为出人头地。倘或不能,莫若安分守己,训蒙力田,亦可充衣足食。舍此而蓄牛马有瘰蠹疲疾之忧,撑船只有江海风波之险,充书吏有贱役鞭挞之羞,入营伍有锋镝死亡之虑,皆不若"耕读"二字,守吾祖宗质朴家风焉。

营　谋

古人有言曰:人生但取衣食饶足,令乡里称善人,足矣。此良为有味。吾见世之营营谋利者,广置田庄,不知止足,死而后已,徒为子孙作牛马耳。况放于利而行,有利于己,必害于人,以致互相夺利,祸患及身,是谋而反失利矣。人当少壮时,谋为生计,勤俭成家,苟为而不遂,即当安于义命,不可强也。昔卫公子荆,苟合苟完,圣人称之,亦是此意。若有余赀,则当勉为善事。如窦禹钧以义学教人,范尧夫以麦舟助葬之类,积德流芳,泽及子孙可也。人生世间,衣食之外,皆非受用之物,若子孙贤达,自能振起家声。子孙不肖,徒供一时浪掷,彼守财虏,何其愚耶!吾望族人猛省。

赌　博

天下至不堪者,惟盗与赌。盖盗者贪人之财,劫夺肆横,而赌者利人之有,显弄机锋。每见少年子弟,不务诗书,便亲客始,而花朝月夕,以此消闲,久而渐入赌场,反为恒业,昏迷不悟,必致囊空,再赌再输,愈输愈赌,银钱衣饰,尽为人有,遂至卖田借债,日渐狼狈,父母妻子怨恨,亲朋邻里恶憎,恬然不悔,终为贫贱,入于下流,直至为盗为贼,倾家殒命。故赌博舆为并称。人苟知自好,急宜痛戒。

淫　酗

酒色害人,为祸甚大。后生少年,不知鉴戒,沉酣而以为豪放,渔色而以为风流,不惟废家误事,且能致病丧身。谚云:"酒为腐肠药,色是陷人坑。"此语虽俗,实为格言。然不但外色当戒,即妻妾间亦宜儆省。其妻妾一事。凡人无子,不得不然,如有子,决不可娶妾。行此念一萌,其谬已甚。况女子性偏,执拗多有,妾妒忌致家不和,甚至背逃自缢,玷污清白,拖累官司,其祸靡穷。吾望族人,愿勉旃,毋娶妾。

不　肖

人生不幸,娶妇不良,始宜防闲,既则惩戒。若终不悛,出之可,死之可。此丈夫事也,乃有听其自便。玷辱家门,不惟灭祖,其所生者尚可复为人后乎?若有一于此,即以不消去之,其有迁别境,而失身下贱者,亦灭祖甚矣。两者当尽削除,永不入谱,以为失身戒。

记　事

命之短长不同,人之邪正亦异。各有其实,不可诬也。今自十岁以内,死者注殇,十六岁以内死者注夭;十六以上婚配而无嗣者注绝。有父死而母嫁者,父之名下不当注室某氏,义绝于庙也。其子之名下则当注嫁母某氏,子无,绝母之义也。人之正者,必注明善事某某,所以昭令德于无穷。人之邪者,礼虽为尊者讳,为亲者讳,然若尽讳之,则无以启后人鉴戒之端,亦非祖宗立教之意也。若微疵小过置而不录可也。

同治丙寅年仲秋镌

【注】《丁氏家乘》不分卷,丁元琳纂修,同治五年刻本。是为崇明丁氏家谱,始迁祖尊、富,宋靖康间自句容迁居崇明。

王 氏 家 谱

卷 四
家 祠 规 约

一、每年祠祭，定期二月十二日、九月初九日，合族辰时聚集，早膳后行礼致祭。凡六岁以上，皆与祭。礼毕，长幼序齿，受胙于奉思堂，每席六人，相敬导和，酒不至醉，惟饱神馂而已。

一、祭前一日，司事至祠，躬率仆从，洒扫祠宇，揩拭几案，洗涤器皿，一切应用之物，以次展陈。祭日省视一周，祭后公同检点，扃贮而后散。如有损坏，照旧添补。

一、祭时每位前茶一、酒一、箸一，照香案、香烛各一。每席五馔一汤、饭二、点二、鲜干果四。祭毕，每位焚化冥财。祭节孝先太宜人详见后。

一、祠堂左夹室，奉节孝先太宜人之父张公，讳明德，母吴太孺人位，祔幼殇牌。茶酒馔果与祭同。

一、司土神位，祭日早膳前，敬具三腥、茶酒、香烛，献毕，焚送冥宝。早膳后祭，先因四馔，酒饭，香烛。祭毕，焚冥财。执事者，惟族长是择。

一、祭日，族长择族众中赞礼者一人，读祝者一人，以及司尊、酌酒、进馔、进茶点、进饭羹，皆由族长择派，不得推诿，亦不得戏怠。违者罚令祖位前跪香一炷。

一、每次祭期，除司事先期一日到祠外，其余族众自应按期辰集敬候，致祭行礼，不得祠外闲游。祭毕合食，不得喧呼肆饮。违者均罚令跪祖位前。

一、每月朔望，灶神、土神、祖祠、节孝厅俱然供香烛、净茶。合族辰初至祠行礼。先田位前，一体然供，以昭诚敬。

一、除夕然供，一如朔望时。元旦祖祠、节孝厅加供细点，每案各一盒，越三日乃撤。灶神、土神先田亦如之。

一、祠堂、节孝厅，每岁元旦初二、初三及朔望，祭期开门，余常关闭，以肃祠宇而妥先灵。

一、祠内一切器皿对象，无论亲串故交，概不借出，违者族众到祠凭公议罚。

一、祠内不许本宗他姓停顿物件、设席演戏。如有窝赌聚匪，一切不端之事，先将管祠人，轻则驱逐，重则送官究治。至族中公事，许入祠公议。无故不得开筵宴饮。

一、管祠人公择诚实勤谨者，立承管笔据，酌给工食，每月若干文。如有无故遗失器皿物件，罚令照旧赔补，以专责成。倘有更换，须检点交递，照此承管。

一、祭产现置市房四处，立王奉思户名入册办粮，所有逐处亩分坐落，俱经呈明上海县主造册存案。其房地俱系杜绝，不许回赎，并不许更换，以致紊乱。立碑于祠，永昭世守。倘日后不肖子孙有盗卖情弊，族长合族中鸣官究治。

一、二十四保二十四图祖坟余田，原不得籍为祭产，但每年租出，除缴钱漕外，倘有赢余，注明本年每亩余钱若干，总归祭产备用。

一、祖坟田亩，每年钱漕由祭产动支完纳。至大南门外二十五保十一图友三公等坟田，每年钱漕、表插、修理等费，均由祭产支销。是坟久经乏嗣，自归祭产公中承办，俾后人知祖孙一本之义，庶保坟墓于无穷也。

一、祠堂、节孝坊市房祭产，每年钱漕均由祭产支销，俾得后人国课早完，不致互相推诿。

一、祖坟自乾隆五十八年辑庭公偕春泉公创置，计合葬与可公至辑庭公五世，每年钱漕自应从祭产承办。其余各房另置坟田，每年钱漕各自完纳，不得在祭产支销。

一、祖坟培土、开河、穿笆、种树、节孝坊墙垣、石砌、祠堂，一应修葺等费，均由祭产动支。至祠堂如年久倾圮，即议重建。或费大而公项不敷，合族公议筹办，不得因循怠缓，大负前人报本之心。务照旧日规模，亟行完竣。

一、祠堂既置祭产为公项，设立账簿，每年计收租钱若干、支用若干、除存若干。至来春正月初十前，务按每年收付结算注明。如有余存，积数增产，不得借以生息，致萌觊觎。至遇地方捐项善举，各自乐输，不在祭产动支。

一、家祠奉祀向自绣黼公始。绣黼公本支上下无从查考，设位者于拜厅东次间总设一席，以广追远之思，馔如正祭。

一、节孝厅奉钦旌节孝张太宜人位，道光十九年祔祀春泉公、辑庭公钦旌孝子，祭器谨遵《大清通礼》，笾四、豆四、炉一、灯二、壶一、爵三、帛一（有盘）香盘一。七品以上，俎一、铏一、敦一，俎实牲体，铏实羹，敦实饭，笾实时果、饼饵、鱼腊、兽腊之属，豆实炙戴时蔬之属，皆铜制。

【注】《王氏家谱》六卷，王寿康纂修，王庆勋续修，清道光间修，咸丰十一年（1861）续刻本。据谱称，始迁祖字秀甫，一作绣黼，清康熙初自浦东周家渡移居上海大东门外太平巷，为上海著名的沙船家族。

续修王氏家谱

卷 五
义 塾 议

一、议增设义塾。课族中子弟读书上进,载于义庄规条。今议创设,以承先志。

一、议筹款设塾。庄规原以余银增设义塾,今以庄款无多,遵先赠公《重造祠产记》祭扫开支外,以赢余归入义庄,续置义田之例,创设义塾。

一、议己丑年,曾于上海祠产余款提钱一千二百千,存典生息。今议将祠产余款归并之产,凡未入义庄奏案者,并归义塾开销以便周给。

一、议归并祠产。同治□年□归并七图二十五保租房一所,计租年□千。光绪十四年夏,归并十六图二十五保租房一所,计租年三十千。光绪十七夏,归并十六图二十五保租房一所,计租年三十千,统归义塾开支。

一、议义塾收支款项应与祠账一手经理,其经管银钱及收支各式,悉照祠账之例。惟账目列开,与祠账一同按月造报,以杜族人觊觎疑猜。

一、议庆昌名下愿捐足钱一千文作为义塾之费,应俟登缴,存典生息,一并开支。

一、议义塾之设,专为栽培子弟起见。原无分贫富。但现在经费未敷,只能酌给实在贫乏无力读书者,俟存积充足,设塾延师,悉听族中人入塾,再议规条。

一、议凡族人子弟,无力读书者,先向祠中报名存记,听其就近从师。应给若干,照章发领。

一、议学成以二十五岁为限,过岁停给。二十五岁之内辍业不从师者,停给;改业者,停给。其二十五岁之外有志向学仍不废读者,自有义庄不论年岁月给千文之例,在与塾不涉。

庆昌议

育材书塾初定章程序

余家自先大父资政公创建家祠，就祠后隙地筑省园，为族子弟稽古论文之所，复捐置义庄以赠族。倘再积余款，添设家塾，越数十年，有志未逮。先朝议公、筹提公积，并捐存款，酌量置房产，以租息供族人膏火之不给者，事属创行，规模未备。今国家崇尚实学，饬改各省书院章程，并设专科，以鼓舞之士之为科举业者，岂独是呫毕咕哔，汩没于时文楷法为毕乃事哉？爰集族中长老公议，于省园设中西书塾。先尽族人，次及外客，似私而实公焉。塾名"育材"，中设蒙馆二，经馆二，西馆二，庭班次分，犹经蒙之递进也，所以副圣天子作人之意。他日学有成效，由官长咨送大学堂考验，用备折冲御侮之选，其有补自强大计者非浅鲜矣。众皆曰善。自丁酉春开塾，四方来者，讲舍为塞。再就园中退息山庄改建洋楼七楹，添请名师，广设学额，以餍众望。蒙窃更有说者。近今习西学者众矣，粗涉语言文字，已急为治生计，于泰西政教，富强之要，概焉未讲，遇有艰阻，求一通达之舌人而不可得。此非不揣其本与？爰与胡君可庄、黄君云孙厘订课程，持之以恒，要之以久，为中为西，交相勉于明体达用之实。愿学者毋骛近功，毋域小效，是则区区育材之意焉。至体操一事，法古舞勺舞象之道，为今与让与仁之助，别为说以广之。序其缘起如此，亦以继述先志云尔。

光绪二十三年一月朔，柳生王维泰自序

交代育材家塾记

先朝议公遗命，捐家塾经费钱一千千文。甲午年，维泰弃苏州屋，遵缴时被梓哥移用二百千文，尚余八百千文，存有成号。后有成收歇，其息由维泰按年认缴，交伯明侄手收账。丁酉年，维泰承办育材家塾，置备生财费，家族项下洋四百七十余元。又祠后添造楼房费，祠账项洋一千四百元。时祠款不足，由维泰移借，即在所收经费认出利息，现已陆续拨清。维泰经办家塾至本年五月份截止。曾于己亥冬，置买高昌庙地五亩九分，正计价洋二千一百五十二元四角八分。除先朝议公存钱八百千□，申洋八百六十九元五角六分，业经开支外，透用洋一千三百八十二元九角一分，皆由维泰历年劝募所入。再家塾生财一项，除已经开支，皆有细账交存伯明侄手。自戊、己、庚三年后，续置各件约计洋五百元左右，悉系维泰筹垫之款，统俟培孙侄照现存数目开具清册，分别注明价目，作为维泰续捐家塾之项,以清交代,统交楞哥及伯明侄检登,此后不涉。计交冯姓卖契一张,原契一张,方单两纸,经莲山原信一纸,柳记收付清单一张。

光绪二十六年九月九日,维泰手抄

义 庄 规 条

江苏松江府上海县

呈为仿设义庄等事,今将职附生王寿康捐置祭义田亩另册开造区图圩号亩分外,所有义庄规条理合开造清册,呈候查核施行。须至册者。

计 开

一、逐房计口给米,每日一升并支白米,如支糙米,即临时加折,每斗糙米作折白米八升,用部颁五斗三升斛斗,较准应斛。

一、男女过十七岁元旦以上者,始作成丁一口,日给米一升;十一岁至十六岁者,日给米半升;五岁至十岁者,日给米三合,闰月照前给发。四岁以下不给,女于出嫁日停给。

一、丧葬尊长有丧先支钱六千,至葬事,又支钱十千。次长支钱四千,葬事支钱八千。卑幼及二十岁以下与未婚娶者,不论行辈,丧葬共支钱六千。十五岁以下支钱三千,十岁以下支钱二千,七岁以下不支。其有将钱支去,不即行埋葬,别项花销者,定将应给米照数扣除。宜遵三月逾月之制,无故过期不葬者,虽请勿给。

一、族中婚娶者支钱十二千,嫁女者支钱十千,但须明媒正配,族长主婚。若娶再醮之妇,淫奔之女及嫁与匪人者,不准支给,同族并宜理禁之。

一、凡力能自给,不支请口粮者,遇婚嫁丧葬事,仍照例支给,不愿支者听。

一、凡力能自给,及出外营生,不在家者,不给口粮,仍于册上逐年注明,作为本家本人捐项提公。日后不得借口从前不取,希图北过节。设后贫乏,仍准照口给领,亦不因本家本人从前不给,永远扣除。

一、族人如有不孝、不悌、不睦、不安生理,不训子孙,以及赌博、打降、匪类,甚至涉入确实命盗案内,及卖身于人,一切不言之事,为宗族乡党所不齿者,义当摈弃出族,除籍勿给。如有过继他姓为后者,亦作出族例,勿给。出族者及其子孙皆停给,除籍者止除本身之籍,给米暂停,候其改悔,族人报明仍给,酌量其过误情实轻重而行。

一、族人生男女，限满月后，即以某人于某月日时生男女，某母及所生母某氏及男女行第、小名书一单，报义庄，本庄于给米日，再问宗族众人，知所生男女的实，即时限同注册，以便他日及年支粮，若违例不报，过时补报者，虽年长，不准给米。其有男女未至领米之年夭殇，于领米之日报明除籍。如有隐瞒，察出照数追扣。

一、寡妇孤儿，并无田土实在，茕茕无依者，于本分应支月米外，寡妇酌给棉花，以资纺织，孤儿加助束脩，令从师入学。

一、族人有独子单丁，年过四十无子，实在贫寒，不能续娶或置妾者，公同酌给银两，听本人详慎自行。

一、年过六十以上，于本分应支月米之外，加给若干，见敬老之意。如鳏寡孤独，兼有废疾，无人侍养者，亦许加给。

一、族人先期预支米物者不给，或有应给未给，托经管人留仓积多，他日并支者，不准强留仓者，即以捐项提公。总之先后日期，升合不可假借，以永绝出入不清之弊。

一、义田现在寿康管理，日后总以先赠公嫡支，殷实公正，可托之人，举为庄正，庶免侵空之患，用垂久远。其一切收支繁琐，一人不能独任，当设两副襄理。其正称为庄正，用以总理诸务，副者咨请而行。

一、义庄办事，宜先公后私，虽遇歉收，不得迟缓输赋，务要脚踏实地，虽缺急用，不得暂借，有拖债负。

一、收租一事，庄正、庄副三人之外，尚需人力，钱米出入，其弊多端，总归三人专其责成。司事者正当于止立品，于此见才，不得一毫苟且，致族人非笑。如有难以对人之事，不可居司事之列。戒之，勉之。

一、义庄事，惟听掌管人依规处置。虽族中尊长，亦不得侵扰干预。倘掌管人有欺弊处，当会同宗族，从公理断。

一、领米日期，于每月末各持请米折子，于掌管处批请，不许预先隔跨月份支领。

一、族人不得租佃义田耕种，不得租借祭产房屋居住。

一、义庄佃户所当优恤，使之安乐，为子孙永远计。不得挟业主宗族之势欺侮之。如有顽佃，听庄正鸣官究治。

一、本邑陆家嘴上二十四保二十四图男字圩先祖考妣墓田八亩五分二厘八毫，旁田一百亩二分七厘二毫，大南门外二十五保十三图靡字圩友三公墓田一亩二分八厘四毫，二十五保八图忘字圩家祠一所，计基地四亩一分，又祭产一所，基地八厘，二十五保十六图忘字圩节孝坊一座，计基地六分，又祭产一所，即节孝坊余地,二十五保七图莫字圩祭产一所,计基地三分,二十五保十六图长字圩祭产一所,计基地八分五厘九毫,现在汇案,都为一册,共立太原户名承粮。

一、嘉邑光字号十四图鸟字圩新阡墓田八亩,旁田五十五亩四分六厘,奉先赠公栗主支祠一所,现在汇案,都为一册,共立太原祭田户名承粮。

一、两邑坟墓、家祠、祭产、祭田等项,粮赋之外,余租分作两邑各备祭扫、修葺等用,不入义庄账内公支。义庄田亩输赋赡族之外,余租亦不得入祭产、祭田账内支用,以昭划一。

一、义庄余租当仿余一余三之制,预备三年口粮以补岁歉缓征之不足。倘三年外有盈余,及族中有慕义捐助,或扣给各捐项余存,一并提公,随时置办田亩。约满一二百,准续行禀案通详。

一、义庄在嘉邑,族人赴庄领米,道远不便,定于上邑大东门内家祠支给。

一、义庄余租项下再有余银,拟续置墓田三四十亩,为族之无力葬亲者,仿古族葬法,以次葬埋。

一、日后如有不肖子孙,盗卖义田、祭田及有力之家霸占并合等事,合族鸣官究治,不得容隐。

一、凡庄正每年修膳四十八千,庄副三十六千,按月支取,不得拖欠分文,亦不得预为支取。他日义田增至千亩以外,族广事繁,修膳另行酌增。

一、义庄余租项下,如有余银,拟于族人团聚之所,增设义塾,课族中子弟读书上进,规条另详。

一、子弟年二十以下,能通二给者,月给膏火钱五百文,通三经者八百文,通五经者不论年岁,月给钱一千文,以鼓励子弟崇尚实学。

一、子弟为诸生,遇岁科考,一等者给钱三千,首名六千,以鼓励子弟读书为文上进。此宗钱文,上于榜下给发一次,不得如读经之例。

一、子弟赴乡试者,每人给钱五千文,会试者二十千文,并须实赴乡会者乃给。若已给而无故不赴试者,追给。

一、子孙有入学者,如果实在分管,酌给钱十千文,发科者二十千,有登第者三十千。此宗钱文亦只于榜后给发一次。

一、子孙中有出仕者停给,其丁忧在籍,或以礼去官者,仍准自行请给。

一、族中如有贞节孝悌,例得请旌者,归入义庄襄办。

一、义庄出入账目,务要逐年件件结清,以杜蒙混之弊。

一、族人家虽不足,而志气特立,不愿领者,听。

一、遇有规条所载不尽之事,理宜掌管人与族人公同议定,然后施行。

【注】 家族情况同前谱,是为前谱之续修本,王师曾纂修,1924年铅印本。谱中所言育材学塾,即为日后著名的南洋中学前身。

上海倪王家乘

族约第五
职思堂房产公约

立公约王职思堂　合族子姓

溯我王氏,自明代始祖倪爱泉公迁沪以后,爱泉公生二子,长云升公、次云美公,始改姓为王,迄今已越十世。而云升公支早绝,今我王氏阖族统为云美公后。先代本聚族而居,云美公筑屋曰"职思堂",在上海县二十五保一区十二图短字圩二百八十号,为我族人共同居住之所。其方单(咸丰五年方单)名为王四六,则田六分三厘五毫,丈见实地一亩零九厘六毫。地名陆家浜,累代相承,谨守勿替。近年子姓繁衍,房屋狭隘,因议分析,经界秩然,爰即召集阖族长幼公同商议。除坟产墓田另订公约,分房各执外,谨将我王氏职思堂阖族住宅一所,订定规章,共同遵守。阖族一致,各无异言,所有公议妥洽之规条开列于后:

计　开

一、谨案,世系表云:美公为第二世,肇构职思堂。传至杏垞、杏江两公,为第八世。杏垞公生子而成立者五人,杏江公生子而成立者三人。两公相传,实有八子,今即据此而分为八房。为便于论列计,谨以孝、悌、忠、信、仁、义、道、德八字,定其房次。

二、八房中,今依世系表所定,以品孙公讳嗣增为孝房,陛九名锡增为悌房,登九公讳亮增为忠房,聿亭公讳修增为信房,小江公讳灏增为仁房,澹孙公讳棨增为义房,跂垞名澍增为道房,舒卿公讳杰增为德房。

三、杏垞公生子有五,长澹孙公、次品孙公、三跂垞、四陛九、五登九公;而杏江公则生子三,长小江公、次聿亭公、三舒卿公,合而为八,适合八房。

四、综上所列八房,以后概可简称孝房、悌房等,余类推。

五、上述陆家浜住宅一所，既为上列八房所共有。今分析方法，亦经议定，即以此八房为分析之标准。

六、按照丈见实地，既有一亩零九厘六毫，则按八房分派，每房应分授实地一分三厘七毫，合计则适如上数。

七、职思堂之堂名，本为我王氏阖族所共有。今公同议定此职思堂三字，永远为我王氏阖族共有之堂名。上开住宅一所，本为职思堂王氏共有之公产。

八、职思堂公共住宅一所，既议定为孝、悌、忠、信、仁、义、道、德八房所分派。故此次所立之公约，分缮八纸，使八房各执一纸。

九、自经此次分析后，不论何房，得以其应得之部分，有随时移转及抵押之权，他房不得干涉。但不论移转或抵押，应先尽王氏同族享受。如不先尽同族而遽售于异姓者，则契约无效。

十、前条所谓同族，即指本公约之八房而言。若移转或抵押，如异姓所许之价格，超过于同族所允之价格时，则尽可移转于异姓。

十一、职思堂公共住宅之方单，仍归道房暂时保管。俟本县清丈完竣，发给新方单时，按上开八房每房应得之数，先期知照，分立新方单八纸，各执各业。其户名应用王职思堂孝房、悌房等字样，余可类推。

十二、忙漕在清丈未曾完竣，新单未给发以前，仍由道房暂时代完。该纳代价若干，仍由八房公摊。其版串自本年为始，归孝房执管。其后则每年轮流执管，由悌房相递而至德房为止。

十三、关于住宅之建筑及修理等事项又费用，随时由八房公议，取决于多数，费则仍由八房公摊。

十四、本公约成立于上海陆家浜本宅，共缮八纸。除每房各执一纸外，并刊入家乘，以垂万世而昭遵守。

中华民国十五（丙寅年）五（四月）二十（初九日）立公约

职思堂王氏第十世孝房铉联［印］　职思堂王氏第九世悌房锡增［印］

职思堂王氏第十世忠房铉联［印］　职思堂王氏第十世信房铉夔［印］

职思堂王氏第十一世仁房贤清［印］　职思堂王氏第十世义房宝仑［印］

职思堂王氏第九世道房澍增［印］　职思堂王氏第十世德房铉熙［印］、铉焘［印］

证明：律师狄梁孙［印］　　缮约：窦仲昌［印］

职思堂墓地公约

立公约王职思堂合族子姓

溯我王氏，自迁沪始祖倪爱泉公生二子，长云升公、次云美公，始受姓王氏。云升公支早绝，今世世相承者，厥为云美公后。越时将届三百年，相承亦有十余世，端赖我祖我宗世泽长存，绵延弗绝，乃有今日。则我王氏历祖历宗之坟墓，尤当共相保护。谨守天职，兹为保存先人坟墓计，爰订公约，共同遵守。世世子孙，各宜恪守成规，永保勿替，是所厚望。此约。

一、四世祖汉南公讳纪，墓在上海县二十五保一区十二图短字圩一百九十八号则田一亩九分二厘五毫，一百九十八号则二亩一分一厘七毫，地名望海墩，方单户名王起。丈见实地共四亩二分三厘三毫，此墓主穴为汉南公。

二、四世祖宸章公讳纶，墓在上海县二十五保一区十二图短字圩二号，地名望海墩，方单户名王四六。准田一亩零三厘一毫，计合则田二亩零六厘二毫。丈见实地三分三厘，此墓主穴为宸章公。

三、五世祖政三公讳得仁，墓在上海县二十四保二区方十二图方字圩三百五十六号，地名望大桥，方单户名王超，则田二亩五分三厘四毫。又张士奎户，则田二亩九分一厘三毫。丈见实地共五亩四分二厘二毫，此墓主穴为政三公。

四、右列三处坟墓，均为我职思堂王氏合族共有之墓，即坟旁余地，亦为我职思堂王氏合族共有之地。凡我王氏子孙，无论何人，不得分割及移转抵押。

五、前条所载坟墓之方单，仍归道房暂时保管，将来如欲移转管理权，则应由阖族公推殷实可恃者继续保管。

六、不论王氏尊长卑幼，如违反前条之规定而发生分割及移转抵押等情事，其所立契约无效。

七、如有王氏合族以外之人，擅将上列坟墓或坟旁余地，发见有侵占或盗卖之行为者，我王氏合族，应一致合力反抗，以达到排除其侵占盗卖之目的为止。

八、坟旁余地所收之地租，自民国十六年为始，由八房轮流收取，专供修理坟墓及完纳忙漕之用。忙漕版串，亦由八房轮流保管。从孝房为始，每年依房次而递推至于德房为止。周而复始，永远保管。

九、春秋祭扫，仍照向章办理。今公同议定，自民国十六年为始，按照八房轮祭轮扫，其有自愿另行祭扫者听。

十、以上各条，凡我族人，均应严谨遵守。如有违反此约者，以不孝论。

十一、现因分析职思堂王氏合族公共住宅一所，业已公定一族为八房，又以孝悌忠信仁义道德八字冠其房次。

十二、本公约成立于上海陆家浜本宅,共缮八纸。除每房各执一纸外,并刊入家乘,以垂万世而昭遵守。

中华民国十五(丙寅年)五(四月)二十(初九日)立公约

职思堂王氏第十世孝房铉联 印　　职思堂王氏第九世悌房锡增 印

职思堂王氏第十世忠房铉联 印　　职思堂王氏第十世信房铉燮 印

职思堂王氏第十一世仁房贤清 印　　职思堂王氏第十世义房宝仑 印

职思堂王氏第九世道房澍增 印　　职思堂王氏第十世德房铉熙 印、铉焘 印

证明:律师狄梁孙 印　　缮约:窦仲昌 印

【注】 上海倪王家乘首编三卷本编六卷附编一卷,钱基博纂修,1927年中华书局铅印本。是族本姓倪,世居无锡,元末迁上海,卜居三桥。始迁祖倪爱泉,万历间重归无锡,将多病的二子托养于上海好友王爱山,并改姓王。其子世昌,字云美,阖族聚居陆家浜,为上海望族。

罗溪王氏家谱

家　　训

敬祖宗,重祭祀。
孝父母,和兄弟。
正夫妇,谨婚姻。
教子孙,务耕读。
禁游惰,崇俭朴。

右祖训十款,载在宗谱。每款各有诠释,又以朱书悬挂宗祠、享堂两壁。所以示子孙,以准则也。

【注】《罗溪王氏家谱》不分卷,王大钊纂修,1929年稿本。始祖宁安,字敦行,号居亭,南宋末迁居江宁禄口镇。二十一世万林,于清道光年间自江宁移居宝山县罗店镇,设药肆,是为罗溪王氏始祖。

嘉定王氏续修支谱

兹将祠中所悬——组训恭录于左：
修孝悌慈,立德言功。惟贤子孙,庶光吾宗。
安分知时,恕人责己。入道何由,读书明理。
中养不中,才养不才。贫式以德,富明以财。
茔不厚葬,剩不华饰。春秋享祀,不僭不忒。
左昭右穆,永世维则。修坠举发,绵我血食。
贫穷求志,富贵达道。仕宦犯赃,不准入祠。
乡党恂恂,乃分之宜。豪横武断,不准入祠。
四民有业,各就谋生。游手好闲,不准入祠。
厥或无后,贤爱从便。觊产夺嗣,不准入祠。
男效才良,女慕贞洁。妇人失节,不准入祠。

【注】《嘉定王氏续修支谱》二卷,王钧善等纂修,1948年油印本。始祖玄,字吉夫,据称为北宋名相王旦之侄,北宋间迁居苏州昆山。明洪武间王分,号介山,由昆山山前入赘嘉定陆氏,居介山墩之东,是为嘉定王氏始迁祖。

王氏宗谱

家　规

一、人子于父母在日，必及时孝养，毋遗风木之憾；父母故后，必及时葬理，毋贻暴露之识。

一、祠墓必一岁两祭，春以清明，秋以重阳，不赴者罚祭。

一、祠墓必置祭田，方可垂久。倘有不肖子弟，侵蚀租籽，甚或盗卖者，族长鸣官，以不孝罪之，仍追原价及租籽充祭。

一、祠谱为人身本分事，阖族当各以此自任。祠必岁葺，谱则以三十年为例，已往之典型，急当缵述，后来之子姓，急当增添也。

一、子弟到六七岁，即令就馆读书，义方要严，至十五六无成，乃令弃读就耕，或习一艺为治生计，毋虚度光阴，致后日受饥寒之苦，为寡廉鲜耻之事。但择术不可不慎，矢人、函人，其用心固殊也。

一、族人如不幸无子，各就近房推立昭穆相当者嗣祀，应嗣不肖，再立爱嗣，切勿螟蛉异姓为子，紊乱宗支。

一、门中如有不幸少寡，有志者守，无志者嫁，听其自便，勿拘泥体面，勉强挽留。读《墙茨》三章，"节"之一字，自古难言。

一、遇族有吉凶实嘉等事，不论住居远近，必往庆吊，量力具分，惟其情，不惟其物。

七十五世孙耀和兆鹏请示重修

【注】　王氏宗谱不分卷，王声亮纂修，光绪二十五年（1899）三槐堂木活字本。始祖雷，出太原王氏，南宋淳熙间由句曲移居崇明东洲，又有金礼，出琅琊王氏，明永乐初自江苏丹徒移居崇明西洲，是为两支合谱。

上海朱氏族谱

卷八 外录
族会缘起

　　上海族姓,无我朱氏大;祭田、义庄、家庙、坟茔,粲然秩然,亦无我朱氏之详且备者,非先人物力之厚,风义之高,曷以臻此盛轨。乾嘉之际,中国民丰物阜之时也,我朱氏亦号称极盛。道咸以后,族运中衰,驯至生计艰难,丁口衰耗。民不足则不暇洽礼义,庙貌荒顿,几同废刹,义庄颓弛,尽饱私囊,凌夷迄于光绪之季,而族运之否极矣。同人等发愤私议曰:"今日文明国民,无不视国事如家事,视国人如同胞,我辈视切己之家事,血统亲密之同胞,乃如秦人视越人之肥瘠,毋乃枉自菲薄,贻祖宗羞与。"乙巳夏,征集同志,发起改良族制之议,大会族人于宗祠,演说主旨,虽为舆论所挠,未及果行,而此志固未尝少懈也。荏苒数年,以及戊申之岁,内讧迭起,外侮交侵,稍具天良者,无不言之扼腕。同人等呼祖宗在天之灵,重申前议,创立族会,拟其草章,请于前知县李公批准施行。即于是年十二月,用投票法公举经理、议员若干人,邀请邑董监视选举,是为族会成立之始。距发起之岁,已四年矣,可见变法之难,而众志之不可以骤同也。自成立以来,二年有余,事无大小,决于公议,人人有自奋之心,庙貌之毁圮者完之,公产之失坠者复之。而热心公益者,又能出其私财以助公款之不逮。虽才疏款绌,于创设族会之主旨施行者不逮十之一二,然丁此新旧乘除之际,而稍有是非之心者,必不能谓此二年余中之现象无异于二年余前之现象也。率是道而行之,其进也不可量矣。尤可喜者,族中渐多克自振拔之士,已非十年前之旧观。剥极而复,理有固然。而族会所以维持而不坠者,其将有赖于是乎?方今国敌在门,危亡之祸,迫于肩睫,我辈子孙,俱无死所。当此时也,祖宗艰难缔造之成局,不能光大之,反从而破坏之,尚得谓之有人心乎哉?愿吾南桥公之后裔,各以南桥公之心为心,屏除私见,翼赞宏图,所以光祖考而保子孙者,胥于是乎在。民国元年七月,为更举职员之期,修改族会章程规约已成,乃述其缘起如此。

族会总章
第一条 命名及会所

本会乃族人组织之团体,名曰族会,以保护族中公产,振兴族中公益为目的的,即以西姚家街家祠为会所。

第二条 会员

一、族长以下,不论辈行尊卑,凡年满二十岁者,皆为会员,惟妇女不得干预。

二、有左列情事之一者,不得为会员。
  甲、受本会出会之惩戒处分者。
  乙、失社会财产上之信用者。
  丙、品行不端显有劣迹者。
  丁、有心疾者。
  戊、恩抚子。

第三条 职员

一、本会职员分干事、议事两部,干事部设正副经理各一人,单契经理一人,查账员二人,庶务员一人;议事部设正副议长各一人,议员六人,书记一人。

二、干事部各职员概不兼任,已任干事部职员者,不得兼任议员。

三、庶务员由正副经理于会员中选任,惟必经议员之认可。书记员由议长选任,其余职员皆由公举。

四、庶务员事务较繁,酌给薪俸,其他职员皆无俸。

第四条 选举职员

一、凡全体会员皆有选举及被选举之资格。

二、选举用无记名单记法填写所举者之别号。

三、开筒检票以票数最多者当选，票数相同者，以年辈尊者当选。当选者不得辞职，如实有事故，经众公认者，方准辞职，其缺额以次多数者推补。

四、正副议长以议员互选定之。

第五条　职　员　任　期

一、凡本会职员，除庶务员外，统以四年为一任，正副经理及议员、查账员，每二年改选其半，连举者连任，以民国元年八月为改选半数之期。

二、任期内职员有故或因事撤退，以候补人补之，如无候补人，或虽有候补人而因事不能任职者，应开临时选举会选补。

第六条　会　　务

酌量事情缓急，经费盈绌次第施行：

甲、族中公产之固有者保存而扩充之，失坠者回复之。

乙、用社会教育方法之便于施行者，俾族人具国民必要之知识。

丙、族人孤寡衰废，无力自存者，量予赡养金，免其失所。

丁、族人之失业者，会员有量其才力，代觅职业之义务。

戊、族之志行卑劣者，会员有诱掖劝导之义务。

己、学龄儿童之未就学者，督促其父母使之就学，无力者补助之。

庚、族人之有志于高等毕业而无力就学者补助之，免其中途辍学。

辛、族人因事起衅甚至涉讼者，本会有尽力调处之义务。

壬、族中无嗣坟墓，有保护之义务。

第七条　常　　会

一、每月开会两次，以第二、第四星期日为会期，无提议事件为谈话会，有提议事件为评议会。

二、评议会非有议员半数以上到，不得议决。

三、评议会期应于前三日由书记员通知各议员，以免人数过少不能议决之弊。

　　四、凡议事可否，以到会议员国半数之所决为准，若有可否同数，则取决于主席。

　　五、会议时正议长如有事故，以副议长代之，若正副议长并有事故，以议员中年辈尊者为临事主席。

　　六、会议惟议员有议决权，然全体职员皆须随时到会，以便互相讨论，惟不列议决之数。

　　七、评议会惟职员列议席，其余会员列旁听席，皆有发言之权，亦不列议决之数。

　　八、会议事件有关系正副议长及议员本身或其父母妻子及同胞兄弟者，该员不得与议。

第八条　临时会

　　紧要事件不及待常会期议决者，得职员三人之同意，可开临时会，有事体重大，须征集舆论者，可邀全体族人开临时大会。

第九条　年　会

　　每年于八月间开会一次，凡报告族务修改章程及选举等事，均于年会时举行之。

议事规则

　　第一条，每届常会期以午后三时半至五时半为会议时间，各职员均须先一刻到会，其时间如有伸缩，由议长定之。

　　第二条，每届常会期职员或会员，有建议事件，应于五日前通知议长，不能亲到，应具备理由书送交议长。

　　第三条，会议时间内，谈话会以讨论族务为主，评议会以议决族务为主，不得闲谈。

　　第四条，凡提议事件，先由议长宣告，职员会依次发言，一人之语未毕，他人不得搀越,发言已毕,由议长宣告表决,表决之法,通常以起立表之。

第五条,一议案未经议决,不得涉他议案。

第六条,与议之议员不得不置可否,可否之数,由庶务员检查之。

第七条,凡议员辩论,有牵涉议案以外者,议长得停止其议论。

第八条,议事时间内,职员非有紧急事件,不得退出议场。

第九条,议员临评议会不到者,应报告其事由于议长,继续两次不到而未经报告者,议罚。

第十条,凡已决之议案,未到会之议员同负其责任。

第十一条,表决议案,先决议题之成立与否,次决应审查或修正否,应审查修正者,下次再议之;无须审查修正者,当日议决。

第十二条,备建议册一本,专录提议事件,会日书记员记录,常日正议长记录之。又决议册一本,专录已决之议案,由主席签字或盖印为凭,交书记员抄送干事部执行。

正副经理办事规约

第一条,经理虽分正副,所有职权内应办之事,二人同负责任。

第二条,严桥、周浦两处之田租,经收员归正副经理延订,不限族人,亦不必经议员认可。惟或由一人延订,或由二人协同延订,须先向族会声明,日后经收员倘有侵蚀情弊,惟原订之经理担其责任。倘或因此人诉讼费,由议会临时公决之。

第三条,庶务员限以族人,亦归正副经理委任,惟必经议员认可。所有支付祠用零星款目,经理得委托庶务员代办,惟平日寄存之款,其数不得过四十,倘逾额交付,致遭危险,惟经理担其责任。

第四条,凡庶务之已经规定或议决者,归经理执行。其旧章所有而经理以为宜改,旧章所无而经理以为宜增者,可于年会日提议,未经议决以前,经理无擅行之权。

第五条,凡经常支出之款,归经理照章支付。其临时特别支出之款,如在三十元以内者,由经理分别缓急酌定可否;如在三十元以上者,应交议事部公议。

第六条,目前公款支绌,随收随用,无盈余之可言,所有暂存待用之款,或有滥放,致遭危险,惟经理担其责任。如存款满五百元以上者,应如何处理,应由议会公决。若未经议决而放出者,万一亏倒,应责成经理赔偿。

第七条,公款宜量入为出,但可盈余,不可亏欠。倘遇歉收或其他变故,以致费用短细,虽经常费,亦可积省,惟须付公议决之。

第八条,遇紧急需款之时,而公款不能应手,必须经理暂垫者,经议事部认可,准于公款内支付拆息。

第九条,经理每年于年会前将一年内收支账略交查账员,复核无误,转交议事部公同查核,然后印就清单,布告合族。

第十条,凡经理执掌之簿籍,应听查账员随时检查,有所咨询,经理应详细答复。

第十一条,经理于每年春租开账房时,酌派一二人协同经收人催收一次。

单契经理办事规约

第一条,公产单串契据等项,备有底簿一册,存正经理处。单契经理接管时,按照底簿,核收无误,缮一收据,交正经理收执。

第二条,此项单契,未经公议,不得私相授受,亦不得任人查阅。倘不遵定章,致有失误,惟单契经理担其责任。

第三条,此项单契需检阅时,一经议决,经理人,不得霸阻,惟须有正副经理中之一人、议员一人、查账员一人,同赴经理人处,方准检阅。

第四条,单契经理以四年为一任,任满应将单契等项赍送族会,由查账员查点一次,查点无误,由查账员缮一证条,交经理人收执。

第五条,此项单契系用铁箱存储,倘遭火灾,应尽力设法取出,免致损失。此外非遇盗窃,概不得以遗失借口。

查账员办事规约

第一条,查账员二人,或一人独查,或二人协查,均无不可。惟查验时,须签字或盖印为凭,查者何人,即由何人担其责任。

第二条,田租两次开放期内,每期至少须下乡检查一次。正副经理及其庶务员所掌之账目,每三个月至少须检查一次。

第三条,检查时如察出浮开滥支等弊,关于经理者,通告议事部;关于庶务员及田租经收员者,通告经理及议事部。

第四条,查账员宜将公产情形随时察访明白,族人有咨询者,查账员有详细答复之义务。

庶务员办事规约

第一条，庶务员一人，承正副经理之委任，协同料理族中庶务。

第二条，所有一切账目，应听查账员随时检查，如有咨询，应详细答复。

第三条，岁时祭享归庶务员承办，到祠监视。遇常会期，开会前两刻须先到。平时每星期至少须到祠一次。常祭特祭之期，协同司年人准备一切，事毕协同司年人检点收藏各器。

第四条，遇事务繁重者，得委托临时干事若干人帮同料理。

第五条，凡祠中门户、橱柜等之锁钥，均归庶务员执掌。所有祠产、园亭、花木、什用器具等，庶务员有整理保存之责，或应修理，或应建置，随时咨商经理办理。

第六条，祠丁归庶务员督率稽察，有溺职及其他劣迹者，轻则记过罚金，重则斥退。其取缔规则及罚则，均由庶务员酌定。

第七条，备器物簿一册，详晰载明，每年查点一次。此项祠用器具，虽族人亦不得借用。

第八条，本会暂不设书记员，议场录写议案，即以庶务员任之。若有繁重文件须抄写者，临时酌议。

第九条，凡议决事件，经主席及出席议员签字盖印为凭，即由庶务员交职员执行。

田租经收员办事规约

第一条，严家桥、周浦两处，各设收租员一人，归正副经理延订，分驻两处账房，专管朱氏义田收租事务。

第二条，此项经收员，佐以帮办一人，帮同料理，惟责任则专以主办者担之。

第三条，田租分冬春两期征收，每期约各以三个月为率，开收停收之期，由正副经理协商，经收员定夺。开收期内，主办员不得擅离职守，若有要事，必须告假者，应通知正副经理。

第四条，冬租例分三限征收，每限租价，正副经理与经收员酌量年岁情形协商定夺。

第五条，两期所收租金，陆续寄沪交经理查收。倘存积过多，致遭危险，惟经收员担其责任。

第六条，两处薪工伙食等项，由经收员按照支出表开支，表所不载者，不得滥支。若经收员视为必要之款，不列支出表者，须通知经理，俟经理认可，始得开支。

第七条，查账员及临时调查员下乡膳费，准作正开支。其他族人有事下乡，持有族会凭证者，得借账房歇宿，膳资仍须自给，外人概不留宿。

第八条，收支账目随时登记明白，听查账员随时查核，有所咨询，应详细答复，并逐月报告一次。

第九条，族人中有到账房滋闹，霸收田租者，经收员一面照章抗阻，一面通告经理商定对付之策。

第十条，如有疲顽佃户，屡催不缴者，随时咨询正副经理，办理惩戒规则。

惩戒规则
惩戒之类五

一、记过，分小过、大过两等，合三小过为一大过。

二、罚金，有俸者罚俸，有粮者罚粮。

三、罢职，惟职员用之。

四、出会，分暂时、永远两等，凡出会者，无选举及被选举志资格，议场无发言权。

五、出族，所有族人应享之权利，一概削除，生时不得与祭，死后本身不得入祠，并登报公布之。

记过：

小过：评议会议员无故二次不到者；职员会员不守会场秩序，喧闹忿争，不服理劝者；查账员不照章查账，庶务员不照章到祠者；经理滥支公款在三十元以内，庶务员滥支公款五元以内者。

大过：议员因二次不到已记小过而仍两次不到会，记大过；已记大过而仍不到会者，再记大过；会员职员始而愤争，继而斗殴者；查账员之失于觉察者；单契经理将单契私相授受，尚无失误者；经理滥支公款在三十元以外，庶务员滥支在五元以外者。

罚金：

罚俸：有俸职员之记大过一次者，罚俸十分之一。

罚粮：凡职员之亏损或侵吞公款者，其全家口粮至清还之日为止。

罢职：职员之记大过满两次者，职员之侵吞公款在百元以内者。

出会：

暂时：职员侵吞公款在百元以内，尚未清偿者；单契经理将单契私相授受以致失误尚未清理者。

永远：职员侵吞公款在百元以上，三百元以下，除勒追外，永远出会；查账员与经理及庶务员通同舞弊者；单契经理将单契私行出，抵除追还外，永远出会。

出族：职员侵吞公款至三百元以上，一年内不能清偿者；单契经理将单契私行出抵一年内不能理清者；盗卖公产者；霸收公款不服劝阻及虽听劝阻而所收之款一年内不能清偿者。

处分条项缺漏甚多。凡未经规定者，临时酌议添入。

田租经收员之有过举者，如系族人，亦照此规约办理，否则听经理定夺。

此项规约虽专为妨碍族中公益而设，其有违犯国法者，本族亦应干涉，罚则临时酌定。

奖劝规约
奖劝之类五

一、记功。

二、酬赠或酬金，有俸职员用之；或赠物品，名誉职员及有俸职员兼用之。赠品临时酌定。

三、宣表，揭其功状，宣示大众。

四、留像，分八寸小像、二十四寸大像两等。

五、身后入崇报祠。

记功：职员任满任内无星误者。

酬赠：凡职员之记功者，并得酬赠。

宣表：职员之记功两次者，捐助公款满百元者。

留像：八寸小像，职员之记功三次者，捐助公款满二百元者；二十四寸大像，职员之记功五次者，捐助公款满三百元者。

身后入崇报祠：职员之记功十次者，本身得入崇报祠；其异常出力者，三代得入崇报祠，以公议定之；捐助公款满五百元者，本身得入崇报祠，满一千元者，三代得入崇报祠。

祠规四条

一、本祠略具园亭花木之胜，族中男妇长幼均得到此游览，凡无妨公益，无损道德之游戏,皆所不禁,惟鸦片、赌博一概禁绝。

二、除会日、祭日外,族人皆得假座本祠宴饮宾客,惟严禁鸦片、赌博,所有族中庆吊等事,亦得于祠中举行。

三、外人无论何事,不得借用本祠,有欲入内游览者,非族人引道,祠丁不得擅许。

四、祠屋、器具、园亭、花木,族人须加意护惜,以重公德。携带童稚者,尤宜谆谆告诫,勿任作践。凡祠用器具,非经庶务员允许,不得借出。

沛国族会议事规则

族会,一小小团体也,然将以此为合群自治之试验场,不可以无法度。谨订议事规则四条,于言论自由之中不失尊崇秩序之意。愿共守之。

一、应提议之事件,分为预定及临时二项。预定者先于开会时宣布,逐条公决,其有临时发表意见者,须俟预定条件业经议毕,方可提议。

一、辩难之际,意见参商,在所难免。反对者须俟他人语言已毕,方可加以驳辩,幸勿搀言,致滋淆杂。

一、宗庙为礼法之地,应守孔氏便便唯谨之义,尊长卑幼,各尽其道,幸勿喧竞,贻讥大雅。

一、此会既为议事而设,开会以后,散会以前,宜聚精会神,极意讨论,幸勿谈笑及离座散走。

族会成立后,经理澄叙(问渔)通告全族声明职权族会内容启

启敬者:

吾族中自去腊创设族会,由族众公举经理、调查、办事、书记等人,今正又举评议员、议长,而义田祠田及一切银钱支付存收,概归会中经理。当立会之初,章程拟定,举三人经理,一正两副。澄叙忝承公举,自知名实不称,才力不及,故当众面定三人,分担责任,严家桥账房归节香经管,周浦账房归桐生经管。二人本系管祠庄银钱之人,且身家殷实可靠,世务精明练达,必能经理无误。澄叙惟收掌田单六百九十二张,又两半张,其中四百二十九张已盖"不准盗卖盗买"字印,其二百六十三张及二半张未盖印,皆有登记簿载明上邑南邑图数亩数,交存族会,永远可以查对。日后经理人若有舞弊,一检便明,惟须族中人能就簿上记清田亩总数为得耳。澄叙所尽之义务如此。所谓正经理者,特收掌田单之美名耳,并非管理族务,亦非总理两处庄务也。自开正以来,接奉函示及承一切面谕,殊觉族众于族务经理之内容及章程之性质不甚明悉,故特分告同族如下:

一、祠中现设议会，每月两次，必在礼拜六。凡吾族人年在二十五以上，皆为议员，所有章程，开会时可随时检阅，一切细账亦可检视。若有意见，可于议事毕后陈明，听评议员商定，若意见不合，由议长判决，年幼者亦可随听随观，惟不准发议。若族中妇女现在未便与闻，系章程所规定。

一、此事乃族中人同心协力，保存祖遗，保存余荫之一大团体，实为吾国国民自治精神上之一小结力，一小团体。凡吾族众，须知此事，实宪法上之真实形式，即小可以见大。倘就族务上练习久惯，将来于国事上之团体公德，易于领悟。务望每次可赴会即赴会，能知账情者，可悉心查阅，以补查账员目力所不及，更代澄叙性质中所不能。

一、发起人之本意，视族中公产犹如大树，不愿听人斫枝作柴，锯木作料，致使族众不能共享余荫。今幸得如愿以偿，但非永久无弊之法，必须合众目以共相监视，如大树之不许伤荫。然将来愈久愈慎，即团体之结力愈坚，可不致复生前弊。

一、所谓合众目以相监视者，并非与经理办事人为难，妄加指摘。惟当认此为族众公共之产，稍有隙漏，即当补塞。且须明知自今以往，有所举动，无不与众共之，故人人皆可言事，若有侵占、把持、压制等弊，合族可攻去之。

一、现在经理办事之人皆投票公举，只尽义务，不取薪资，非特为人所共信，此心亦皆可自信。然与其凭隐微难辨之心迹，不如凭彰明较者之事实。故每月报告必不可无所报告者，必不可不由族众细心查察，否则徒存形式，历久即不能无意外之弊矣。

一、族众须共存无限希望之心。现在浦东沿浦之地，田价日增，一二十年后，若筑成马路，聚成市面，可改粮田为租地收款，必大有盈余，可以大兴公益之事。子弟愚昧者皆有增进高明之法，贫苦者可以同享公共之乐，虽欲胜二百年前之旧观，亦非难事。勿谓祖宗所留与后人者，仅此春秋两季之义庄米石，一岁四次之饮福受胙，而以弁髦视之。今祠中房屋园亭皆已修整，一洗旧时衰颓败落之象，正欲兴起族人振新之观念故也。澄叙父子二人于族众所享之幸福，多半不能承受，然此次亦尽一蚁之力，勉步热心有力者之后尘，正为此耳。

一、澄叙承族众公推，自愧力不能副，特借此详告，以申同祖一脉之爱情。但一切事权概行让去，一切干系，除管单外概不担任。族众倘有田庄事之关涉，须问二副经理；倘有族事及族外事之关涉，可告族会，不必再向下处投函。

一、所管田单，若有遗失，自当担承干系。倘遇火灾等事，只尽力所能为，若遇不测，只可照前此澄杰焚毁毓秀田单办理。因满管理之期尚有年余，不得不预行申明。

一、族中人须留心可以经理办理之人，以备投票时之从心选举。因个人皆负族务兴废成败之关系，若皆视作无关紧要之事，则团体之精神散矣。至于自私自利之见断不可存，即存亦终归无用，亦勿虚慕其荣名，须深窥其实际。呜呼！申地时势频年更变，客绅多占土著之先，凡白地成家者，欲立此根基，大非易事。吾等既承先人之余荫，有可图之幸福，若轻自放弃，岂有识者之所为。须共凛之。

澄叙老朽无能，起发之初，不过存保存之意见，今已达目的，功成者退，理所宜然。所望后辈英年，具有新智识及公德者，竭智尽诚，为族众谋公共之益，并望识字者常将单中之意为不识字者告，使合族皆存公共之心，不胜祷切。

澄叙谨启，庚戌四月十八日

规约纲要

国有律，家有法，皆所以示人轨范而使遵循者也。吾族宗支繁衍，祖宗又为子孙久长计，设置义田，则我子孙宜如何仰体先人创业之艰难，垂裕之宏远，承先启后，勿坠家声。不有定法何以示规章而资遵守，故特创立族会，详订规约以为守成之基础。然而徒法不能自行，既有治法，尤须有治人为之提纲挈领，整理规画，而后可以相承于勿替。凡此责任，吾族人应共负之。此次族会成立后，先以整理入手，其间田产之清厘，谱牒之修辑，最为不易。集阖族之精神，费十年之心力，犹未备。幸值沪市举行土地清丈之际，凡吾义田祠产之属于上邑境内者，得以逐渐测绘，换领新单，编次列号，承相保守；属于南邑者，亦俟次第举办。至于坟田、墓地除应由族会保管者外，其余仍归各支分掌。惟当清查之时，发现旧谱所载，其相公支下所有静安寺及大南门坟墓两处，早经易主，遍查不获。考其原因，乃因继嗣无人，遂入女子之手，携以俱嫁，一再传后，休戚无关，致使辗转变卖，莫可究诘，非特茔田无着，即祖先之骨殖，亦不知抛残何处，良用痛心。夫坟墓为前人体魄所藏，不仅子孙所宜永保，即法令亦禁擅迁。是以族会公议订明：凡族人无后者，其坟墓祠田，应归族会保管，并不得以女子继承充作奁赠，永为定例。此盖鉴于前失，为惩前毖后计，不得不然。即为子孙者，亦安忍以祖宗藏魄之息壤授权于异姓，使之凌占。现今立法子女平权，遗产应各平均分析。但我朱氏为沪滨大族，谱系厘然，不容异姓之乱宗，一脉相承，着为家法。嗣后各房子女分配遗产时，应将该支所有坟墓、祠田另行提出，永为公有，不得擅自分析，庶使窀穸常安，松楸永茂，与法律既可不悖，即争端亦无自而生。须知遗产之受授，虽所有者自有权衡，不劳他人之越俎，然灵寝之保存，亦同族者各有责任，不容外姓之侵渔。至若冢嫡众庶之称，今已一律平等，无所分别。从前公产应归嫡支保管之例，既与现行法抵触，已不攻自破。将来一应公产，自当遵照公意，随时选举族中公正之人及德望素孚者为之管理，互负监督之责任，以杜流弊。此皆订有规约，刊之谱内。因其关系重大，故举经验所得，特再提其纲要，表而出之，庶后之人，世守无亏，不负前人一番整理之苦心，毋蹈覆辙。此实私衷所跂望者也。

澄俭谨识

族会大事记

窃我朱氏，先世籍隶婺源，传为有明太祖后裔，惟自南桥公以上，谱牒散帙，世次无征。因谨奉□公为始祖，公兄弟共四人，明嘉靖间俱官燕京，因乱相率携家避难至卢沟桥，莫知所适。因恐同归于尽，议分东西南北，各趋一方。公则渡江而南，托籍上海，用乔木南迁之意，易南桥为讳，一脉相传，宗支繁衍。四百年来，蔚成沪滨大族。清季曾有族谱之辑，顾以时多禁忌，逊朝遗胄，尤窃自讳，故于迁籍受姓之原，多略而未详。今则代远年湮，益无可考。所幸递嬗而降，世系厘然，逮今铁字，已十有五世矣。溯自七世祖妣许太淑人创立义田，捐置祀产，敬宗睦族之道于焉大备，世守勿替，已逾百年。以言事业，今固不若昔年之盛，而子姓繁殖则今之视昔，实有过之。此项义田祀产管理之权，向操于先赠公本支嫡裔，定有条规，于是深闭固拒，不许旁支顾问，遂至日久弊生。洎乎光绪末业，庄务废弛，租息日亏，祀宇就圮，群情惴惴，佥以义田租息为全族寒苦养命之源，祀产收益又祭享岁修之费所从出，岂容一二后人垄断，而败先德垂裕之功，更贻讥于宗党。因是朝夕筹议，同谋所以救济之策。啫口哓音，力争三载，始于宣统乙酉，由族弟澄晓等发起，成立族会，仿自治法，设评议、执行两部。选举之日，呈报官厅邑令李公，委同地方耆绅莅祠监视，上刊照片，即当日选举蒇事，摄于祠之思敬园者。俭承族众公推，当选为经理，侄孙耀祖副之。时以公产单据，关系重要，因复公举族兄澄叙为之管理，并举族人中之明达贤能者分任评议、会计、庶务等职，悉尽义务，规模粗具。俭以庸才陋识，谬承其乏，兢兢业业，时深儆惕。幸赖群策群力，襄助筹画，逐一整理，阅时六载，而始恢复旧观。凡应兴扩充者，亦皆次第进行。光阴荏苒，迄今已二十寒暑矣。而此二十年中，一切经过情形，向乏缜密之记载，遂致事过境迁，强半遗忘，兹因族谱五修告竣，于族会经办大事似不可以无记，爰就其中较著者，逐一追忆，叙其梗概，刊诸谱牒，使文献可征，不湮事实，而后之人对于族会成立后二十年间，经营之历史，亦有所稽考耳。至于族务事宜，有经族会议决而未遑订有规章者，并附于后以资遵守。

一、崇报祠之设立也。上海五方杂处，数百年之土著望族屈指无多，故我朱氏之祠宇义田，历久相传，为一邑冠，口碑载道，景仰同深，岂我子孙荫斯遗泽，而转可轻易视之。回溯昔日，先人之种种创设，缔造艰难，立此基础，亦殊匪易。宜如何报本追远，昭示前修，策励来兹，永留纪念，以期承先启后垂之罔替。因取崇德报功之意，就祠西望云阁下层设立崇报祠，谨以先人之有功德于族党暨曾捐资置产者，别立神位，于春秋二季随例致祭外，更定每岁花朝、重九两日为专诚饷祭之期，一应仪注，悉如祠祭礼，以荐馨香，而彰先德。庶前人之勋业永垂不朽，岁时追慕而资观感，于子孙聊图报称，倘亦灵爽式凭，更有以佑启我后人也。

一、经费之筹措也。俭忝任经理，勉膺艰巨，接办伊始，棼如乱丝。建设清理，非财不办。何如顾瞻祠产，杼轴久空，无米难炊，徒嗟仰屋。权衡先后，至急至要之务，莫如财政之整理，而祠宇之待修，谱牒之待辑，百废之待举，又在首需乎经费。当兹改革之初，把握全无，筹措尤为不易，旁皇夙夜，再四讨论，不得不借策励之法，以资激劝。时适议有崇报祠之设立，因即规定，凡族中人有愿助族会经费千元者，许以三代入崇报祠；捐五百元，得以本身加入，为之奖掖。功在族中，报延奕业，顾名思义，亦殊不悖。时正祠屋亟待修葺，即由俭首先输捐，以为之倡，族侄树彭、树锟继之，各捐千元，指助修谱经费。小儿树修捐印刷费五百元，均得以三代及本身入祠，于是挹注有资，诸务始渐集矣。

一、祠宇之修整也。祠堂为祖宗灵爽式凭，历久失修，已多倾圮，微特有损观瞻，失庄严敬仰之道，且亦无以妥先灵而安歆哭。时正接办之初，公款丝毫无存，而修理已不容或缓。乃即以俭捐资拨充修费。何如工巨款微，只有因陋就简，先择工程之急要者为之缮葺，祭器之缺散者为之添补，计支用工料费八百余元，并由俭捐置几董桌各一，厅橱一对，备藏祭器之用，以及大椅、红木桌靠、炕床、大小洋靠、茶几、八仙桌全套，余如四撑灯、挂屏、书画、花瓶等类陈设品，择要布置，气象为之一新。此外由俭个人捐资，先后修建者，如守祠所之改造为层楼，建立先贤祠，如翻造初香楼，如修理望云阁，前后统共支银三千元有奇。于是财政整理，渐收成效，历年间之动支祠款修理者，计□□年之重筑假山、开浚池河，支银三千五百余元，修葺崇报祠、孝悌祠等处支银九百元有奇。又因祠屋后门向无出路，祠后学基地时适出售，为贴邻李姓所承购，因向交涉，由本族会会同分别购领，其间得地二厘二毫，由县署给予印谕为凭，李姓亦于所购学地一分三厘八毫内，另行划出二厘二毫，合共四厘四毫，互订后门出路合同，辟为两姓永远公弄，计阔四英尺，直出老学前街，复将后埭厨屋翻建楼房，共支地价造价费银一千八百元有奇。此数项之支款，均系增益租息，陆续应付者也。

一、祀产之整理也。我族祀产除浦东周浦、严桥田地外，尚有房屋两处，一为城区八图坝基桥市房一幢，一系本族诚华堂，因无后嗣，将所遗十一图倒川弄口之房屋两间，捐与本祠，请代营葬者。惟其时坝基桥之市房，正值租户争夺租赁权，纠纷不解，清理破费时日；而倒川弄捐产又因当时未即收管，致发生私占盗典事，情形异常复杂，几费交涉，始获收回诚华堂，遗柩则由族会于浦东洋泾代为觅地安葬。丙辰复以房地价洋一千四十一元购并倒川弄口邻地二分旧楼房四幢门屋一间，遂与原捐地合并翻造为双间一厢楼房两宅，至是祀产亦渐扩充。即以□□□金拨充族会经费。嗣又查得家祠东首姚家弄口莲座庵，本系朱氏家庵基地，亦为我朱氏业产，乃因向不顾问产权，久已旁落。壬子春，正议收管间，忽有参业商团占居抢夺，庵尼无力抵抗，始将该庵历史报告前来，请为援助。因即开始交涉，经办此案者，为族弟澄晓及侄树恒等，不辞劳瘁，据理力争。当时商团适在强盛时代，其间交涉之困难，手续之繁剧，不言而喻，旋由佛教会出为调处，给偿庵尼造价银九百十九元六角，其房地即归本族会收回管业承粮。惟念庵尼等骤失所依，情殊堪悯，为维持其生活计，另由族会出资购置斜桥南首高昌路二十五保十四图恃字圩十一号基地六分，计林永昌单户则田五分三厘七毫，林鹤明单户则田六厘三毫，建造庵屋十二间，将佛像等迁入，即以此项房地单契给予原庵尼演法管业承粮，双方从此脱离关系。此在城房地产之清理情形也。至祀产之坐落浦东严家桥者，则将沿镇田亩陆续改建市房出租，以裕收益。经费不敷，则由俭为之筹垫。今计收入租息，较诸族会未成立前年，可增益二千余金。为数虽已不少，然因时势不同，建设繁费，支出方面亦已日渐增高，仍不免时呈竭蹶。近数年来，每届决算均有亏短，职是故也。俭年事既增，精力已竭，钟漏将隙，复无能为将来广而大之，克济前美，重光来业，俾我朱氏永于海上留其一脉，是所望于后之继事者。所幸本邑清丈已经开办，本族坐落于本邑之祀产、坟田，虽经一度清理，但历传已久，其间不免仍有疑漏不符之处。现已一律呈请丈量，一俟丈竣，换领新单，拟另编制田产清册，逐一绘图详记，以后当可一目了然，便于稽考。惟其亩额，则因今昔尺度不同，较诸原载数目已不相合，应以新单册为准。此项田产清册，拟编一式相同者三份，一存族会保管员处，一存经理部，一存收租账房，俾可随时互相证对，以杜流弊，一劳永逸，庶收清理之效。此乃整理祀产经过之实在情形也。

一、义田之清理也。我朱氏义田为七世祖妣许太淑人所捐置，坐落浦东南汇县境内。据义田碑记所载，共则田一千四亩有奇，设收租账房于周浦镇盐铁塘浜。每岁分春冬两季，春自三月至五月，冬自九月至年终，为征收田租之期。光绪末叶，是项义田被经理者私行出典至三百三十余亩之巨。族会成立，俭接事后，窃念此田为赡族而设，不容丝毫短少，亟应从早回赎，庶以副先人创业之初衷。惟时族会成立，基础未固，正值风雨飘摇之际，逐项清理，在在需款，措施已极不易，赎田款项，益无所出，一再□□。金谓失隳先业，不急回赎，非独有背族会创立之本意，且亦无以昭信于后人。若俟财政整理后，始集收益为之□注，又恐夜长梦多，受典者或有变动，更属缓不济急，殊非所以郑重先畴之道。乃经公决，仿公债法，由族人中自募本族公债一万三千元，先集八千元为赎田之用，即以义田收入担保其本息，分期拨还，一面从事调查。始于壬子夏，费银八千九十三元，将前出典义田及祀产名下田亩共三百三十亩五分六厘二毫，悉数赎回。除祀产仍用原名外，其赎回之义田则更名曰"族会世祠"，卷中田产实数项下所谓"族会田"者，即指此也。所以有别于义田者，为存其真，而便于查考耳。嗣又陆续购入者，计得五十亩强，细数已载世祠卷，不复赘述。而以此族会田租，专行指定拨充补助学费及周恤贫族之用，俾仍不失义田原意。夫我朱氏，今日宗支繁衍，团聚而得成一巨族者，实皆有赖于此基础之所赐。祖宗用意至深且远，惟俭时时挂念，夙夜旁皇，而私心有所未安者，乃在前项公债，迄未能按届清偿。本定六年为期者，今因支出日增，本息未获如期拨付，核计预定期限，势须延展二三年矣。所冀后之人恪守成规，不致日久懈弛，务使岁息日增，赡族有自，则祖宗之遗志历久弥光，而俭等之苦心整理，亦为不虚。此俭□□衷企望而馨香窃祷者也。所有义田以及祀产各□，悉于开成立会时，公举族兄澄叙管理。辛亥物故，中复□推其子树翘继续负责保管。近年来，因沪地各银行俱有保管库之设置，非常稳妥，可无窃盗烽火之虞。乃经公议，将所有单契如数寄存银库。适树琅任职银行，因即举以为保管员，继树翘之任。并与银行立约，非经经理监察保管员会同盖章，不得开动，平安妥适，莫善于此，嗣当永以为法。

一、学校之设立也。兴学育材，立国急务。民国肇始，匹夫有责，本族会既属团体法人之一，对于社会公益，原应稍尽义务。维时东门一带人烟稠密，尚无相当小学，容纳已届学龄之多数儿童。民五季夏，侄树翘、树蒸等任职教育界，均以设校见商，当即建议于评议部，俱邀赞同，惟以经费无着为虑。俭因为之担认开办费二千余元，经常费则由族会拨助，暂以家祠余屋思敬堂等处，辟为教室，即以"思敬"名校，课桌校具所置不敷，亦均临时假自族会，仓卒举办。是年孟秋开校，计到学生六十人，男女兼收。翌年二月，添设幼稚班，改单级为复级，共分四班，乃始刊布校章。民八，复添设高等班，于是校务日益发达，不十年而学生已逾三百五十人，先后毕业者，初级得四百人，高级亦近百人，欣欣向荣，深堪告慰。俭本一介商人，教育事业夙鲜研究，幸承族会同人举以长校，不过因人集事，徒拥虚名，一切校务教课事宜，皆赖族人襄助，暨树蒸、树恰两侄先后□□□则，但总其成。乃蒙徐前总统及前教育总长傅、前上海县知事沈分别颁给"敬教劝学"及"小学传薪"匾额，荣幸之余，每自引以为愧。第是家祠为祖宗灵爽所凭，俨见凛闻，神明如在。宜如何庄严清静，以安先灵。乃今设校，其间弦诵嚣然，不无抵触。而且每逢祠祭，或族中因事假用时，辄复有妨课业，实属两不相宜。创办之初，本系权宜暂假，不作持久计。民十，故有募集基金另建校舍之举。嗣因募到捐款，只有一千五百四元一角，不敷甚巨，至未果行。是项捐款内，一千元由树翘经手出借外，余则存放生息。不异日校务发达，集有的款，应即另行建筑，以符原议，庶使祠校两分，祠堂既得维持其庄严肃穆，而学校亦可尽量发展，不致局于一隅，此尤一部分族人所企望者也。大抵经办校事者，每偏重于教育而不顾飨祀，注重祠宇者，又以附设学校易损房屋，修费不赀，尤非所以尊祀敬禋之道，因此各执一见，时起争议。平心而论，当斯提倡教育时代，思敬能以宽猛适中，注重实际，足副学生家属之期望，事属公益，功在一方，理固未可厚非，而作育人才，以应时代之洪流，供社会之需要，创办未久，成绩斐然，我朱氏亦与有荣焉。特是家祠本非宏敞，学生日众，已无回旋余地。□无□于扩充为学校设想，亦自以分离独立为宜。何奈目前经费无着，另建校舍，一时尚难实现，势自不能因噎废食，遽尔中辍，是以祠宇固宜清静，学校亦究应维持。幸我族人，务各捐除偏见，双方并顾，和衷共济，勿作意气之争，是则俭所切盼者也。至思敬校务，全赖校务主人为之规画，俭之校长，徒有其名。历来主任一职，由族人担任，每多遇事争执，易存意见。因思聘任外姓，不独人才之可以广为物色，即一切设施，自能悉秉族会意旨而行，派别既无，意见自泯。询谋之下，众意佥同。年来故已照此办理，而以族会立于校董地位，并由学务员随时查察，实行其职，异日造就益宏，声誉更著，岂仅我朱氏之光哉。是以不嫌烦絮，记其崖略。抑尤有进者，思敬教室，本以思敬堂等处余屋为限，他日思敬固应另建校舍，迁地为良。即使将来或因他项关系，祠中必须更设学校时，仍当以余屋为限，所有将军门以内永远不得占用，以维飨祀，悬为定例，无可通融。此则后人所应切戒者也。

一、学费之补助也。我朱氏子姓繁庶，智愚贤不肖，自随赋秉而不同，所恃以涵育熏陶者，实不外乎学业。学业之深浅，一族之盛衰系之。从前科举时代，义田项下有专款供膏火，订为条规，足征先人对于子姓之学业极为重视。光绪末叶，废科举改学校，此例亦已辍而不行，族中子弟之清寒无力者，俱有失学之虞，关系非浅。族会成立，本先人遗志，百废俱兴，对于补助学费，殊难稍缓。爰经公同决议，调查族中清寒子弟无资飨学者，先为择定相当学校，送入肄业，助其学费。所有书籍杂用，则仍由其自给。惟因族会经费有限，暂以补助至高小为止，每学期并以三百元为限，依此数目范围，量为支配。复于每学期终，暑假年假内，汇集全族子弟平日课程及考试成绩，定期在家祠公开检阅，其学分及格，名列前茅，或课程中有一科之特长，及课卷整洁者，均得给予奖品以示鼓励。不意此例一开，族中人为以先人遗泽，子孙理应均沾，竟不分家之有无，一律支领，于是原议以三百元为限者，逐年提高增至一千元以上，尚无止境；原议补助至高小为止者，嗣则升入中学，仍然照领，公立与私立学校纳费又相差甚巨，支配之间，极难公允。而且族会负债未偿，长此与年俱增，势必难以持久。补助云者，原以贫寒为度，今竟普遍支给，殊与真义有违。族会同人，每见有增无已，时相考虑，屡拟条规，议加限制，往往争持不决。又以支领者众，历时既久，一旦改动，势已有所未能，因复规定族中子女年□□□即应一律入校读书，所有学费，得凭学校所给收□□□会具，领至中学毕业为止，而族会中则以每届一千元为限额，仅此数分配，不得溢出。倘有品学优良，有志上进，愿入大学，而家境确系清寒，无法培植者，方得请求族会议决资助。惟每学期须将学业成绩报告族会审核，如有仅以就学为名，荒废而绝鲜进步者，即得随时停止其资助。此项办法几经讨论，始于今夏决议通过。夫子弟学业，攸关全族盛衰，固甚重要。然我族会经费竭蹶，债务未清，措此已极不易，更不能只愿学费而置其他一切于不问。矧此助款，原为救济贫寒，周急补不足而设，家境宽裕，似亦不宜降格相求，与寒族争此区区，致使助款分散，而仍未能得其实益。或并于限额以外，破例要求，重灰办事者之心。族中不乏贤明晓事之人，幸各善体艰难，存任恤之心，顾全阖族利益，勿以个人权利为争，学费前途，实利赖之。

一、赡恤之定例也。国有隆替，家有兴衰，族即不能无贫富，大抵祖德厚则贻谋远而流泽长。我先人有鉴于此，因为创立义田，所以赡寒族而计久远也。条规所订，除岁给花米外，婚嫁有资，丧葬有助，膏火有费。今则时势变迁，租息易易，产品为银钱，花米之给亦已早废。族中贫苦，无所取资，□□□节抚孤，毫无依靠之孤儿寡妇，尤堪怜悯。族会成立，赡恤一项，理应及早恢复，以符祖宗创立义田之遗意。因于丙辰季冬，决议订立条规：自丁巳夏至为始，每年分夏冬两届，于义庄项下提出银一百元，分给本族中贫不能自存之孤儿寡母，及年老衰废无力谋生者，名曰"孤寡义庄"。翌年因所发不足以资周急，改每年六次，逢双月分发。岁辛亥，各物昂贵，原发之数，犹虞不足，复改为每月支给，更其名曰"恤贫"，重订条规，以孤寡衰废贫五项为赡恤范围。孤儿则至自立之日为止；寡而有子女者至其子女能供养之日为止；衰者指老而无力谋生，又无子女供养者为度；废者，残废不能自存贫者，绝无恒产业，而又子稚女幼，无以生活或无依靠者，则至觅得职业，或子女成立自能抚养之日为止。凡此三者，如果有直系亲属，力能自赡，即不在抚恤之例。其有年富力强在二十以上，五十以下，正宜努力自给，一概不得列入衰老贫废之例，致自损其志气，养成怠惰之风，着为定则。又经癸亥、戊辰两次修订，但于细目，略有增删，大纲悉仍其旧。其中及格，应许领款者，先由族会审查，后各给凭折，由公选之周恤员按期支发。赤贫者月给一元五角次，次贫者月给一元，全年总数共需六百元有奇。此外若身故无嗣，力不能治丧，□□□衣柩费三十元，永为定例。虽为数无多，而养生送死，胥于□给，以符义田之本意。

一、坟墓之保存也。坟墓乃先人体魄所藏，务使茔兆常安，松楸永茂，以慰九原。我族自七世以下，子孙最盛，分为十六房。今此十六房中，无后者已居其半数,辄有绝嗣祖茔,久失祭祀,墓地无人管理,致被乡人侵占,或他姓营葬其中者,已屡见不一。见其有年久月深,无从稽考,遂被盗卖者,尤所难免。族会之设,原为承先启后,保先业而裕后昆,对于族人举动,如果无关大局,或仅属于一支一房之事,固不愿稍加干涉。至于坟茔骨殖,在为善者犹且亟亟焉代谋,将护保存,岂有为子孙者,而反可漠然契置。故无论嫡系旁支,苟属先茔,均为族会责职所在,不容放任。为惩前毖后计,不得不严定规章,俾资禁戒。若谓各房坟墓,乃一房私有财产,只求本支子孙之同意,无庸族会为之越俎干涉,言之非不成理。然而坟墓非普通田产可比,发掘盗卖,暴骨原野,律有明条,悬为厉禁,族会更安得不问。于是公同决议,除国家及地方因公收用或新葬,风水关系,得由公议改葬外,如有图利发掘,谋售墓地者,族会应即阻止,或竟代为保管。倘发觉较迟,挽回不及者,则应另行觅地安葬,而以主张发掘之不肖子孙,立即登报驱逐出族,□时者另议惩戒。所有无嗣坟墓,一律归族会保管,修葺、□□、祭祀,其有子孙者,则须另为修葺,永远保存。即使迫于生计,亦不得有所变更。纵至不得已而必须出售时,只能以坟旁余地为限,对于墓穴决不许发掘迁动,使百年枯骨竟罹浩劫。现在子女承继权,业已实行,除普通田产外,所有祖茔不得视同遗产,作为奁赠,而擅自处分。其无男子继承者,即应交由族会代为保管,以垂永远,免为外姓所侵渔,终至无可稽考。至于原有祖茔坟园,四周虽有余地,祖宗本有遗训,不许随意附葬其幼殇者,各房又均另有指定之孩儿坟地可痊,嗣后咸宜遵守。要知一经附葬,即难免房份间发生后先、阻碍风水、山向等争执,徒多纠纷,尤非所以尊重先茔,而反丧同支之和气。第是牛眠绝少,各别觅地,非常困难,而尺土寸金,又非家况清寒、财力薄弱者所能措办。近来公墓盛行,法良意美,我族久有仿建之议,徒以绌于经费,迄未实行。今五房映春已先族会而自建立,我族会亦自不宜再缓。应俟族债清偿,经费稍裕,即当择地建筑,既免久厝不葬,或更散处四方,日久而漫无可考,忍使骨肉抛残,永留缺憾。且占地有限,葬者既多,将来转可互相牵掣,不致迁动,永远得以保存,法固莫善于是也。

一、族谱之编印也。我族家乘自曾伯祖毅侯公四修以后,历时八十余载。先严在日,曾抱宏愿,锐意重修,终以年代久远,族大繁庶,搜辑不易,未竟成功。族会成立后,即议续修,而费无所出,延至辛酉年始,就俭舍为临时修葺处,先从调查着手,阅时半载,《世系》《世谱》二卷,大致就绪。旋以征集遗像、坟图,手续烦重,经一载而未完备,因此中辍。甲子,重组修谱处于家祠初香楼,推举总分纂、编辑、采访等,分任进行,定每日下午五时至八时为办公时间,余时盖各为职务所羁,未可强致也。限期半载,以为众擎易举,可早观成。不意届期应行征集之稿件,依然未备,所举总纂者不能躐等而进,亦始终未尝就任。而《世墓》一卷,原议□□□,略无可引证采用,因又重发《调查表》,其有原稿已载□并为之抄入,俾自校对,声明限期,如有不符,须于限内纠正,逾期即以原文发刊,不负错误责任。讵届期仍有少数族人置而不覆者,中更催询,辄复漠然,故仍不免有遗漏之处。但为完成全谱计,则亦不遑再顾,只能听其自然而已。墓图测丈不易,一时又乏相当人才,惟有仍照旧谱,参看实地形势,逐一绘就,比较旧图,有变更者,悉修正之。遗像之无可征集者,仅能付之阙如。但将存有者制版付印。俭少不学,朴陋无文,明知家之有谱,犹国之有史,均须昭示传信于后世,一文一字,褒贬寓之,荣比华衮,而严于斧钺,措词行文,其间之关系,出入甚巨,固宜郑重研究,不应草率从事。然因鉴于前此之一再延搁,几隳全功,如再延聘通才,修饰润色,岂不延之又延,益何能待。不若早观厥成,以存其真。是以此次续修于叙致述作之间,不免多率直粗疏之病。盖但求完成,不暇计其工拙矣。于是复经一年,全部方告修竣。正谋付梓,适有无锡游艺斋印刷所前来承揽,该所于珂罗版映印及木版雕刻技术素精,开价亦尚相当。因予订立合同,付之承印。卷帙虽少,其中□□木版、石印、摄影、映印等数种,工作繁杂,制版需时,为□□□□□□乃始蒇事,综计前后,共费三年,始克成此。□□□□□□前两次之纂修时间犹未计入也,足征修诚谱如是其难,而先人及时续修之遗训,真瞻言百里,具有深切之阅历者矣。爰记巅末,以告后人,务望子孙各就事实,随时记录,庶日后重修时,文献可征,俯拾即是,易于举办,不致日久湮没,无法征查,而更无从引证。他日云礽递嬗,系统理然,事迹昭彰,都可以循省,承先德而昭来许,跂予望之。

中华民国十九年岁次庚午仲夏上澣,十一世孙澄俭谨志

族会职员就职宣誓文　己巳仲秋立

　　维中华民国某某年某月某日,裔孙某某等,兹以被选初膺,掬诚宣誓,敢昭告于列祖列宗之灵曰:先人创业,擘画周祥,修庐护墓,春禴秋尝,思深虑远,流泽孔长。今承被选,黾勉不遑,经理各事,襄助共忙。庶竭材力,保守宗祊。凡百义举,率由旧章,兴利除弊,纲举目张。归公滴涓,作事堂皇。倘或营私,冥谴多方。兹先立誓,宣告庙廊。是非共见,功罪应当。伏祈□□□□□□。

宗祠条约十则

一、凡奉神主入祠,先期通知司年者,至期焚香,告然后请主入祠。

一、每岁二祭,定以三月初二日,十月初二日为期,风雨无阻,非有疾病远行

者,不得托故不到。

一、子姓年至十六,方可与祭,未及岁者,不得与于祭,恐幼小不能行礼故也。倘十六岁以前入泮者,不在此例。

一、祠堂系祖宗神灵所依,一成不易,在祠基址,有增无减,不得私自更换。更宜清静,祠中余屋,子孙不得借作住居,以致污秽亵渎,违者以不肖论。

一、祭器、围披、杯箸、酒壶、烛千之类,按年交代,司年者收管在祠。台桌、椅凳、碗盆等项,每祭后,司年者点明收贮,不得徇情借出。

一、祭品每桌用七菜一汤,二点、五果、豕羊,总设一副,酒三献,杯箸茶饭,照神位数目次第分设,勿使差误缺少。祭品务期精洁丰满,不得草率从事。

谨按:祭品七菜为山鲜、鲍鱼、肉丝、山药、白烧肉、腌肉、糟鱼、鸡丝(秋易百果鸡)、蛋皮、(秋易菠菜),迄今仍遵向例,未敢更易。族会成立后,遵照古礼,复设笾六(核桃、榛子、状元糕、太史饼、银杏、栗子)、豆六(芹菜、香椿、熏鸟、兔醢、韭菜、芫荽)及铏二(盛羹)、敦二(盛饭)。

一、祭宜严肃。有族中公事,方许商酌。若言不及义,公报私忿,以启争端,众共叱出。

一、祭日不得博弈,及带戏玩等具,散福不许行令商拳,喧哗失仪者罚。

一、祭田租息出入,司年者逐一查核,登明细账。每年于十月祭祠后,将账目同祭器等物一并交代接办者收管。

一、祠堂屋宇,司年者宜不时省视,稍有损坏之处,即应及时修葺,不可因循渐致坍塌。

祭祠条规 民国元年壬子议订

一、族中男子满十二岁,皆得参与祠祭。因未满十二岁智识未开,礼节未娴,故设此限,但十二岁以下,九岁以上,自愿守规参与者,须于点明时由其父或兄先行声明负责,如有失仪,均愿遵照惩戒规则办理,方许与祭。因恐祠祭人稀,故增此。但书,以期与祭人众,壮肃观瞻。

一、无祭服者,须穿长袍、短褂,脱帽行礼,违者不得参与。

一、祭时准上午九时齐集,十时行礼,逾时不得与祭。

一、行礼时,各遵次序,不许参差前后,紊乱班行,交头接耳,嘻笑喧哗,违者由纠仪员检举。

一、散福不得行令商拳,长者已饮毕,幼辈毋许任意延时。酗酒喧哗者,依失仪论。

一、惩戒规矩。纠仪员认为失仪者,依左列惩戒。

　　甲、初次失仪者,免给胙肉票一届。

　　乙、两次失仪者,免给胙肉票外,并止饮福一届。

　　丙、三次失仪者,罚向始祖前跪香一枝,不愿者扣给本人义庄一届,拨充公费。

　　丁、执事失仪及纠仪员徇情,缄默不举者,依丙项处罚。

　　戊、十二岁以下,九岁以上,参与行礼失仪者,本人及负责人一并停给义庄一届拨充公费。

义 庄 条 规

　　谨按,本族义庄原为赡恤贫族而设,惟旧订条规以分给食米花布及补助子弟修节、赴试、膏火为主。迨后漕运取销,纳租者均易米为银;科举废除,乡学者又非科庠而校,时移势易,今昔悬殊。鼎革以来,法规亦改,凡旧规内所载优待先赠公外姻诸条及义田日后总以先赠公嫡支经营等语,冢嗣庶支,显有歧视,揆之现律,均所未符。且又发生侵蚀情弊,亦即立法不完全所致。因于族会成立时,呈奉上海县李令批准取销。公议义庄收入除补助族人子女无力读书者之学费外,每年提出五百元,专恤族中孤寡,并以五百元分给全族,仍本旧规原意,易订新条,以存其精神。特刊于左,原有条规不并载。

　　一、族人(男女)确有宗支世系可考,载在族谱者,方得享受义庄各项权利,支领贴费。

　　一、族人(男女)孤寡无依,贫不能自存者,得于义庄项下,以恤贫名义,每年提出五百元,分两等,按口资给。赤贫者,每人月给一元五角;次贫者每人月给一元;孤儿至十六岁,女至出嫁为止,有子女者,至其子女能供养为止。

　　一、族人(男女)应领,义庄自五岁起,分大、中、小口(五岁起为小口,十一岁为中口,十六岁为大口),每年于夏至、冬至两届支给,每届大口一元,中口七角,小口五角,不愿领者,听,已领上项恤贫者不再给。

　　一、族人(子女)年满七岁,家寒,无力入校读书者,得补助学费,自初等小学起至高等小学为止。其仍有志向学而家境确系清苦,并无资助者,得由族会议决,酌量津贴,各视其学业,以定津贴年限。若家境宽裕,父兄有力者,不在此例。

　　一、族人(男女)贫苦无依,身故者,得支丧葬费三十元,未成丁者不给。

　　一、族人远出,停给,回籍后仍给。

　　一、族人生(男女)弥月后,应以诞生年月日时,及其名字行辈详细报明,注入祖籍,迨及年格,照规给发。有夭殇时,应报明除籍。倘有隐瞒,以图领给者,察出议罚。

一、族人除按规支领外,不得借端扰累,额外需求,以维义举。

一、族中应给者,每房各立一折,前书应给口数,后开每届支领数目,书满,另易新折。如有以折抵借者,查明作废,并停给款。有遗失者,初次得查实补给,至第二次,亦即停给。

一、族人子女出继异姓者,除其名籍,并停给各费。复姓归宗,于注册后,仍发给。如以异姓子女及外甥内侄为嗣者,概不准给。

一、族人如有不肖,习于赌博,流入匪类,甚至触犯刑法,确涉命盗两案及一切不可告人之事,为乡党宗族所不齿者,当屏弃出族,除籍勿给。

一、倘日后宗族繁盛,人口倍增,义庄收入竟不敷所出时,经手者亟宜提交公议,预为酌减,以免竭蹶。

一、管理义庄,宜先公后私,虽遇歉收,输赋不得迟缓,急用亦不得暂挪利债。

一、义庄收租等事,应由族会经理委派殷实可托之人办理,倘一切收支繁琐,一人不能独任时,当酌设助理。如有怠惰,听经理更易。

一、义庄一切银钱出入,佃户租额,应分别设立专簿,详细开载,每届交由查账员审查核对。

一、义庄一切事务,悉听经理照规处置。族人除有特别情形,得负责指证,请交公议外,平时虽尊长不得干预以一事权而专责成。

丙辰季冬沛国族会发给孤寡义庄缘起(附条规)

启者:

兹因鉴于我族中贫寒,守节抚孤,毫无倚靠之寡妇孤儿,殊堪怜悯,特由族会本先人创立义庄,维持勿替之遗意,于丙辰十二月初七日议决,以丁巳年夏至为始,于所发义庄项下,每届计发洋二百五十元内,提出洋一百元,拨给本族最清贫之寡妇孤儿,名曰"孤寡义庄"。尚有一百五十元,仍照向例分派。惟已入孤寡者,不再发给。想诸君所减极微俾,贫寒者能沾实惠,借以维持其艰苦生活,胥不背祖宗创立义庄之意旨,诸君之造功德无量焉。发给之期,仍照每年两次,同时分派,一为夏至,在端节之前,一为冬至,以十二月望后为期。所有议订条规附开于后。

一、凡本族实系贫寒,抚孤守寡,而并无知亲近房依靠者,得向本支房长处声请转报族会,俟查核实情,补入孤寡义庄,仍依大中小口,分别发给,凭折支领。

一、应入孤寡义庄者,每届发给时,须亲自到祠领取,不得冒名顶替,托人代领,查出取销。

一、寡妇如子女成丁完娶,不能奉养者,只准该寡妇一人支领,子媳等一概不得并入。

一、抚孤守寡,如有知亲近房,可资依靠,以及薄有遗产,稍能自给者,不在此例。

一、孤儿满十六岁,已成丁,当即停给。其有特别情形者,临时酌议。如能自立者,其母及姊妹,理应奉养,亦停给,孤女嫁出,亦即停止。

一、抚孤守寡者,倘暗有不端行为,声名败劣者,不得补入。如已入者,察出停止。

一、如有将折抵押等情查出,将折作废。

一、此系本族会同人实因怜悯孤寡,缘经费支绌,难以抚恤而起,祈稍有力善者,务望原谅,幸勿往返,免费唇舌,使实在贫寒孤寡,多沾实惠也。

戊午二月重订,发款日期布告

案照,本族会于丙辰年十二月初七日,经议会议决,创立孤寡义庄,所以抚恤最贫寒,至孤寡俾得实惠克沾。决以丁巳年为始,将所发义庄项下,提出洋一百元,拨给各孤寡,业已实行分发在案。第思矜孤恤寡,自察量事实,力加体恤。原议年分两期给发,似不足以资周急缓,缘于戊午年为始,改订给发日期,年分六次,每逢双月第二星期(即族会常会期)分发一次,闰月停给不计,庶使源源接济,免致有缓不济急之虞。所发款项仍于义庄项下,每届计发洋三百元内提出洋一百元,拨给本族最清寒之孤儿寡妇,所有条例仍照原定各条办理。除令给孤寡支折凭领外,合将更变发款日期,通告阖族,咸知此布。

中华民国七年戊午年仲春月上浣,沛国族会经理部启

辛酉十月重订发款启

前因戊午年由族会议决,改订孤寡义庄,惟以年增四期,依大中小口计之分发给,已达五载。迩来年岁荒歉,各物昂贵,因思孤苦无依,所给之款,犹虞不足。兹于辛酉年起,格外体恤,矜孤恤寡起见,议将各口增加不分大小,每口月给洋一元五角,给发之期,仍照原例。其不敷之款,则仍于义庄总账项下支拨。用特通告周知。

中华民国十年辛酉年孟春月,沛国族会经理部启

癸亥重订支款条例及凭折序

兹为谨承先志,赡顾寒族起见,职员等爰于族会会议时提议,创立恤贫会,并于上年十月,议决在案。所有以前之孤寡义庄,即行取销。自本年元月起,实行发给,所以补助最贫苦之族人。计分赤贫、次贫两种。赤贫者,每人月给洋一元五角,次贫者月给洋一元。虽杯水车薪,然亦不无小补。发款日期,定单月之第二星期,两月合给一次,逢闰照加,俾得源源接济,免有缓不济急之虞。今将应受救济者,开明于左,合给支折为凭。所有决议条例并录于后。

议决:组织恤贫会,如已受领恤贫会救济者,不得再领。义庄指定有受救济之资格者:

一、孤:至孤儿能自树立之日为止。

二、寡:有子女者,至其子女能供养自立之日为止。

三、衰:老而无力谋生者救济之,年在二十岁以上五十岁以下之男子,正当年富力强,尤宜努力自给,一概不得列入。

四、废:不论年岁,但因笃疾无法谋生者救济之。

五、贫:妇女幼童,其家长无力抚养,亦无恒产依傍者,救济之。至其家长觅得职业,能抚养之日为止。

中华民国十二年旧历癸亥夏至,沛国族会启

【注】《上海朱氏族谱》八卷,朱澄俭纂修,1928年木活字本。是族自南宋初自婺源迁来,以世次无征,奉明中叶人南桥为始迁祖。朱氏为上海望族,也是上海最早创始族会的家族之一。

罗阳朱氏家谱

文公家训

父之所贵者慈也,子之所贵者孝也。君之所贵者仁也,臣之所贵者忠也。兄之所贵者爱也,弟之所贵者敬也。夫之所贵者和也,妇之所贵者柔也。事师长贵乎礼也,交朋友贵乎信也。见老者敬之,见幼者爱之。有德者年虽幼于我,我必尊之;不肖者年虽高于我,我必远之。慎勿谈人之短,切勿炫己之长。仇以义解之,怨以直报之。人有小过,含容而忍之;人有大过,以理而责之。勿以善小而不为,勿以恶小而为之。人有过则掩之,有善则扬之。处公无私仇,治家无私法。勿损人而利己,勿妒贤而嫉能。勿逞忿以报横逆,勿非礼以害物命。见非义之财勿取,见合义之事则从。诗书不可不读,礼义不可不知。子孙不可不教,奴仆不可不恤。守我之分者,礼也;听我之命者,天也。人能如是,天必相之。此乃日用常行之道,不可一日无也。可不戒哉!

宗 规

一、宗祠为肃穆尊严之地,不得污秽。司月者当责令祠役,不时洒扫以归清洁。

一、春秋两祭,事至重也。凡在裔孙,无论在客在家,每逢祭期,非有重要事所阻外,均须到祠与祭,以尽敬宗收族之谊。

一、宗祠一切,各有专司规定。司月七人,司契据一人,司账一人,司库一人。除司月外,所有司契据、司账、司库各司一事,不得兼职。

一、司月专司修葺祠墓及调查坟墓上牛羊等践踏与毁伤薪木之害,并稽核收支账情等事。

一、司契据专司契据、单册、票折等件。

一、司账专司田房生产收入,及经常支出之数,支余款项即交司库收储保管之。

一、司库专司司账者收入之余款存储银行，或钱庄以备临时用款。

一、本祠所收生产各款，都由诚士公、明远公祭田收入，以多余之款移充祠墓修葺之用。故每逢改选，应由诚士、明远两公后裔内选出之。惟选举人以年满二十岁为合格，被选举人以年满二十五岁为合格。

一、选举事非常郑重。凡选举定三年一次。选举到期，由族长主持，预发通知。但非诚士、明远两公后裔为族长时，则由诚士、明远两公后裔之为房长者主持。庶大公无我，以杜越俎代谋之弊。

一、族中或有重要之事，遽起争执，由族长召集族人，在祠中秉公调处，以尽一本之谊。不得因事不干己，托故规避。

一、族中或有不知事亲敬长之道而干犯长者，由族长召集族人，在祠中当众惩戒之，俾之改过。

一、族中或有甘入下流、不知廉耻而辱及祖宗，等于非人类者，由族长召集族人在祠中会议，令其出族世系除名。

【注】《罗阳朱氏家谱》四卷，朱世贤纂修，1934年铅印本。始祖彬，字惟志，号墨洲，又号南坡，元代人。居昆山，明成化间朱浩，号贻亭，入赘罗店支氏，遂改籍罗店，是为罗店朱氏始迁祖。

紫阳朱氏家乘

紫阳宗祠规章

第一条,本祠礼制遵晦庵公制定《家礼》,不得逾越。

第二条,本祠供奉神主自迁礘始祖玉鸣公以下者,皆得进祠奉祀。

第三条,祠中东次间为专享之堂,供奉建祠祖书农公、文卿公、少农公之位,嗣后如有捐田拾亩者,得祔入供奉。

第四条,祠中供位昭穆以次,父上子下,男左女右,兄先弟后。

第五条,各方神主待安葬后即行备送入祠,不得久稽。

第六条,庶妾曾经生育子嗣成人者,附供于嫡室之下,否则不准祠。

第七条,男伤十三岁以上者,得附供于母次。

第八条,子孙如有干犯国法,及卑污下贱等事,由组长宣布出逐,其本身不许入祠,亦不得与祭。

第九条,族中无子者,不准螟蛉为子,亦不得招婿为子,须本宗承继。违者不得与祭,故后亦不准入祠,家乘亦不载,祠族有并不与通知。

第十条,族中不遵娶再醮妇为妻,违者不准入祠。

第十一条,族中如有青年夫故,矢志守节而子幼家贫,则由族长召集合族会商资助抚养。

第十二条,本祠祭期每年春秋两次。春祭清明日为准,秋祭定于重阳日,风雨不更。届期先二日须洒扫清洁,备办祭品。祭祀日以巳时上祭,凡本族子孙一体与祭。如有紧要事故,不克恭临,必先具函告假,否则处以罚金一圆,逾时而至者半之。

第十三条,每月朔日清晨,由值年者诣祠,启门洒扫毕,用清茶三盏,鲜花一瓶,焚香燃烛,敬谨行三跪九叩首,礼毕,查察一周,合门而退。

第十四条,子孙如有应受荣典授职,及寿辰婚嫁,神主入祠等,均须择日祭告。祭费均由该子孙自备,丰简悉听。

第十五条,各房添丁婚嫁及丧葬等事,必须详细具报来祠,以凭载谱。

第十六条，管理宗祠以各房轮值。例如，甲字辈二房，今年大房管理，明年二房管理。如甲字辈一房已殁，则其长子当之。待甲字辈完，则乙字辈。如有六房，即以六年以此轮值，此后类推。

第十七条，值年者之应负责任：（一）筹备祭祀事项。（二）关于经济之出纳事项。（三）其余依本规章所定之例行事务及承族长命令应行之一切事项。

第十八条，祭祀族长主祭，率众子孙照字辈排列，行跪拜礼节，另定之。所有司仪、各执事，均由族长临时指派。

第十九条，临祭子孙须衣冠齐整，小儿年满八岁须带祠习礼。

第二十条，行礼毕，众子孙依字辈站立，恭听宣讲训话，毋许喧哗。

第二十一条，春祭毕，族长率众子孙诣谒始祖墓。

第二十二条，祭品碗六，笾豆六，均拣时鲜佳肴，银箔连二壶提。

第二十三条，每逢祭祀，执事均以子孙，仆人但能送至檐前，由子孙转接供奉案上。

第二十四条，祭毕，子孙共餐，依字辈定坐位之次序。每桌酒不得过二斤，以免乱性失仪。

第二十五条，本祠经费以原有聚和堂公款存储。生息以该项息金为经常费，又办人丁捐，以备别用度。凡在本宗子孙出生后，即应每日纳捐一文，年分二次缴纳。逢春秋祭祀带祠。

第二十六条，族中子孙捐助田亩、银钱、器用，多多益善。既入公后，认为公有物，不准返还、变卖等情。

第二十七条，祠中房屋、篱笆等，岁须修理，值年者主其事。惟修款满五元以上者，须商准族长施行。年逢子午，祠堂一大修，年逢卯酉，祖墓一大修。清明阖族会议而行。

第二十八条，宗祠原非寄柩之处，决定以在内之柩，由各该子孙从速择土安葬，嗣后概不准再寄。俟筹有经费，另行建集殡舍。

第二十九条，祠中雇人看守，即以祠外余田菜地给其耕种，年给洋五元，为二食，暂以西次间为住所，不得入内间住宿堆物。倘有不勤洒扫，及污秽地方，不受管束，由值年者会商族长，逐出另雇。

第三十条，本规章自公布日起发生效力。如有未尽事宜，须阖族赞同修订。

中华民国五年丙辰五月十一日公布 族长培本

【注】《紫阳朱氏家乘》四卷，朱苏吾等纂修，1920 年嶤南紫阳恒敬堂油印本。始祖玉鸣，清乾隆中叶因经商自安徽休宁迁居嘉定县南翔镇，为典型徽商家族。

朱氏家乘

名修幹说

余壮岁仅有一子,名曰修幹,而为之说。曰:修者何?余缘先人志,著一十有六字,以次昭穆,曰:"世修一经,孝慎克友,于我嗣孙,彝训是守。"余以"世",则汝宜以"修"也。余之名旁,取诸水法,从所相生,故汝以木。木而曰幹者何?干者,筑墙之板,两端曰桢,夹于两旁者幹,屋非墙勿成,墙非幹勿直,则幹虽一物,其所系轻重大小何如与?汝苟顾名知意,而读书修善,无怠无迁,则迪前光也,干而爻蛊也,贻裕后人也,惟汝能。虽然,余不敢必也。

与子修幹书

汝信来言,责多,薪米缺。久知之。吾箧中适有十五金,以付汝。然汝此后慎勿以此寓我,即寓我,亦不发。吾平生不苟取,惟为人作文字及治病,病良已,有所赠,辄受。我自养甚约,又无他子,有赢辄与汝,即无有,听之。翻经书,望云山,经行默坐,欣欣自得。吾年逾五十,须髭俱白。有如侥幸,假我十余年,或二十,亦近矣。即奈何忧烦郁结,自取疴疾,损其神明哉。汝王母在,吾以甘旨参药不给,焦苦万状。汝王母没,汝今母在,经营之劳,正汝身之不宜,复贻老人。虽然,人之丰啬,皆有分直,不可勉强。子皮三徙,所至辄致富成名;刘伯龙将营什一之方,一儿在旁抚掌。汝盖明道理,增修术业,孜孜不已,天必有以置。汝若穷窘之食,率亦无庸戚戚也。

再与修幹书

告子修幹:吾性颇近道,畏恶世纲。每读史传,至尚子平、禽庆陶处静寺,心窃向往之。以汝年少未立，欲行且止，浮湛近地，实此心无一日不在名山也。近得王龙舒书及莲公疏钞，乃方憬然彻悟，豁然通贯。知入山不皆得道，学道者不必入山，极乐国远在十万亿土外，近之不越吾心。一切银金楼阁，宝池莲花，天乐众岛，皆性所固有。所谓上善福德，即儒称盛德至善，其间不能无异者。儒之道在敬天，而浮屠氏惟念佛。儒者虽有不忍之心，不过钓而不纲，弋不射宿而已。浮屠氏通三世，必戒杀，素食，不素食者，皆同罗刹。精意本一，而立教则分。然欲为生死计，不得不依浮屠氏。以儒而治生死，犹以浮屠氏治天下，其力甚难，而效者盖寡。故吾自去年十月素食至今，诸同人及沛霖弟念其衰老，劝少食净肉，我率不从。日颇患疮痏营塞，今已粗安，汝勿惧也。汝又趋我家归，便于侍奉。我既不入山，亦不执离家，顾见今则犹未可。何则？负责未毕，眈眈者不少，又恒业为连家所据，无以糊口。然渠亦穷老无聊，不得已为此。宜从容致意，慎勿执理与争。将来故物得归，汝可料理诸务，我便扁舟归里，与骨肉相聚。命终之时，善收吾骨，以尽人子事可也。两叔不别书，即以此示之。

【注】《朱氏家乘》不分卷，清朱世溶纂修，乾隆间抄本。始祖元末长洲人胜一，其裔孙渊，改名仁，字存理，号思庵，明代入赘松江华亭冯氏，改姓冯，为始迁祖。

朱 氏 家 谱

朱氏宗祠组织理事会宣言

岁次丁亥佐支二十一世孙寿廷敬撰

武王定鼎,求颛顼之裔,封曹挟为邾子男,后去邑,而为朱姓,世居峄山。代远年湮,族繁支衍,继继绳绳,名人世出,如晦庵公为孔庙圣哲,致一公为庐山硕望,贵一公为高宗宋相,元璋公为开国明君。及明清两朝,思岵公为开科会元,性斋公为左都总宪,至于名登翰苑,连捷南宫,饮宴鹿鸣,撷芹泮水,不知凡几,皆由祖宗德泽淳厚之故也。即现在为官为商,为农为工,亦不知凡几。所惜者,散处四方,本宗祠僻处沈庄,交通不便,未行睦族敬宗之礼。当此宪政时代,为合族团结计,成立斯会,先奠国家基础。

彝 训
朱 子 家 政 序

朱子,婺源人,南宋绍兴中进士,为同安主簿。尝以儒道自任,彰明圣学。迁焕章阁待制、侍讲,朝谥曰"文",赠太师,追封魏国公,从祀孔子庙廷哲位。此《家政序》一篇,得之卢氏县贤关门外明人碑上,爰敬录之,以作家训云:

有公家之政,有私家之政。君子修一家之政,非求富益之也,积善而已尔。父子欲其孝慈,兄弟欲其友恭,夫妇欲其敬顺,宗族欲其和睦,门闾欲其清白,帷箔欲其洁修,男子欲其知书,女子欲其习业,姻娅欲其择偶,婚嫁欲其及时,祭祀欲其丰洁,用度欲其节俭,坟墓欲其有守,乡井欲其重迁,先业欲其不坏,农桑欲其知务,赋税欲其及期,私负欲其知偿,私恩欲其知报,私怒欲其不逞,私怨欲其不蓄,亲戚欲其往来,宾客欲其接延,里闬欲其相欢,故旧欲其相亲,交游欲其必择,行止欲其必谨,事上欲其无谄,待下欲其无傲,公门欲其无扰,讼廷欲其弗临,危事欲其弗与,官长欲其必敬,桑梓欲其必恭,有无欲其相通,凶荒欲其相济,患难欲其相恤,疾病欲其相扶,死丧欲其相哀,喜庆欲其相贺,临财欲其弗苟,见利欲其弗事,交易欲其公平,施与欲其均一,吉凶欲其知变,忧乐欲其知时,内外欲其相谐,忿恚欲其含忍,过恶欲其隐讳,嫌疑欲其知避,丑秽欲其不谭,奴仆欲其整齐,出纳欲其明白,戏玩欲其有节,饮酒欲其不乱,服饰欲其无侈,器用欲其无华,庐舍欲其修葺,庭宇欲其洒扫,文籍欲其无毁,门壁欲其无污,鞭笞欲其不苟,赏罚欲其必当。如是而行之,则家政修明,内外无怨,上天降祥,子孙吉昌。移之于官,则一官之政修;移之于国与天下,则国兴天下之政理。呜呼!有官君子,其可不修一家之政乎?家政不修,其可语国与天下之事乎?修齐治平,大人之学业。吾夫子尝提挈纲领,开示条目矣。今此篇举条目而更悉之日用常行之必不可阙者,因题之曰"家政"。庶可谓名实兼善。有家者当鉴此以为式。

朱子治家格言

黎明即起,洒扫庭除,要内外整洁,既昏便息。关锁门户,必亲自检点。一粥一饭,当思来处不易;半丝半缕,恒念物力维艰。宜未雨而绸缪,毋临渴而掘井。自奉必须俭约,宴客切弗留连。器具质而洁,瓦缶胜金玉;饮食约而精,园蔬愈珍馐。勿营华屋,勿谋良田。三姑六婆,实淫盗之媒;婢美妾娇,非闺房之福。僮仆勿用俊美,妻妾切忌艳妆。祖宗虽远,祭祀不可不诚;子孙虽愚,经书不可不读。居身务期质朴,教子要有义方。勿贪意外之财,勿饮过量之酒。与肩挑贸易,毋占便宜;见贫苦亲邻,须多温恤。刻薄成家,理无久享;伦常乖舛,立见消亡。兄弟叔侄,须分多润寡;长幼内外,宜法严肃辞。听妇言,拐骨肉岂是丈夫;重资财,薄父母不成人子。嫁女择佳婿,毋索重聘;娶媳求淑女,勿计厚奁。见富贵而生谄容者最可耻,遇贫穷而作骄态者贱莫甚。居家戒争讼,讼则终凶;处世戒多言,言多必失。毋恃势力而凌逼孤寡,毋贪口腹而恣杀生灵。乖僻自是,悔误必多;颓惰自甘,家道难成。狎昵恶少,久之受其累;屈志老成,急则可相依。轻听发言,安知非人之谮诉,当忍耐三思;因事相争,焉知非我之不是,须平心暗想。施惠无念,受恩莫忘。凡事当留余地,得意不宜再往。人有喜庆,不可生妒嫉心;人有祸患,不可生欣幸心。善欲人见,不是真善;恶恐人知,便是大恶。见色而起淫心,报在妻女;匿怨而用暗箭,祸延子孙。家门和顺,虽饔飧不继,亦有余欢;国课早完,即囊橐无余,自得至乐。读书志在圣贤,为官心存君国。守分安命,顺时听天。为人若此,庶乎近焉。

予家旧藏云间钱氏石刻,有管世昌跋,谓玉峰朱致一先生笔也。先生为考亭入室弟子,是否嫡派,但尚未之悉。但此作脍炙人口,为阅历有得之言。人每请好手书之，以悬座右。而谓吾宗同宗，人可不以准绳与。谨赘数言于后。

洁甫识

家言十六则
尊　祖

祖宗为人生之根本，决不可忘却。凡岁时伏腊，备物致祭，必以诚意将之。孔子谓："事死如事生，事亡如事存。"乃万世不刊之论。

孝　亲

父母一小天地，敬之则天神所欣，不敬则天神共罚。为子者只将"夙兴夜寐""无忝尔所生"两句牢记在心，斯孝道无不尽矣。

待　兄

兄长于我，一主器人也。凡事不得争执，以翕和为主。《诗》曰："兄弟阋于墙，外御其侮。"可知兄弟终是一本，无舍己从人之理。

处　内

家之有妇，所以资内助也。若以为阴阳敌体，家庭之内，日闻诟谇，势必至酿成祸端。昔有人判兄弟讼事云："只因花底莺声乱，致使天边雁影分。"蒙意若遇此辈等妇，须平日用一"忍"字。

睦　族

族中无论长幼，皆与我同祖之人，以敦睦为主。周之宗盟曰："虽有小忿，不废懿亲。"又曰："世世子孙，无相害也。"故君子因睦以合族。

交　友

交友以信，我不信则人亦不信。我遇诚实人，以心交之；非诚实人，以面交之。识人要识得真，不识真则身入苦海，欲渡无梁矣。

为　人

先君子云：为人最难做人，又要做人家，此实大难事。若不做人，但做人家，礼义廉耻，一件俱无；不做人家，但做人，酬应一切，均尚阔绰，未免外有余而内不足。"礼，与其奢也，宁俭。"第俭亦要中礼，不得太过。为人当穿透此意。

立　身

身为父母之遗体，不可毁伤，亦不可带一点浮薄气，终要使人可敬可畏。至于立心，着不得一"私"字。程子谓："要打扫得洁洁净净。"此就是圣贤地位。

择　术

品格之高，以读书为第一。倘力难培植，或以他事，不能负笈从游者，则或务农，或习贾，次则工艺，能专门名家，亦未始无好处。

教　子

教子以义方，若爱而不教，适以害之。《左传》"六顺六逆"，言之最为痛切。父者须将古今事理，时时开导，时时叮嘱，令其言谈举止，各守规矩，他日方能出人头地。

营　葬

柩无论新宿，理应埋葬。若以力量不能，或泥煞风水，最易误事。《语》曰："死者以入土为安。"为后者决不忍令常抛在外，至有盗挖及棺散等事。能用砖最好否，则只须灰，宜赶办。

结　亲

婚姻亦大事。《孟子》谓："丈夫生而愿为之有室，女子生而愿为之有家。"为父母者不得卸其责。男则定亲宜早，女则择家不要苛。若迟迟有待，恐不无怨旷之虞。处窘境者，尤当先时留意。

周　急

博施济众，本非当人所能为。但遇近邻，或亲族，实系贫苦无依者，宜各随力量周之。

爱　物

待人要厚，待物亦要厚。无论祖宗传下房屋器具不得糟蹋，即自己物亦要珍惜。"亲亲而仁民，仁民而爱物。"此亦是确论。

守　真

异端邪教，圣贤所痛恨；居正务本，世人之大防。凡我族人，断不可被人所愚，致入歧路。至于妇女早寡，能守节为妙事。否则，听其再嫁。昌黎有云："可守则守之；不可守者，弗拂其意也。"只得宽一着棋子看。

诒　谋

用心务期沉挚,处事端在周详。以勤劬绳祖武,以清白贻子孙。如是始无愧为人,而其法可传于后世。

此堂叔祖雪香作也。旧本十二条,今增四条,皆人生切要之事,断不率意为之。呕录出,以为后人鉴。

光绪丁未九月,洁甫识

【注】《朱氏家谱》不分卷,朱洁甫纂修,朱凤藻续补,1935年抄本。先世居松江闸港,元末子英,号树德,入赘沈庄海运万户王善卿家,后衍为东西两派,居朱家坛、朱巷埭等地。

周浦朱氏家谱

家　　训
传 家 善 余 说

　　尝闻处己以勤俭为本,教子以读书为贵,而传家尤以积善为先,盖勤能补拙,俭可助廉,读书则明理,作善则降祥,诚能如是,则虽布衣蔬食,自有余欢,陋巷穷居,亦得至乐。即如创建宗祠,纂辑谱牒,修先茔之崩圮,济亲族之贫困,或给衣米,或施医药,夏暑设茶,冬寒备粥,放生戒杀,砌路修桥,劝兴善堂,救孤寒之微命;捐置义冢,免暴露之残骸,多立义塾,广印善书,俾童稚养其性灵,顽愚化其执滞,虽不能尽如人意,亦第求无愧我心。至于《阴骘文》《感应篇》,须时时诵习而体会之,《功过格》《敬信录》须细细讲求而力行之。内尽孝友之道,外存忠厚之心,以之处事,则公而溥;以之传家,则炽而昌矣。《诗》有之曰:"永言配命,自求多福。"《书》有之曰:"学于古训,乃有获。"余手记是篇,名《传家善余说》,盖取《易》"积善之家,必有余庆之义"。愿吾子孙世守弗失,传家之道庶乎得焉。

光绪四年戊寅春文焕自书

族长世杰训辞

　　一、父母宜孝顺,一、兄弟宜友爱,一、夫妇宜和睦,一、妯娌宜谦敬,一、宗族宜尊敬,一、乡邻宜和气,一、姻戚宜相顾,一、出仕宜循良,一、子弟宜读书,一、师友宜尊重,一、妻妾宜怜敬,一、奴仆宜宽恕。

　　一、当孝悌忠信,一、当尽力公益,一、当安贫乐道,一、当亲贤远佞,一、当广印善书,一、当多行方便,一、当谨慎简朴,一、当整肃闺闱。

　　一、戒奢淫赌博,一、戒懒惰游荡,一、戒争讼伤情,一、戒丧中婚娶,一、戒酗酒生端,一、戒贪婪无耻,一、戒欺贫谄富,一、戒斗殴詈骂,一、戒无故杀生,一、戒奸险机巧。

沛国宗祠光裕堂例目

一、春秋二祭，先期五日，由值祭者具单咨照各方，备齐香烛冥资，清晨莅祠，必衣冠整肃，分列尊卑，以昭诚敬。

一、凡祭祠，七房轮值，议定每岁两次，共给费八千文，如不敷，随时酌加。

一、祭桌用三牲、八菜、十六盆，以及鲜花、时果、酒饭、冥资，此系永远常规，毋许过事奢华，总以节俭为本。

一、值祭者，逢元旦、元宵及朔望，须虔备香烛、时果，亲自到祠供献。如遇物件损破，随即咨照司账修理，切勿怠废。

一、管理公产，不得擅归族长，当由合族公举廉洁谨慎者充之，庶免侵渔误事。

一、公产悉须载明于簿，不可遗漏，因产簿司账，暂不起俸。嗣后苟产业渐多，事务烦琐，当另给薪金，或议立账房，临时酌定。

一、田租、房屋，自完漕白及修理茔墓、祠宇之外，积至百千，须存稳妥典肆，稍申薄息，毋贪厚利。如有徇私借出，以致亏损，应由司账赔补，小则议调，大则除职。

一、祠中积存余资，偶值田房等产，价廉适用，当即临时添购，本支宗族一概不准挪用。如有正常急需，亦家公议举行。

一、司账一经公举之下，毋得饰辞推诿。如外出，或事冗，须得继任贤能，方准移交。

一、春秋临祭之日，司账应带账目到祠，将各项开支逐一声明，公同检点，以昭核实。

一、合族公事，无论大小，必须由全族秉公裁夺，毋得独断擅行，致起纠纷。

一、祠中所储物件，一概不准借出，以免散佚。

一、目前祠虽成立，然公产无多，如有慨解囊资，以备后日扩充之需，或房舍，或田亩，多寡不计。

一、嗣后生齿日繁，有志攻书，而无力栽培者，当延请西宾，设立家塾。西宾须择品端学粹，勤恳严肃者，膳费束脩，由公项支给。

一、宗祠既立，谱牒即须修辑，以重支派，而便考查，庶免日后纷繁，益难从事。有志于此者，切勿迁延坐误。应费一切，悉向司账取用。

一、章程自议定之后，凡吾子孙，皆当遵守，不得更易，其余规条后再补入。

一、是例始于同治十年，屡经公同会议，商榷至再，以昭郑重。

续　例

一、古以宗子主祭,今宗法已废,宜推世德皆尊者主之,余则依行辈、长幼之次排列行礼。

一、值祭,遇病或游学海外,及有残疾不克举礼者,得由本支兄弟代祭。

一、子孙婚后一日,由主婚率领庙见。嫁前一日,率领告庙。如父母存殁半,因有凄怆之心,略可展缓。若双亡者,必须三月而始庙见,古之道也。惟女子不在此列。

一、族中发生争执,族长当竭力秉公理劝,以全宗谊。

一、祭礼之日,以严肃为主。除公事应议外,倘有个人私事,当另日邀集族长公判,不准于日无理取闹,惊扰先灵。

一、凡族中贫寒子弟,尝经公款赠养及津贴读书者,嗣后如克自立,或学成,或显迹,当先补报宗祠,以示不忘其本。

一、祭费不愿领者,作为捐助。

一、祠内只可暂寄寿器,不准停顿灵柩。

一、旧无谱牒,子孙遂间有犯祖讳者,今既以十六字为行辈,后务须谨避,不得再犯。

一、各房当摄一合家欢,寄悬祠中。如有携家远游者,俾族中亦易省识,不致路人视之。

一、上海宜分立支祠,以备上海族中朔望瞻拜,春秋享祀之需。老大房八世孙慎余、守余,老三房九世孙汉江、老四房八世孙蕴辉,九世孙志龙,老五房八世孙允长、崧生,近年均迁沪上,若能起而立之,亦美举也。

一、自乙丑年始设立签名簿籍,登春秋二季与祭人数,而资考查。

一、家谱刊成之后,凡逢春秋二祭,宜将生卒嫁娶及一切应载之事,详细报告,以便随时登记,汇刊续稿。

一、家谱修成,殊不容易。谱竣之日,由主纂择日亲送各房。主人务当郑重其事,使阖家知所珍视,而世世保守勿失,是为切要。

【注】《周浦朱氏家谱》不分卷,朱惟恭等纂修,1925年铅印本。始祖善仁,明代人,清初庭秀自南汇县沈庄塘湾迁周浦,是为始迁祖。

鹤沙沛国朱氏宗谱

梦　　谕

　　壬寅八月念三夜，遑梦见国学生祖父面谕云：我二十七而祖父殁，二十九而父丧。其于治家之道，历练已久，承百亩之遗业而扩充之，此其道不外"勤俭"二字。勤，则朝作夜思，未尝一日离开陇亩；俭，则诸事节省，未有一文或浪费。所以颇有田产贻尔子孙。吾恐尔等忘祖宗创业之难，故于汝曹谆谆言之：恒儿不幸早故，善儿亦能自励，然往往好大喜功，縻费物力，恐不能如吾之留后泽于尔辈也。夫治家之道，人为之，亦天定之，诸事须顺天理。待人宽一分，天即保佑一分；待人宽十分，天即保佑十分。即如吾与尔祖母，勤俭成家，诸凡亲邻逋负甚多，而吾未尝苛刻责偿，所以天公保佑，未尝有疾病之累，未尝有官司之扰，未尝有盗贼之耗，田禾茂盛，仓箱盈满，凡此天所保佑也。欲求天之保佑者，必须待人之宽厚；欲待人之宽厚者，必须处家之勤俭。宁使自己衣布素之衣，食粗粝之食，而于租税出入，钱财往来，宽情几分，天必佑之，此必然之理也。尔等须念之现在所办葬事，动多费用，此亦出于不得已，吾无责矣。凡起居服食，尚宜从俭，甚不可将吾遗业，徒为自己受用，而不思留福泽与子孙也。至于读书之道，吾虽门外，然其理究与治家一贯。若使早眠晏起，作辙多端，安得有成？镛孙、铨孙可以进学，吾亦日夜求之。然志大言大，而不能真实用功，蹉跎壮大，必有家务，将何以慰初心哉。及时努力，毋得怠忽。勉之，勉之！我不能久留，去矣。

宗祠内附议图书馆之缘起

　　为人之道，上念祖宗，尤当下念子孙。子孙者，非我一人之子孙，乃千百年来我宗我祖之子孙也。若听其任期狂狂榛榛，目不识诗书为何物，我朱氏累世之清芬不将自此替乎？图书馆者，智识之武库也，学问之源泉也。今幸宗祠告成，若不为之附设于其内，非所以佑启后人也。独是我家旧日藏书多至十有三厨，洪杨之乱,散失殆尽。今日馆中所贮者,皆自我先泽,奋一己之心思,故简陈编,其可不珍之若拱璧也哉?呜呼!上念祖宗,于是乎建祠堂;下念子孙,于是乎设图书馆。区区此心,度必有能鉴之者。

民国十有六年丁卯夏四月下浣,尚夷斋裔孙益圻识

图 书 馆 联

蓄志继承先绪,藏书启迪后昆
丁卯孟冬下浣,尚夷斋裔孙益圻撰,胡懒陀书

【注】《续修鹤沙沛国朱氏宗谱》不分卷,朱益圻等纂修,1929年敦仁堂石印本。始迁祖良佐,号少卿,明代迁居上海南汇。

崇明朱氏家乘

百 忍 说

举世竞言祸福,而祸福非自外至,在能忍与不能忍而已矣。尝见温厚之人,其心和平,凡于事物之间,或遭横逆,来触其情,而处之裕如,斯为纳福之量。纳则缘于能忍,推其极,即汉帝之所以得天下者此也。又见刚强之辈,其气粗暴,凡于义理之际,所当遵循,可安其性,而犹然躁妄,实为召祸之因。召则由于不能忍,推其极,即楚霸之所以失天下者此也。甚矣,忍之系于人者岂不大哉。试言之,如在朝廷之上,固当以敬而又不可无忍,忍则理烦治剧,竭书中心,故忠臣事君,夙夜匪敢懈怠。抑在家庭之内,自有所爱,而尤不可无忍。忍则服劳奉养,不留余力。故孝子事亲,晨昏何有间断。夫妇为人伦之首,实百年伉俪,于以有忍。虽逢糟糠不厌,非忍恐致室家相怨,安能琴瑟和谐。兄弟有手足之恩,乃一本花萼,宜其有忍诚为患难相恤,非忍恐致骨肉乖离,乌能敦笃友恭以言乎。朋友而有辅佐德业之望,如父事,师事,兄事,皆足以取善于己也。非有坚忍持敬之心,其孰能见此良朋。以是思之,忍顾可已乎?且如士也而弗养之以忍,学将半途辄止矣。然思乐羊激断机之训,七年不返;苏秦发刺股之愤,终夜揣摩,而彼皆学业卒成,非忍乎?农也而弗守之以忍,耕遂四体不勤矣。然观太公之钓渭滨,八旬始遇伊尹之耕;莘野三聘方行,而彼俱坐困草茅,非忍乎?若夫技艺之箕裘,必也循以规矩,率以准绳,亦由忍焉以观摩之。而精勤□□,自然巧意日生。诚能独擅其长,则有世传其业,彼心不专者,未克至此。经营于货殖,贵乎通于书数,明于生息,亦由忍焉。以予取之,而童叟无欺,自然天道不亏,果能出入公平,必将克昌厥后。彼性不耐者,胡得有此?至于处宗族而敬长慈幼,接待或离乎忍,曷由敦雍和之谊。居乡里而排难解纷,劝谕偶遗乎忍,将难释鹬蚌之争。或有口角,聊呈一朝之忿,以致祸害百出耳。小则损财破面,大则亏体辱亲,亡家殒命,皆由于斯。忍之须臾,则理不屈而情不伤,省却多少是非,积久自有乐趣。或有冶容,只贪片刻之欢,便为罪恶万状矣。生遭五等之刑,殁受三途之苦,覆宗绝嗣,皆出于此。忍之俄顷,则男全名,而女全节,必增无数福禄,日后乃见奇逢。

以及言语亦未可弗谨。古云："百病从口而入,百祸从口而出。"使欲谨之于措词,何如忍之于不出,是以金人三缄其口也。衣食亦罔为过分。谚云："有势不可用尽,有福不可享尽。"使欲节之于□悯,何如忍之于自奉,是以夏王独称其俭也。又如富厚中惟忍可积德,毋使刻薄,庶不至于多怨,常存厚道,断不爽于报施,如《易》所谓"积善之家,必有余庆者"也。反是则为钱虏,石崇宴于金谷可见已。贫贱中惟忍可以修身,甘茹淡苦,以坚其困穷之志;悦于理义,则笃其进修之功,即孟氏所谓"不得志独行其道者"也,如是则为君子,颜子居于陋巷可知己。不特此也。或一出而忍,行必能让人也;一人而忍,坐必能下已也。教子弟者,有以忍之,斯不荒于怠也;待奴仆者,有以忍之,自无过为刻也。然则人于日用起居之内,周旋晋接之时,而以是存心,庶于为人之道少卤莽焉,而祸福得失之机,亦于此而可征矣。因感张公治家之训,会书"忍"字百余,用敢阐说以广厥心。

同治十年季春月,十七世孙用稽履方氏谨撰,十八世孙如维怀春泉氏刊

生祖锦遗命设立义田规条

一、始祖自百二公以及于身,已一十六世。其间族大支繁,富厚者固多,贫穷者亦复不少。但瞻周一族,惟官尊禄厚者方能。生勤俭经营,仅得温饱,广瞻远宗,力有未逮。今勉捐粮地六百八十亩有奇,止可供高祖以下五世族人也耳。

一、幼不读书,不知书笔;长不习业,不能谋生。今后族人贫乏者生子,七岁至九岁,每年束修银一两五钱,从师训课。十岁至十二岁,每年二两五钱。十三岁至十五岁,如不能读书,即择工贾之清高者从师受业,每年贴银四两;习业为终身养生之计,如不愿习业,能继读书香者,给银五两至十六岁而止。若徒务虚名而无实学者,宗族报知,或经理察出,虽以往不追,以后亦不与也。

一、凡服族中子弟,读书而能如泮者,不论长幼,支给助喜银二十两,能中者倍之,以示鼓励。

一、族人有废疾及茕独无依,并无田产,不论男女,每年给米三石六斗。如强壮无故,尚不能谋生,以致亏缺衣食,非耽于逸乐,即赌博匪为所致,不足恤也。故男人十六岁成丁以上至五十五岁,皆不给米布;五十六岁至六十五岁,每年给米三石六斗;至七十岁加布二丈,棉花二十斤;享年八十者,不用布,以绵绸与布价倍之,终其天年而已。

一、族人生女至九岁,每年给棉花十斤,使习女工纺织。至十六岁以上,每年给棉花二十斤,出嫁乃止。

一、族人或有守寡之家,既无田亩,又无翁姑者,不论少壮老弱,每年给银十

两。孤子自三岁至十五岁,每年给银五两,俟成丁之日,然后停给。

一、嫁女者,给银五两,如无父母兄弟产业者倍之。再嫁者勿与,娶妇者,照嫁女之数。如无父母,能自娶者倍之,再娶三两,娶妾者勿与。

一、尊长之丧,贴银四两,而能葬者倍之,幼辈者减其三之一。十六岁上下未婚娶者,与尊长之数三之一。十岁以内,一概不给。

一、族人有远出者,本人停给,归时再给。其无父母兄弟,仍然给予。

一、族人虽无田产,而力能自给衣食,不请米石布银者,婚嫁丧葬,依然给彼。若有给而不受者,祭祀之日,族长当敬酒三杯,以彰高品。

一、族人有田四亩者,养老教幼,以及嫁娶丧葬,减其三之一;有田六亩者,减其十之半;有田十亩者,一概不给。又有田产,虽不敷而家道充足,仍请给付,当自存廉耻,毋使贫族羞恶,有失义田济困之意。

一、族人有将己子过继与他姓者,勿与。如复姓归宗,仍即入册给付。又以他人之子为己子,并以外甥、女婿、内侄为嗣者,一概不给。

一、族人有习为不肖,赌博打降,卖身鬻子,私盐窃盗,闺门污秽,辱及祖先者,定行出族除籍,不给。

一、义主捐己之产,润族之穷,族人不体敦本之心,反嫌给施之寡,致与义主之子孙经理义田者,借端寻衅,甚至争殴讦讼,当合族共攻其过而停给。

一、古者三年耕,必有一年之积。若随时出入,倘遇险岁,势不能济。必当存给一年所入之数,如遇水旱灾荒,可无空虚之患。

一、崇辖地产,验地收租。惟育婴、恤孤等田,每岁定额,每千步收租一千六百文,盖有成规。则苟因凶年,支给无忧矣。今义田一遵育婴、恤孤之例,庶免阖族嗷嗷待哺之虞。倘遭歉岁,义主代应以俟丰年取偿。但后年深日久,支广人繁,照今额与,势有不能,亦当量入为出矣。

一、开生以后,凡给种、造宅、建祠、立仓,俱系义田取利所偿。嗣后两忙完粮,春秋祭祀,及坍损修葺,均在义田支给。至经理收租,看守祠仓者,俸金膳金盘费,每年亦然。

一、米石升斗所出,划一不二,俱照官斛,白米以八折算。每岁清明祭祀毕,发前半年之粟。至重阳祭祀毕,再发后半年之粟,棉花、银布随之。束修按季交送,银色八折市钱为则,余下一年两次,不得预支。

一、每年立册一本,登明收取若干,给发若干,支费若干,以便稽算分明。另立一册,各族人名下老幼几口,该给银几两、米几石、布几匹、棉花几斤,各执一折,对册登折给付,使彼此各有凭据。

一、锦后本支正宗,今正宗已故,则义主自归蕴玉、受之两孙。凡义田出入并一切费用,蕴、受各半主之。以后子子孙孙永远世守,毋推诿争竞,有忝祖志;

毋轻托匪人，以替家声。

一、义田定局以后，义主当自为经理惟慎，毋堕家声。倘有不暇，仍听义主拣择。不论族中外人，务取殷实老成者经理其事。每岁给俸金二十两，膳金十六两。看仓守祠取租者，各出一人，每岁给米三石六斗。如徇私挟混，办理不公，察出辞去不用。

一、今生蕴、受等敬承故祖锦捐置义田遗设规条之后，莫不时时谨惕，以成祖志。又思生祖母施氏平日施仁乐善，戒杀放生，长斋自奉。又最怜人死无棺，故于属之外，每年愿施棺木二十柜。生乃隐体祖母之心，做就存局。凡死无棺木，不能入殓者，报明姓氏里居，即行给付。每柜又给石灰一斗，铁钉七只。此项银钱，亦于义田取赀。

忧虑说

盖闻鲁论云："人无远虑，必有近忧。"噫！圣人之言良有以也。毋亦惟是。时人鲜知世事之刁诡，物理之艰难，故申其说以勉后世耳，使后之人绸缪于未雨，掘井于未渴，则受益良多而害无矣。若随风俗之颓靡，奢侈无度，任一人之情性，逸豫无节，业不知修，患不知防，及丧身亡家，而求救于他人，譬诸病入膏肓终难救药。夫子所谓无远虑而有近忧者，大率类此已。予切自思，人之近忧者无他，饥寒而已矣，颠沛而已矣；远虑者无他，勤俭而已矣，谨慎而已矣。恐遭饥寒，早思勤俭；恐遭颠沛，早思谨慎，则庶几幸无患焉。今吾叔侄兄弟，得以安居而无冻馁者，非赖祖父之早于绸缪，而创业以遗之乎。不然则尔吾之谋食谋衣，将苦不胜言，安有如是之一日哉。又念先人之创业，不其难哉。屡困于沧桑之变，几厄于时势之艰，而卒免冻馁远困厄者，无他，以能敏于陇亩，胆于奔号，由是而家业成焉，子孙安焉，后患除焉。先人之思虑其远且大有如此。噫！劳苦之事往矣，先人亦与之俱往焉。昔也得以受其劳，今也不得享其逸，悲何如乎。念及此，能不伤心乎？能不流涕乎？能忧悠奄忽乎？能食甘肥而寝安席乎？能轻亵其业而视其易物乎？能不守其业或敢有售于他人乎？且吾于尔子，才能不及前人，而费用反过先辈，尚不谨勤慎俭，倘一经灾异，恐无以为生矣。然则为今之计，当何如继先人之志，念先人之德，不敢自退自逸，不敢骄奢傲慢。男子□乎外，女子勤乎内。用度则节制之，手足则胼胝之。贤人则亲远之，佞人则远避之。亲朋代之以礼，儿女教之以诚。处世以谦和为贵，守身以谨慎为先。兼之孝亲信友，尊师敬长，睦族和邻。迁善如不及，改过似探汤。如临深似履，薄火未燃，而思防川欲溃而先御，如是则未为晚，未为迟也。若不猛然自省，仍自暴自弃，直待饥寒并至灾异临身,而欲束发成家,迟矣晚矣。先人亦痛哭于地下矣,胡不思而勉之。

  嘉庆十六年春,十六世孙冶庭文元氏谨识

荡 湾 小 宗
爱 兰 公 家 约

  闭户读书,不与外事,毋习吏胥,毋近势要,蔬食布衣,曰勤曰俭,
  矜贵恤难,敬老怜幼,毋狭小嫌,毋忘厚恩,不述新闻,不交浮类,
  勿写呈状,勿作中保,勿亲僧道,诵经忏悔,勿施银钱,装佛祈福。
  以上诸条,言其大略,愿我子孙遵守之,而且推广之。至于嫖赌匪类,不幸而生,父兄及宗族共斥之,毋以姑息贻害。
  一、祭祀四时,祭四代以及无后亲伯叔。祖父妣母生忌辰,必祭。除夕前一日,祭五代及无后伯叔。除夕,祭始祖至六代祖妣止,此水源木本之意也。
  一、坟墓每年春秋,必亲至拜扫。墙垣树木,坟屋有捐毁者,即修葺之。
  一、谱系既不能远追上世,则惟近取本支,苟别来通,须实有考据,然后可联。他支之轩冕者,亦勿诒附为荣。
  一、居室明动晦休;毋好长夜之饮,禁三姑。
  一、妻为内助,须中馈整洁,婢女须待之慈而约之严。一切入庙烧香,观灯观剧,概宜禁止。
  一、年四十无子,则置妾,所以重后嗣也。
  一、子生弥月,即取名填谱。男女幼年,只宜布素。至五岁,男则入学,女则习针线。男二十四,尚无可售学问,急宜改业。
  一、婚嫁只求清白之家,不可高门大户,媳妇择贤淑,婿择端方而已。
  一、宗族有不能赡养,丧葬婚嫁者,量力周济,孤子必收养,以敦族谊。
  余不敏,何敢替作家规。特仰承祖意,推而广之,商之诸父昆弟,咸云不谬。用示后人,须志弗谖。

              六世孙海拜续

  【注】《朱氏家乘》不分卷,清刻本。元末号百二,弃官自句容隐于吴之华山。其子十九官,避乱偕诸弟自华山迁崇明西沙。

漴溪法华李氏族谱

卷 一
宗祠条约十则

一、凡奉神主入祠,先期通知族长,至期焚香祝告,然后奉主入祠。

一、每岁二祭,定以冬至节、夏至节为期,风雨无阻,非有疾病及远行者不得托故不到。

一、子弟年至十岁方可与祭,未及岁者不得与与祭,恐幼小不能行礼故也。

一、宗祠系祖宗神灵所依,一成不易,在祠基址,有增无减,不得私自更换。祠中余屋,子孙不得借作住居,以致污秽亵渎。违者以不肖论。

一、祭器、围披、杯箸、酒壶、烛千之类,均系司事者收管。在祠台椅、桌凳、碗盆等项,每祭后点明收贮,不得徇情借出。

一、祭品每桌用五菜、五果、酒三献,杯箸、茶饭照神位数目,次第分设,勿使差误缺少。祭品务期清洁丰满,不得草率从事。

一、祭宜严肃。有族中公事,方许商酌。若言不及义,公报私忿,以起争端,众共叱出。

一、祭期各宜衣冠齐集,若无力者,须各戴大帽以照虔敬。至饮福时,不得行令、猜拳,失仪者罚。

一、祭田租息出入,司事者按时收取开明细账,俟年终抄录一通,粘贴宗祠,以便公览。

一、祠堂屋宇不时省视。稍有损坏之处,族长即应及时修葺。不得因循,渐致坍塌。

【注】《漴溪法华李氏族谱》六卷,李鸿耆等纂修,1919年秩伦堂刻本。明代李大光,号少塘,由浙江兰溪迁居上海法华镇,是为始迁祖。

竹冈李氏族谱

卷首下
诒训
易斋公正族余款引

窃闻之,习俗移人,贤者不免。然世变江湖,愈趋愈下,若与之俱下,而不为之挽,不至溃堤,逆行不止矣,何以语于贤豪间耶? 无亦于可移之事,而寓挽回之权,若夫子之猎较也乎。吾族以俭朴礼度世其家,为云间冠冕。乃三十年来,奢风一倡,竞为侈靡。至于今,下渐陵,上渐替,其渐而荡然,于礼法之外,不难矣。迨其荡于礼法之外而后绳之,不力已劳,而计已晚乎。故不自揣,于议祭款,后附三款如左。即于墓祭无当,而维风维礼,亦总为正族之计云。因梓之以遍贻同族,期其守焉。

万历甲寅秋日,叔春白

正族余款

一、正交接。吾家家法从来严肃。犹忆吾祖考宾竹府君所称述,有女兄嫁于褚,同伯祖考龙浦公、云浦公问疾榻前,称名侍立,不命之坐,不敢坐。及伯父竹沙典簿公、南潜屯部公、我先君中宪公之待子侄,语必称名,揖不为起,而子侄亦安以为常。有问则称名以对,有事则侍立以从,而一家骨肉真情,肫恳可掬,真守礼名家也。后来惟后平兄与我兄弟仅守此法,余则不免假借矣。叔侄往来迎送,拂座与柬帖,称呼一如外客,则文太盛,而真意之存者无几矣。况假借不已,必至陵夷,履霜坚冰,渐岂可长乎? 诚不意二三十年间家法一变至此,可痛也已! 然家法非过为严也,礼也。礼称父前子名,伯叔,诸父也,诸侄,犹子也。曾见范文正公子孙与徐文贞公家至今犹遵此礼,乃知世家大族,必礼法之务闲乎。今即不能顺复如前辈,亦愿稍稍振饬,毋致陵夷,以堕家声。谨酌情礼之中,开数款于后,以与诸兄弟叔侄约,慎毋曰人情不乐,不便也。夫人情固便于纵,不便于检;便于徇,不便于执;而纵与徇,岂礼哉。吾惟知有礼而已。况今日之卑幼,即异日之尊长,易地皆然,亦何嫌何疑之与有。盍其勉诸。近阅仍启侄条议,内亦为礼法废弛首致慨焉。可见心有同然,而古礼不难复矣。吾为之喜跃。

亲侄、侄孙揖拜,俱坐受,称谓必呼名。家信往来,则称付"某有事禀白"。侍立命坐,乃坐。大率与子同。

同堂侄、侄孙跪拜,不答,称谓以名。书柬往来,自称号,称彼名。

三从以下,答揖不答拜,迎送不越栏,不整坐,称谓以字。书柬自称,亦以字,并无"拜"与"顿首"字样。

族侄孙以下大率与诸侄同,惟书柬自称则以号。

亲兄与亲弟,书则称某兄,字送二字,名止用一字,称弟以行,或以字,若幼弟则称其名,同堂弟则称某兄,拜亦只用一字。

一、节宴会。窃见近年里巷萧条,人情窘迫,即向称素封之家亦尽衰落,而吾族尤甚。其故殊不可解。夫田非加俭也,户非加增也,赋徭非加重也,而家日加贫者,何哉?为奢之一字耗之也。奢则事事俱奢,难以枚举。姑就民间饮食一事言之。昔年农家佣作,饮食如常,至晚乃劳以酒肉。近则早饭外,四餐俱酒肴,而肴非一品,午间与薄暮尤四五品,必呼拳尽醉而后已。率以钱余银至一工,不如是,则佣不来。农家除租外,所余几何,而堪糜越。即丰岁不能偿所费,况又水旱频仍乎?民间之贫,实坐此弊。而弊曷从起?起于大姓之尚奢也。彼其见大姓小集,辄便罗列,水陆毕陈,若以不丰不奢为可耻也者。则慕而效之,于四五品又何怪乎?然大姓之奢,亦岂能久。所入不足以供所出,直坐困耳。此乡之所以日衰也。况奢则不逊,其害尤有不可言者。余有慨于中,而窃叹之久矣。不能挽之于郡,庶几自吾乡始;未能挽之于乡,庶几自吾族始。谨与诸兄弟叔侄约,除婚葬大礼姑听外,然亦以俭为主。若宗族之会,止须五品,两人一席,如有事特设,再益以小菜五品,点心一色,不啻盛矣。不必专席,不必半折,不必攒盒,若过盛不如约者,罚修墓墙一丈。跟随人不论多寡,犒以银四分。若偶相过留饭者,止须二品、三品,跟随人不用赏。庶主可办,客可来,情可款洽。不然,而必期于盛,则费于无用,造物所惜。况盛则难继,反致疏阔,而力不能盛者,无由一申其情,则款洽之谓何。谅族中必有同心,万万相与守约,以其挽奢风。至幸,至幸!

一戒赌博。赌博一事,破家辱身,富者贫,贫者盗,故世谓赌与盗邻。且地或滨海,赌弊易习于盐,盐则城旦之罪,背负以趋,行至污也。无论自好者羞与同席,即习赌者见一正人,便消沮羞缩,是亦明知其为丑而心怀惭惕矣。但未有教之戒之者故,为贪心所使,欲赢反输,以至沉溺而不已耳。独不思屡试屡败,未有一赢,何故甘心忍辱而为之。然此略知警省,犹易挽回。往往见世之赌者,产业废则玩好随之，什物空则称贷加之，计无所出，脱衣典帻，侥幸一掷之中，究竟嗒然，饥寒不恤，廉耻奚存。执迷如此，夫何底极。外而为窝赌者，无本有利，私谓得计。岂知引诱人子，耗散人财，离散人情，丧尽良心，最干天怒，徒自罹于罪网而已。前年曾经告诫，风稍衰止，迩来复炽。定择其甚者责戒，直书《清明录》上："是岁，某某惯赌不改"。若连书三年，非复家法所可化，定送当事，问罪枷号，门上订一小匾曰"习赌之家"，仍贴出墓门，不许与祭。此等人已一一熟知，但看改否何如耳。

归愚公议修族谱、世墓疏

继佑曰：异哉！近吾宗事之棼也。蔑先犯上，割恩弃礼，妄而作，行路而视，力相凌而讦相加者，往往有之。呜呼！何今昔之不殊，而淳浇顿悬若此。揆厥所由，盖由疏故乱，由忘其所始故疏。整乱莫若联疏，谱牒以联之也；联疏莫若反始，墓祭以反之也。二举之亟，先后贤达庶念者，多且久矣。惟独我冬官大夫南潜公以大贤创竖著之话，言贻子孙。凡所以追远宅幽者，典甚备；所以分支别派者，序甚晰。至其缕缕乎阐扬水源木本之意，辞复甚恳。盖辟宗统，规后裔，功莫并焉。嗣后我祖州牧见汀公及后平公、洵庵公议修墓之举，而绌于数；大参约斋公及吾父孝廉员同公有尊祖尚亲之志，而啬于年。然葛稿本根，受诸达者之庇，固不为少矣。近岁以来，有镜良兄申修墓之说，而又格于议。他或有有志而非时者，或有力而并无志者，其待时待人而兴，固亦无怪。独念祖宗骸骨，邻于野兽；本支情貌，邈若秦人，居今不图，势将安止。今吾易斋公用心厚而敦本深也。忆尝语佑于侍曰："吾家赖汝复世。吾之同宗日失其序矣。曾祖先之不念也，曾血脉之不联也，曾统系行次之不稽，而赏罚是非之不果行也，吾忧之日久。顾我历官中外，垂三十年，王事靡宁，不遑内顾。振先大夫之绪者，其在今日矣。救今日之势者，其惟予与汝及族之有志有力者矣。吾慕董氏之轮年而守墓也，将于修家后师以为制。吾恶敦睦阋恤之不行，而酒食文貌之日烦也，将于修谱后定以为经。吾意久如此，而特留其汝今日也。汝小子弗思及乎，其毋负遣于前人乎。"呜呼！佑三复公此言，诚哉先得我心所同然也。计自公主族以来，鬻冢者得归，被诬者得白，佣者得赎，孤者得抚，单寒而进取者得以次荐，而近者又再声伐树之罪，轮派墓祭之年，前所为者，既历历可述；后所举者，复勤勤未已矣。独修谱、修墓二事，所系孔大，举之孔难，非有同然无间之心则不能成，非有断然克终之志则不能成。公既有心，佑何敢异？佑夙有志，今则何辞。公与佑既一遒心，凡出我一本者，孰无此意。向固格为殊势，今当会为大同。其有立异忌名，吝财藏力，必其无祖而产于空桑,背亲而甘为逆类者耳。夫理本昭然,言之即见其是,异于何立;事在当然为之,仅得一是,名将何忌。以所遗之资为遗者用,何财之可吝;以所分之身为分者劳,何力之可藏。揆诸吾族,忠厚造家,必不居一于此。不幸而间有之,其或不学而未明于理,无或告之者也;或其狃习而乍昧良心,无或发之者也;不然,则其明知而姑委之,贪适目前,惮劳更始,无或鼓之者也。今且即此二事告之,发之,鼓之,在贤者无待于此,固将毅然而不遑安。即其次者,既得闻此,亦将爽然而不容已,先蜕其克,覆乎族谊,其有兴乎。夫修谱之说,佑无能自为辞。盖尝闻之师曰:人之成形虽异,其始皆同出也。同出而受氏之祖各异,其始又皆大父出也。行道之人,顾而相谁何,中有一本者矣。往伊何人,来复何人,幸万有一之可知也,虽有忍人,能无心动?故谱之为道,乱一世则头足倒置,不可复理;遗一人则零丁馁鬼,毕世而不蒙收。故时可修则修之,无待窅渺而始征文献;人可入则入之,无缺肢体而自贻痿痹。噫!无以易矣,无以加矣。若夫修墓之不容后举,更不难辨。天之生是物也,孰不爱其所有,而防其所害者。鸟兽亦自爱其毛羽,亦自防其伤残,而况于人。人之急子孙也,将以全其身后也;子孙之为人后也,夫即其后身也。以后身而营身后,固自为谋,匪为异人谋。谋宜必工,固自为赴,匪为异人赴,赴宜必猛。而顾曰:此非我责也,此非急务也。呜呼!然则更谁责,而更谁急乎?今我峻垣崇闳以卫而未已也,则必为之巍堂高阁;巍堂高阁以居而未已也,则必为之奥室曲房;奥室曲房以处而未已也,则必为之重帷叠嶂,所以护此身者渐而密矣。暴祖宗于中野,而又任其掘穴焉,有人心者忍乎?山行而虞豺虎之或噬也,则必趋而避之水泳;而虞蛇虺之或啮也,则必驱而远之;陆处而虞蜂蝎之或螫也,则必扑而去之,所以防身患者,渐而细矣。委祖宗于爪牙而漠然于见闻焉,有人心者忍乎闻?昔之勇人者,斩蛟杀虎,彼为同类且然,况为祖宗也。先王之教曰:掩骼埋胔,彼为人上且然,况为子孙也。古之委亲者,有泚于狐蚋,而归掩于藁梩。彼当上世且然,况当今日也。凡为若言者,理固然耳,非以利也。如以利,则亦有说。于此有身之利亨裕也,犹种树之利昌荣也。将荣其末,舍固本何由哉?今蛀在根而不之痊也,根既露而不之覆也,以冀枝繁叶盛,何日之与有。先是,尝有诬说矣。曰:昔之议修墓者,两人未几,而辄有大故。今举之,得无类此?呜呼!此犹与于忍人之甚者也。凡□下无关,而适相值者甚多,何独此事?世之有大故者,人而是矣,皆以修墓者乎?即使果为修墓,亦当后躯命而先祖宗,况其万万不出于此。为此诬者,不过借以文其吝耳。河东氏曰:贤莫大于成功,愚莫大于吝且诬。然则为此说者,可不谓大愚乎?今将与愚者同谋,而莫与贤者图功,尚得谓贤乎?亦思均是财耳,用之以图所私便,结所私欢则不吝,何顾于祖宗而吝也。用之为父母营宅兆则亦不吝,祖宗父母所自出也,代父母心以安祖宗而又何吝也。且幽明报施,其则不远。试观振振生,鼎鼎起者，非南澹公与诸先达用心厚者之后人乎？若曰议修墓者，辄有大故。则南澹公东开西创，又不知当何若矣，何故有今日也。于《传》有之曰："君子之泽，五世而斩。"而苏子论之，以为岂惟五世，得其人则可以百传。今之由礼而追思，闻风耳慕效者，南澹公之泽未斩也。或列衣冠，或饶资产，或有文采，可以更定规格，或有才艺，可以综任分拿，南澹公及先达诸公以后，非无人也。有其人，不导其泽，究竟与不得同，而坐视其斩，可惜也。矧今之泽虽未斩，亦岌岌乎绝续之秋矣。向者人虽众而莫有离形，今者人渐离而未离者，先有离志；向者人虽贫而罕有悖事，今者事多悖而既悖者，愈示悖形。虽起南澹公于今日，亦不能不急为维救。今但有述南澹公之事者，再什百年而后，不患无述今日之事者。不然，何今之宗人无问贤愚，皆切切然称南澹公德，而恍然如欲见之，慨然将欲踵之，岂非南澹之精神能自用于昔而又能令后死者代为之用乎？夫将使再什百年而后，犹见南澹公之精神，而此一时人之精神同接焉，则今日有志有力者事矣。不然，疏之不联惧日乱也，始之不返惧日疏也，日疏日乱，惧不知所底也。而联疏果无先修谱矣，返始果无先修墓矣。夫吾宗徼列圣与今天子垂衣固圉之惠，二百余年，策名井食，不离竹冈方里之王土，而蔚为著姓，中间虽遭倭难，不发一墓，不损一丁，乃一旦负盛时而不为，听衰势之自极，至于不亢其宗，而贻恫于祖，不识吾曹，百年以往，何以相率而见先人泉下。言至于是，亦可以载悲载涕，而其悔议行之晚矣。善乎，吾兄弟中有识者之言曰：昔之科第者不之，然不无以意见异同，故虽全盛，犹致此等大事寝阁。今则先进与后辈协谋，才人与志士俦立，失今不一大振，后未必更有可为时矣。呜呼！诚取此言而思之夫，亦愈知其不可后哉。凡佑之为此言，非一人之私言。盖上体乎祖宗，下谅乎同宗，中受教于族尊，前取衷于古人，而曲畅之以孩提自具之本心，虽平平之论无奇，而晓晓之音甚切。冀我宗姓，尽孝孚至诚。若曰晚辈而躁动也，佑俯首甘之；若曰借众以居名也，佑白日矢志。所有肤见，当急议事条凡几款，次第论列如左。学疏故鲜所根究，识隘故多有阙遗。伏惟吾前辈同辈后辈，诸有深情广识者，不厌再三参择，须求至当，然后举行。谨疏。

条　　例

一曰广裁酌。夫此二举，公事也。虽非异说可淆，亦非独见可执。苟能以谋力为尊亲之路，用者可鉴而材也。况专求尽美，则理虽一而情形之曲折甚多，有文墨见九而朴野亦见一者，有前辈见九而后辈先见一者。不妨汇众人所得而听，见理深历事大者，虚心衷焉。但或挟私意而出诐辞，众论一以为不可，遂跳而外曰：我谋适不用，我心已可谢于祖宗。乃不过以文其吝财，藏力之短计，则识者窥之，鄙之矣。

一曰量牵派。夫谱重刻，而较旧者加三之二焉，梨枣剞劂之费不赀也，纸张印刷之费不赀也。墓重修而旧之略可因者，独墙垣耳，然计工费已须再倍之。至岸石为不材者盗尽，享堂守冢向来未设，无块砖尺石，寸椽不须赀办也。重新祭典则多阙祭器，未违砌石则先借编篱，未有屋基则急置旁地，已置守冢则便需口食，亦无一事一人一物不须赀给也。赀之所取，在主议者、轻财者固无待人牵派而始筹出，然出纳之吝亦常人之情。囊箧之藏，非外观所测，其册可明查，数可均派者，莫如田亩以按之，则慷慨者不至偏多，悭吝者不至偏少矣。今欲于议成之日，总立一册，编出合族田亩多少实数，数总下明注应派银若干。先又总计大概应得之费，条列举某事约费若干，置某物约费若干，而派出每亩几钱几分。细数其田亩，无者任其或助或不助。倘有为先人族人用财者，多寡等出至情，不因数少而没其善。仍于量田派出册后一一登之，或刻板、刻碑，一体镌入。其财与事不相当者，当日直辞，众以为果不当也，则其辞之。既辞之，则必别受其材与事适相当者，当日论任，众以为果相当也，则受之，既受则不敢辞。夫同是尊者之后也，同是亲者之脉也，岂其得人知而见择，因自知而受任，犹然以众分之一事漫然置之，不竭公殚劬，其图观成者乎？虽有避心，虽有私意，佑知决不能用于斯际矣。

一曰专登掌。夫事可分营也，赀可分派也。赀聚矣，收贮不可不一也，以便出用于事，而惟望一途取之也。数目不可不稽也，以便入会成计，而仍归一途终之也。今须族尊择子弟之不时在旁者，置总收簿一扇，中开某人应出公费若干，某日收到某事，须用公费若干，某日领出。分任者各置簿一扇，中开某日取银若干，某事某物用去若干，某日某人领去若干。事未完而费不足，则任事者先应而匀数匀派；事完而费尚余，则登掌者仍贮而值事再发。有不称事情而异众多取者，前事未见绪而恣取后费者，与众同数取，不与众同功奏者，则登掌者举以告而族尊，聚众让之，未审可否。

一曰详生卒。佑自幼孤流徙，祖父遗籍散失，宗谱仅存一抄本者，止记字号出处，与娶妇生子，而不记生卒之年月日。又世代统系止以线画遥接之，而不见总图，窃疑抄本未悉也。欲致一刻本，又久不得。不审前修谱时，果不记生卒，不刻总图否。夫生卒出处，生人大端，如无出则生卒独重，不识其生，焉知其始；不识其卒，焉知其终。且使远代子孙，欲知生亡二忌而祀之与传之者，万一庙祝有遗，何以考焉。凡编录之体，虽惧初制，文繁而渐至不继，然生卒固非谓也，正系实事之大者也。讵宜过从简约，并大端遗之。故将酌损补，而先以生卒当详为第一义。未审可否。

一曰酌损补。夫谱以述先示后，固当使众脉之联，而无半体之缺。然时久族大，惧欲不能容也。今欲以中下二殇无处者，著系与序于总图中。至编录也，则但附名所生父后，而不别详生卒本末，其得详本末，必出幼而有后者。又三族之亲，亲亲者所必广求也。知其历世，母谁氏，而不知所自出；知其姊姑适谁氏，而不知所在；又或知历世母，而无从考其生亡忌；幼孤岁久，无或人代为识者，往往遗憾焉。今欲于某人娶某氏后，即注从某人出，一体注某年月日生，某年月日卒，生女几人，长适某，次适某，姓某，名某某，士族某庶族，略如志状表传诸结尾之体，斯亦孝子慈孙与加意睦姻者一大快事也。未审可否。

一曰别善否。夫家乘，犹果录也，徒以载记记而劝惩义缺，良史羞之。然非常者，又众所惧也，不惧不足以劝惩。自兹以往，欲使宗人有小过者，其见而速更之少甚焉，则聚众挞而记之，改则奖而削之。其得大罪如蔑祖宗，奸伦类，殴詈亲长，戕虐孤幼，甘为胥皂隶奴，故捍国法家法，虽曰成人，心死久矣。故略与二殇通体，不详本末，但属于所生之下曰长，或次，或又次子某，以某事宜削，姑存其名，以明系子孙。改行则自进，而与前恶不相掩。有为善而不达，则令其子弟以大端告任修者，复稽之众口而信，乃撮其所为数语，编生卒间，不使富贵者铭状表传，恒有余于文；贫贱者湮沉寂寥反不彰。其实此非佑一人创见也。其欲削恶也自正学方氏，其登隐善也自六一居士与老泉氏。未审可否。

一曰广图系。夫谱以线画贯其脉络，别其统绪，善矣。然数揭之后，不学者与后生辈或懵然复失其所从，则不先萃为一图故也。今欲于每人未分注本末前，与叙目后，总刊一图，详列统系，使人举目即是，而开卷备知。一纸不足则二，二不足三之，仍刊一大图，可悬壁间者。如今世所行天文、地职官图之式，家颁一纸悬之，更使其合逐有籍，而追溯现今。考南澹公著谱后，未入者，于每分五服中酌一留心宗事，知有文墨之人，属其就一支中稽访录记，贯串详实，限几时报于总修。修成后，复属每分一人日记其服内生卒嫁娶出处之略，与命何名，题何字等，次第藏之，谓之支谱。岁久谱再议修，即取此裁定。未审可否。

一曰式祭宴。夫修墓事体大，事端多，然已得易斋公议筑垣，议募守，议轮年，议置器，洋洋盛心备词乎，佑不能一辞赞矣。独议修者，为防野兽之意居多，虽编篱捍后，犹爪牙穴入，则砌岸一举，似于编篱后当急图之。即置基营室，皆非缓事，见理深，历事大，如公固已知有成算，而在宗人则不可不为之地者也。至若清明一祭一宴，尊祖敬宗与否，于是乎观。自情意浸薄，礼制浸湮，往往乱行次，杂嬉谑，以漫心应故事，则何取。今拟于祭之早，先择正直子侄一二人为监。监即持谱前，依名分年齿排班定位，与祭者皆负墓门北向立，轮到而从容登位。既毕，监先向奠席四拜，曰：受族尊命，斥不敬祖宗者，谨以心对越。仍就故位，遍阅诸人，有嬉谑，直呼某与某嬉谑，笔之；有跛倚者，直呼某跛，亦笔之；有参越位次,坠失祭器者,呼笔亦如之。奠祝毕,监再向奠席,四拜族尊,乃跪悖礼者,面祖宗而数其失。其在宴也,亦拟先立东西各一人为监,亦持谱从庭中以次唱进之。诸大父、诸父皆称号而加之以公,诸大父先入就南向位,乃呼诸父。既毕,向上一揖,以次亦就位面外坐,乃呼兄弟行者。尊者既多在上,乃称名,呼一行,又毕,乃众向诸大父一揖,诸大父转面向内,又向诸父一揖,以次就两旁位。侄辈唱法进法亦如之,而加一揖。揖父行者,亦以次,就最下位坐定。监告举酌、举箸,尊者先举,少者视上次举,不敢先食,不敢越位,不敢高声谈笑,不敢纵酒商拳,非有公事与万不得已之故,不敢独留先去。有一于此,两监亦直笔之。饮食毕,尊者以次率后辈起乃目。监总祭时唱名,应到不到者以进,分谯于各小宗之长,使归转谯之期,明年必到而罚其前罪。既毕,监则总在宴时悖礼者以进族尊,乃又跪之众前,数其失而惩之。已乃撤桌铺席,复望祖宗,小大稽首,罗拜以谢神惠,各随行序散归。有公事当与议与闻者自留,无则往。宴中须十六岁以上者得与,未成人者不登席。或地不甚远,有志祭时行礼,宴时观礼者,则听之。未审可否。

一曰复牲胙。《礼》曰:"大夫以索牛,士以羊豕。"又曰:"有其举之,莫敢废也。"然则墓祭之得用羊豕而胙之,不得废于祭,尚矣。事缺一端,则礼阙一体。自前鄙夫者为肉而争,以致司祭者量力而废,神何歆焉,众何观焉,后何示焉。今既议得轮年派任矣,请于两墓之祭,勉复旧规,原具二牲,至分胙,则不论长幼穷达,但以小宗计派,而率用若干,舠两尽,四牲外无加。或不能遍及,则止及其同父之长,而共烹之。或后派日多,则止及其同大父、同曾大父之长,而分啜一杯羹。要知礼外之物,即二牢不为重;礼中之惠,则一脔不为少。奈何屑屑动色,甚至以胙之不分,为祭之与不与焉。此其贻大礼,羞何如也。诚爱其礼,不爱其牲,特以各分难遍,众情难调,遂不思议复,则亦吾辈与于斯文者之过也。

一曰禁恣横。夫族人不能无悖,事事必有先知之者,或耳目为近,或支派为亲,惧以知而不举,得过必遍告之阖宗;或其事须不时惩罚者,或须待大祭时惩罚者,又或于大祭时禀告,即于此时听剖者,公非公是,既有所归,族论大同,必无遍徇。如事已分决,后独仇发事之人,面诃背詈中伤者,以不能改过而重犯论,举族人再聚攻之。不服,则共鸣之官府,而议其谱中存削,庶几无忌惮之辈,不至暂贴服于众前,而还遂非于事后。未审可否。

一曰增冢碣。夫世墓既修,则已葬者获安然地位,无余则未葬者难入。倘其力不能置葬地者,既不能容于前建之义冢,将尽忍其火之乎?今拟修墓后,再置一义冢,冢旁并置纳粮田,地登于籍,而轮年者兼统之,果系无力须入,以情报族尊,族尊发众议,确任其子孙,照位次行葬。如力稍可,则不得入其墓。树与总墓树一体登记,擅伐者如伐众墓树罪罪之。盖礼有言曰:"为宫室者,不伐邱木。"夫子孙自为宫室伐犹不可,乃窃取鬻人,反有为之祖左而以声罪为非者,诚不知因是而遂撤伐木之禁否也。又拟，凡葬位所在，不论公冢、别冢、义冢，立碑纳志外，例一石竖圹头，题曰"某公某府君某处士某孺人某妈妈之圹"。不能具石者，众辅成之。岁久石泐，再镂之。一使远子远孙有所据以瞻谒，一使文子文孙有所考而载记，一则使初湮微，后昌大而思迁葬者，有所指认而得遂其图，不致谓前人心思不详，规制不备，令后人借手无地也。斯虽小故外观，而从是论，则亟当并议，故及之。未审可否。

一曰通情谊。吾族世守清俭，无久储后畜可以博施。然向来有吉礼必闻，有凶礼必闻，亦他族所罕并也。今欲更广之，有生子者必以遍告，有娶妇嫁女者，必以遍告，病者既卒必遍告之，卒者将葬则遍告之，惟登高寿者已不可告，则近宗掌支谱之人，举其期遍告之。既经告谒，就中有须少尽者，各称事情，各权亲杀，而为可继之地，随即往，或庆之，或吊之。贫者无出，则因愧贫不能为礼，亦即往庆之吊之，然不可逆料其无能为礼，而遂废告。见告者亦不因已无能为礼而遂不往。但无可庆吊之事，独肆为难应之求，而情又未必足矜，则每人悦之，虽一本有不能矣。至宴会馈遗，减损从俭之节，囊易斋公曾已言及，故不复条而敬俟尊命。

一曰创讹称。夫前后辈者，以名所系，字异其行；同辈者以数目异其次，自有辨也。如称尊也，则从素所定之分次；如称同辈与疏远之后辈也，则从字与号；如称亲子侄也，则从名。亦有等也不得已，而以文字笔述尊，则不妨加"公"字，而举字号为呼。故子思以仲尼称祖，因著书而然；而夫子举鲤汲之名，如是呼之，则一呼而名正而理得矣。自尊者谦光太著，则有以字呼亲子侄者，然则子侄之笔可述，也将何加；自卑者傲志日长，则有不称第几伯叔祖，几伯几叔几兄，而单道字号，不加"公"者，然则长者之称疏族也，又何减至。若曰黑，曰黄，曰白，曰海，曰妙之类，尤近恶俗，久沿莫改。今之后辈，遂有不称伯叔兄弟侄，且至不称字号，而直举类中一字，加排行数次一字为别者，减若固然，乃并其人忽之，犯上蔑视，端自此始。今欲于尊卑相谓定称之外，尽去此等流弊。其不改者，不问人而面斥之。

一曰备后议。夫家有墓，则有庙，总庙不可不立也。凡宗仪大行之曲折，于是乎出。而今我族在乡之总庙，几不守矣，将仍旧贯乎。虑已非其地，将卜新图乎？则未具其资，虽难尽举于一朝，然亦不可不相期留意者也。至如昔人有宗田之制以食惸独不能给者，有宗学之制以诲童稚不能学者。宗田制矣，先已散而之他者，不当庐舍之以招之乎？宗学制矣，学落不耕而无业可营，几一馆作生计者，不当顺其可大可小而延之西席乎？凡此皆关族礼与族谊非细，但为之自有次第，欲速则反不达。故邵子云："士君子为善，亦须量力而为之。"今量吾族之力，实有未能者，然不愿止，存其虚说，而终逊其实事。或二十年，或三十年后，矢臻尽善，再举后图，而先志之今日，一以期有为者同志以须其事，一以明今所议者非遗忘而不备虑耳。谨悉至愚，统惟裁择。

达斋公义田条约

一、昔范文正公义田千亩，后贤效法。凡官尊禄厚者，如数捐足，故能概与宽议，无极贫之别。今林与故父实由课徒勤俭所积，仅能成此五百之数，而通族赖给者颇多。是以仿古规式，量行酌减，异日有续为增捐者，再议加厚，是以所深望焉。

一、李氏人口繁庶，或远迁而失考，或无嗣而不传，皆由幼不读书，长不习业所致。今后族人无产者，生子七岁至九岁，每年给束脩银二两；十岁至十二岁。每年给束脩银三两；十三岁至十五岁，如系读书有望者，准贴膳米三石，且随时酌与加厚；如不能读书，或择工贾之清高者，从师受业，亦可量予贴米。若有名无实者，察出报知，即行停给。

一、族人有废疾茕独，无产业又无依赖者，无论男女五十岁外，每年给食米三石，男给布二匹，女给棉花十六斤，终其天年而止。

一、族人守寡之家，既无田亩又无翁姑者，不论老少，每年给米三石。孤子自四岁至十二岁，减其半，俟成丁之日停给。

一、族人有尊长之丧，贴银四两；不能葬，再加六两，同辈减其十之三。幼辈年在二十上下，既娶者，较尊长之数半之，余概不给。

一、族人无父母、兄嫂、田产而能自立娶妇者，给银五两；如无子再娶者，给银三两。女至二十以上，或亲房或舅氏代谋出嫁者，给银十两。

一、族人无产业者，生女至九岁，每年给棉花八斤以习纺织；至十三岁，每年给十二斤；至十七岁，每年给十六斤，至出嫁乃止。

一、族人应试有赖贴赏者，童生院试给银二两，乡试给银八两，会试给银二十两。

一、米石出入，准以部颁升斗，应斛白米八折算，每于月终支给棉花布匹。清明祭祀后给半，冬祭后全给。束脩按季支给，不得预支，亦不得存留。

一、义仓必得余积一年所出之数，倘遇灾荒，无虞空乏。若得二三年余积，随时置买田亩，增入义仓，将养老之义，略增其半。倘异日人口倍增，入不敷出，则将丧葬嫁娶之数随时酌议，余皆不得损益。

一、族人有以他姓异戚为嗣者不在给例，如将己过继于他姓者，后复归宗，仍入册给付。

一、族人如有习不肖，甚至辱及祖先者，定当出族，除籍不给。

一、义仓应领各条，皆须实无产依赖者，方准支给。

一、我族素读书起家，近因贫失学者多，以致世泽久湮。今本庄约给束脩，以昭鼓励。俟后族人无产者，生子七岁至九岁，每年给束脩银二两；十岁至十二岁，每年给束脩银三两；十三岁以上，实系可望有成者，准贴膳米三石，随时酌与加厚，至十六岁为止。如读书无望者，听其易业营生。若有名无实，察者报知，即时停给。

一、义仓经营，须以宗族之老成殷实者总理其事。如本人不暇，听其择外人经理，岁支酬金二十四两，膳金二十两。或宗族有品行端方者，合族公保轮年，递管修膳，一体支给用取。租人一名，岁支工膳二十两。仓内立册一簿，每年收取若干，支去若干，盈余若干，使合算稽核分明，公私立见。另立一册，载明合族应领人数，每人各付一折，对册支领，使彼此各有实据。若经理者将仓内花米银钱，擅行盘放取利，无论归公入私，察出扣修半年，辞去不用。至经营者接却交代，务须在祠祭之期会众查册，共见共闻。

一、祠堂三进，头门五间，两厢附室六间，正屋五间，屋后厢房四间，后堂屋五间，共计二十五间，坐落十六保十五图元字圩三百二十六号田内。

一、族人不得借居祠屋，租种义田，经手取租，违者众共攻之。

一、义庄即设宗祠，以便兼理祠事。所有岁时祭祀，以及整墓修祠等项，俱由义庄经办，永为定则。

岁在嘉庆二十三年戊寅十月朔，林谨白

达斋公遗训

达斋曾伯祖于清道光七年五月临殁时遗训云：

立交托据
兄　林

为因嘉庆二十年，林以独力建造宗祠，随置义庄时，赖通族赞襄哀成田五百亩有零，业已官为题达，奉先赡族，各立条规。当创始之初，曾派族中六家轮值，后以事涉难言，不得已归林独管。经理以来，连遭荒歉，兼之祠中内外添造房屋不等用度，致所入不敷，多方营借。每年除祭祀外，计应赡者，未克加意全施，耿耿此心。方冀日后有余，酌行诸例。不意吾年已迈，病自去秋至今，俱无起色。谨念祠、义两端，系吾族中大事，必须择人承办，方得垂久。而专责成服弟南光，则林有家事烦心，未便并任，且事已捐公，林自不得于身后再令房族承管。因思族弟撷芳，林于前修谱时见其心力独殚，秉性敦宗。至林捐资建祠，又多资其筹。故凡祠例义规及祖坟田号，一切惟弟熟悉，今老而尚健，又得后起之助，胜任无难。为敢告知通族，将单契租簿及各项细册交付撷芳。惟期奋不避嫌，须念吾家自宋迄今，代敦族谊。当林捐办义祠之时，若苍培、兆原两叔、寿铨、兴又、南光、彦英弟等及族中侄辈以下，靡不公正存心，共相赞理。今后撷芳接办公事，公商诸人，定不漠视。至租籽出入，除完粮办祭外，谅少盈余，瞻族各规，尚须从后全给。如正用有亏，惟弟措垫，待租而还，日后有余，照规增产。所有林自己名下捐剩田亩及房产等项，虽有南光弟照料，然经账向由义庄仍须兼办。此林实因祠、义大端起见，恐有族中未达，或生他异，故特择人而任，立此交托据，永远为证。

代笔：婿阮溥

同时又立关防据曰：林为因嘉庆二十年，曾以为独力起建宗祠，又赖通族赞襄，袤成义田五百亩。题案之后，议派轮管嗣，因难于一心，不得已归林独管。今林年将就木，子幼未知，又不便以公事仍令房族承管据办。祠义例准择人，今特告知通族，立有交托据，付交撷芳弟，继林经理。但公事公办，宜公稽查，倘有私染等情，合族声言公斥，另议承当。凡在族中，亦宜和同赞理，不得异言。恐后无凭，立此关防据，分存族长及昔曾轮管之家，永远为证。

又注曰：祠中祭主，向系林任，诚以择贤择长，例本通行。兹仍遵照此法，拟以入泮者为主，以示鼓励读书之意。今后祭祀，许十八世孙树昆、桂馨二侄，按祭轮当，倘有继起者，并与加轮。并据。

卓民谨按：先祖星斋公、先父在田公均入泮宫，遵训维持，不辞劳怨。吾宗祠义田之得有今日者，皆出自祖若父主持之力也。科举既废，主祭仍须择贤。今后应以族人在中学以上毕业者为主祭，而高小毕业者作为协祭，庶于郑重祭祀之中，仍寓鼓励求学昌家之意。吾族明达，君子当亦赞同耳。

卷　　六
条　　例

一、清明祭于墓所，时俗扫松礼。凡在墓者，皆得祔食。盖同居而不得食，祖宗之心，必有不乐，非事亡如存之意也。十月朔祭于正寝，四代外，始祖虽祧，亦祭焉。此二祭用猪羊，其余正旦、二至、中元，但随俗于祠堂荐食而已。

一、云浦叔父虽不同墓，然礼自予始，春秋二祭，以义起之。

一、墓土祖考所托以为安，祭墓时宜并祀之。

一、始祖墓四穴，其异姓一穴不祀外，其一穴不知字号，具位而已，第二墓与第四墓相近，宜合为一祭。

一、祭品不能丰，亦不可简。如时俗延客，尚用十果肴，独为祖考靳哉？荐食时，仍照旧五果肴而已。

一、春秋二祭，凡族人皆当会。但乡城既远，或不能皆至者，亦不必拘。惟墓祭不可不至。

一、祭田租总于一人收，另置簿一扇，记其出入，年终结算，有无羡余，余者以置祭器及修墓之用。

一、管租者即任治祭物，一年一易，其自肯再任，尤美。但墓所既多，心非一人所能干，须分任其事，亦非一日所能遍，二日三日亦可。然非天雨，不可过三日。但第一墓、第二墓须同日行礼，以便族人会祭者。宗庙以有事为荣，各宜协力，不得避劳。

一、族人四散，祭墓前二三日，须具一帖，令人各写知字，至期不必再促。

一、祭毕，即将祭物众其飨之，亦古人燕毛序齿之意。止预备酒一尊，余尽祭物而已，祭肉应散者即散之，不来者不送。

一、祭田黄册，均徭杂役，若族中有仕宦及生员优免者，须先祭田而后及己田。盖为祖宗，非为田也。如无优免族人，有得过者，须出力承之，待陆续以羡余补还，不得将祭田卖去。

易斋公祀事续款引

叔春龆龀时，见伯父屯部南湄公始制墓祭之礼，同宗少长，无不秉虔序拜，秩如也；既祭而宴，无不笑语款洽，蔼如也；既宴而行赏罚，又无不畏敬修省，凛如懔如也，由是族益昌大，人益醇谨，以为族之美如此。及长，读《周书》，谓周道亲亲而尊贤，故世祚独长。至过其历，而后乃知屯部公制祭之礼，至深且远，而我李氏之敦睦守礼，称最云间，有以也。盖此一祭也，反本追远，孝也；敦族睦宗，仁也；序长幼、别尊卑，礼也；稽族人之淑慝而赏罚随之，教也，不与亲亲尊贤之道同一辙乎？况乎李氏以厚道启家，世相承守。叔春生当十一世，无能远考，姑据所睹记。如我桧庭府君抚孤侄静轩公而长育之，既婚析产，不与三子为四，而与己为两后。桧庭府君瘁于役，我恒轩府君房产，皆外氏东海张公所赇，不私为己有，而分授其两弟顺轩公、若轩公。凡此厚德，岂人所能及乎？嗣惟屯部公推所分产以给季弟，我先长兄大参约斋公公己产以同爨，析己产以分侄，庶几重光祖德哉。此皆厚自天植，古今稀觏。其余不免与时升降，当屯部公时少漓矣，不容不齐之以礼。至于今则愈漓矣，宗子分卑而赏罚难行矣，祭虽存而所以祭之义已昧矣，族人相接如宾朋，而亲亲之实意浸衰矣，不才者肆意妄作，无复有所顾忌矣，日变日迁，宁有底止。树春为此惧，思所以挽之者莫如礼，礼之可以萃众志；兴厚念者莫如祭，盖祭之感通甚微而甚速。古先圣人，每藉此以一人心，说在易之《萃》与《涣》

矣。《易》之假有庙，独《萃》与《涣》二象称焉，可不深长思乎。今吾家墓祭，指日繁，费日广，屯部公所制款例，不免有少未尽，时与势然也，则修祭不容不亟矣。乃议捐田，议轮管，议墓粮，议赏罚等款，不过从旧款中申饬而加详焉，期以少复厚道，无负屯部公之良法美意云尔。幸毋迹视此祭，世世其守之，俾我竹冈李氏永为云间敦睦守礼之族，则宁独屯部公藉以不朽，即漕司公而下数世祖，咸嘉赖之。

祀事续款

一、轮管值。我家墓祭制自屯部公，祭田亦捐自屯部公，故向来祭事，俱宗子独任，意各分不应掺与也。今读所制条例，原谓一年一易，且云慎勿避劳，叔春始赧然自愧。盖屯部公固公之，而叔春私视之也，陋矣，陋矣。今议自明年乙卯始，即叔春管办，择余人力相应及宗子，共八家轮管。八家之外，有出身及家事长裕者，增入八家之内。万一有中落，亦不妨歇息。管者登簿，销算如原例，算过交盘下手。但祭虽轮管，租必统之宗子，随岁丰歉，算给轮管之家备祭，庶田有常主，而租户乐业，不至十羊九牧矣。

一、定年份。此系巨事，凡为子孙者，必人人乐趋。第年份先定，则轮代豫知，事可先办。故议八家分任，周而复始，倘有损益，一随其时。虽其间有仕进者，当年未必到家，姑列之，以俟临时再议。墓树墓墙，祭后一日，即点交下手，亦照此序，管顾一年。其事宜，另册开载。

第一年乙卯，叔春轮值；第二年丙辰，含春轮值；第三年丁巳，继庸轮值；第四年戊午，继晟轮值；第五年己未，继庭轮值；第六年庚申，暄春轮值；第七年辛酉，继佑轮值；第八年壬戌，继元轮值。

一、捐祭田。设祭之初，祔食者少，族中人丁亦未甚多，又为子孙虑役累，故屯部公所捐田，除第十一墓基粮外，止旧额六十亩，又除第六、第九墓祭四时十月朔诸祭外，计止余租二十四石，除粮十石，止存租十四石，大约值银七两，不足备两处大祭。窃念此祭，所以尊祖睦宗，用意甚微甚远。后之出身与充裕者，可不各自量捐，以其襄盛事乎？我兄长大参公，因念恒轩府君墓与茂实府君同垣共祭，已另自岁举一祭，以补专祭矣。不肖叔春力薄，谨捐田二十亩入祭，额即以今岁甲寅秋租为始。倘后捐者日多，田额日广，先备祭器、桌椅，次及赏赍修坟有余，则以助族中之贫不能婚葬者，捐数各自裁，不为限，惟愈多愈佳耳。

一、分祭所。第四墓与第二墓同一垣域，故亦一处合祭，从其便也。今议仍分作两所，以各致尊敬，祭桌无加，止增猪一副。若夫大参公所备另祭，则作小宗之祭，为我祖考实竹府君而设可也。

一、肃班行。礼制浸湮，人心浸玩，往往乱行次，杂嬉谑。今拟先期，择正直子弟二三人为监，至期袖纸笔，持行谱为辨分，序齿班齐。监先四拜，禀曰：受族尊命，斥不敬祖先者，谨以心对越。乃起力班后，遍察有嬉谑者，直呼某某嬉谑，出纸笔书之；有跛倚者，有搀越位次者，有坠失察品者，皆呼笔书之。祭毕，监仍上四拜，尊长乃跪悖祭礼者于墓前，呵责之。宴时，监亦执谱序坐侄辈从中二行席起，席尽又从东次行，西次行起，东者以渐而东，西者以渐而西。序毕乃坐，不许先食，不许越位，不许高声谈笑，不许纵酒商拳，非有万不得已公事，不许先去。有一于此，监亦直呼笔之。宴毕，尊长乃又跪。悖宴礼者，于席前呵责之。其祭时有应到而无故不到者，监查报尊长转报各小宗之长，使归谯让之。（仍启议）

一、饬祭宴。祭毕之宴，原以合宗族，识长幼，非以饮食也。墓祭大率二十四桌，桌十品，应分作四十，八人桌，桌五品，水果亦分作二品、三品，每桌四人，庶可容百九十人，如不足，即五六人共一桌，亦可增设酒饭汤点，务洁暖堪食。族中十四岁以上，不可不来习礼。若十三岁以下，幼未知礼，不必远来。如无父孤子及有事申说者，勿论。设或内有奉斋者，另备素菜三桌于东北隅，桌品另自为序。

一、备祭器。祭须桌椅、果罩、碗碟、杯盘、拜席之类，如前已有者，可无备外，须新备。祭后宴席，不能候墓上桌椅，须另备长桌、椅凳、酒杯、汤饭碗等项，俱细细登簿。用后，大器僭宗子房一间安置，碗碟等类，接管者收回，俟明年清明祭后，遂逐一与接管者交盘如簿。如交时有损失，旧管补赔。

一、置簿籍。簿用斗方纸，宗子用图书钤印，前书《屯部公祭田记》并条例，次附续款，后开某年祭田租若干，岁丰岁歉租若干，米贵米贱值银若干，交与轮管某人收讫管者，除纳粮外，即将所备祭器逐一填注某器若干，用银若干，祭品、果菜、管坟、月米等项，一一登记。如之有余，登记余银若干，交付接管某人收讫后，书某交某接管，各押花字，以次递传。纸尽再续，久则更置。

一、名赏罚。宴毕，有赏有罚，所以奖善而教不逮也。自老成凋谢，而赏罚遂不行矣。今议各家清明私祭，须或先或后，至正日必其赴大祭，祭毕赴宴，以相款洽。宴后，族中有争忿不平，卑幼不逊尊长等事，俱出申说，以听公剖。如平日多行善事，量支祭田，余租银充赏，有行善而可无赏者，众其赞扬以鼓其进。平日多行不法事，如干犯名义，盗斫坟树等项，众其证明责治之。犯事重者，先期书名贴出，不许与祭。倘宗子行卑，则尊行助之，以其为整顿。至于平日有无辜外侮，须众共昭雪。若有作奸犯科，乱伦蔑理，不可以家法治者，众其呈官究治，毋事姑息，庶不肖知改而教化可行矣。

一、分牲胙。牲用猪羊三副，约二百斤，宗子猪羊胙各一首，示重也；监者，猪羊胙各一斤，酬劳也；出身者加羊胙一斤，示劝也。余已冠者，每人斤许，量数为增减。先尽羊，后尽猪。若后支派日多，则止。及其同父之长，或同大父，同曾

大父之长而其烹之。礼中之惠，一脔不为少也。（仍启议）

一、立墓碣。墓头有碣，一举目而知为某公某氏，使远子远孙有所据，以瞻谒诚，不可少矣。乃仍启侄，又以迁葬而无可指认为虑，其重有所惩也。夫应各增立。（仍启议）

一、设土碑。先儒有谓不宜僭称后土者，近访各故家，墓间有立石东北隅，称"某乡土神之位"，殊典雅可式。今仿立石如碑状，称"长人乡竹冈里土神位"。

一、并墓粮。祖墓三区为基，不过四亩八分，如前人民甲则互相推诿，徒累里排；如后六分分，则六分之中又不正，六分不胜分焉。今议并入祭田，每年轮管者，即以余租完粮，庶几可久。

一、重宗子。宗子重而后宗法行。族中有事，先须关白宗子，听其剖裁。如阻于分方及族中之尊长，至于祭之输管，原为宗子分劳耳，出名主祭，自应宗子。祭毕之宴，亦应至宗子家，以一事权。惟祠土一节，似可听输管者出名自祭。

一、免祭田。凡大宗小宗祭田并各墓，已总立李祠一户，告免差役。输管者领各祭祖先，纳本户钱粮，毋使累比有不完者，众其罚之。倘日后田多出任者，即以本名优免免之。如无出仕，举族生员其分免之。

一、捐田数。初屯部公捐租二十四石，今冢孙继元复捐租六石四斗，共三十石四斗。暄春捐田伍亩，租五石六斗，叔春捐田二十一亩，租念三石六斗，继庭兄弟捐田十亩，租十石八斗，继庸兄弟捐田十五亩，租十六石八斗，继晟捐田八亩，租十石一斗，继佑捐田十五亩，租十六石。刻后含春复捐祭田五亩，租石六斗。

达斋公宗祠正厅不祧规
（主配位设厅之东北隅，节烈位设厅之西北隅。）

一、乡贤忠孝出仕封赠各位。
一、科第自副榜以上者。
一、实有大功，公议已协者（如修谱、整墓、与祭、协祠各位）。
一、附捐义田在二十亩以上者，一代不祧；五十亩以上者，二代不祧；一百亩以上者，三代不祧。
一、节烈载郡邑志乘者（以后节烈未经入志者，应由族中贤达公呈郡邑请奖，方准送主入祠）。
一、日后如实有大功于祖宗者，必须终身弗怠，族议尽协，方准升入正厅不祧。即将其入祠事实，详载存记，以为征信。其有小功，应入庑正不祧者，准此。

两庑不祧定规

一、始分支各位。
一、贡士以下及游庠者。
一、例仕武生各位。
一、实有小功,公议已协者(如协修族谱各位)。
一、附捐义田十亩以上者。
凡捐田,必须请详立案,方为着实。现有捐不如规,而亦不祧。因在始事之时,故概从宽议。并有于开祭之前,自愿尽力捐祠者,更为格外从宽。自后尽悉遵规约毋滥。倘有不遵,合族公罚。

入祠定规

一、两庑神主俱系男东女西,以昭分别。
一、凡入祠附祭者,俱四世一迁,祧主另藏别室。
一、凡神主俱于葬后,方送入祠,以符礼制。
一、族人倘有大不肖,以致亏行辱先者,不得送主入祠。
一、族人配娶,倘有显乖名分者,其配不得入祠。
一、凡现在附义协祠,各位应得不祧,俱宜就本身论。今因各人孝念,善则归亲,故各移于祖父。

嘉庆二十年岁次乙亥秋七月,林识

达斋公祠祭规约

祠堂虽自林建,实吾族大本之地。今义庄既定,轮管所有祠祭大事俱归轮管者承办,愿吾诸人各尽乃心,以副敦本之义。兹将应行申明各条,开列于左:
一、岁时祭供轮管者,务照后开定式,敬谨办理,不可草率。
一、祭时行礼,轮管者先将后开仪注,录贴正厅,俾众共晓,毋致错乱失礼。
一、大厅正中系林主献,所有东西、分献及一切执事,俱预先派定,贴示正厅。至期各宜早集,毋致等待失时。至族人助祭者,亦宜清晨齐集。若午后概不留宴，以惩怠玩。居远者，听其补到行礼。

一、族人助祭者，各持香烛一副，代锭帛五十文，以申谒见之意。岁时佳节，亦宜备香烛拜祠，毋忘根本。

一、祭毕而宴，各留余敬，毋肆喧哗，勿饮酒过量，勿间争口角。凡吾族人，宜永戒之。

一、清明节，各墓摽插之囤，有应通族同去者，有应专拨人去者，有即发值下子孙领回者，轮管者预立折存记，以便到期分派。始祖墓鸳鸯坟、屯部公、忠节公各墓，主祭人预于祭毕时，遵助祭族人通往摽插，各毋规避。

一、宗祠祭器，载明交盘册，封贮一室，轮管者随时留心检点，毋使费失。

一、祠内存家谱一部，自修谱后，一切生卒配葬，轮管者随时添注，以便稽考。

一、祠堂每岁上油漆瓦，及一应修葺等项，轮管者宜勤用心，以期永远勿替。

一、厅前宜勤洒扫整治，毋令草塞，毋为鸟粪所污。

一、论管门人不得于庑前堆置杂物，不得于前屋内作猪羊栏。

一、祖茔各区收入义庄者，另立祖墓全册，派司察二人随时察视，以便修葺。

一、祠东系先考守白公墓域，其一切树木及岁时应行修葺，亦托轮管义庄者乘便办理，俾得世守勿替，林与先人实共赖之。

【注】《竹冈李氏族谱》十卷首一卷末一卷，李卓民等纂修，1921年刻本。南宋端平间，湖北荆州人李邃仕浙西漕，移居今南汇竹冈里，是为竹冈李氏始迁祖。明代学者李待问出自此族。

申 江 吴 氏

得 姓 篇

昔太王迁歧笃,生三子,长曰泰伯,次曰仲雍。因让国,季历遂逃于荆。十九世至寿梦而吴始大,延陵季子以国为姓,此得姓所由来也。

五 服 篇

礼莫大于婚丧,恩莫重于君亲。今人但知三年之通丧,其五服轻重,杳不闻焉,风俗之颓极矣。孟子有曰:"君子之泽,五世而斩。"言其亲属当尽五等之礼,未可忽略。故同胞兄弟为一世,其服期年(十二个月也);同堂兄弟为二世,其服大功(九个月也);再从兄弟为三世,其服小功(五个月也);三从兄弟为四世,其服缌麻(三个月也);四从兄弟为五世,其服袒免。凡有事于宗族之家,临丧之际,名有等威,所以笃亲亲之义也。

继 嗣 篇

族内子孙遇无后者,休惑房帏之愚见,遽抱异姓血肉,以蹈莒人灭鄫之祸。宜论昭穆次序,立侄为嗣,名正言顺,存殁皆安。不然日后争端,不旋踵而起。若以己子与异姓为子,并前怀抱者,谱中立记而书之(按谱义,怀抱之子,并寄出之子,谱中皆不得入。因前谱已误,故权宜书之)。

出赘篇

出赘为婿，盛于秦俗，水源木本，宜知所自。有忘己之宗，嬿妻之爱，春秋祭扫，徒诒外鬼，而反顾所生，未有瓣香之敬，于心安乎？宜展己情，笃亲追远，孝义兼尽，权而得中，斯亦可矣。若久假不归，谱难悉载。

祭扫篇

昔时冢墓俱在一方，祭扫为易，每至寒食，即结鹑之妇，夏畦之佣，无不以一陌纸钱，洒泣坟土，风俗近古，此亦一端。迩来吾族之人间有流寓他乡，且加祖骸迁移无定，因尔竟忘本土。墓碑虽在，麦饭谁携？是若敖其先也。今修此谱，使远客者知坟墓所在，岁归展祀，不亦善乎！

周急篇

《周礼》六行："孝、友、睦、姻、任、恤。"任者以力相任，恤者以财相恤，范氏义田，权舆于此。吾宗人间多贫乏不能自存，族中稍有力者，当念展亲之义，量为周给。节缩华靡，可为河润，不然宁侈无益之费，而视鳏寡如仇雠，薄俗固有之矣。愿吾后人戒之！勉之！

睦族篇

宗族既繁，子孙矗集，礼义虽谨，难保无争，但勿因血气小忿，即构大讼。如长幼有辞，必先质成族长，论其是非，听归于理，即当冰释，无致闻官伤财，害义可也。

肄习篇

欲宗之昌，赖贤子弟，何自而贤，必由诗书。山中多营什一，迂视肄习，难有美材,终于暴弃,良可惜也。吾族为父兄者,当子弟勺象之年,必驱之家塾,稽考学业,纵使艰于风云,亦得博知礼义。若束脯楮颖,单寒难继,力能助者,愿相资给,耗费不多,成全甚大。先人有知,有不锡庆者乎!

藏 谱 篇

修谱之事大矣,藏谱尤不可忽也。凡修一谱,不知搜访几年,跋涉几处,然后鸠财,校勘精严,才有疏脱,便须改作,所以头白有期,汗清无日。幸而成书,昧者辄视为迂阔,致有毁壤,数典忘祖,能无殃乎? 故受而藏之,不啻球璧。子孙展卷了然,知水之有源,木之有本,蒸尝之感,油然于心,教孝教悌,胥在是矣。

【注】《申江吴氏家谱》不分卷,吴宗南纂修,1935年吴诒德堂铅印本。始迁祖伯甫于清初迁居上海。

吴氏宗谱

卷　下
宗祠祭法
祭礼考

士大夫宗庙之祭，有田则祭，无田则荐，古者庶人无庙而祭于寝。
《谕俗恒言》曰："修五典以追远，一曰立祠则神有依；二曰谨供献则嗣必贤；三曰祭及五世则本不忘；四曰祭举四时则诚不替；五曰品因家有则礼不废。"

宗祠合祭规约

每年春秋合祭数日前，司年主祭者择日传单族众。前期一日，司年率家众至祠，洒扫、拭桌、涤器。届期黎明，率子弟盛服至祠前，陈设祭器、祭品。俟族众齐集，主祭率族行礼，读祝至焚祝，礼毕。春祭，主祭率众各祖茔祭扫，其旁支无后之墓亦焚纸拜扫。毕，司年归家，命子侄设席中堂，合族宴饮。尊行南向，其余照昭穆位，东西登席尽欢。

宗祠条约

祠宇常须修理完固，洒扫洁净，严加扃锁，非恭谒，无擅开入，并不得以闲杂器物置放于内。子孙入祠当正衣冠，如祖考临之在上，不得嘻笑闲语，疾步失仪。捐常稔田若干亩，别蓄其租，充祭祠之费。其田券印之"某处某氏祭田字圩号步亩"，勒石祠堂之左，俾子孙永永保守。祭器祭毕，司年者检收，或有损坏，即令修补。先祭之一日，司年预备祭品。其与祭者，届期齐集。如故意不到者，即以不孝论，或有病及远出者，不论。

不迁配享

禹航李氏曰：按《礼》，祧主则埋于墓，挽近世以伤动祖冢为忌，故特设祧阁以迁之。今亦遵制，每遇应迁之主，于除夕祭毕，告祖，奉主祭阁，亦横渠先生所谓合祭而后祧迁之义也。若夫出类迈俗者，可尽祧迁乎？考之于《礼》，无论贵贱贫富，凡能践修厥猷，恪慎孝友及种种植德殊遹，堪为羽仪者，皆当配享庙庭，如古乡先生有道者，殁则举而祭于社之类。夫有道之士，乡人犹企慕之，俾令血食，况衍我烈祖乎？又况子孙之绥我思成，更有切于乡人者乎？《礼》曰"尊尊亲亲"，配享致尊也，不迁致亲也。盖其克配于祖者，必其能绳祖者也，不然，必其有功于祖者也。不迁于后者，必其能启后者也，不然，必其有功于后者也。其他或以道德，或以节义，或以勋猷，或以崇爵荣宗，或以清操振俗，或以博洽著闻，或以象贤称绍武，皆当酌于典礼，以不迁为尊。要在询谋服众，毋得徇私灭公，轻举冒滥，以致污蔑先灵，有乖典制也。

祧主之制

李氏曰：夫四亲之主，亲尽则祧。议礼者颇能言之。第子姓日繁，各派尊卑悬绝，何能分别，四代又安所裁据而迁也。况宗子主祭，多属卑行，助祭尊长，或俨然有四五辈临之者，则未死之亲，已在应祧之列，倘相继物故，将因亲尽而不入祠乎？抑才入祠而即祧乎？将徇情留祀而不遵祧法乎？守礼则情不堪，徇情则礼日紊，数世之后，必致盈庭议格，主不能祧而宗法自此乱矣。因细考宋儒诸家所论，四亲惟主宗子，余亲各祀于寝室，故无碍祧法耳。若我家宗祠鼎建，同堂兄弟子侄协力助成。一二代后，倘以亲尽而无取容，将使分支割派，各以世限，至有一进祠而不可得者。是此祠也，端为宗子一房而设，而其余支庶尊不得蒙血食之享，卑不得与助祭之荣，五服之外，顿成吴越矣，夫岂建祠收族之初意乎？然将奈何？窃计目下四亲，惟由宗子逆数而上，至四代为准。以后支派缕别，当以各支现在子孙，推其分之极尊者为主。各计其四代，尽则迁之。至各支又分别子孙，亦复如是论世。庶人之得奉其四亲，以展孝思，而宗庶均平，无容挠格，虽百世可述而守也。盖四世而祧者，法也；亲尽四世而不泥于宗子者，情也。情以济其法之穷，而使祧法亲谊，两无所妨，则善之善者矣。

子弟习仪

宗庙之中以有事为荣,以严肃为事。择族中子弟习学唱礼,不惟使卑者得申其敬,而冥顽者有所感发,虽幼稚者亦可渐知礼仪矣。凡祭时,各宜诚肃,如祖考临之在上,毋轻言,毋跛倚,毋回顾,毋嘻笑。听赞礼者唱静方跪,唱静方起,庶不致参差,此宜先期演习。

礼宽老病

老者不以筋骨为礼。又《礼》云:"舅没则姑老。"不与于祭。或自欲与祭,则特位于子妇之前。又如伯叔尊长年高,不能随班者,先行四拜礼,站立于旁,以纠子侄。或有失仪,即为举出。祭毕,罚跪于祠。或老病不能久立者,即休于他所,待送神时,复来四拜。其年幼有疾者,候礼毕叩头。

居丧不祭

古人重祭与丧,祭主敬,丧主哀,哀则不能尽敬,此有丧者,所以五年不祭也。但古人衰麻之衣不释于身,哭泣之声不绝于口,其出入起居,皆与平日绝异。故宗庙之礼虽废,而幽明之间两无憾焉。今人居丧,卒哭之后,遂墨其衰,凡出入起居与平日之所为皆无异也。独废此一事,恐亦有所不安。可略仿《左传》杜预之说,遇四时祭日以衰服,特祀于几筵,墨衰常祀于宗庙可也。

家范名言

方正学曰:睦族莫重于叙谱。由百世之上,察统系之异同,辨传承之久近,定尊卑,收涣散,敦雍睦,非有谱焉以列之不可也。故君子重之,不修者谓之不孝。然谱之为孝,难言也。有征而不书,则为弃其祖;无征而书之,则为诬其祖。有耻其先之贱,援显人而尊之;有耻其先之恶,而私附于闻人之族者。彼皆以为智,而实愚也。夫祖岂可择哉?兢兢然尊其所知,缺其所不知,详其所可征,不强述其难据,则庶乎近之矣。而世之知此者鲜,趋伪者多。淳安汪氏由其身缘而上之至鲁公,七十余世皆有讳字,若目见而耳受之者。越之杨氏,实炀帝之裔而耻其名之污,遂避而不言。吴宁杜氏,越千余年而宗汉之延年,晋之当阳,皆忘其本而竞趋于伪也,顾不惑哉？天下有贵人无贵族,有贤人无贤族。彼仕者之子孙不能修身笃行,而屈为僮隶,其公卿将相常发于陇亩,圣贤之裔不能传其遗业,则夷于庸人,其硕德名儒多兴于贱宗。天之生人,果孰贵而孰贱乎？常人见其有显人则谓之著族,见其莫有达者则从而贱之。嗟嗟！贵贱岂有恒哉？在人焉耳。苟能法古之人,行古人道,闻于天下,传于后世,则犹古人也,族何尝不著也。孔子、子思,庸德之行卓绝今古,则岂祖之所贵哉？

范文正公乐善好施,与择其亲而贫,疏而贤者,咸施之。方贵显时,于其里中,买负郭常稔之田千亩,号曰"义田",以养群族之人,日有食,岁有衣,嫁娶凶葬皆有赡,择族之长而贤者一人主其计,而时其出纳焉。

陈恭愍公常仿范文正公,置田一百四十亩,以充祀先赒族之用,号"思远庄"。及卒,族人以公无余赀举田,还公子戴。戴不可,曰："先人置此以行义也,戴而私之,独无愧乎？况治命又尝,俾勿废。"人咸谓公有子。

司马温公曰："凡议婚姻,当先察其婿与妇之性行及家法如何,勿苟慕其富贵。婿苟贤矣,今虽贫贱,安知异时不富贵乎？苟为不肖,今虽富盛,安知异时不贫贱乎？妇者,家之所由盛衰也。苟慕一时之富贵而娶之,彼挟其富贵,鲜有不轻其夫而傲其舅姑,养成骄妒之性,异日为患,庸有极乎？假使因妇财以致富,依妇势以取贵,苟有丈夫之志气者,能无愧乎？"

安定胡先生曰："嫁女必须胜吾家者,胜吾家,则女之事人必钦必戒。娶妇必须不若我家者,不若吾家,则妇之事舅姑必执妇道。"

《袁氏世范》：人之男女,不可于幼小之时便议婚姻。若论目前,悔必在后。盖富贵盛衰,更迭不常,男女之贤否,须年长可见。若早议婚姻,事无变易固甚善。或昔富而今贫,或昔贵而今贱；或所议之婿流荡不肖,或所议之妇狼戾不检。从其前约则事关宗祀,背其前约则有乖礼义,争讼由之以兴,可不戒哉？

范忠宣公尝曰："我平生所学,惟得'忠恕'二字,一生用不尽。"又戒子弟曰："人虽至愚,责人则明。虽有聪明,恕己则昏。但当以责人之心责己,恕己之心恕人,不患不到圣贤地位。"

朱子曰："人作差了事,须省察悔悟,以速改之,不可因循含糊。若能省察悔悟以改之,则后事尚可寡过。若不悔改,则终身学不长而过失愈多也。"

杨慈湖先生曰："吾少时初不知己有过,但见他人有过,一日自念曰：'岂他人俱有过,而吾独无耶？'乃反观内索,久之得其一,而又观索又得二三,已而又索吾过,若此其多,乃大惧,乃力改。"

邵康节问陈希夷持身之术，希夷曰："快心事不可做得，便宜处不可再往。"

范忠宣公亲族间有子弟请教于公，公曰："惟俭可以助廉，惟恕可以成德。"其人书于坐隅，终身佩服。公平生自奉养，无重肉，不择滋味粗粝。每退自公，布衣短褐，率以为常。自少至老，自小官至达官，始终如一。

王龟龄年四十七，魁天下，以书报其弟梦龄、昌龄曰："今日唱名，蒙恩赐进士及第，惜二亲不见，痛不可言。嫂及闻诗、闻礼可以此示之。""诗""礼"，其二子也。于十数字之间上，念二亲而不以科名为喜，特报二弟而不以妻子为先，孝友之意溢于言外。

程大中公晌性宽而断，中外相待如宾。夫人谦顺自牧，虽小事必禀而行。治家有法，不喜笞扑奴婢。诸子或加诃责，必戒之曰："贵贱虽殊，人则一也。"公或有所怒，必为之宽释，唯诸子有过则不掩也，曰："子之所以不肖，以母蔽其过而父不知耳。"

程思廉与人交，有终始，或有疾病死丧，问遗赒恤，往返数百里，不惮劳仍为之。经纪家事，抚摩其子孙。又好汲引人物。或者以为好名，思廉曰："若避好名之讥，人不复敢为善矣。"

林退斋先生临终，子孙号膝前请曰："大人何以训儿辈？"先生曰："无他言，若等只要吃亏，从古英雄只为不能吃亏害了多少事！"

尚书杨公翥性最宽厚，邻家构舍，溜涌水，出公庭。家人语于公，公曰："晴日多，雨日少也。"又或侵其基址，公有诗云："普天之下皆王土，更过些些也不妨。"邻翁生儿，恐驴鸣惊之，卖驴徒行。又其先人墓碑为邻田儿戏推仆，守墓者奔告公。公曰："伤儿乎？"曰："否。"公曰："幸矣。"为语诸邻家，善护儿，勿惊惧焉。度量宽宏类如此。

张知常在上庠日，有白金十两藏于箧中，同舍生因公之出，发箧而取之，学官集同舍简索，因得其金。公曰："非吾金也。"同舍生感公，至夜，袖以还公。公知其贫，以半遗之。前辈谓公遗人以金，人所能也。仓卒得金，不认人所不能也。

张子韶先生曰："终日谡谡者，为善多不终。"

最乐编摘录

安详是处事第一法，谦退是保身第一法，涵容是处人第一法，洒脱是养心第一法。

静坐然后知平日之气浮，守默然后知平日之言躁，省事然后知平日之费闲，闭户然后知平日之交滥，寡欲然后知平日之病多，近情然后知平日之念刻。

饶一着添子孙之福寿,退一步免隙驹之易过,忍一言免驷马之难追,息一怒养身心之清和。

凡人妆成十分好,不如真色一分好。真色人自有一种堪爱堪敬处,所以为最可贵。

人以厚道待人,正是自己占地步处。故曰:"宁令我容人,勿令人容我。宁令人负我,勿令我负人。"看来何等气象。

势到七八分则已,如张弓然,过满则折。

人之不幸莫过于自足,恒若不足。故足,自以为足。故不足,瓮盎易盈,以其挟而拒也。江海之深,以其虚而受也。虚己者,进德之基。

小儿辈不可以世事分读书,但当以读书通世事。

凡子弟所当痛戒者不一,而以不听父兄师长之言及昵比淫朋为最。若戒是二者,自能寻向上,去余皆不待戒矣。为家以正伦理、别内外为本,以尊祖睦族为先,以勉学修身为次,以树艺牧畜为常。守以节俭,行以慈让,足己而济人,习礼而畏法,亦可以寡过矣。

人家尊卑大小、内外名□,固是肃然,中间情意常要流通和畅,无所滞碍方好。如衣食居处、礼仪疾苦等事。或心有所欲,口难直言,俱要推心体悉,方可久处。一家人如一株树,为根、为干、为枝、为叶,大小固有不同,都要气脉贯通,方能长养,不然必有枯槁者矣。

凡成家之要有三,曰勤、曰俭、曰多算。苛刻、占便宜及一切损人利己之事不与焉。凡败家之故有三,曰惰、曰侈、曰少算,宽怒、周穷乏及一切利人损己之事不与焉。

治家最忌者,奢,人皆知之。最忌者,鄙啬,人多不知也。鄙啬之极,必生奢男。

妻虽贤,不可使与外事。仆虽能,不可使与内事。

父母于诸子中,有独贫者往往念之,常加矜恤。饮食、衣服之类,或有所私厚。子之富者,如有所献,则转以与之。此乃父母均一之心,而子之富者或以生怨殆。未之思也。若使我贫,父母必移此心于我矣。

天下无穷不肖事,皆从舍不得钱而起。天下无穷好事,皆从舍得钱而做。自古无舍不得钱之好人也,吴之鲁肃、唐之于頔、宋之范文正,都是肯大开手者。

世之人设樽俎、会集宾客,虽日费万钱,略不挂意。至于同胞兄弟,分门析户,视若秦越。或因寸土尺地、斗粟尺布争讼不一已,是诚何心哉?

人能捐百万嫁女,而不肯捐十万教子;宁尽一生之力求利,不肯辍半生之功读书;宁竭财货以媚权贵,不肯舍些微以济贫乏,总未反而思耳。

教子九则:曰勤学、曰择交、曰戒多言、曰习应对、曰知礼义廉耻、曰进退威仪、曰不事嬉游、曰有守、曰遇事有知识。

戒女九则：曰习女工、曰议酒食、曰学书学算、曰小心软语、曰闺房贞洁、曰不唱词曲、曰闻事不传、曰善事尊长、曰戒懒。

子弟择师，必须敦厚雅学、习知礼教者。厚其束脩，不徒专尚文辞。

好胜，人之大病。

人情于诞日、生子日、婚宦日，大会宾朋，莫不步步求吉祥称意。或率然毁一瓶、折一箸、断一钗，必籍籍疑不利，而庖人几上刳肠抉胃，血肉淋漓，则惟恐不备不丰。此之不祥视前此不祥孰大？使有怨家，左手操只鸡，右提刀，当吾户而磔之，必以为咒诅厌害，仇之不置。而宾朋之以羊肩、豕尻、炙鹅鹜来馈者，则又顿首谢不遑。此之不祥视前此不祥奚异？至于病娆人，皆由定业计。唯有开笼放雀，解网纵鱼差可以消宿负。今烹宰求禳，独听命于巫祝。一祷不应，必再，再不应，虽三五祷不疲也。幸而定业已满，渐有起色，则群哄祷功。不幸而定业莫逃，终归于尽则寂，然不谓祷过。独不思神而正直，溪涧之毛可荐，苟徒计较于卮酒一脔以为喜怒，则亦人世间饮食口腹之流，又安能为祸福夭寿？人使烹宰可以延年，从古帝王即以人为牺牲，何不得卒？未有至今存者。徒戕物命，增杀业，不可以已乎。

每宴会交接之间，或人品不齐，行简有玷，或相貌不全，或今虽尊显而出身本微，或先世昌隆而后裔流落，以类推之，人所忌讳甚多。用心简点一番，弗犯人所忌，令其愧愤，亦君子长者之厚道也。

人有过失，或素相亲厚，欲其改悟，只宜僻静处，面与其人，委曲言之。出我之口，入彼之耳，方是相爱相成之意，彼亦知感。若向他人声扬不已，或对众面责，彼必不乐，且或强办不从，如此岂非失忠厚之道，亦敛怨招祸之端也。

人之性行，虽有所短，必有所长。与人交游，若常见其短，不见其长，则时刻不可同处。若常念其长，不顾其短，虽终身与人交游，可也。

取人之直，恕其戆；取人之朴，恕其愚；取人之介，恕其隘；取人之敏，恕其疏；取人之辨，恕其肆；取人之信，恕其拘。所谓人有所长，必有所短也。可因短以见长，不可忌长以摘短。

世间但有好胜人，无慷慨人；但有积怨人，无感恩人；但有炫才人，无怜才人；但有邀福人，无积德人；但有为生计人，未有为死计人；但有为近计人，未有为远计人；但有忧妻子人，未有忧父母人。间亦有之，可不谓贤乎？

初入仕途，择守宜慎。长安名利之场，闻见繁难，最易摇惑。三门急湍，砥柱良难，宜静重养望，勿逐时好，相竞躁进。前辈典型昭然，可见署中堂联："人重官，非官重人；德胜才，毋才胜德。"真座右铭也。

子孙有官守者，反于家必须谦逊，见尊长当执子弟礼，不可以富贵加于父兄宗族。若自高自大、矜己傲物者，族长会族人声罪切责之。

富贵家宜劝他宽，聪明人宜劝他厚。

吾本薄福人，宜行厚德事；吾本薄德人，宜行惜福事。

或曰："阴德曷从。"而修之曰："凡可修者，不以富贵贫贱拘。"但于水火盗贼、饥寒疾苦、刑狱逼迫、逆旅狼狈、险阻艰难，至于飞潜动植于力，到处种种方便，虽一言一话之间必期有益，一动一止之际必欲无伤。如此存心，则阴德无限量而受报如之矣。

谨按：家范名言，先大父春江公晚年辑以垂训者。不拘史传、杂著，亦不次年代先后，开卷时见古名贤一言一行，有关治身、正家、睦姻、任恤之道，随见随录。应芝幼侍笔砚，尝蒙举一二宣讲，谆谆勖以古训是式。积有数十余则，即命录于宗谱册后。其以方正学《叙谱论》冠之，从本事也。兹当刊谱，谨奉父命校订附入，当与宗族遵循，以承大父之志，克守彝训耳。

嘉庆十四年己巳六月既望，孙应芝谨志并书

辛未秋，我族建造宗祠，予与□□侄酌□捐款，作每年修葺祠守祭祀之用，随时整理之□。壬申秋，起举会捐，生息置产，为永远之业。丙子夏，祠已告成，尊祖睦族之道于兹赖焉。谨择于戊寅春三月，恭迎神主入祠。特将逐款登明，书挂祠左。所有规条开列于后。

一、出仕养廉每百两捐银五两。

一、补廪食饩每两捐银五分。

一、添丁告祠捐钱壹千文，有力自重。

一、置产每百千捐钱四百文。

一、收租照额每石捐钱八文。

一、胶州大饼每百张捐钱百文。

一、馕饼每百张捐钱五十文。

一、各店使钱每千捐一文。

一、收□□，每百□□捐钱五十文。

一、娶媳庙见，免祭。轻重之分，自谅可也。

一、会捐定期，每年八月十二日举摇，各房襄成十股，共凑通足钱肆拾千文，摇得者即为某人捐项。俟会终，载入谱志。届期公项内支伍佰文，面点两席。司月者传集宗祠，或银洋，或钱票，不准空手举摇。

一、会捐数年始终，共计通足钱肆百文，逐年归于大房生息，以便宗祠置产。公议，按月壹分贰厘起息。

一、倘无美产买者，其钱仍存大房，或存各店，总以一分二厘生息。一有交易，随将存项归出，以交田价。

一、倘田价多而存项不敷交价,每房移□□者,亦一分二厘加息,俟将租息余钱归还势项。

一、田内余资除完饷及田上加找顽□□费外,其余不准开支。

一、租米,每年清明节公议定价。

一、每年八月十二日,将上年八月十二日起各房捐项收支账目送至祠内核算,查明应存钱数,一并过入宗祠钱总,不准过期。

一、宗祠系合族之事,诸事相酌而行,不可一人擅专。有志捐办物件,随时所欲办之。

一、祠宇内各要留心往视,洒扫拭桌,不使污坏。至修理应用,将公项开支。倘用二千之上,务须相酌而行,则和同尽善矣。

一、捐项甚微,各宜准照账上付折。若隐藏使数者,获罪祖宗,尔等慎之。

一、每年司月于正月内诸侄我子阄定月分。每月初三日,持折向各店归收。倘出外不家,本名下转托代归亦可。

戊寅春三月,六世孙德基谨识

宗祠条约续

一、祠宇为先灵所妥,理应洁净。条约云,不得于闲什器物置放于内,得罪祖宗,于斯为最。出冬业将停柩厝葬,什物搬出。自后当永体此意,毋得再蹈前愆,违者以不孝论,合族共攻。

一、祠祭期定清明后一日,行春祭礼;重阳后一日,行秋祭礼。族人有事出外,仍先期禀启族房二长。回家后自备香烛,诣祠行礼。于秋祭之费,现缘经费无余,□一千为率,俟己亥岁与合祭一体行事。

一、生子及娶妇均于三朝告祖,并书□□于司填明,以便修谱。或处异方,弥月亦可。

一、葬礼称家有无。传云:"士逾月而葬"。每月有安葬吉日,不得久停为是。

一、宗祠尚齿。礼有明文,要亦齿德并重。倘有齿无德,何以率下。仍挨次,另择所推重者为尊。族中公事,咸当听命焉。

一、朔望焚香及四时荐新,每月两人协司。其余俗节,司年者亦必荐□食,族有助荐者听。

一、族中一本相关,务须各相亲爱,倘有隐相残害,妄兴讼事,不得入祠与祭。

一、祠内单契公择盈实者收藏,五年一轮,以秋祭为期,注明钱总。

一、司祠职掌银钱,必择族中朴识盈实者任之,不得滥司,至生他弊。

【注】《吴氏宗谱》二卷,吴应芝纂修,清嘉庆十四年(1809)仁泽堂木活字本。明季吴敬南自上海南汇鹤沙迁居华亭张泽镇,是为始迁祖。

吴氏源流宗谱

右录祖训十则于后
目　次

劝学、力本、仗义、禁惰、劝善、戒睹、睦族、敬祖、戒酒、戒色。

劝　学

一、子孙不可不学,不学则不知理义,不知理义则无以保家门。先人有言:诸儿渐大,宜加意教训,家业厚薄,盖系时命,但不可断了读书种子。此前人之愿,真后起之鉴也,子孙勉之。

力　本

一、读书之外,即务耕桑作本分,生理出则负耒入,即《横经》效古人孝悌力田之训,断不可妄图蝇利,轻入衙门。凡人一入衙门,心术便险,吾未见从此中得利,而子孙久享者也,子孙戒之。

仗　义

一、讼狱之事,人所时有。顾吾宗族甚多,其或喜作非为,自取罪戾,无可辨别则已。如或蹇遭冤抑,被人欺诬,而无力伸理者,凡吾同宗,务宜仗义出力,相与辨明。先前高祖浩公曾集通族,议立公单,观讼大小,自三两以至三钱,仗义公取,代泄飞冤,此真笃厚一本之盛事。今此纸虽已灰烬,而义气岂尽沦澌。吾等嗣后,务格遵先人之议,非独济族,亦自田藩篱也。

劝　善

一、劝学为好人。古圣贤千言万语,只是教人为善。心于为善,则天神自然呵护,祸患自然潜消,远迩敬从,怨毒不入。所云"为善最乐",非虚言也。人若为恶,宽暴斗狠,阴贼挑唆,或吹毛求疵,必快吾意,或捕风捉影,挟诈人财,不知天道好还,大祸旋至,不于其身,必于其子孙,可不省欤?

戒　赌

一、天下极低尽头事,除为盗外,则莫如赌博。不才无论,即如翩翩佳子弟,一入赌场,品行尽坏,欲图未获,先丧已成,囊空手涩,不惜廉耻,供具房饰,悉归他人。甚至卖田揭债,日渐消乏,父母妻子,怨詈交加,亲朋乡党,讪笑并至,终为贫贱,入于下流。所当痛戒者也。

睦　族

一、伯叔兄弟当急相周,喜相庆也,死葬相恤,疾病相扶持。后世流入恶薄,贪利尚气,或至阋于萧墙,讼于公庭,无所不至。甚有左袒异姓,而下石同宗者,丧心如此,清夜岂安?子孙戒之。

禁　惰

一、子孙不可懒惰。懒惰者,贫贱之本也。谚有之曰:家无生活计,不怕斗量金。但幸旦夕之小康,竟总终身之大计。纷日嬉游,竟至狼藉,为人笑悔,亦晚矣。

敬　祖

一、总墓之祭，所以重祖宗，敦一本，广孝思也。吾之先人依祖墓而立匾曰：时思每岁清明，子孙环流，备物扫墓，此先人未尽之怀也。但扩地筑山，工料之费，非一人所克胜，当赖众力其成。岁时致祭，庶几克致孝思不匮之遗意云。

戒　酒

一、《书》严《酒诰》，《诗》戒荒耽，不为酒困，饮酒温克，令仪令邑，能有几人。废时失事，乱仪乱德，莫甚于酒，当亦慎之。

戒　色

一、色之害人，谓之软剑，奸必杀，赌必盗，虽云俗谚，却是至理。戒之在色。先圣良言，百病攻人，皆系于色。《语》云："无病节欲，有病绝欲。"此至言也。后宜箴诸。

已上十则，虽语愧不文，亦子孙劝戒之一助也。

大清嘉庆丁巳年孟秋
十四世孙会臣聚章氏重录

吴氏世谱
家　训
一、严教子

子弟自总角入学，即延名师，晨夕严课，务期学业有成，不可姑息回循，假名《诗》《书》，以致稍长，流入狎邪，不畏名义，不惜身家。惟在教之者，循循善诱，期其必从，即或气禀偏薄，不能骤从，更为百端开导，引古证今，令其知惧知悔而后已。若下愚不移，终究不悛，亦必谅给衣食，拘束紧严，庶稍遏其邪心，不大至于决裂。至于品性端正，而资质十分迟钝者，则令各执一业，不可浪掷居诸。

一、严内政

圣贤一部《大学》只重修身以齐家,周家八百王业,首攻《关雎》以立教,内政所系,盖云重矣。每见世俗之妇,夏绮春罗,绝不知中馈织丝为何事。大《易》云:"冶容诲淫,盖谓此也。"我祖宗清白传家,凡于归于我家者,纵极富厚,一以荆钗裙布为主,首饰不得用金玉,衣服不得着锦绣。父母已亡,即兄弟不得轻通宴会。丈夫既没,虽至戚不得辄入中堂,淫辞艳曲不得暂闻,舞妓歌童不得偶见。如此则家声日振,而家道亦自此日隆矣。

一、勉为善

天下第一要事无过读书,古今数十代名门无非为善。所以圣贤千言万语,只此二事。晦翁云:天地一无所为,只以生长万物为事。人若念念在利济上用心,便是天地之心,便为天地不可少之人。况积德必有善报,后嗣必然昌盛。至作孽之家,或行智术,或倚权势,其始非不可畏,究竟冰山易倒,雪架顿消,或罹罪案,或染沉疴,或遭焚溺之炎,或生流荡之子。谁云天道可欺而无报耶?所以君子乐得为君子,小人枉自为小人,此言最平常而最透彻,而能知其透彻者,惟读书以明其理,斯不至误于所趋,则读书第一要紧事。

一、慎嫁娶

语云:嫁女必须胜我家者,娶妇必须不若我家者,但赤绳早系,订属天缘,安得尽胜我家与不若我家者?总之以家声清白,女性端严为主。至于家声不清,女性佻达,苟贪图妆资,羡慕声势,草率成婚,未有不我女嫁之而衅成,吾子娶之而祸结者。兴言及此,可为寒心,凡我宗人切宜三覆。

一、慎立嗣

尝闻神不歆非类,民不祀非族。我宗世胄遥遥,代有明德,或有难于嗣续者,亟宜纳妾。妾而不育,宜查照谱,次访求亲支,明告族人,立以为后,属在一本,夫复何嫌?每见世俗之家,多受制于妇人,既不得置妾媵,并不立其本支,反乞养异姓,贻祸宗门,双目一瞑,各争执杖,披麻半世,千辛霎地,冰消瓦解,遂令祀绝,亲支竟成饿鬼,宗祧紊乱,弈祀贻殃。何忍,何忍!

一、慎生业

天生蒸民,各有其业。而业以耕读为最,若得膏腴百亩,男耕女织,渐积成家,斯为富本。至芸窗辛苦,奋志青云,显祖扬亲,斯为望族,又岂特不止于食贫居贱已哉。至于不能耕读者,不妨经商贸易,亦不失为正业。若夫舍正弗由,出入公门,舞弄刀笔,纵可致富,终必贻殃。昔人云:立业不思种德,总属眼前虚花。尚其戒之。

一、慎交游

离群索居,贤者滋过,而昵邪比匪,君子寒心,此交之必贵于择也。盖交一正士,则品性日端,心田日厚,日受其益而不知。若一不加察,结伴群居,语言谑浪,日亲日近,其害有不可胜言者。大抵择交之法,亦辨别为君子小人而已。诚君子与则亲之近之,若小人则远之,庶学日增而害可免。

一、禁嫖娼

嫖娼乃世间第一不好事,盖奸必杀,赌必盗,理势然也。即奸不杀,赌不盗,毕竟精枯神耗,色症夭亡。淫人妻女,妻女反属他人,毕竟产荡家倾,衣食不给,贪人钱财,悉归乌有。嗟乎!妻属他人,将使幼女孤儿谓他人父;财归乌有,将使儿啼女哭一哺不周。想到此,木偶汗下。况奸则未有不杀,赌则未有不盗者?诚能戒此二端,则有天然三善,一曰积德,二曰保家,三曰延寿。后生小子最易犯此。故不惜再三言之。

一、禁三姑六婆

治家贵于循理守法,闺阃尤宜杜渐防微。三姑六婆只图射利,何有良心?妇女见之,最易倾信,出入亲昵,□遂难穷。我宗妇女,有与此辈往来者,亲房老成恳切劝谕,不从则痛惩之,如有酷纵不峻,而反肆其悍泼者,许告之族长,竟驱之女家,无玷家门。

一、务敦睦

父兄子弟乃分形同气之人,何忍离异?世俗惟妇言是听,或蝇头微利,或口角微嫌,遂成怨恨。嗟乎!以天性骨肉而受间于妇人,分颜于锥末,亦可伤矣。独不思尺布斗粟,帝王顿酿民谣;郑里张门,匹夫亦传芳范。清夜思之,各宜省悔。

一、贵知止

人之一生,衣禄原有定数。少壮勤苦,自可安生,晚年尤宜悉安义命,幸获小康,即当知止。或寄情花竹,或结社朋侪,醇酒清茶,教孙训子,致足乐也。倘有余赏,更宜勉为义举。如置义馆以养贤,捐麦舟以助葬,日渐积德,后必流芳。何可垂白焦梦,徒成自苦。况子孙贤,自能创业,不贤则遗以厚货,反成重累。古云:士君子不可不抱虚生之忧,亦不可不知有生之乐。其至言欤。

一、置祭田义田

昔范文正公置义田千亩,瞻族之贫乏者,其后姑苏、云间世族仿而行之,遂有广至五千亩者,族之颠连无告,婚娶丧读之不足者,靡不仰给。此诚广被之仁,不朽之泽也。但义田瞻族,仁及子孙,祭田祀先,孝于宗祖,未有祭田不设而可议义田者,亦未有祭田既设而可缓义田者。惟在贤明子孙,毅然兴举,首先捐助,实力奉公,共襄盛美。务择族中老成廉洁者,俾司出纳,除先瞻族输税外,岁积羡余,更行增置，不数载而田有余矣。事患不为耳。岂姑苏、云间遂成绝唱哉？并按田里不鬻墓地，不请之典，请之宪院，伐石立碑，世世子孙，永遵无斁。是则吾族第一阙典，亦吾辈第一要事事。望之！望之！

吴氏世语劝戒条目
避　嫌　疑

不轻入姊妹寝室，叔嫂不戏言，往出嫁姊妹家，不独入其卧房，从堂姊妹叔嫂，不轻相见。服外姊妹不相见。女子无故，不与姑夫相见。妻之姊妹不相见。婿至外家，不进内室。非至戚大礼，内外不通问。亲戚故旧，出家为僧道者，不留宿。

肃　闺　门

堂中不闻妇人声，妇女不娇艳妆束，不看灯戏，不登山入庙，不窥门，不亵语，女衣不晒外庭，不蓄俊丽虚华之仆，婢不近仆，仆不近闺，婢不入市。

严　家　教

不藏小说春画，男子过十岁不许近婢，亲友勿潜入内，行路教以正视，不许习斗牌掷骰，勿进妓馆，不延有文无行之师，不从未娶之师，常论以福善祸淫，幼女勿使僮仆抱，女六岁后不出中门，不许听唱小调苏腔，常常语以古今节烈事。

谨　丧　祭

三年之丧不娶，三年之丧夫妇不同寝，父母忌日祭前七日不同寝，祖宗神明祭前一月不同寝。

存远虑

门户谨严,家主早起晏睡,不与迎神赛会,子女谨厚者婚嫁略迟,流动者嫁娶须早,姻亲宜择善良,姻事宜从俭约,中年丧妻有子娶妾,无子再娶,年老并不娶妾,家有悍妻不娶妾,年少寡妇有志者守,无志者嫁,不用美貌乳母,不用艳婢。

御下人

妻不在家,婢女不入卧室,脱靴换衣,及洗男子溺器,不用婢女,婢仆不令同处,奴婢常作子女想,须及时婚配,新婚不远遣,父备价来赎,速还其券,不与婢女嬉笑。

谨宴会

不演淫戏,不用妓侑酒,女亲非姑姊妹生女,不邀饮,不留宿,婢女卧榻勿离其主母,少年仆妇远邀女亲,令其夫同往。

严出外

道旁不邪视妇女,不宿孀妇,寓中有妇女窥引,宜急迁他处。访友不默入中堂,窥内室,不记录奸邪事,不宿妓家,见妇人不揣度是何人妻女,正否邪否。

正官常

辅君以清心寡欲,爱民如妇子家人,请毁灭天下淫词淫书,广立天下节妇祠,增修节妇传,赠义夫节妇匾额,严禁娼妓,令其从良,禁街市及赶集货店淫具、药物、堕胎等术,禁妇女入寺烧香,禁高台演戏,多年守寡,勿轻断其失节,勿受贿入妇女奸情事,严禁差役不得陵虐人妻女,女犯不得与男犯同处。

劝及时婚配

男女婚配聘娶，各随其力，奁赠宜称其家。乃今时恶俗，女家讲财礼，男家论家赀，不肖媒妁，希肥囊橐，从中煽惑，一时轻听，异日婚娶无力，或因奁赠无资，以致配偶失时，内外怨旷。至于迎亲，更多浮费，如僭用非分之执事，及轿围、花灯、仪从之属，踵事增华，尤难枚举，伤风败俗，所不忍言。嗣后我宗务宜及时婚嫁，一遵古礼，不得踵前弊端，庶嫁娶及时，而无怨旷之虑。若夫人家婢女，不肯留意矜恤，略有姿色，即肆邪行，色衰爱弛，因复转售，以致流落妒妇之手，沉沦娼坡之家，永世永年，不见天日。独不思婢亦人女也，特贫于我耳。易地反观，通身汗下。蓄婢者必当念其始终，全其志节，年十六七以后即宜择彼良人，与之婚配，非徒病其失时，亦所以肃我闺阁。

【注】《吴氏源流宗谱》四十卷，吴步高纂修，清光绪二十六年(1900)纯修堂刻本。始迁祖吴九思，元明之际自江苏句容迁崇明。

孝义旌门沈氏北支十三房上海支族谱

祖 德 歌

十九世孙维植敬撰

一家如一树,全叨祖宗阴。荫其树俱长,欣欣向荣盛。又如枝与叶,各叶各枝认。吾家号北支,二世祖分定。吾房系十三,九世祖余庆。回首源流长,积累非尺寸。敬谱祖德歌,用以垂家乘。始祖都远公,本居宋汴郡。一登进士阶,太守扬州任。南渡避金难,辗转徙高镇。谱傅惜被焚,不详德与政。二世养素公,支分南北分。三世号远翁,好施性谦逊。田宅让与兄,墓傍僦居仅。四世号松云,行事莫考恨。五世号玉峰,倜傥才尤隽。大吏征贤良,使者闭门摈。唯陈田水利,良筹借箸进。流泽三吴深,官喜民歌咏。六世号思善,其号人所赠。云无善不为,捕盗捕虎奋。任恤兼睦姻,盛德笔难磬。七世号菊轩,纯孝出天性。偶适郡城游,心动知母病。归来痛蓼莪,浃旬不勻饮。其配瞿孺人,助夫成孝行。一日父病革,夫妇向神问。愿减两人龄,续亲一缕命。额碎血流阶,忽闻神语应。嘉尔孝格天,父病霍然顿。又闻葬亲时,会天久雨甚。隔夕露香求,借晴一日竟。天果为霁颜,明朝湿云净。旌建双孝坊,芳名万古亘。其余诸善行,难以悉数论。一邑熏贤良,邻里消争竞。又旌尚义坊,石碣数标仞。邑令建特祠,春秋奉祀敬。八世号友梅,家风孝友振。九世号东津,勤俭施勿吝。睦族兼爱下,黄金出灰炉。十世号敬津,多才多智并。父被里豪虐,偶触非法禁。公才十四龄,鸣冤雪父愤。十一世皖甫,数奇患贫困。十二世润之,家运厄逢闰。十三世子明,才亦风尘涸。十四世若暗,内助倡随顺。有婢作义女,嫁某悼破镜。代抚藐诸孤,田产分余润。高祖维翰公,乐善性谨慎。能文不应试,克俭师古圣。邻里呼老佛,至今流令闻。后以曾孙封,追赠二品晋。曾祖芳洲公,喜武才英俊。大父卧云公,好义性严正。不幸痛蚤孤,熊丸秉母训。始迁海上居,创业富声振。航海勤懋迁,家居已雪鬓。保赤荷额旌,祠田助无斳。曾有故人某,蒙惠心骨沁。为供位长生,祝公健逾胜。犹忆桢撷芹,绕膝欢承更。自公南归后,北人常问讯。继闻公讣悲,一老天不愁。始祖迄大父,后先相辉映。十七世功德,载笔聊传信。

寸莛愧钟撞,子子孙孙听。

　　【注】《孝义旌门沈氏北支十三房上海支族谱》不分卷,沈维桢纂修,清咸丰九年(1859)木活字本。始祖南宋沈揆,字虞卿,一作都远。清中叶沈志明始迁成上海。

东阳沈氏家乘

祖　　训

龙跃公曰:"田不耨则莠,人不学则陋。宜力学以持身,则庶乎免于野矣。"

辉祖公曰:"为学而不尽心,则自暴自弃,无以入德,而何以对圣贤。服官而不尽忠,则素餐尸位,无以立功,而何以报朝廷。苟我子孙,或有能学,而至于仕者,宜凛之,慎之。"

文德公曰:"人之所以异于禽兽者,以有礼义廉耻耳。若人而无礼,耻蔑廉耻,则何以异于禽兽哉?"

道济公曰:"我家世积德,后人当有兴者,然止宜读书穷理,求尽为人之道,且耕且读,以顺天时。勿妄动其功名之念,则不愧乎读圣贤书矣。"

方川公曰:"廉洁所以持身,勤俭所以成家,忠信所以处世。知斯三者,而日谨凛焉,吾未见有不善也。"

君台公曰:"读书明理,虽穷困沦落,犹不失为文雅。士目不识丁,虽富厚荣宠,却是铜臭儿。凡我后人,其可不以识读书为先务哉?"

文英公曰:"长厚朴实,世俗所鄙,而不知人所以兴也。游侠轻佻,世俗所尚,而不知人所以败也。我愿儿孙长厚朴质,为世俗所鄙,不愿儿孙游侠轻佻,为世俗所尚也。戒勉之,戒之。"

雍来公曰:"人之好赌者,自谓彦道再生,岂知与下流贼盗为伍。更有集匪类于家,以冀取微利者,直为窝藏之所,其家教必不能肃。子孙犯此,直祛之可也。"

心卿氏曰:"子孙所贵乎读书者,以能知伦常,明道理也。若徒逞才藻,而于伦常道理不能自尽,则转不若务农之子,犹未凿其天真矣。"

【注】《东阳沈氏家乘》不分卷,沈葵纂修,清咸丰四年(1854)抄本。以梁沈约为始祖。南宋沈怀玉,字龙跃,自昆山迁居嘉定大场。元末辉祖复从大场迁居方亭,是为始迁祖。

枫泾沈氏支谱

本祠族会章程 民国十五年一月一日（即乙丑十一月十七日）订

第一章 总　　则

第一条，本会以合族为主体专谋一姓之幸福。

第二条，凡属始祖懋声公后裔，皆为我族支派，隶属本祠。

第三条，凡男子，属本祠血统皆为族丁。

第四条，凡己无所出者，须由最近房之子为嗣子，或兼祧子。如收养异姓子女，或同姓不宗及私生子，未经族众认可为后者，不得为沈氏支派。

第五条，凡犯下列六款之一者，经族众调查确实，得议决摒出本族，削除家谱名字，并不许祠墓与祭。

（一）大不孝者，如违忤亲权及夺产分居之类；

（二）大不悌者，如杀辱伯叔兄嫂，凌虐弟侄之类；

（三）为盗贼者；

（四）奸淫乱伦者；

（五）妻女淫乱不制者；

（六）盗卖祭产、坟树、坟石者。

第六条，本祠应办事务如下：

（一）春秋祭祀；

（二）祭扫祖茔；

（三）修茸祠屋坟墓；

（四）关于本祠一切事宜。

第七条，本会分评议、事理二部。

第八条，凡族丁年满二十者，有选举权与被选举权。

第九条，凡族丁有心疾者，有残废者，或品行悖谬者，或向不与祭者，不得有选举权与被选举权。

第十条，本总则如有修改必要时，由族丁三分之一或评议会过半数以上之同意，得于春秋两祭大会时修订之。

第二章 评议部

第十一条,本部评议员以八人为定额,互选一人为评议长,书记员临时推举。

第十二条,评议员任期为二年,连选得连任之。

第十三条,评议员因事出缺,或继续二次不到者,即以次多数补入其任期,以补足前任未满之期为限。

第十四条,评议部应行决议事件如左:

(一)本祠事物范围内应行与革整理事宜;

(二)本祠经费之岁入出预算;

(三)对外交涉。

第十五条,议决事件由书记缮正议案移交理事部执行。

第十六条,评议部有监管理事部之权。如认理事部有违背章程,不遵议案者,得止其执行,并得于春秋两祭大会时移交族众公断。

第十七条,本会会议每年二次,以春秋两祭前一日举行之。其有临时应议事件,经理事部或评议员三分之一以上之请求得开临时会。

第十八条,凡族丁对于本祠有意见,须提出公决者,可先向评议部递交意见书,于开会时提出评议。

第三章 理事部

第十九条,本部理事四人认为定额。

第二十条,本部理事长以族长充之,副理事长以房长中较长者充之。理事员二人用选举法选举之。

第廿一条,理事员任期为二年。连选得连任之。

第廿二条,理事长出缺时,由副理事长补充之。理事员因事出缺,以次多数补入之。

第廿三条,本部应办事宜悉依评议部之决议执行。如对于评议部之决议视为窒碍难行,得向评议部陈述意见,请其变更前议或撤回之。否则得于春秋两祭移交族众公断。

第廿四条,理事员对于评议部交办事件,无论对内对外,视为非智力所及或一人能力所及者,得商请评议部共同负责办理。

第廿五条，本部经办事项须缮具报告书，于春秋两祭时公布之。

附族会成立记（十世庚照）

（一）成立原因：本祠族丁鉴近年来鲜于联络，致祠中改革进行事项，每多隔阂，爰组织族会借以睦族。

（二）事前筹备：有肖杞、星藩等参阅竹溪旧家谱，预草简章，并分发通告定期集会。

（三）开会情形：十一月十七日即十五年一月一日在祠中开会。除公众赞同成立外，并通过章程二十五条。

（四）出席人员：如菊斋、新甫、尧卫、荣初、履夷、砺才、容光、肖杞、似南、颂声、幼申、润声、伯寅、仲勋、星藩、新源、亮衷（肖杞代表）等。

（五）定期选举：定阴历十二月初四日在祠中投票，拟选第一届评议员八人，理事员二人，理事长与副理事长按章由菊斋、新甫任之。

（六）当选职员：理事员二人由尧卫、容光等当选。评议员八人由星藩、亮衷、履夷、柳初、颂声、新源、绍光、肖杞等当选。各候补者从略。

【注】《枫泾沈氏支谱》三卷，沈邦垣纂修，1925年上海九亩地吴承记印书局铅印本。始祖沈懋声，明末避倭寇自武康竹墩迁居松江。清康熙初年，其子沈铎字天来，复徙枫泾。

郁氏家乘

族　会

古者圣人之教，其道有四，亲亲、长长、贵贵、贤贤。古之氏族，有宗子以收族，百世不易，族人为之齐衰三月，缘一本之旨，尊祖则敬宗，此则亲亲之义也。近世宗祠之制有族长者，则长长之义也。诸侯夺大宗，大夫夺小宗，此则贵贵之义也。惟三代之世，有天爵者，人爵随之，贵贵、贤贤无分也。洎乎后世，贤者不必贵，贵者不必贤，于是贵之为贵，不若贤之足贵矣。宗族之设，上则尊祖，下则联合子孙，务求久远者也。故宜于宗子、族长之外，更举贤能，以为族正，庶亲亲、长长、贵贵、贤贤之义不偏废矣。

宗子由大宗一脉相传，百世不易，族长乃族中分齿最尊者（同分序齿），为终身职。若分尊者皆幼稚，则由齿尊者代理至伊成人。族正由族会选举，任期三年，连举得连任，但不得过二任。惟犯惩戒条者不在此限。

族长主持族中婚嫁祭祀一切事物，宗子掌管家谱宗祠事宜，须会承族长办理。族正掌管财产庶务事宜，须会承族长办理。惟三人得相互代理，宗子于分齿相当时，得兼族长。

族人会议，每春秋祭时举行常会，族长为主席。如因故不能到者，则宗子、族正代之，其必委托他人代表时，应具委托书。遇有要事，由族长或宗子、族正召集之，或族人十人以上联名召集之。

族产有处分变更时，必须全体出席表决通过。其余以过半数出席，出席者过半数表决之。

族人男子二十岁以上，于族会有选举族正及被选举权、提议权、表决权，十三岁以上得列席旁听而已。以上诸权女子均无之。

族中事物有必要时，宗子族正得请族长委同族子弟，或聘人协同办理。

祭　　祀

宗祀每年春秋二祭，由族长主祭，因故未能到，宗子或族正代之。祭期春定四月五日清明节，秋定十月二十四日霜降节。用阴历，每年节令与月参差不同，用阳历，则相差不出二十四小时，较有一定。

族人没后，或三年，或一年服阕后，为位入祀。其行为曾犯惩戒条者，则神位后面特书"行革"二字以垂戒。附入日，应由宗子或率其子若夫若父兄祭告宗祠。男女婚前，女子嫁前数日，由宗子率其父兄及本人祭告宗祠。族人将葬前数日，亦得由宗子为之祭告。凡祭必有祝文告所事也。祭前必斋戒敬事神也。

五伦之道，儒术也。孝子慈孙不可任僧人羽士入祠惊扰。祭品中甤簠簋各一，铏一，笾八，豆八，猪羊鱼腊俎各一（用品见祭仪内）。若增庶羞，不得过八事。二别室甤品各簠一、铏一、笾、豆四、鱼肉俎各一，增庶羞，不过得过六事。如此已足，祭品不可过厚者，求易行也。礼器曰：荐不美多品。盖子孙能斋戒虔诚，虽苹藻亦享，不系于祭品之厚薄也。

族　　墓

为墓之道，程子谓须慎五患，使他日不为道路，不为城郭，不为沟池，不为贵势所夺，不为耕犁所及。然年代湮远，墓地愈多，子孙之散处愈远，以四散之子孙，保存四散之墓地，其能免五患者几希。《周礼地官》大司徒以本俗六安万民，二曰族坟墓。又《春官》墓大夫职曰：凡邦墓之地域，为之图，令国民族葬，而掌其禁令，正其位，掌其度数，使皆有私地域。故今之为墓者，不如依周官族葬之说，购置族墓，以祖宗之骨殖举葬于兹；合以宗祠，则春秋之祭扫便利而省时；系以族会，则墓地之保存专一而易为。

吾郁氏系出黎阳，以天行公为始祖，更远无可考。墓即榜以"黎阳天行族人公墓"，简称"黎阳族墓"。族墓葬满之后，可再购僻壤为族墓，榜以"黎阳第二族墓"，余按此类推可也。今裔孙葆青购坐落上邑县治第一区长寿乡，即前十六保三十二图往字圩七二一号等，计地五十二亩八分七厘，永为黎阳族墓，归族会公同保存。族墓主穴定天行公，其余以行辈编写号数支配之。凡祖宗之墓地在他处，现无迁葬之必要者，一概支配在内，备他日迁葬之用。

族墓正穴每穴长三公尺六六，宽一公尺八三，上盖石板，立碑于上。夫妇则合立一碑,碑高一公尺四七,阔七十六公分,厚十二公分,座高六十八公分,使子孙知所葬者系何祖,不用泥土堆高,使清洁而无倾圮之弊。占地不求广,以弄葬害农田。成子曰"我死,择不食地而葬之"意也。浚其沟池,栽以花木,所以防卑湿,妥先灵也。

及哀女(即女之已嫁,无过被出,不再适人者,及妇之来归,无故被出,不再适人,而其母族不为之收葬者),每穴长三公尺零五,宽一公尺五二。上盖石板,如不立碑,则板上镌世代姓名。

长寿乡黎阳族墓墓穴自东至西编写号次,第一行主穴居中,左昭右穆,计三十六穴以后第二行起,按所编号先后葬入。

凡族人先故者,依编号次序先葬,殇子、哀女墓穴及权厝穴皆同。如不葬族墓,别为择地安葬者,他日倘须迁葬族墓,应按迁葬时之墓穴号次葬入。妇人先夫亡故者,暂葬权厝穴,待夫故后合葬正穴内。

族　产

族墓、宗祠皆为永久公同共有之族产,其单契盖"永久不准变卖抵押"字样外,分向主管官署及法院登记存案。

族产分墓田、宗祠、祭产各项,由族长、宗子于祭祠日族会中将契据封存,交族正保管,账册等亦交族正办理。族正任满时,于族会中交与族长、宗子检点移交,即连任时亦然。

祭产每半年收入,除纳税、修祠墓、祭扫、雇工诸开支外,如有余款,拨作预备金,为他日抚孤恤寡及重建宗祠之需。族会印信归族长执管,其对外财产之收付,以族长、宗子、族正三人中二人签字盖章为有效。

族长有随时查阅族产账目之权,宗子有请求交阅之权,族正不得借词拒绝。

惩　戒

族人若有犯后列各条者,有人举发后,归族会中审核,如无疑义者,以后不得参与族事,惟身后神主仍得入祠。神主后加刻"行革"二字,家谱无行传世系图,名下系"行革"二字,所以垂戒也。

一、悖逆伦理(如不孝不悌,买子女为娼等)经族会议决,万难容忍者。

二、凡受最重本刑五年以上有期徒刑之处分,经族会调查并非诬陷者。

三、虽未受刑事处分,而犯罪证据确凿者(如侵吞公款、善举款,盗卖族墓祭产等)。

族长如犯前条各款者,由族会按分齿改推。宗子如犯前条各款者,由族会别为大宗立后。会议时,犯者避席。

妇人来归,被出他适者,夫死他适者,神主不得入宗祠,不得葬族墓,以其别有所从也。妇人来归,因无行而被出者,亦同其无过被出。不再适人者,子孙或族人得向族会请求,经审核确认由族会公决,附入哀女祠。其母族不为收葬者,经公决得附葬哀女墓地上。

【注】《郁氏家乘》不分卷,郁锡璜等纂修,1933年上海中华书局铅印本。郁天行于明清鼎革之际流离至沪,是为郁氏始迁祖,晚清郁怀智出于是族。

黎阳郁氏家谱

卷　首
黎阳郁氏家谱命名说

郁氏家谱定自十二世起，以"居仁由义，继其先志，修身立德，克振家声"十六字命名说。

《仪礼》曰："子生三月，则父名之。"《曲礼》曰："凡名子，不以国，不以日月，不以隐疾，不以山川。"《左氏传》曰："名有五，有信，有义，有象，有假，有类。以名生为信，以德命为义，以类命为象，取于物为假，取于父为类。"盖古者之于命名，其有条不紊，至详且尽也。如此诚以有生以来，命名伊始，将来之显亲扬名，以及名闻中外，名著旗常，胥于是焉。基之实有，至堪慎重者在也。燕生先生与乃弟隽操君，乃阮志甘君，哲嗣纯一君编纂《郁氏家谱》。既竟以先德，自七世至十一世命名，皆以五行相生，取生生不绝之意。惟族大人多，各支用字不一，则行辈每致混淆，甚或无从辨别。爰自十二世起特撰"居仁由义，继其先志，修身立德，克振家声"十六字刊立家谱，以示来兹。俾此后，子孙绳绳，按序命名，族众无论如何蕃衍，行辈永得昭然若揭，用意之周挚也，可谓至矣。至其所以撰此十六字者，则尤有说。盖郁氏为沪上望族，其先德尝捐输巨款，修理城垣，型仁讲义，为阖邑所矜式。又独助善后经费银二十万奉，洵属急公好义，准其永广学额之嘉奖。芬扬泮藻，宇内同钦，实为后世所当永志弗忘，思力筹所以继之述之者所云。"居仁由义，继其先志"者，盖指此也。若夫修身立德，尤为人生之要务，《书》所谓"慎厥身修思永"，《传》所谓"太上有立德"。自来贤人君子，凡足以享盛名，成大事，建巨勋，退可以独善其身，进可以兼善天下，盖莫不于斯基之故。欲子孙之克振家声，尤必于修身立德。殷其属望，以燕生先生贤昆仲暨令子侄之行谊同登声华懋著，并能提要钩玄，创订家谱，俾先绪永以不坠，宗祊大为增辉，于所谓"克振家声"实足以当之而无愧。而复举此，以名其后昆，借资勖勉，俾顾名以思其义，循名而责其实。其垂裕云礽，佑启无疆，将益有以光大乎门闾，即可于斯卜之。爰申其义，为之说，质之明达，或不河汉斯言乎。

中华民国十有二年夏历癸亥仲秋上澣谷旦，慈溪冯玉昆谨撰

卷八
族　　规
同族会议规程（民国十二年癸亥　月　日修改议决）

第一条，每年开大会一次（在四月上旬，由经理将年结结束后报告族长，定期通告召集），职员会四次（在四时致，祭前三日由经理通告开会）。如有发生紧要事件，得开临时大会或临时职员会，由个人申请。开会者先具一理由书致经理，由经理酌定开临时大会或临时职员会。

第二条，族长以下不论行辈，凡年满二十岁之男子均得列席会议，有议决权。

第三条，凡有左列情事之一者，不得与议：

　　甲、失社会财产上之信用者。

　　乙、品行不端，显有劣迹者。

　　丙、有心疾者。

第四条，族人到会满半数者为正式会，不及半数者改作谈话会，将提议各件讨论后，另订日期重行开会征求同意，如仍不足规定人数，即作为正式会。

第五条，族会设议长一人、书记一人，临时公推。

第六条，议事之可否，以多数表决之同数，取决于议长一面。

第七条，开会日须准时到会，设或迟到，凡议决之事作为有效。

第八条，凡提议之事件，分为预定及临时两项。预定者于开会时先行宣布，逐条公决。临时者须俟预定者议毕，然后议之。

第九条，凡辨难之际，意见参商在所不免，反对者须俟言语已举，方可加以驳辨，不得搀言，致乱听闻。

第十条，开会议事时宜聚精会神、极意讨论，不得谈及闲谈及离座散走。

第十一条，开会地点定在田耕堂。

第十二条，族会之议事簿存于田耕堂。

第十三条，本规程之施行及修改增订，由同族会议议决之。

卷　九
家　教
族　党　规　约

　　一、本宗字辈，自七世至十一世，以五行相生，取生生不息之意。惟各支用字不一，故自十二世起择定。"居仁由义，继其先志，修身立德，克振家声"十六字为行辈，以后子孙，依次取名，庶归一律。

　　一、凡无后而立兄弟之子为嗣者，以昭穆相当之侄承继。先尽同父周亲，次及大功、小功、缌服。如俱无，方许择立远房之贤能及所亲爱者。毋许乞养异姓义子以乱宗系。

　　一、凡一子两祧，律有明文。如以大宗子兼祧小宗，或以小宗子兼祧大宗，均以大宗为重。为大宗父母服三年，为小宗父母服期年。如以小宗之子兼祧小宗，以所生为重。为所生父母服三年，为兼祧父母服期年。别支之子嗣，为甲支后而又兼祧乙支者，甲为正支，乙为从支兼祧。生子二人，应拨出一子与从支为后。又无从立子而立孙者，应先以嗣孙之父兼祧，书其名于子列，否则系线中断矣。

　　一、凡成人贫而无后者，族中应照例为之立后，不得嫌贫规避。承嗣后，其本生父遗产照旧均分，兄弟不得争执。其承嗣有产，不得援以为例。

　　一、凡大宗之子，年已弱冠而卒，须为之立后。

　　一、无子而纳妾生子者，妻故后，其夫经正当手续者，得以妾为继妻。

　　一、子姓如实不肖，由族会记大过一次，书明事由，于春秋二祭时悬牌公布祠堂。如仍怙恶不悛，至记满三大过者，登报除名家谱。

　　一、记过后能痛自改，行满二年，经族会通过，得取消一过。取消后又犯者，倍其年数。再犯者，永不得取消。（不得取消之过，书明事由，载之惩戒内）

　　一、记有大过而未经改过取消者，剥夺其处理族事权。

　　一、凡犯下列各项者不得列谱：

　　　甲、贻害国家社会者。

　　　乙、干犯刑章，查非诬陷，又非国事犯者。

　　　丙、有玷家声，甘入下流者。

　　　丁、为异姓子者。

　　　戊、以异姓为子者。

　　　己、异姓渎宗者。

庚、妻之非明媒正娶者。

辛、妾之不经正当手续者。

家　教
一、尽孝道，敦本源

孝为百行之原，万化之始，能尽孝道，方可以为人，可以为子。凡为子者，第一，须知父母之遗体不可毁伤；第二，须体父母之心志，不可远背；第三，须知父母创业之艰难，不可荡废；第四，须知父母之所急需，不可迟缓；第五，须知父母之所忌讳，不可冒犯。其或父母偏爱一子，须曲为原谅，而不可稍有变色。其或嗣母、继母、嫡母、庶母性情乖张，不可因受害而口出怨言。其或兄弟中有忤逆不顾父母者，切不可因此推诿。其或父在母亡，父亡母在，尤当念孤单之苦，而不可一毫稍拂其意。至于父母而亡，则丧葬称家之有无，不可过奢过俭。如此则可以为人，可以为子，而孝道尽矣。敦本源者何？敬祖睦族是也。敬祖者当祭祀时，虽年力衰迈，亦必亲自赴祭，以昭诚敬而尽孝思。凡属幼辈，更不得饰词推诿。至于睦族者，毋论旁支服外，总不可稍有间隙，以致日后裂户各祭，况本支一脉乎。

二、睦夫妇，教子孙

夫妇为人伦之始，夫唱妇随，以和睦为主。夫不可嫌妇族贫而生轻视心，妇不可恃母家富而有傲慢心。夫有不当，妇宜婉劝；妇有不是，夫须教导。切忌各生疑，口虽不言，心存芥蒂。日久则夫妇反目，家道衰离矣。至于教子孙一道，先宜以身作则。凡嫖赌烟酒等恶习悉行屏除，奸盗邪淫之书画当付一炬。然后教之以正，庶有效果。

三、和兄弟，谐妯娌

兄弟不和、妯娌不谐，此不孝之尤，亦即消败之兆也。要知和兄弟即是顺父母，谐妯娌即是孝翁姑。况兄弟为手足，妯娌犹兄弟。世人无不爱其手足者，何独于弟兄而视如仇雠也？愿为兄弟者，学忍让二字，勿听枕边之言。为妯娌者，学勤俭二字,除去嫉妒之念。果能弟兄同心,妯娌合德,则家道自必昌大,而贤声远播矣。兄弟不和要父母督责,妯娌不谐要翁姑化导,是在堂上者平时注意也。

四、慎嫁娶,交益友

嫁女择佳婿,毋索重聘。娶媳求淑女,勿计厚奁。但须门第相当,身家清白,即可配偶。慎勿轻信媒妁之言,不加细察,致令儿女抱终身之憾。至于结交朋友,关系一身甚巨,故最须审择。宣圣有言曰:"益者三友,损者三友。"其直、让、多闻者,谓之益友,可以进我德业,规我过失。其便僻、善柔、便佞者,谓之损友,亦可以长我傲慢、陷我不义。所谓近朱者赤,近墨者黑,可不慎乎?

五、择居处,亲邻里

习俗移人,贤者不免。故卜居之道,亦宜重视。盖一方善良,如入芝兰之室;一方儇薄,如入鲍鱼之肆。古人所以有择邻处之举也。至于亲近邻里,为待人处世之常经。富者不可以势欺贫,贫者不可挟嫌怨富。凡品学优良之邻,当敬重之;志趋不定之邻,宜诱掖之;邻有求于我者,当审其事之。若何从权应付,则周旋邻里之道,庶乎近矣。

六、济贫困,务勤俭

财之为用,所以济人利物,当知天之富我,非有所私,盖托以众贫耳。故人生一家衣食无亏外,便当刻刻为贫人计算。如设立义务学校,创办贫民工厂,施衣、施食、育婴、掩骼,皆当勇往为之。至若救人危急,全人名节,尤为阴功,切勿畏难避嫌,而听其陷溺也。至于勤俭,为无价之宝。士勤读书可以博取功名,农勤耕种可以多获米粟,工商勤营作而财利日裕,妇女勤纺织则布帛自盈,是人生之名利皆自勤中来也。然徒勤不俭亦不能致富,惟勤贵知礼,俭宜克己。若俭不中礼,为世所讥,于他人则近于刻。衣服宜朴实而戒奢华,屋宇宜清洁而戒装潢,器物宜坚固而戒奇巧。无用之物少置,浮费之钱宜节,是之谓俭。

七、言忠信，行笃敬

尽己之谓忠，是故遇事而浮游，逢人而辜负，皆不得谓之忠。言不自欺谓之信。人与人交必以信。士无信则命令不行，商无信则贸迁乏术，可以人而无信乎？何谓笃？直道而行也。凡事率直，勿尚机诈，勿务虚文，毋眩世以盗名、毋欺世而惑众。何谓敬？谦以自持，恭以待人是也。若以胁肩谄笑谓之敬，则失之矣。

八、明礼义，惜名誉

礼义为立身之大端，而家庭间尤多关系，如父坐子立，兄先弟后。虽在私室之中，造次之际，亦不可遗忘忽略，至今外人谈论。至于伯叔子侄辈，毋论或亲、或堂、或远堂，俱宜相见以礼、相尚以义，非可苟且也。名誉为第二生命，关于个人者犹小，关于合族者乃大，务须珍重爱惜，不致上辱祖宗、下玷子孙。若不惜名誉而自失人格，纵日后子孙发达，未免受外人讥笑，岂不悔之莫及。

九、秉公正，守法律

公则无私，公则生明。天地至公，覆载无偏。日月至公，昭临无遗。公平正直，人所共钦。为人宜一秉至公。何谓正？思无邪也。无邪则小人避，君子亲，而德业固矣。国家之立法律，所以纳民于轨也。凡我族人，无论士农工商，必须竞竞自守，不可率性妄为，自无违法等事矣。

十、贵知足，遏忿怒

福莫享尽，势莫用尽，话莫说尽，事莫做尽，心莫用尽。乐不可极，极乐生哀；欲不可纵；纵欲成灾，此即知足之道与不知足之害也。忿怒为人生之大忌，一忿怒足以忘大义，而酿实祸，不可不勉为克治。躁念者宜时时想"和缓"二字，自大者宜时时想"谦敬"二字，多欲者宜时时想"知足"二字，刚愎者宜时时想"柔顺"二字，久便习惯，忿怒不遏而自过矣。

十一、窒嗜欲，讲卫生

　　有健全之精神，然后有健全之事业，而体育尚焉。彼夭折不能终其天年者，率皆戕贼其身使然。即疾病相寻者，亦以平日不讲卫生所致。举凡魄力学术之不如人，丰功伟烈之未由显，莫不由于体弱之一端，不特此也。纵嗜欲而不讲卫生之人，子孙必多夭折，后嗣必不善衍，何则？我之子孙，我之精神所种也。今以有限精神，供无穷嗜欲，诸以斧伐木，脂液既竭，实必消脱。故所生子女每多单弱，子每像父，虽单弱而亦多嗜欲，再传而后，薄之又薄，弱之又弱，以致覆宗绝祀者有之，岂不大可惧哉？凡我族人务须力窒嗜欲，勤讲卫生，则不独有益于己，且大有造于子孙也。

十二、尚坚忍，重学问

　　坚心者，成事之母，自古圣贤豪杰，莫不抱定一坚字做去。富贵不能淫，威武不能屈。卒至成大名、建大业。苟立志不坚，遇挫变节，见异思迁，必至百事无成、终身潦倒。戒之！戒之！忍为众妙之门，富者能忍保家，贫者能忍免辱，父子能忍孝慈，兄弟能忍义笃，朋友能忍情长，夫妇能忍和睦。忍时人皆耻笑，忍过人自愧服。至于学问，为立身明理之本。处此文化大昌时代，更非学问深造不足以图生存。况吾族为沪上望族，世代书簪，而又藏书宜稼之堂，造士模经之室，黉宫广额，加惠士林，彰彰在人耳目。尤当仰体先人遗志，孜孜于学，相承勿替也。

惩　　戒
熙顺支详载宜稼堂议事簿
祭田管理规程

（民国十二年癸亥四月同族会议议决又　月　日　修改增订议决）

第一章 职　　员

第一条　祭田置职员如左

　　甲、保管员一人，保管案卷契据箱一只，内储祭产根据簿并单据契券等，至为重要，须格外谨慎保管。每年开大会时，携箱到会，事毕，仍带回收藏之。设遇要事需阅其保管之件者，非经理并稽查员到场不得开视。平时查察，可阅祭田根据簿副本。

　　乙、经理二人，不分正副，因事繁职重，须随时商议，故定二人，俾得易于进行。其职权系整理各项收租完粮，收支款项，编制预算、决算及其他规定之职务，其所保存之各簿据：（一）宜家堂议事簿，（二）收支总登，（三）收支总清，（四）年结总清，（五）田租总清，（六）根据簿副本，（七）田形细册，（八）佃户细册，（九）关于纂修家谱之一切簿据。

　　丙、稽查员二人，各执案卷、契据、箱锁钥一个，于开大会时带会，二人启封开锁查验。事毕，仍闭锁封固之。其职权系稽查全年田租、收支等一切账目，核实、签字、证明，并得解决关于款项出入之疑难事件。如遇保管员或经理交替时，其所保存之各簿据，复由稽查员审核一次，审核后，须签字证明。

第二条，前三项职员以素所信仰之公正，族人任之。保管员以作事谨慎，确实可靠者，经理以才具干练、情形熟悉者，稽查员以心思精密，明了算术者为合格。

第三条，各项职员均由开大会时公举之。

第四条，年未满二十五岁者，不得被举为职员。

第五条，各项职员任期二年，连举、连任，凡事依规处置，一秉至公，不得丝毫苟且。其行使职权时，虽族中尊长亦不得强为干预。

第六条，各项职员均义务职，并无津贴等费。

第二章 管　　理

第七条，各项田租雇人收取，由经理随时督察，如查有弊窦等事，即行撤换。

第八条，家祠享堂房屋，随时察看修葺。祭器、台椅什物等勤加检点保管。

第九条，祭田不得由族人承佃耕种，器具什物不得出借，以免拖散。

第十条，凡吾族人，须抱扩充祭田成为义田之志。子孙中有力者，捐助田亩固属最妙。其入手办法，兹拟协力研究农业，以广收入。因此而需用祭田者，开会议决后，得由经理向租户收回若干亩试办之。

第十一条，佃户当格外优恤，使各安其业，族人不得欺侮。倘有顽佃抗租，由经理鸣官究治。

第十二条，族人身故，不能即葬，停柩于祠之东西侧厅内者，照章三年为期。期内由经理随时催促，逾期由经理报告族长，后代葬族墓园，不再通知，费用由祭田收款内支出。

第十三条，族人举办葬事，无力购买墓地，或觅地维艰者，得由职员会议准许于祭田内择地营葬，但须遵守左列各款：

甲、所择葬地仍由经理管理，不得自由承粮执管。

乙、所择葬地或在祖茔附近者，不得开填水道，或立穴向前，挨附昭穆。

丙、在祭田内择用葬地者，须偿还短少田租费洋十二圆（因田内有坟墓者租户借口减租，故定此例），附葬偿还洋六圆，于营葬前方许定穴。

丁、既葬后，如须结篱、种树、盖屋等占地若干，应照时价合算，缴清方可动工。

戊、如经议定何处，墓地内不得再有衬葬者，应恪守定章不葬。

第十四条，族人墓地，因无后而无人管理者，收归祭田内承粮，其修葺等事由经理执管之。

第十五条，族人墓地虽不在祭田内者，如子孙因地价昂贵，希图厚利起见，不顾先人骨肉，任意毁掘，应由经理劝阻。设或不听，通知合族开会处理之。如属不得已，亦应预先通知经理，声明理由，开族会解决之。

第三章　会　　计

第十六条，祭田预算、决算由经理编制，交同族会议议决之。

第十七条，凡各项开支之款，均以规程明定及预算编列者为准，经理不得于预算外率行开支。

第十八条，祭田应纳粮赋，须依定期完纳，不得逾限。

第十九条，凡遇应付之款，按期照付，不得预期支付，亦不得到期扣留。设或族人有正当之用，将契券作抵，亦不准通融，以免效尤，滋生纠葛等事。

第二十条，除完纳国课并官派各费外，地方一应捐愿概不应酬，以从樽节。

第二十一条，设遇水旱、遍灾，田租歉收，以致入不敷出，应向族中有力者筹垫，由经理具条为凭。俟有的款，陆续归还。

第二十二条，除开销一切外而有盈余，满百元存银行。生息由经理指定殷实银行，得各职员同意，然后存入之。存折交保管员，封锁保管箱内。该行存款设有意外，经理不负赔偿责任。如欲支用，开职员会公决。

第二十三条，职员如有亏蚀款项或通同舞弊情事，经稽查员或族人察出后，由同族会议迫令偿还并惩戒另举。

第四章 附 则

第二十四条，本规程之施行及修改增订，由同族会议议决之。

祭 田 赡 族 规

（民国十二年癸亥 月 日同族会议议决）

家有义田，而后能赡族。吾郁氏仅有祭田，乌能至此？只可酌量规定数条，以济族人之贫者。至补助若干，由族会议决，始得支用祭田款项。近房有力者，不在此例。

第一章 劝 学

第一条，子女年龄已届入学之期，须报告族会代为送入功课认真之学校。至高小毕业为止，学费等款由经理径送学校，父母不得干涉其事。

第二章 劝 业

第二条，高小毕业后，无人为之谋业者，由族会代谋。

第三条，初次习业者给治装费。

第三章　旌　善

第四条,有褒扬条例所列之行谊者,援例举报,一切费用由族会支付,已嫁之女一体办理。

第四章　助　婚

第五条,单丁逾婚期,学业有成而无力举婚者,得补助之。但非明媒正娶,不在此例。

第六条,有前条情事、无子而续娶者,亦得补助之。

第七条,孤女遣嫁时,给嫁费补助金。

第八条,孤女童养夫家者,不给补助金。

第五章　保　婴

第九条,产育子女时,酌给产费及婴衣。

第六章　恤　孤

第十条,子女失怙恃者,给衣食等费,男子至成丁为止,女子至及笄为止,由近房族中代为抚养。

第七章　敬　节

第十一条,夫故守节、子孙无年逾二十或有而残废者,得补助之。

第十二条,已嫁女贫寡无子、归依母家者,亦得补助之。

第八章　恤　病

第十三条,身有废疾无子孙或子孙无年逾二十者,得补助之。

第九章　恤　灾

第十四条,猝被非常灾变者,视被灾之轻重,酌给恤灾费。

第十章　养　老

第十五条,年逾六十而子孙无年逾二十,或有而残废者,酌给养老费。

第十一章　恤　丧

第十六条,遇有丧事,分上、中、下三等。年在二十以上者为上丧,十九以下十四以上为中丧,十三以下七以上为下丧,酌给丧费。

第十七条,翔地族人之贫而无靠者,经族会议决,亦得照例赡顾之。

第十二章　附　则

第十八条,本规程之施行及修改增订,由同族会议议决之。

祠祭规程

(民国十二年癸亥 月同族会议议决)

第一条,祠堂神龛中神位之排列式,第一级供一世、二世、三世、四世之神位,第二级支分左右,左供馥山公系,右供莲塘公系。昭穆伦序,支分派别。三级以下依此类推供奉。

第二条，神位由祠中敬制，身故后由子孙具条向经理领取，以昭整齐而壮规模。

第三条，已列祠之神位，一律仍旧不另换，又考之神位。已列祠者，则他日其妻妾身故，得将照考式之神位，列入妣之神位。已列祠者亦如之。

第四条，中下殇仅许载谱，不得置栗主入祠。

第五条，龙华家祠，春秋两祭，定三、九两月。南翔享堂，夏冬两祭，四、十两月星期宜祭祀日举行之，日期由经理择定，通知族人。

第六条，每年推定司祭员两人，一人司春秋两祭，一司夏冬两祭。

第七条，祠祭由族长具名主祭。

第八条，家祠祭品：全猪、全羊、四箪（德禽、兔肉，无兔肉用火腿代之）、元菜（春秋用韭芹）、四豆（红枣、莲子、百子糕、枣仁饼）、两盘（兴隆、高发）、香、烛、锭、帛、茶、酒、羹、点、肴、馔。

第九条，享堂祭品：三鼎（猪肉、羊肉、鲜鱼）、四豆，以下同家祠祭品。

第十条，祭时设执事如左：通赞一人，司帛爵香二人，司祝一人。

第十一条，祭时仪注规定如左：

一、启门，行致祭礼。执事者登堂，各司其事，主祭者与祭者登堂就位，序、立、跪、叩首、叩首、兴。主祭者诣香案前，焚香、跪、上香、降神、酹酒、奠帛、读告文、兴、复位，参神皆跪、叩首、叩首、兴。行初献礼，主祭者诣神位前，跪、祭酒、初献爵、叩首、叩首、进殽馔、兴、复位皆跪、叩首、叩首、兴、暂退、阖门。

二、启门，行亚献礼。主祭者与祭者登堂就位，主祭者诣香案前焚香、跪、再上香、读祭文、兴、复位皆跪、叩首、叩首、兴、行亚献礼。主祭者诣神位前跪、祭酒、亚献爵、叩首、叩首、进羹点、兴、复位皆跪、叩首、叩首、兴、暂退、阖门。

三、启门，行终献礼。主祭者与祭者登堂就位，主祭者诣香案前焚香、跪、三上香、兴、复位皆跪、叩首、叩首、兴、行终献礼。主祭者诣神位前跪、祭酒、终献爵、叩首、叩首、进黍馔、侑食、读祝嘏辞、饮福酒、受福胙、兴、复位皆跪、叩首、叩首、兴、暂退、阖门。

四、启门，行送神礼。主祭者与祭者登堂就位，主祭者诣神位前跪、献茶、兴、复位，告礼成。辞神，皆跪、叩首、叩首、兴。主祭者与祭者诣焚燎所，向外拱立，焚香、焚帛、焚祝文、灌酒、望燎。登堂就位。皆跪、叩首、叩首、兴。撤馔，礼毕。

第十二条，祭期先一日由经理与司祭员往祠洒扫及购办祭品。

第十三条，祭事毕，族人会集饮福。

第十四条，新岁清明拈香，每年推定两人一往龙华家祠，每次给公费一圆，一往南翔享堂，每次给公费一圆五角。

第十五条，本规程之施行及修改增订由同族会议议决之。

【注】《黎阳郁氏家谱》十二卷首一卷，郁惠培等纂修，1934年上海宜稼堂铅印本。始祖郁建臣，号序初，清康熙初居嘉定县南翔。五世祖郁润桂（字淮林，号馥山）、郁润梓（字晋卿，号莲塘），乾隆后来上海经营沙船业，遂入上海籍。为上海著名沙船世家。

季氏家乘

谱引传

尝闻一时之化以口，百事之话以书。夫谱之说，原欲化宗族耳，使必仁其仁，而亲其亲也。如谱载前代祖先行善者效之，其不善者改之，则宗族化矣。今引数条证之，以启后昆耳。

一、孝。如王祥、王览者。祥事继母朱氏，尝欲食生鱼，祥结衣卧冰求之。冰忽自解，双鲤跃出，持之归。朱又思黄雀炙，忽黄雀数十飞入其幕，得以供母。乡里称为孝感焉然。朱氏不慈，每加楚挞。所生子览，辄涕泣抱持。朱又置酒鸩祥，而览知其意，径取酒饮之。朱惊覆酒。览之妇亦与祥妇服劳如一，以至朱氏感豫，复为慈母。后吕虔有佩刀相其文，有德而服之者，位至三公。虔以授祥，祥果登太保。寿至八十五，祥薨。以此刀授览，后果九代公卿。嗟呼！人皆王祥之孝于继母，而不知王览尽悌道于异母之兄，以全其生母之慈，为大孝也。王览取鸩径饮，其一节耳。至彼晨昏定省之间，朱氏独处无人之际，其叩头流血，宛转劝喻于生母之前者，日不知其几人。不得闻史，又安得戴也。痛哭流涕之言，出于嫡亲骨肉之口，如滴流穿石，石虽难入，一人之后，滴滴不差矣。不然，祥虽劝孝，岂能轻化朱氏之独心哉？迨其后，祥虽位登台司，而览之后累世为公卿，其食报且浮于祥，即请朱氏而较量之，设使鸩祥，而系取其产以与览，所得与此孰多也？故表而出之，以告后世为览者。

一、不孝。如杨稷者。杨士奇四朝元老，其子杨稷怙势行恶，士奇不知也。后稷恶日甚，至于上听，伏法而死，士奇亦几不免。嗟呼！杨公聪明慎密人也，稷之积恶满盈，至于杀身，而杨公犹不寤，则其弥缝之工，蒙蔽之巧，能使聪明慎密之父堕其谷中，如醉如梦，是稷之才，亦定有大过人者矣。凡权要势家子弟不幸而不才，征歌买妓，纵酒呼卢，其祸止于败家。尤不幸而有才，其礼数足以结纳官府豪华，足以延致宾客聚欢，足以增置田产，而专于收义奸猾，以为爪牙，摄取小民以恣鱼肉，其父兄且倚之为家干，同辈且羡之曰能人，一旦祸至，则杀其身而危，其故不才之祸小，而有才之祸大也。论不孝之条当以杨稷辈为首。

一、睦族。如陈思进谓益乡曰:"我辈登第之日,宗亲交游,无不喜动颜色。设使今日不能稍为之地,则曩日之喜亦何谓哉。"

一、范文正公既贵,于姑苏买良田数百亩为义庄,以济贫乏。择族人中之长而贤者,主其出纳。每人日给米一升,岁给绢一匹。至于嫁娶丧葬,皆有赡给,常谓子弟曰:"吾族在吴中者甚多,在我虽有亲疏,然自我祖宗视之,均是子孙。且自祖宗以来,积德凡百余年,始发于吾,得至大官。若独享富贵,不惜祖宗,化日何以见先人于地下,今日亦何颜以入宗庙乎?"是故恩例俸赐,必以均及宗亲。其子纯仁克绍前志,俸禄之类,尽广义庄。

楚中刘漫塘每月初一日,必治汤饼,会族人。曰:"宗族不睦,皆起于情隔。今日会饭,善相告,过相规,或有事抵牾者,彼此一见,亦相忘于杯酒间。此一会也,良有补益。"莆田林氏之先有字用宾,名观者,常厚待一异人。异人指一嘉地曰:"葬之,公卿盛如麻粟,虑君之福德,未足以当此,奈何。"公曰:"吾德则薄,吾福则浅,但得此地而与宗族,其之岂无一二足当者?"异人叹曰:"即此一念,福德固甚厚矣。"遂指穴授之,公取族二十四骸与其亲偕葬焉。后生子元美,登进士;孙瀚、曾孙延绵、廷机,元孙炬俱官至尚书,公累赠光禄大夫。盖念及祖宗,以光令绪,笃爱一本,全不以彼此为异同,仁孝感乎,累世显荣,亦理有固然者。世有自私自利之徒,报某房利,某房不利之说,贿赂地师,点定向时,损彼益此,无所不为。嗟呼!彼独知有地理,亦思有天理乎?《袁氏世范》曰:"父之兄弟谓之伯父、叔父,其妻谓之伯母、叔母。"盖抚字教育,有父母之道,与父母不甚相远。而兄弟之子谓之犹子,亦谓其奉承报孝,有子之道,与亲子不甚相远也。今人或不然,自爱其子,而不顾兄弟之子。又有因其无父母,欲其财,百端以扰害之者,安得不如仇雠哉?又有视人兄弟如仇雠,往往其子因父之意,遂不礼于伯父叔父者。殊不知己之兄弟,即父母之子,己之诸子即他日之弟兄,我之兄弟不和,则我之诸子更相视效,能禁他日不乖戾乎?不礼于伯父、叔父,则不孝于父,亦其渐也。故欲我之诸子和同,须以吾之处兄弟者示之;欲吾之子孝己,须以吾事伯、叔父先之。夫房族亲戚之贫者,必请假焉,虽米盐酒酢之类计,钱不多,然朝夕频频,令人厌烦,又因责偿之故,至构怨。不若念其贫,随吾力之厚薄,举以与之,则我无责偿之意,彼亦无怨于我。纵不消其欲,而怨亦不至,如责偿时之甚也,吾见世情浇漓,同族之中,不惟锱铢必较,且阴评显攻,或恃势力以力之,或造罗网以倾之,或逼其田产使之身无立锥。讦之官司使之抱头鼠窜,尽快一时之愤,而天理灭绝,良心丧尽,与禽兽又何以哉?

一、不睦族者,如晋臧成翰兄弟,自相怀忌,成翰以监司守制家居,同祖弟囧翰为待诏,宣言于朝,暴成翰居丧不法状,落职。山涛判曰:"吴起忘母,见绝于曾参;楚直证羊,受诛于孔子,皆乖彝伦,并玷士林。"俱斥去。

一、戒后人为仕者,刑当慎之。夫刑者,不得已而用之,即果有罪,尚可详审,况可滥及乎?盖上帝之德好生,下民莫不贪生,为政之人,事权在手,笔尖所至,死生惟我。上当畏天地鬼神,朝廷国法,下当念小民愚昧,无知入井,事事留心,时时口口,口庶几无过矣。后世之长吏,有不能尽然者。譬如强盗者,刑之所宜加也。及有司本欲讳盗,而失主喋喋不休,有司本讳强盗为穷,而失主坚持焚杀大伙,则因强盗而刑及失主矣。又如衙役犯刑,赃之所宜加也。及问官欲出犯人之罪,而被害证之大坚,问官欲入犯人之罪,而被害证之不力,则因蠹役而刑及被害矣。又如拖欠钱粮者,上不过青板枷示而已,乃为一己考成之故,挪前补后,剜肉医疮,严刑酷炙,致死多命。蚩蚩之民,本无死法,而死刑以反之矣。亦有本人逃避刑及其父母妻子,刑及其朋友亲戚,刑及其街方四邻,其原始无杀之之心,然捶楚之下,往往致毙矣。又如贫民犯法,干连富民,稍萌染指之念,则必因贫民而刑及富民矣。又如无罪之人,始也本无加刑之意,及或受仇家之托,或因贿赂之故,或奉上司之命,不敢不尊则及刑之。又如初入仕途,未能深通律例,乃自恃一己之聪明,卖弄一时之小巧,揣摩臆断,三木忘施,遇之者含冤负屈,无可控告矣。又如官长本无杀人之心,而皂隶故有打重板,或打腿湾,官长一时忽略,往往致死者有之矣。又如酒后升堂,气血未定,此时审断公事,苟非上智之人,刑罚所加,必有不能自持者矣。又如上官衙门,贪图安逸,不喜亲审,止据下吏招详,批定罪名,或题或决,一成难改,后虽悔之,死者不可复生,断者不可复续矣。又如上官不能耐烦,一应解审罪犯非法,不躬亲问理,止云狱重,初情威严之下,犯人悉照原供,葫芦结案。殊不知下司问断,其有司之廉明公直者不待言矣。倘有性情执拗者,有意深文者,有误听左右者,有恨则追促,逼打成招者,有情面嘱故,入人罪者,有私或小隙,乘机下石者,有不能听讼,潦草塞责者,一时勒取口供,便欲据其铁案。每解审上官之时,不许犯人改口。官吏当堂嘱之,刑房私下有嘱之,禁子于出监之时又嘱之,胁之不必改口之威,惧之以"立时置死"之语。犯人一到法堂,刑具在前,虎牙在侧,惟将原口供背诵如流,以稍缓须臾而已。犯人如此,上官不疑,止须数行看语,绞斩凌刑,只在一笔间矣。大约筮仕之始,刑人为惯也。乍然临之,必有伤惨之情,久久习之,拽人如系土石矣,又习惯焉,杀人如刈草菅矣。呜呼!一芒触而肤栗,一发拔而变色,己身人身,疾痛疴痒,宁有二乎?古人有言:"刑官无后。"盖问刑之失,有智力之所及而明之故违者,有智力之所不及而草率结案者,自古及今,冤报之速,莫速于此。凡有后代为官者,不可不尊吾祖训言,三思之也。总之,当权之人,握符秉轴,有所平反,有所昭雪,只在念头动,舌头动,笔头动,一霎时间耳。而皇天后土,实鉴临之矣。

一戒争忿者,天下凡事皆宜和平处之,不当争竞,何况骨肉。语云:"和气致祥,乖气致异。"若人伦既伤,则天灾必致,自然之理也。《袁氏世范》曰:"人家父子兄弟多有,有不同者,或因责望太过,或是分财不均,或性情不一,作事不齐,或听妇女之言,彼此离间,数者皆不和之根也。"若悟此理,父兄子弟各尽其道,父兄爱子弟,不必责子弟之必顺;子弟敬父兄,不必责父兄不必慈。则情义之间,自得和谐。至于财务,尤宜打破。富者自分惠于贫,不生骄傲;贫者无所求于富,不生妒嫉,亦何争之有?至于人性情,或柔或刚,或谨或豪,终或喜安静,或喜纷更,临事之际,一是一非,自然不同。惟各随所宜,不因我是,求其所合,岂复争执?妇人赋性,偏庇其子。翁姑妯娌之间,大率轻恩易怨,又有婢妾喜婆,从中挑逗是非,以为快乐,是以积恨往往不解。此在为丈夫者,严禁婢妾不许传递言语,同居之人往来行走,须令曳履扬声,使人闻之,恐适逢议我,彼此生隙。其妻妾有言,虽或中情,亦不可听,如此则欲忿争从何而起?此处家之要论也。昔张公艺九世同居,唐高宗幸其宅,问以治家之法,乃书百"忍"字以献帝,旌表其门。张孟仁妻郑妙安、张孟义妻徐妙圆,徐富而郑贫,徐不骄,郑不诏。徐母家有遗送,必纳舅姑,所用则请之,不用孰为己物。郑有子,徐乳之;徐有子,郑乳之,不问孰为己子,以不知孰为己母。家有一猫一犬,因猫为人窃去,犬就猫子乳之,人以为和气所感。袁绍有二子谭、尚,俱未立。绍卒,二子治兵相攻,王修谓谭曰:"兄弟者,手足也。譬如入关而断其右臂,曰:'我必胜。'可乎?"二子不从,卒为曹操所破。法昭偈曰:"气运连枝各自荣,些些言语莫伤情。一回相见一回老,能得几时为兄弟。"平旦清明之际,盍三复于斯言。

一、凡训女娶妇者,不宜教之以能事。凡妇人不取才能,不取胆识,不取聪明,不取学问,惟"柔顺"二字足以概妇德之全矣。若不柔顺,虽有才能、胆识、聪明、学问,适足以为祸也。昔有嫁女者,诫之曰:"慎无为善。"曰:"然则为恶可乎?"曰:"善且不为,而况为恶乎?"此柔顺者之旨也。

一、妇女当奉诚,当诚者,不可不慎也。如隋大业中,河南妇人养姑不孝,姑两目俱盲,妇以蚯蚓为羹食之,姑怪,藏一鬻示儿,儿见之,号泣,将录送县。俄而雷雨暴作,失妇所在。俄自空坠地,衣服手足如故,而头变为白狗,语言如恒。自云:"不孝如姑,为天神罚。"夫斥去之后,乞食而死。为妇道者,凡我后昆不可不以为戒者。

     皆维大清康熙三十年岁次辛未春三月朔六清明日
      北平第一百六代系孙标英九甫薰沐谨识

【注】 季氏家乘不分卷,季祝三等纂修,光绪六年至十八年刻本。元季季德富,字显扬避乱迁居崇明,是为崇明季氏始迁祖。生子四,衍为四房。

瓯山金氏同族会

瓯山金氏同族会会章

一、资格。凡瓯山金氏处士公后裔,及男性之配偶,经本会会员证明其支派行辈者,得加入为会员。

二、会期。本会每年举行一次,其日期由值年会员订定之,先期若干日通知各会员。

三、地点。本会集会地点,应在交通便利适宜之地,由值年会员择定之。

四、会费。本会每一会员,每次应纳会费以银币五角为度。遇有不足之数,临时由会员中有愿担任者自由补助之。

五、免费。本会会员年在十五岁以下者,免纳会费。遇有自各地远道而来,专诚到会者,均免纳会费,以表欢迎,但愿照纳者听。

六、值年。本会值年会员,以一年为期,应在上届集会时由到会会员推定之。值年人数为两人,并由值年会员酌量,指定会员中二三人为干事,帮同办理值年事务。

七、会刊。本会每年刊印会刊若干次,由值年会员承办之,分赠各会员,记载集会情形、同族之文献历史掌故、族人之调查统计及与本族有关系之重要文字事实等类,会员通讯簿并附于会刊内。会刊印刷费,由会员自由资助之。

本 会 启 事

一、本会成立伊始,诸未详备,应如何改进之处,敬祈同族诸公多方指示,以求尽善,是为至幸。承赐函件请寄上海辣斐德路桃源村六十号金敬渊收为荷。本会谨启。

二、会刊材料,务期充实,举凡家乘传略、遗闻轶事以及同族诸公关于本族之著述记载等,并关于同族中之新旧消息,如婚嫁迁徙,或创设事业等,均请随时见告,以备登载。本会谨启。

三、到会会员通讯簿原以到会为限,所以虽在本地,而当时未到会者概未列入。兹附有入会愿书,凡在本地或附近各地,同族诸公愿入会者,即希详细填报,或另函见告,以备下届开会期前发函邀请到会。本会谨启。

【注】《瓯山金氏同族会》,民国铅印本,为安徽休宁瓯山金氏旅沪族人所创同族会相关文献。

金 氏 宗 谱

新修家规训语十条
一、全 孝 行

孝为百行之原，即忠君一念，亦孝所欲也。帝君垂训曰："为人子者，若事富贵康健具庆之父母易，事贫贱衰老寡独之父母难。夫富贵之父母，出入有人扶持，居止有人陪徒；贫贱之父母，舍却白发夫妻，谁与言笑，离了青年子媳，莫与追随。康健之父母，行动可以自如，取携可以自便；衰老之父母，儿子便是手足，不在面前，手足欲举而不能，媳妇便是腹心，不在膝下，腹心有求而不遂。具庆之父母，日间有以作伴，夜间有以相溢；寡独之父母，儿女虽有团圆之乐，夫妻已成离别之悲。家庭之内独行，踽踽凉凉，形影之间，唯有凄凄楚楚。为子媳者见此数条而不堕泪者，亦与禽兽相如也。逆子忤媳见此数条而不化为孝子顺媳者，不独儿孙依旧相传，抑且人子之心，何至无道如此之甚哉。勉之，勉之！"

一、慎 娶 妇

人家为子娶妇，必访其父母之家法何如，妇之性行何如。不宜早婚少聘，贪慕富室家资，勉励攀援。若不择其良，娶一妒妇，入门悍戾，子无刚立，恶为爱掩，纵性自由，略无顾忌，酿成祸患，一时难遣，悔无及矣。且娶媳成家，无论贫困小姓，不求其容，求其贞德，幸遇其贤，何论妻财贵族。若逢其妒，夫在任其酷杀婢女，使夫终身无后，夫死虐陷嗣男，荡夫家业，暴露夫棺，不得安葬。至于颠倒是非，灭绝天理，浊乱宗祠，无所不至。又值不良父兄，悖理灭法，阴贼挑唆，直至耗尽家资，方为餍足。吾言此，不觉悚然心动，谆谆不厌，以儆族之娶妇者。

一、务敦睦

人家兄弟同居,当同心协力,不蓄私财,量入为出,不事奢华,子子孙孙交相劝勉,始终如一,将见和气致祥,安详无极,如浦江郑氏同居三百年,一门十四世;东昌张公艺九世同居,又如庾衮之不避兄疫,牛弘之不听妻言,薛包之克让,王览之克谐,此皆深知天伦之当重,财利之当轻也。彼兄弟争得尺寸之利,怒气相加,不顾情义,此皆由于气量之浅狭,贪心之胶滞耳。岂知兄弟乃分形同气之人,当式好而无相尤。乃为争财而伤天性,有仁心者,忍为之乎?至有溺于情爱之谗间,视兄弟如仇敌,恶声相詈,攘臂挥拳,真禽兽之所为也。将见乖气致戾,感召有由,是敦睦之道所当务也。

一、勤耕读

谚有之曰:"家无生活计,不怕斗量金。"言人当经营生计,不可宴安坐困也。天下生业,惟勤耕读为良策。二者之中,读书尤为上乘。一家若得常稔之田百亩,及时耕种,用本栽培,不作匪为,省使俭用,累年积少成多,增置产业,亦可致富。读书立志坚确,亲近胜己,不耻下问,研穷经史,攻习文艺,机关纯熟,下笔成章,临场不滞,万选万中,富贵可期。此不惟荣耀一身,上自父母兄弟,下及妻孥亲属,尽得荫庇。若立志不坚,自揣终无世用,莫若安分守己,竭力务农,以充衣食足矣。至若造船、卖牛、捕鱼、贩鳇,谚所谓"以无底篮收迷露"也,何贪婪不知戒耶!

一、谨交游

交重五伦之一,所从来矣。盖交道多端,利交也,伪交也,贫贱交,莫逆交也,总不出于君子小人之交也。于此契合,于此兰臭有之;于此盟绵,即于此矛盾有之。吾族生各一业,必当择其为君子交,慎其为小人交。何也?君子之交淡若水,小人之交甘如蜜。故直谅之与便辟贤奸异,多问之与善柔妍媸异。如族子弟日与贞士交,左右前后皆贤豪也,谈聚乐啸皆格论也。不则,吾以狂妄交,彼以狂妄投,则狗马鹰兔之驰奋矣,呼卢喝雉之辈出矣,寻花问柳之夫随矣。由此而萧墙贻祸,讼衅内讧,直至于销金铄骨,皆此利交、伪交启之也。其祸可胜道哉？愿族慎于斯。

一、戒奸淫

语云:"恶淫为首。"此语人尽知之,而人独不能戒之者,以贪色之念误之耳。有一等不肖子弟,见人家处女略有姿色,钻穴相窥,逾墙相从,及被父母惊觉,即置其女于死地。后日死女冤魂日夜跟随,岂不可畏。又见人家寡妇,解囊买线,卖俏行奸,一朝事露,身坏名裂,以致两姓门风败坏,使女不能守制,累夫含泪九泉。有仁心者忍为之乎？又见人家有夫妇女,千方百计,日夜谋奸,一日到手,男贪女恋,或背夫盗逃者有之,或谋杀亲夫者有之,或奸夫被杀者有之,或奸夫淫妇具被乌龟杀死者有之。以父母之身而死于淫妇之手,则老年父母何人养育,少年妻儿何人看顾？况古语有云:"我不淫人妇,谁来淫我妻。"大底淫人,即所以被人淫也。为子弟者,其必首禁绝之。

一、严教子

子弟自八岁入学,至稍长,即延名师,晨昏严课,务期学业有成,光前耀后。断断不可纵性养骄,食以肥甘,被以锦绣。每见大姓子弟穿好吃好,不读诗书,不知礼义,稍长即耽嫖赌,不继即割膏腴,致国人视为奇迹,全不思祖父创业艰难。总之由于少年失教。教子者始焉拘束,不从即加笞楚,再不从告之官府,若到底不悛,竟谅给衣食,如上海尚书公陆彦山故事,亦尽可法可师。至二十以外,尚属庸才,即当习治家产,毋得浪掷居诸,致滋不莠稂之诮。

按:彦山山翰林院,进礼部尚书致仕。归无子,应嗣者兄之子,又不才。彦山目若而子,必不能绍我统,收吾骸,量给资,以赡一生而已。愿得族子陆三山者为嗣,具疏奉旨,承袭其荫业,悉付之门墙,至今勿替云。

一、戒赌博

天下极低尽头事,惟为盗与赌博为第一。为盗者贪人之财,劫夺肆横;赌博者,利人之有,显弄机关,岂知盗露就擒,命亦随毙,妻子家资,尽为人有。甚至卖田借债,自渐狼狈,父母妻子怨忿凄婉,亲朋乡党鄙薄憎恶,恬然不知悔悟,终为贫贱,入于下流,至贩盐做贼,殒命倾家,乃为结果,故与为盗者并称哉。人之所当戒也。

一、慎嗣乱

盖鬼神不信歆非类,民不祀非族。族有无后者,甘受制于妇人,不敢买妾以图出,而复不立其乃亲,故娶遭孕之妇以生子,至有阳装假孕而阴育他人子以为子者,或不揣己不能生子,故纵婢妾与人通奸生子,而冒认为己子者,意谓人莫吾知,计成得矣。岂知家人妇女不免宣露于平日,其生父母不忍忘弃于殁身,况人可欺,天不可欺,事可眩,祖宗难眩,欲盖弥彰,是自绝其祀矣。泉下能无恨乎?《春秋》"蓄莒人减鄫",盖以此也。

一、禁巫婆

吴下风俗,凡遇疾病,任凭家人妇女听信巫婆,妄称净眼,见诸鬼祟,妄言福祸,云须祷送,可以免患。独不思生人见鬼,则亦近于死矣,岂能救人之患哉?为引灾入门,大非家庭吉兆。若待圣上堂功德了,枷锁口,皆用司巫之人,身不清静,心不虔口,口贪酒肉,徒费钱财,全无利益。贫难凡夫,因此而致人亡家破,皆当明鉴而禁绝之也。

已上家训十条,不遇感发善心,惩创逸志,祈皆勉励云尔。

【注】《金氏宗谱》不分卷,金廷彩纂修,同治四年(1865)乐善堂木活字本。南宋时,金台、金阁自彭城迁崇明,是为崇明金氏始迁祖。

湾周世谱

小寓偶检旧箧，得老表兄前惠书幅，有拙句奉怀李先生见弟诗，因索阅大笔，叹赏异常，便俱索去，即付裱工。尚欲多得，今嘱大儿置纸乞书，愧乏道士笼鹅，尚望右军弗吝真本。至嘱，至嘱。弟亦欲乞大书，将更将什袭勿轻示人。已拙句拙刻，博一喷饭，并乞政之。尊翁老表叔一并教我，幸勿以曾为俗吏斥之也。外附鹿胶套纱二种，真是鹅毛，幸叱存之。幅短情长，笔未竟述，临颖曷胜驰切。

与及门诸子书二则
彭　开　祐

仆自出门后，所遇颇善，不似郁郁穷居时，日对妻孥忧米盐状。生平痴兴复于此大作。大抵交游之暇，与笔墨为缘。笔墨之余，与文人酬对。有保定敝师，不时相顾，则不苦于索米。近复蒙高阳、汉阳两座主谬赏拙刻，于阁中向同列称扬，竟似迩年来仆之击节叹赏诸弟文者。然仆当此虽愧过情，而文章知己之感，能不镂刻？诸弟闻之，或一慰也。别来将半载，诸弟近况何如？龉文不免穷愁，仆每每相怜同病，然读书正须在穷愁时发愤，幸勿悠忽。肇书馆地善否，馆政繁否，用功不必叮咛，作文宜定取法，不可游移。西稼在郡，可广见闻。读书当多进益，然郡习易浮，须定主意，专以静治灏音。有坐地否？闭户亦可。不患不沉着，但不可太闷闷也。计此札到时，诸弟科试定已得意。若未试，尤祈各各磨砺以须。小儿无学，困顿已甚，幸教之。舍间每事祈留神照拂。倘有便鸿，望诸弟寄一信，慰我悬注。草候，不悉。

仆鹿鹿尘网，于此道不无荒谬。然偶偷闲窃霜，尝为儿子摩顶，谓功名得手，虽不论迟速，而我辈读书，精神意气，有为有成，端在十五而后，三十以前。且区区青衿一领，不能取之。二十内外，年纪易积，学业难成，大可忧惧。迩年来进取之途既隘，持衡复鲜公明，抱才抑郁，不免短气。今幸文章宗主，一洗委靡之陋习则明矣，请托不行，单寒振拔又公矣。遇此一大机会，倘复坐失，将来可忧可惧，更何终穷。以故勗儿子者最切，望儿子者亦最殷。而于吾诸弟侄辈，关切实同之。诸弟侄中,吾弟平日之文足副此望者,几几、八九。盖以每一文成,大约有识见、有议论、有才气、有规矩,及见新试牍,所取亦类。然私心规画,大于吾弟踊跃。乃近来窃不甚快意,则以吾弟近日之文,竟少进步且多病也。新试牍见长处,不外识见、议论、才气、规矩,此聚者,本非吾弟之所少。然就此数者之中,正多受病,不细究则病,不出亦不去。仆固欲历陈之。如识见,必须卓然伟然,弟则病在拘,而不能远;议论必须杰然确然,弟则病在肤,而不能精;才气要深厚,弟则病在浅薄;规矩要密致,弟则病在疏陋。坐此数病,每一文到眼,始未尝不见为佳,及一细按,欲寻其跳脱警动处,殊未有也。设当风檐寸晷间漫然,以此相投,将何恃以取胜。固知岁杪纷杂,春初应酬,不免棘手。但刻下试期逼迫,正沉舟破釜之候,非悠忽怠惰之时。别后深以是诏儿子,遂不禁于吾弟,饶舌是亦关切至情,不敢不谆谆相戒也。吾弟极虚心,料不以鄙言为谬,亦望传语诸弟侄,其共以鄙言为药石可乎。更祈质之尊大人表叔,未知仆言当否。

与怀蓼舅兄札
顾成天 小厓

惟弟与兄俱称偕老,然弟不逮多矣。令妹耳聋,弟复善病。近者患痒小疴,身如芒刺,彻夜不得合眼,苦比重病有加。遥想高斋含饴,督课花事,凝眸接手,文史贮旁,优游啸咏,弟安得有此快活耶!小儿来恭候兴居,略无可供之物,茶食豆豉,老人所宜,敬致不尽。

【注】《湾周世谱》五卷,周国宾纂修,乾隆四十九年(1784)抄本。先祖于南宋初自汴梁入浙江,又自浙江入松江。一世祖正二,字彦敬,元末与兄彦高居华亭蒋巷里,后彦高再迁藻里,是为藻里周氏始祖。清人周金然出自此族。

胡氏家乘

祭祠规则

一、食德服畴，礼隆报本。宗祠祭祀，实为先务。祖宗往矣。而后人之展其孝思，惟凭祭祀，以伸诚敬。故一切仪注，不可不讲究也。

一、祭之前一日，凡桌主必拂拭，神厨及供桌必揩洒，堂室必洒扫，庭除必清洁。

一、古以宗子主祭，今宗道已废，宜推齿德俱尊者主之，余则依行辈长幼之次，行礼序班一人，赞礼一人，读祝一人，纠仪一人，均以族姓子弟司某事。

一、祭品用孰荐，设五簋、八豆，实以水果、干果、茶点，荐新生菜各两器，鲜花两瓶，又陈醴、酱匕、箸爵，凡三献，受胙望燎，悉依祭礼。

一、祭服无论绸布，必换新者，以示郑重而昭诚敬，不得与家居常服毫无分别，致涉亵慢。

一、春秋常祭，由各房轮值，周而复始，或资力有余，自愿多任祭费者，听。若岁时伏腊，动追远之思，欲行荐新之礼者，亦听。

一、春祭宜择清明之日以后，因族中大半商业，非是不得暇也。祭前数日，由值祭者豫送知单，请各家签字，以定酒席朋宾。凡属本支，祭祀日不得托故不到，如实有不能分身之故，必先期报告。其有不遵定章，三次不到者，以不敬论。

一、四方来观礼者，宜招待；祭桌陈设品，宜照料；园庭花木，宜禁止攀折，非一人耳目所能周旋，人各负责任，切勿令值祭者偏旁，只于临饮时一到也。

一、祭之日，凡族中应行事宜，公同商议，以期推广。屋宇器用，或有损坏，亦当考察，以定修理。

一、助祭者各出银角四枚，以充祭费，于祭期之前交付。本年值祭之人亦可由值祭者自行到门收取。至祭毕而宴，不须另缴酒席费。祠中立有祭簿，登记每屋助祭人数及收到银数、所议事件，以便日后稽查。

一、上季春祭，以迄今年春祭，其间有生者死者，至此宜将年月日时报告，俾便登谱。

一、助祭与值祭者,平日或因细故,各生意见,至祭日有故意不到者。岂知祠为我祖父神灵所在,我不与祭,是自慢我祖父也,所见殊属非是,宜有族长竭诚开导,以敦族谊而襄盛举。

祖德谨拟,戊午二月汪克埠书

【注】《胡氏家乘》不分卷,胡祖德等纂修,1917年石印本。始迁祖少刚,明末由徽州绩溪迁至上海陈行,是为始迁祖。清末胡式钰出于此族。

胡氏世谱

孝

孝思不匮咏诗篇，生我劬劳敢漠然。
鸟鸟尚然知反哺，陈情一表最缠绵。

悌

连枝花发实同生，一本相煎太不情。
为赋当年常棣句，须知雁序贵输诚。

忠

一介孤标自率真，千秋正气独常伸。
岂徒报国无坚节，事事当前贵竭忱。

信

欺诈相将直到今，谁能一诺重千金。
原教事事输诚信，何至中宵愧影衾。

士

三更灯火五更鸡,面壁功深廿载稽。
一旦龙门声价重,欣然联步上云梯。

农

南陌清风北陌烟,朝朝秉耒往于田。
徒知稼穑诚为本,耕凿同安化日天。

工

百工机业有专司,规矩准绳贵合趋。
须记周官垂法则,莫为淫巧莫为奇。

商

带匮通阛辙迹忙,末游生计有专长。
懋迁垂训宜遵守,勤俭相持备盖藏。

家 训

先正曰:"君子将营宫室,宗庙为先。"故居家者,必择静室以妥主。每遇时祭、诞辰、忌日,必诚必信,荐时食,致孝享。然此须于分析时,约取常产中十分之一,永充祠基义田。或家置千金,名登仕版者,亦念世德所钟,量捐百分之一,少植公产,慎勿自专而忘本。先行什一以急公,后行百一以俾公,则私不匮而公益充。报本追遗之道,无逾于此。

家　　训

　　孟子曰："人之为道也,有恒产者有恒心。"若无所借而为善者,豪杰也。其次则必待于恒产焉,是以先王制其田里,教之树畜,使寒有所衣,饿有所食,幼有所养,老有所终。衣食足而礼仪兴,然后驱而之善,则民之从之也轻。而恒产恒心可相有而不可相无者也。惇典善后之道,无出其右。

　　上二家训乃大父询之故老,笔之家乘。可大可久之业,肇是也。备录于此,子孙其仰法焉毋忽。

家　　训

　　宋真宗曰："富家不用买良田,书中自有千钟粟。安居不用架高堂,书中自有黄金屋。娶妻莫恨无良媒,书中自有颜如玉。出门莫恨无人随,书中车马多如簇。男儿欲遂平生志,六经勤向窗前读。"夫学者,吾儒之珍也,学成而身自荣矣。善后之道,其有外于此乎?

　　宋文公曰:张公艺九世同居,高宗幸其宅,召问所以能睦族之道,乃请纸笔,书"忍"字百余以进,其意以宗族不协,系尊长衣食或不均,卑幼礼节或有不备,更有责望,遂为乖争,苟能相与忍之,则家道雍睦矣。夫忍者,众妙之门也。能忍而家和,宜矣睦族之道,其能外于此乎?

　　夫高宗言善后也,文公言睦族也,即此一君一相之格言,真足为万世之至教,吾子孙当夙夜佩服,以立身扬名,保族宜家者也,慎毋暴弃,甘于下流。

家　　训

　　夫农业者,衣食之源,民之所以天也。男不时耕,看人吃饱饭;女不勤织,看人穿好衣。谚云:"懒惰难成事,风流不离身。"凡为子孙者,男则当时其耕,女则当勤其织,毋分昼夜,毋间寒暑,而双益之以俭,公逋私负,仰事俯育,皆于是取给,而为盛世之良民矣。

家　训

大凡物不得其平则鸣,故讼也者。将以欲其平也。息之将何如? 悔翁曰:"毋好争讼,亦惟毋听谗言搬斗,毋容佥任往来,自反自讼而已矣。"讼自反,而讼由是息焉,或被冤抑,或受屈陷,理直气壮,事出无奈者,务必原情具词,告之有司,申之当道,别白是非,剖断曲直,惟明惟允,必期理明气伸而后已。如果年衰力乏,不能辨雪者,凡吾同族,宜各仗义捐资,同心协力,或亲身赴诉,或代口分释,务使出之囹圄,于良善不终于冤屈可也。此固自固其防,免贻有识者之诮。其自干宪度,怙终不悛者,不在此列。能众证成狱,不忝祖训者,尤倦倦于将来之望。

【注】《胡氏世谱》不分卷,1913年刻本。称为南宋学者胡安国之后。南宋淳祐间,七世孙胡大忠自句容迁崇明,为崇明胡氏始迁祖。

施 氏 宗 谱

家　　　训

　　训曰：闭户读书，不与外事。毋习吏胥，毋近势要，毋欺柔弱。蔬食布衣，曰勤曰俭。国课早完，出入公正。矜贫怜难，敬老慈幼。不放私债，不贷假物。不述新闻，不交浮薄。勿写呈状，勿作中保。勿亲僧道，念经拜忏。勿施银钱，装佛造殿。

　　一、祭祀四时，祭五代以及无后亲伯叔。无论丰啬，必诚必敬。祖父祖母生忌辰亦必祭。除夕前一日，祭五代及无后亲伯叔。除夕，自始祖妣，至六代祖妣止，为袷祭。此水源木本，人子追远之道也。

　　一、事父母当竭力孝养。凡有作为，必须禀命。如祖父母在，人子尤当尽诚。

　　一、坟墓须择谨慎家人看守，每年春秋务必亲自祭扫。墙垣树木，一有损坏，即当究察修葺。

　　一、居室明动晦休，毋废时失业，毋通宵长饮。

　　一、三姑六婆，不许擅入。

　　一、妻为内助，必事事留心。入庙观灯诸事，宜自禁止。不幸艰于子嗣，只娶一妾。若年逾五十尚未得子，然后再娶一妾。倘无子而妻不许娶妾者，族长当声其罪可也。

　　一、生子当宜自乳。果系无乳，择诚实妇为妥。生子弥月，即取名填谱。男女年幼，只宜布素。至五岁，一则入学，一则针组。男者二十，尚无学问，急宜改业。

　　一、婚嫁只求清白之家，不必高门大户。媳要贤淑，婿择端方而已。

　　一、宗族有不能赡养丧葬者及婚嫁者，照力量周济。孤子宜收养，以敦族谊。

　　一、御下当猛以济宽。须知蠢鲁者多，积渐教道，不可遽加詈责。

　　以上言其大略，类我子孙，遵守而推广之。至于嫖赌等，固应世世不为。不幸有之，父兄宗族鸣鼓而攻之可也。

凡此数条，同谱诸父昆弟阅此，倘有增易，明以改之。

【注】《施氏宗谱》不分卷，施以模纂修，嘉庆十七年（1812）抄本。元末施凯仁、施凯义兄弟自湖州归安迁华亭亭林镇。

澧溪姚氏家谱

家庭教育箴言

感　天

　　天生五灵,为人独长,配合三才五系,七政九宫,受天覆地载之恩,鬼神拥卫,灵迢万性,亘古圣王首崇,敬天地鬼神,立三纲五德,垂范后世。为人须知谨敬天地三光,每晨谨肃,虔向天地三揖。作事件件须循天理,存心在念,利物方便,勤修严德,不欺暗室,无渐衾影。天道无私,常亲善人,或孤忠贯日,或纯孝格天,或贞烈霜飞,或节义有星陨之异,在在代天宣化,以报天地昊极之典。上苍最重修德,鬼神鉴祭,锡福降祥,盖人必敬天地、鬼神、祖灵,虔心修诚,虽命犯凶黙,天必能制。为长者,严戒儿曹,勿以天地而证鄙怀,勿引鬼神而鉴猥亵,勿唾星灵,勿指三光,切宜警训。

忠　信

　　忠信之道,专指士商厮仆而言。程夫子曰:"受人之恩而不忘者,为子必孝,为臣必忠,为友必信。"故君子不轻受人之恩,既受之恩,则一饭之德,在所必报。纵一时无力,必不负荷。人生在天地之间,父母而外,君恩最大。为官显及祖宗,荣历三党,莫不自朝廷德泽。若为友结盟以义,通财以礼,养赐以禄,原欲得其辅佐之力,尽心无欺。如自顾身家,炫己之长,受人之惠为固然,一有不遂,营私作弊,阴挟异志,不思图报,问心何安。我氏世传信厚忠贞,严劝子孙无败家教,切忌背义辜恩,弃法受赂,向背乖宜,远叛祖训,克循天理,戒之慎勉!

敬　祖

　　我氏系出有虞大孝舜祖,文明之胄,夏商周代荣尊,三恪恭敬,舜帝之后,历朝祭典尤隆。唐文献崇公之后族盛支繁，谨修祖训，以诗礼传家，以敦厚耕稼，立身士农工商以教子孙、齐家务。曾考溯谱牒，戴记唐末至宋初，族表十世同居，五代庐墓，忠贞节义，历史班班立传，御赐匾额，襄其乡曰"孝悌"。至元世，父子谥三公，承袭舜祀，明季尽忠殉国者，惟我氏最多。而历祖忧后世失传湮没，又恐，子孙凡庸不学，严立谱牒家法，垂训子孙，百世谨守不辍。宗庙勿以年远失祭，祖宗家乘勿以世杳废弛湮没。若逢毁坏，子孙踊跃修葺，勿以鄙吝退缩，尊祖敬宗，表扬先人功德，勋迹昭明，祀德世荫，永期子孙蛰蛰，瓜瓞绵绵。若后人野蛮，失礼先灵，子孙必罹凌夷之报，可不畏哉！尝读《史记》周王报鲁侯，遭先王庙焚，未详何王之庙。鲁侯问宣圣，曰："必釐王之庙焚。固乱先王仁政，苛视祖宗，天焚其庙以彰其恶。而不危社稷者，上苍重文、武、成、康仁孝，固显庇护子孙也。"鲁哀公问使，确然。鲁侯曰："圣人之言，确信有征也。"诚免宗族祖宗敬重，不可轻忽也。

孝　亲

孝亲切念父母生我劬劳，千辛万苦，自孩提以至成童，时时用心，刻刻在意。为人奉养，万万不及，罔极之恩。况散慢不加意奉亲耳。悲夫！百年瞬息，岁月如梭，须臾双亲已老忧怀，一旦无常，子欲敬孝亲，亲不在，徒伤风木兴感，戚，抱终天之恨，虚使亲丧之后，始悔生前未尽一日承欢。更有生子未几，椿萱早背，为子及知悲思父母大恩，一毫未报，欲答无门，言念及此，悲号几绝，遗惑无穷。生平夫复何言。

孝亲之道，奉养为先；奉养之道，事事尽礼。虽布衣素裳，菽水承欢，时鲜食物，随品皆可娱亲。虽处清贫，诚能先亲而后己乃及妻儿，即养亲竭诚之孝道也。若富有奉亲，藉父母所遗，还奉父母，孝尤易耳。然近罕难见。

为子服劳，奉养随分随力，尽所当务，令子心与亲浑合无间，终身无毫发违逆，庶几于孝也。儿子事亲，不可使双亲生冷淡心，生烦恼心，生惊惧心，生难言心，生愧悔心，孝养之道，不可罄言。惟独子裂体难孝，待奉尤急，痛父母衰老病意，或鳏寡贫废，或婢妾任苦，生者凡逢此五者，皆极愁虑而立。为子于心，慎当孝倍常儿，尤须加意服劳磨砺，竭诚奉养，不可使父母忆悲惨增痛，慎思恳恳，曲尽孝道。

孝养一道，余未执笔泪先淋，苦口言化族人。想到父母鞠抚儿女成立，寸寸丝丝都是父母精血，一刻何尝忘怀。筋疲力尽，劬劳万苦，总赖父母恩培成人。又要读书教道，跨踏肄业，转眼已冠，早早用心，男婚女嫁，父母以了向平之愿。

巴望男勤女俭,克继家声,仍然思前虑后,件件关怀,一身心血耗尽。往往为子娶妻,孝思渐衰,未婚以前,依依父母兄弟姊妹,已婚之后,背亲向妻,行为大异,一味宠妻,反厌父母烦言,嫌弟憎,偏重妻语,行逆双亲,离间骨肉,私厚外戚。宣圣曰:大凡弟子孝行,须看娶妻之后,仍然依依儒慕之思,志不少夺,不变初心,且能感化其妻。曲尽妇道,孝顺舅姑,洵可谓孝子贤妇矣。

人之母,有嫡母、生母、世母。庶之称诸母,虽不曾生我之体,教育慈养,恩同一也。固生母之卒而严君忧子心戚,故续弦继母,躬代鞠抚儿女之职,卒勤爱护,提携饔飧,百般劳苦,一番教育成人。子虽异腹,孝思倍益,加意奉养。若庶母养育成立,为子孝道,谦恭有礼,切忌猜疑嫌憎,辄违父训,阴萌悖德悖理。纵有一般表情,事乃可悽可悯,遭变之稚子幼女生下而罹父变母丧,茕茕无依,呱呱待毙;或父贫而寄养他家,或赖母十指,饥寒抚孤,或父乏力续娶鳏居,日持小贩,豢养成人。此恩此德,昊天罔极,为子孝当常儿加千倍,竭卜亲欢。言念往事,心裂欲绝。若果侥幸成业,首请朝廷旌扬父母义节,精修厥德,以报亲恩。勿吝小节,湮没父母一身苦志,辜负亲心,日后何以对父母。

如祖父母并父母在堂,是俱庆。下为子孙者晨夕定省,慰问安否,衣裳厚薄,寝起安适,肴蔬侍食,无一日不可忽略。如出入庭户,必向父母之前告知,许出则敢出,此乃家庭之礼法。如长者呼,随声即应,气度雍容,言词婉委,应毋太缓,对毋太骤,以卑承尊,答无抢白,俯首站立。如长者命坐则侍坐,如命退当鞠躬疾趋而出。如长者命随行,可随侍在右,遇其升降,预先扶掖而行。凡逢邂逅近于途,供立道傍,悦颜到问,俟长者命去,方敢举步告退而行。此乃敬长规矩之礼貌也。

若遭祀父母暨考妣之丧,殡殓事事尽礼。如丰简称家之贫富,如同宅有期功之丧,灵柩大忌久停在内,无论有力乏力,亲柩早宜择地安葬,冀卜亲骸入土为安。不可惑听世俗之风水,妄听富贵名利,阴阳忌讳,停而不葬。或兄弟不和,互相推诿,或窀穸力绵,体面攸关,以致久淹亲殡,永无入土之期,安息亲尸,权厝垣旁,冷停荒郊,风化雨浸,暴露棺骸,父遗其子,子遗其孙,设或家败人绝,数代朽木,无人代葬。虽任弥天大罪,万一家贫,乏地安葬,附淹祖坟之侧亦可。曾子曰:为人之一生,有三大事,亲在奉之以礼,亲不在葬之以礼,祀宗虽远,祭之以礼,事如缺一,不可称其孝也。

夫　妇

夫妇为人伦之始,行周公六礼之盟,合卺可称夫妇。君子有伉俪之情,夫唱妇随,如鼓琴瑟,男恭女敬,提瓮出汲,开臼舂操,勤辅内助,宜尔室家。顾念宗祧为重，全赖坤成夫妇之道，所以有鱼木之爱，既则如宾之敬，调和六脉之欢，谨怀刑于之化，夫纲能振，家道自昌。妇守三从四德，孝顺翁姑，敬重丈夫，雍睦妯娌，慈爱幼辈，闺门慎肃，内外融合，勤事纺绩，辅翼成家，有仪有度，克尽妇道，德并桓孟。妇女贤淑，志在修整，不习华丽，不饮曲糵，仪容端庄，恭恕静婉，寡言慎笑，荆钗朴素，春秋之义。女子出嫁之后，笾豆不飨父母而奉舅姑，重夫道，待役翁姑，谨事良人，雍和娣姒，慈爱子侄，宽裕仆嬷，主理内政，以肃以洁，以德以俭。如逢冠婚丧祭，诸宜慎节，分内外，别尊卑，辨亲疏，省浮侈，尽闺门之礼仪，不豫阃外之媒。夫妇之道，全在男勤女俭，持家以礼。主理琐碎，内有贤助，行事有体，亲族增光。为夫者不因貌陋而憎嫌，不因残疾而寡恩，不因患难而失顾，不因才拙而生嗔，不因门第而轻傲，不因□□而薄爱，不因外恋而忘情。为夫妇者，人伦之正盟，相爱相亲，祸福同甘，不嫌贫愚，不弃糟糠，痛痒相关，事亲以孝，教子以严，持家以俭，接物以慈。岂可争妍媸，品才德而伤天性，悖行邪言耶？

凡妇女未尝人人能读书识字，故不明礼义，行事虽善，皆习惯家常之俗礼。或有不是诸处，宜明白随时开导，固不可任妻女纵恣恃亏，鸷变悍妒家庭，唆间骨肉。丈夫不可遽生嗔怒，疾加声色，以致反目成仇。须宜体谅其愚，端严婉语，感动其心，事可敦笃。你敬我爱，家道兴和。若一味逐加侮枭，则愈责愈恶，夫妇终身诟骂咒诼，全家不宁，或牝鸡司晨。此非家庭祥兆，宜励戒免。

一夫一妇固无论焉。或家门时乘运蹇，不幸中道失侣，计必续弦，主理中馈，上待慈亲，下抚子女，其礼纯正其极难，关系极重。总而言之，一切须当审查慎细。第一要知女性温柔贤惠，不可慕富求貌，仓促订盟。偶不经心而娶之妇，果能家门庆幸。万一妇性悍妒，自抬身份，一言一动，诟谇启衅，上累慈亲欲泣，下害儿女惨悲，一身反缠烦恼，悔之不及。若如前妻遗有子女，年幼无知，全赖继室教养抚育，事不关心，日治责扑，使苛受衣萝之惨，畏之如虎，啼饥号室，每多虐毙，幸延不死，为夫者上下为难。或暗中被人唆弄挑激，一家不睦。或继室非必不贤不爱，或则子女非必不孝不敬，默相猜疑，渐结骨肉成仇，或则子女呆憨娇怠，继母严治训管，或丈夫懦弱而轻之，家庭内容一切情形，济济奇奇，笔难尽述。为丈夫者须宜刚柔善化，先教训子女尽礼孝道，言语不可仓促无心，若继母听之必当有意，故失慈爱，不免忿击。又开导继室曰：凡做继母者，我岂不知其极难。然继母慈爱，则子女贤名易出，若憨钝儿女无知过犯，不可认真。我察观儿女心迹，一言一动，尚识怕惧，望恕其年幼无知。愿尔母慈子孝，承欢膝下，使我安心。有一等刁滑妇情，满面慈善，媚谄百出，内藏阴毒，冷言闲语，乘机播弄，不形声色。愚夫落其圈套，继使父子自相离逆指激，家庭大变，有言莫诉，弄假成真，后各渐觉，木已成舟。故续弦一端求贤不易，慎当细确，否则仰屋无计。

谨按历朝会典条律，为妇人首重三从四德，又有七出之条。盖女子出嫁从夫，依靠终身，事无擅行春秋之义。清明祭扫，不归父母之坟而拜翁姑之墓，女子所以重丈夫之父母也。又刑律载明：凡女子出嫁二十年不育，如夫年四十而无嗣，规夫纳妾。因不孝有三，无后为大。如室贤而有体，不争床夕，闺门严肃，注重宗祧为念。近俗妇人不明大义，不达大礼，一味淫媚恶妒，悍泼为能，主持丈夫，不容娶妾，力阻立嗣，私厚外甥。或兄子暗中索利，丈夫不得主张定议，表面外饰柔媚，内藏刻毒，窃窥丈夫情急，伪速置妾，暗逞巧计，箝束丈夫，不敢同房，实名虚位，乘隙播弄是非，继则咒哭虐楚。若丈夫昏懦，往往堕妻术中不觉也。倘丈夫早识妒妻所愚，或娶妻另置别居，预先诉明家长，实为后嗣之计，或求家长及妻党长亲力劝妒妇，如再怙恶不醒，侵害挟嫌。按照刑律申诉备案，或邀同宗族公议，遵祖宗家法，按无子嫉妒家训出逐再娶。

兄　弟

天下无不是底父母，世间最难得者兄弟也。同受父精母血成形，而天所生兄弟。虽属分枝，实同一体，共乳同衾，连枝共蒂。自幼绰绰怡怡，天生羽翼，何等亲爱。兄友弟恭，各尽孝道，各答亲恩。凡兄弟有嫡、有继、有庶、有堂、有族，虽然异出，皆是祖宗父母一脉亲传，总属天伦。宣圣曰：四海之内皆称兄弟也。尚有通财之义，何况痛痒相关之兄弟也者。德业同操，须贻同气之光，毋伤手足之情，光阴荏苒，为兄为弟，致老无间，尤须亲爱，留些好样与子孙看看。勿以家常小隙生嫌，伤残骨肉，勿听妻女之言而动猜疑。若姊若妹，尤宜亲爱，以慰亲心。兄弟友敬，宜学姜氏，谦恭揖让，效法先人。

兄弟孩时全赖父母教养。相亲相爱，左提右抱，弟学兄行，同桌同衾，转眼各已读书肄业，弱冠成礼。或同居守业，或分爨自立。兄弟分析，从古常情。然兄弟同居，所不能同居之由，全在于妯娌之和不和。若娣姒有体，闺门修整，言词谦逊，各相夫婿，成家振业，兄弟自然友敬。如暗中溺听妻言，兄弟各自渐渐疏远，凝结成仇。借此争端，违背祖宗父母之贻训，野蛮悖动，甚至同室操戈，妯娌妒妾，争尺布而夺升米，向夫烦言，乘机挑激。若如兄弟俱贤明白，侃侃开化其妻，些些家产，莫伤骨肉之情，事宜耐让，恐被人耻笑。若兄弟各存鄙劣性赞，不须妻言，常起阋墙之祸，残伤手足之情，不顾父母悲痛。如有兄弟公项正用，一钱如命，倘有邪荡，千金不惜。明白人想到世间最难得者兄弟也，最易得钱财田地也。想此二句，兄推弟让。盖夫妇最亲，乃异姓相逢，兄弟之好，同胞之义也。安敢听枕上迷言而仇骨肉，自揣非人也。诸色退让，而妯娌亦宜和悦，须娴闺门之训，夫之兄弟，都是翁姑血肉，贫富由天命，即要分居，和颜礼论，切勿较量什么，庶几式好,难见兄弟之百一回,相见一会,老再得几时为兄弟,故有田荆顿萎,姜被成冰物且有情,何况人乎,思之泣下。□□世间最苦者,莫如早丧父母,髫龄兄弟,惨不忍言,茕茕孤苦,饥寒不识,若如识之,苦无经心之父母亲也。倚依伯叔,世母兄嫂,虽承收养,悉心抚育,种种不故,表面之怜悯,那有父母刻刻关心者。感荷教育成人,得延宗祭,以慰幽怀,则恩同天地焉。尚有不仁之长者,默存叵测,有意欺凌,侵蚀遗产,苟使残务,不思教育,可谓天良伤尽。亲族力代争护,亲如己子,一切须严加意教诲,读书学业,遗产权代储积。俟其完婚,当亲族前,一一交管,叮嘱一番,守存不易。是后男勤女俭,力苦成家,无损先人德泽,兢兢善守。倘如庶母抚立,恩同生母,若庶母有出弟妹,礼当优贻婚嫁,不可薄待,以慰先人遗憾。庶母孝养令终,异日无愧先人也。

训　子

教训儿女,要在婴孩,易于诲束。古云:"桑条从小郁,则利于成器。"故父母常对儿女,颜必严齐,行必整肃,内怀慈爱,外张威仪,可使自幼畏惧懔懔,及长,都尽礼志循。家教大忌,喜则对儿戏谑,怒则笞骂无行,此乃管束失宜。每见溺爱儿女,放纵自小,脾气习惯,蛮横悖逆,及长不可钳制矣。教训要自小从严,习以礼仪,揖让周旋,言而有信,作事无伪,粗衣节食,习练勤务,诚毋暇怠。因童年记性菁华,若使其邪劣见闻,终身不改。故读书写字须在童年,善恶趋向极速,严绳以法,远邪避脏,慎防习染不端。为父母者,不可糊涂,放纵儿女游嬉骄惰,日夕严督课程文艺,不可过情溺爱。戒学时髦。近风俗气,男则华衣丽服,女则饰以金黛,妖艳采装,姗姗冶容。大夫世家骨格,父母不贤,使儿女懒习文字,针绣呆痴。父母见此,滑头滑脑,满意欢喜,呼之弟弟妹妹,伦纪错乱,自鸣得意,不避羞耻引嫌,不教礼节,不蹈规矩,以为掩饰护短,毫无义方之教,被人嘲讪,将来定必亏体弃亲,女子贻羞他姓,此乃父母禽犊之爱,后患无底。古之严父出孝子,贤母产麟儿。诚家庭训子良法也。

训子之道,时在髫稚之年资质,七情未动,纯阳之体,正气浩然,聪慧发秀,惟知依倚父母,严师教授则易固。儿性本善,谦诲是听,不致遗忘。指习揖让,周旋进步捷速。而观子弟成否,不在聪明过人。且看起居,仁厚敦朴,孝悌忠信,资质圆融,勤于务本,作事稳固,性不佻达,行无执碍,常存道德,锐志勤身,忍辱镇静,内蕴奇才,将来必成大器,或创伟业,光前裕后,其志非小就者,可待也。

儿女约束时,在襁褓之际,倚赖于父母,教道得宜,事事有益资慧,言必有中,哭笑有序,及长定必非常人也,定干非常之事,成非常之业,可操券也。如生母愚笨不贤，时学贱俗，一味宠护溺爱，指行狡狯，衣履歪斜，任其废学。虽聪慧明珠，误成鱼目，过在母之不贤而不教其成器也。如父早知内病，俟儿成童，严教出就外傅，先习言行坐立，循规蹈矩，入孝出悌，读书写字，讲究文艺，不可徒事浮华，研励实学，将来必成华国奇才。若少皮毛，自诩聪明，傲睨前辈，骄纵阔绰，文艺装饰时髦，不知应变，礼法参差错乱，少年之大病，误在于父之糊涂，失于教道。或有母爱子反害，在父前掩饰蒙蔽，炫子学宏，纵子浪学，或父察知旷废，管束严责。如子弟被一时之迷，遽惕前非，专心向学进步，灵捷疾趋，而成大器，德在先人贻泽。如子弟志气低鄙，不自韬晦，从此习染下流，遭殃惹祸，侵蚀祖业，鬻偿淫债，株连家室，孽由前造。力劝不积德者，以此为鉴。

再有前造所遗儿女，年稚失倚，或世母、嗣母、继母、庶母，有出无出，则恩同亲生一也。慈爱抚养，层层教育成立，不可阴怀歧视，纵其游荡，不务正业，毫不管束，愈冗则愈坏。诸母慨受儿父之重托，誓盟在先，岂敢背负大义，坐视儿亡耶？行此不仁不义，不智不德，将来愧见先人之面。虽在异母，然教子之道，职任非轻，成否不得辞。其执若贤妇定当矢志潜心管教子女成立，不惮勤苦，励子向学。万一一朝云路暴富暴贵，扬眉吐气，显宗耀祖，诸母荣授五花诰命，身膺大福，上苍不负苦志，好心之人可以对先人，可对儿之父母，可以对亲族。不忘初盟，自可以明人尽夫也已，历从苦中甜来。为诸母者，须明大义，识大体，不可齿辱前氏子女，慈爱一体，身爱富贵，享福亦同受也。

教　女

女子之教，务在修鬓之年。是男是女，为父母者，同鞠同养，慈爱一体，管束不二，又不异视。凡女孩年逾十龄，父母叮嘱，无事少出闺阁，谨避引嫌，课督《女训》《孝经》，并习女红，纺绩针绣，佐调中馈，经纪内政，潜心研精。清洁工雅，不可苟鄙，仪容修整，性情温柔，慧能解意，梳妆朴素。言不哑咽，笑无响声，端庄静肃，虽不读书，一言一动，皆循礼教。行不越体，坐不斜身。孝待父母，和敦姊妹，敬爱兄嫂。御下常宽，默坐如对大宾，居常不可浓装。翩翩游玩，缩立门旁。或管灯看戏，或入庙烧香，此非世族家风，被人轻讪。若女子出阁有期，父母预前娓娓，诲诫周详，讲明三从四德之义，慎避七出之条。行事须循大体，孝顺翁姑，敬事良人，和悦妯娌，敦睦宗姻，慈爱小辈，宽御婢仆。接物以仁，治家以俭，事无擅行，持无执拗。不可自抬身份，自诩才能，凌驾丈夫，干预闺外之务，恐防得罪翁姑宗党。不可听信谗言，疾生妒妄。件件须修女孝经行，事事严守春秋之义，谨怀父母之家训，克尽妇人之道。平常自宜拘束，稳固整肃身心，妇人慎防玷辱清名。

聘　媳

聘媳之由有二道，一君子之求，一小人之求。不嫌其羞，但求其有一。君子之求，不嫌其贫但求其贤，关系终身倚持。以后成家立业，惟储于新妇。事属极难，不可仓促成事。心得访察名学，固悉女性温柔贤淑，起居稳重，仪容端庄，荆钗裙布，操作勤能。诚心告庙，卜吉之后，方可行聘。近俗之鄙，求亲若同儿戏。媒者先表扬女美而富，问者先探门第贫富，女貌妆奁，而不闻女性贤愚，闺门之修谨。此等蛮俗，可谓丑矣。古时聘媳有六避，高攀豪贵倖富，不仁不肃之家，妖丽无行，不孝之女，刻薄，无嗣。此六端，其家必不循礼。残忍不良小人，所利其利，君子所不为也。或慕富扳贵，贪利挟势。娶来新妇，自抬身份，娇艳习惯，憨态不谨，不矜小节，必无良善结果。为子求聘，须择清门世族，勤俭厚德之女，必有诗礼之习，朴实家风，贤淑居半，持家有体，井臼亲操，修行妇道，孝顺翁姑，相夫教子，辅振家声，闺门静肃。必效桓孟遗风，糟糠甘自。若萌贪念，必受挫辱，咎由自取，悔之莫及。后人贪鄙者，鉴之为戒。

选　婿

选婿必择其祖父有遗德者。不可一世，扳势附为，婚姻必不全美。而选婿必择其人品俊秀，敏颖有礼，孝友恭恕，敦厚贤朴。于职务清操自励，锐志商贾，躬耕力田，善治生涯，恪苦芸窗，镇静默守，固耻洁身，不知佻达，其志远大，其行秘异，必成令器。不论其贫富门第，可选也。占凤清门，定卜相攸之婿。嫁女只须荆钗裙布，薄赠妆奁，毋争财礼，守法先人，勿效时髦，奢华阔绰，装饰峥嵘，自不量力，惹人耻笑。只须同樽节省，恪守朴实家风。若择婿不察贤愚，慕富憎贫，高扳豪富不仁，侥幸一时，纨绔成性，挥金如土，父以不仁，子以不德，家庭不肃，丑声扬耳，此非佳婿，亦非乘龙之容。若平心而论，以期诅腹，只求稳当，勤于经纪足矣。

继　嗣

自度晚年艰于嗣续，早定大议，切忌首鼠两端，虚延不立，后祸缦延，祖宗忧虑。严立家规，有大宗小宗，应立爱立之序，或应爱不继，则立远房。择贤则孝。同宗之侄，皆祖宗血脉之子孙也，兄弟相感，姒娣相怜。勿以小隙而凿伤天性，不孝不义也。违背祖训，舍同宗而螟蛉异姓，搅乱宗祧，藐待同族，不仁不智也。同宗必起争端，恒多冲突，骨肉成仇。叠经族长按照祖家家法公论公议，野蛮悖理，一时殊难解决。凡一族嗣立之事，从中暗昧隐情，曲折甚多，相激相反，各执强词。若决裂，每逢开议，亲族长侃侃开导，礼无剩义，言无剩例，往往无尤压制。兄弟姒娌，不明大义，久结成仇。或双方畏妻，悍妒阻立，或姒娌不洽，或憎侄鄙陋，或忧穷被累，或欺懦弱，或迫胁争立，或螟蛉有年，或应爱抗拒，种种内情，有形无据，宗旨难定，未使偏听一面，怆悴大定。遵照祖宗家法，秉公会议，方可妥定。再有一段惨悲，有礼立嗣而不允者，堪为怜悯。或兄弟贫富天壤，或身病不仁，或资格贤愚不同，或姒娌挟嫌不睦，或中道失侣，家贫不续，或青年夫死，守节无嗣，或早丧父母，孤苦成立，生情悲痛，可歌可泣。第以富贵有势有子，立当应立于贫残鳏寡为嗣，岂恳允者。虽经亲族讲明大义公论，主立借词敢拒，再议爱立，众亦缓辞。因不念骨肉，大明大义，孝友全亏，不念祖宗一脉相传，毫无矜恤，天良伤尽。岂有不仁而久享其福，以有子天必厌之。或富者无嗣，贫者有子，应立爱立，各树环争，远支亦列强觊觎巨产，群起阻挠，阴谋诡诈，硬欲占立，各利其有，非明大义。若争立贫者，此乃真明大义也。往往丑态百出，或贿诒亲族长，酿成仇敌，祸起萧墙。剧至频年涉讼，将辛苦之业化为乌有，甚者尾大不掉，仰屋兴嗟。再经公正亲族长公同调处，双方受耗不资矣。鸣呼哀哉。泊于争立一端，在官判总无好结果。万事须明大义，事宽则圆，紧箍必爆，恫心骇魄。凡事不言，骤言竦论，总之为人悭吝，若诚信报答祖宗，捐产助田，不至一场恶散天地，祖宗循环之礼也。愿无嗣各人，鉴此为戒。然议大义者，思念骨肉情深，奚可论贫富而争立硬立耶。远背祖宗家法，自为不肖，罪无可逭，言之同焉。

立　身

天不生冗人，世间哪有无艺之游民。亘古圣王列廛于市，致天下商贾，聚天下之物，设肆兴贸易，教国人生计。士农工商各执一艺，可以齐家立业，贷殖奇才，首称端木，经纶大展，古号管仲。后之商界，异智伟术，历代有之。故君子惟士为贵，芸窗十年，学贯五经，励志青云，一举成名，声震朝廷，位显锁钥之际，治国忠贞，一言为天下法。如职卑，贵为民上，洁己守廉，兆民颂德，虽积学不仕，不失名士风流。荣历三党，皆庥朝廷旷典，慎无恃宠党恶，辜负君父之大恩。古律殊连宗族，所视宗族之亲厚，不敢慢而忽之。稼穑之始，先圣炎帝教艺，五谷粗棉，民知农务，躬事耕耨，孝悌力田，退而修学，勤种勤收，仓有余粟。士君子而重农业为本。谚云：田无自荒，人怠末而荒之。君子不敢所，小人废之也。百工操作，天然自主之艺，天下所需，百工斯备。博制精良，技奇术异，可以齐家立业。脱令纵隳。放荡，狂憨不敛，废工落魄，失业无依。商贾行旅，士君子虽居逐末，姑济一时之利，不失义理。近世商业大兴，与历强争胜，商战一道，为国家当务之急。运筹画策，经纪纬图，贸易之盛，可以立成巨富。事宜平准，言而重信，经商一道，最忌狡猾骄傲，交通淹滞，虽巧多智，难免英雄无用武之地。慎之！勉之！

前清钦加六品蓝翎候选布政使司理问、庚戌充青浦县珠溪商会总理兼莳珠岑三区自治议员十世孙仁焯树云氏庐山后身落拓于故太史第待死楼沐手敬书

宗族通行贺唁礼论

尝考百王古圣治国齐家，首重礼制，且虑后世不达礼节，而著编典礼，研究冠婚、丧葬、祭祀，制度有序，礼仪三百，常仪三千，折矩用规，体制咸备，规范垂世，为天下法。庶平时应酬，不致礼仪失体，以免苟率，相耻诒讥。礼仪始为人伦九族之大纲，关系一族礼乐之盛，则文明后哲，礼仪兴焉。若一族迁弱之衰，鄙刻蠢野，则礼仪亡焉。总之一族文明迁拙，观乎礼仪之兴不兴也。皆蒙祖宗一脉遗泽，世远支繁，须宜敦睦。第以族中冠婚丧祭大事，礼当贺唁通行，而表亲亲盛笃之义，勿以挟小嫌而伤大义，因循疏忽，负荷祖宗诗礼传家贻训，一本同宗，斫断贺唁。噫嘻！全球异域，无此野蛮理也。旷观近世风俗，浇簿不循古礼，喜尚新奇，泥于时髦。长幼伦常紊乱，自诩才能，蔑祖残宗，昂首抗颜，骄纵阿谀，羡富憎贫，忘本疏源，趋势凌懦，悭吝靳德，傲睨贫族贫姻，俨似秦越，毫不畏谤。是族而若非族，是亲而若非亲，动辄不逊，吝无缓急之心，妄诬贫族贫亲有求也。此乃立身之大病，落绝之大弊。包藏叵测，仰富扳贫，非族而耻认为族，非亲而耻认为亲，不惜名节，无异禽兽之行。盍乎道德者，厌恶而不为之。故祖宗严诲子孙，勤业进德，清贞自励，孝弟朴讷，毋治浮靡，恪守先人家教。待宗姻悉本至诚，过失相规，患相恤。凡宗姻有事，礼当躬亲贺慰，竭尽同祖之义。若遇贫宗贫戚，不测有事，尽先周给，极力相扶，勿以贫故轻之，失礼也。且今阖族集祠公议，我氏大孝之胄，同宗不通贺唁，固废文明之家礼。是该阖族如有喜庆婚嫁主持，预先半月分传礼帖，俾使阖族咸知。至期申贺礼仪，谨遵祖宗淳厚家法议取，不丰不菲，以求实惠。规定代议八开四枚，如果敦厚亲爱，赠仪丰隆，不在定例。设有丧葬荐事，研定于殓日，或三朝，阖族探吊，锭帛三球。俟五朝主丧，预前旬日分发丧

帖,或讣闻,届时礼应楮唁,规定代帛八开四枚,无论贫富远近,一式遵例,躬至拜奠,以尽同根连枝之礼。殆或族中年老乏靠,苦寡穷孤无依,惨遭变故,阖族悯念同祖之义,踊跃帮助,竭诚矜恤,义不容辞。异姓尚存恻隐相济,何况一脉相传,岂敢鄙吝推诿,乘危躲避耶?谁云冥漠无知,阴阳一理,懔懔畏之。每闻乾网不振,权操嫉室,离间骨肉,私厚外家,阻碍同宗,人情礼仪,宜规免之。适今阖族集庙公决通行礼仪,以昭永远,恪守成规,昌明礼乐,节俭家风。愿期阖族兴盛,桂馥兰芳,凤毛继继,敦族睦姻,宜师前贤,毋效村牧,惹明敏嘲笑。凡我同宗,敢不自勉。铭篆于心,不可忽也。

民国九年九月秋,祭集祠公议研决宣布,十七世孙仁焯敬序

一、族宜有祭田论

古不墓祭。秦始起寝墓侧,汉因不改,四时上饭。唐玄宗诏云:寒食上墓,《春秋》《礼经》无文,近代相承以成俗。士庶有不合庙祭者,何以用展孝思,宜许上墓,同拜扫礼,于茔门外,奠祭辙膳,盖霜露之感,非此不伸也。该世子孙以祖宗体魄所藏,欲致孝享,因有墓田祭田,积聚宗庙生息,世祭先人。宋郭原平亲茔,隙地数十亩,不属原平,农月耕者恒裸袒,恐慢其坟墓,乃贷家资易之。三农之月,束带垂涕,躬自耕垦,此墓田也。《春秋》所载,鲁之祊田,又楚《茨信》《南山》诸诗,皆言孝悌力于农事,以为苾芬,此祭田也。乃每见世禄之后,前世所拓幽壤,割以售人,不顾犁锄者矣。藻苹之产,不克世守,有白杨萧萧,不得麦饭一盂者矣。有墓田、祭田者,后世子孙,继承先志,以奉先祀,无废先人之贻泽,蒙祖宗累积盛德,令子孙勤力,足以衣食,自有余饶。若俭有赢财,不可复益之。如子孙贤而夺财则损其志,愚而多财则益其过。语云:积财与子孙,不如积德与子孙。古圣立言深远。惩诫世吝人之愚。以量置祭田,公纾宗庙,此即报孝先人贻德。如一族人人诚能兴是心,则宗庙祭田,年增月盛,子孙定必繁昌盛秀。夫与子孙积稳固长久之计也,则一族千古不朽矣。

民国八年岁次未嘉平之月望后一日立春之旦
前清六品蓝翎布政使司理问十世孙仁焯树云氏敬序

元 之 公 遗 训

古人云:富贵者,人之怨也。贵则神忌其满,人恶其上;富则鬼瞰其室,虏利

其财。自开辟已来，书籍所载，德薄而任重而能寿考无咎者，未之有也。故范蠡、疏广之辈，知止足之分，前史多之。况吾才不逮古人，而久窃荣宠，位逾高而益惧，恩弥厚而增忧。往在中书，遘疾虚惫，虽终匪懈，而诸书多阙。荐贤自代，屡有诚祈。人欲天从，竟蒙哀允。优游园沼，放浪形骸，人生一代，亦足矣。田巴云："百年之期，未有能至。"王逸少云："俯仰之间，已为陈迹。"诚哉此言。比见诸达官身亡以后，子孙既失覆荫，多至贫寒，斗尺之间，参商是竞，岂唯自玷，乃更辱先。无论曲直，俱受嗤毁。庄田水碾，既众有之，递相推倚，或致荒废。陆贾、石苞，皆古之贤达也。所以预为定分，将以绝其后争。吾静思之，深所叹服。昔孔子、亚圣，母墓毁而不修；梁鸿至贤，父亡席卷而葬。昔杨震、赵咨、卢植、张奂，皆当代英达，通识今古，咸有遗言，属以薄葬。或濯衣时服，或单帛幅巾，知真魂去身，贵于速朽，子孙皆遵成，迄今以为美谈。凡厚葬之家，例非明哲，或溺于流俗，不察幽明，咸以奢厚为忠孝，以俭薄为悭惜，至今亡者致戮尸暴骸之酷，存者陷不忠不孝之诮，可谓痛哉，可谓痛哉！死者无知，自同粪土，何烦厚葬，使伤素业。若也有知，神不在柩，复何用违君父之令，破衣食之资。吾身之后，可殓以常服，四时之衣，各一副而已。吾性不爱冠衣，必不得将入棺墓，紫衣玉带，足便于身。念尔等勿复违之。且神道恶奢，冥涂尚质，若违吾处分，使吾受戮于地下，于汝心安乎？念而思之。今之佛经，罗什所译，姚兴执本与什对翻姚兴告浮屠于永贵里，倾竭府库，广事庄严，而兴命不得延，国亦随灭。又齐跨山东，周据关右，周则多除佛法而修缮兵戎，齐则广置僧徒而依凭佛力。及至交战，齐氏灭亡，国既不存，寺复何有？修福之报，何其蔑如。梁武帝以万乘为奴，胡太后以六宫入道，岂特身戮名辱，皆以亡国破家。近日孝和皇帝发使赎生，倾国造寺，太平公主、武三思、悖逆庶人、张夫人等，皆度人造寺，竞术街弥，咸不免受戮破家，为天下所笑。经云："求长命得长命，求富贵得富贵"，"刀寻段段坏，火坑变城池。"比求缘精进，得富贵长命者谁？生前易知，尚觉无应，身后难究，谁见有征。且五帝之时，父不葬子，兄不哭弟，言其致仁寿，无夭横也。三王之代，国祚延长，人用休息，其臣人则彭祖、老聃之类皆遐龄。当此之时，未有佛教，岂抄经铸像之力，设斋施佛之功耶？《宋书》《西域传》，有名僧为白黑论，理证明白，足解沉疑，宜观而行之。且佛觉也，在乎方寸。假有万象之广，不出五蕴之中，但平等慈悲，行善不行恶，则佛道备矣。何必溺于小说，惑于凡僧，仍将喻品，用为实录。抄经写像，破业倾家，乃至施身，亦无所吝，可谓大惑也。亦有缘亡人造像，名为追福，方便之教。虽则多端，功德须自发心，旁助宁应获报？递相欺诳，浸成风俗，损耗生人，无益亡者。假有通才达识，亦为时俗所拘。如来普慈，意存利物，损众生之不足，厚豪僧之有余，必不然矣。且死者是常，古来不免，所造经像，何所施为？夫释迦之本法，为苍生之大弊。汝等各宜警策，正法在心，勿效儿女子曹，终身不悟也。吾亡后，必不得为此弊法。若未能依正道,须顺俗情。从初七至终七,任七僧斋。若随斋须布施,宜以吾缘身衣物充,不得辄用余财,为无益之枉事,亦不得妄出私物,徇追福至虚谈。道士者,本以玄牝为宗,初无趋竞之教,而无识者慕僧家之有利,约佛教而为业。敬寻老君之说,亦无过斋之文,抑同僧例,失之弥远。汝等勿拘鄙俗,辄屈于家。汝等身没之后,亦教子孙依吾此法云。

光绪二十五年岁次己亥裔孙仁焯沐手颉书

本宗祠祖立规章十四则续论

一、本宗祠,自二祖兄弟三公继承先志,克绪前业,于明季万历戊申之岁,将尚严公所遗仰云别墅,改建瀍绪堂宗祠于南邑十图周浦镇,尊尚严公为一世,自明迄今已历三百余年。祖章贻训,子子孙孙百世,祭之守之勿替。彰承先迪,勿以畏诿,谨诚修葺。犹虑久而废弛,子孙常念先人创始之苦心而易也。珍之重之。

一、本宗祖正供有虞舜祖之位,昭设山西硖后唐名相谥文献公讳元之公之位,穆设宋南渡安徽休宁始祖谥忠毅公讳兴公之位,迁周浦始祖讳尚严公居称位,二世讳应隆公、应科公、应年公袝荐焉。厥后尚严公嫡派子孙一体袝祭。惟家庙供设祖宗神灵之所,陈设千秋俎豆之地,均宜幽静。日后子孙谨守祖诫,规行矩步,拭几洒扫,庭除清洁,切忌藏污,擅残寄物,永止停棺等事。子孙如敢过违祖训,族长者谆谆开道。如若不停,公请族长家法从治,责罚不宥。

一、本宗祠有正事,议立后嗣,或倜恤宗姻,或瞻族怜,或修筑祠墓,或添置宗祠什件,阖族务先同志踊跃乐输,各自量力。如逢忠孝节义等事,流芳百世,以昭祖宗功德,立传立铭,永垂后泽者,切忌为难不行。苟安鄙吝,兴端推诿规避,由族长彰明祖训诫诲,被族中嘲笑。

一、恭查前朝会典刑律,载礼有继异姓乞养,入赘过房,并无出之妻及中殇,年在十六以下者,循律不得模糊入祠登谱,以致搅乱宗祧。又考后世首重礼治,天下今有特典,通融办理。如未婚未嫁中殇者,苟非不肖者,另置两侧位,分男左女右,准其袝祭。又如族中清贫淑媛,夫死无依,大归守节,又义婚,生养死葬,自老无靠,嘉渠节义可风,卒后礼殡代葬,木主准袝祭两侧宾座。俟伊子孙发达,如礼迎归。此礼与入赘乞养其义不同,有当别论。

一、凡族中安贫茹苦,孝子顺孙,义夫节贞女,贤淑懿行,阖族礼当优厚敬重,倜恤扶持,怜悯苦志可嘉。偶有族中不肖,包藏叵测,挑激播弄,诬坏名节,或欺凌懦弱,或阴谋陷害,含冤莫鸣,阖族共愤,伸灵以涤其垢。如已亡礼,速请涖表扬，苦志流芳后世，阖族义助，丰其殓而礼其葬，谱须立传贻后。

一、祖宗坟墓无分近远，子孙慎意修扫，不得任人作践，不为牛羊之牧。每见四乡有数百古墓修洁者，询其子孙，皆文明富贵者多。偶有远代祖墓谱牒失详者，须访察明确，随时竖碑，庶使后人可考。倘如有藐视祖坟，暗毁坟余开塞等事，恐伤坟脉，不承坟漕，阖族公布灭伦，族长责令修复承粮。若怙恶屡饬不悛，族长宣明逆迹，家法严责，或送官究治，驱逐出族，以儆后人不肖。有效尤者，重惩不贷。

一、本宗祠创始时二世三公将始祖尚严公所遗坟田十三亩六分拨充祭田，后于康熙末年间五世祖兄弟七房公提南邑九图、十五图、十七图、二十五图祭田百亩。后于咸同光绪初年，被族中不肖渐渐变鬻殆尽。是后如逢修葺祠墓诸事，倚赖全族捐资而成。后人终非固守之策，先人叠经谆嘱，后贤早谋良模。公议全族倡提年捐，或特别报助，积年储蓄多金，置产生息，培祠基础，小补宗庙，正用得能，核有盈余，赡养贫苦，偶恤亲党，愿望全族人人仰慕范文赡族，晏子展亲，二公盛德，千古家范。

一、本宗祠祖训定例，按年春秋二祭。春定春社，秋定秋社，各支子孙接年循环值祭，百世飨祭不辍。祭品例定八碗八碟，盅筷四十副，酒饭糕点，香烛锭帛。羽士一名，通疏上达先人。阖族子孙至期，随同冢孙一体行礼。如有子孙三次不到宗祠致祭，有意藐视祖宗，傲睨宗族，由组长宣布不敬祖宗，轻慢宗族之咎，按照家法惩戒，以儆不肖。

一、本宗祠准周公礼定婚典。凡我男女子孙成丁婚嫁吉朝，女于出阁前三日，同母或世母嫂妹，备香躬至家庙，向祖宗座前恭行辞族礼。男婚后三日，偕引新妇备喜肴，四色香烛锭帛，夫妇吉服，向祖宗座前躬行庙见礼。逾后如生子女，或三朝，或十二朝，或父兄或亲至宗祠，执香行添丁礼，以昭祖宗福泽，子孙蕃衍之盛。

一、本身无嗣，遵祖训，例有大宗小宗，应立爱立之序。若或应立不继，择贤择能，虽远堂侄，犹血脉宗子也。立后必书明出继于本身父母下，又详演于嗣父母之侧，是后有嗣无嗣而可考也。若违背祖章，悖领螟蛉，作继权宜之计，祖训律定第四条，照章从事。然螟蛉童稚，预难器料，如度情不肖，不如早遣回宗。或看其自小有节，及成品行端谨，孝悌宽仁，思报宗祠，盈百累千，贤声久著，生养恩同一也。阖族礼应公认名可题谱，位许入祠。此章非祖训，后贤注重人道主义，特别新约，房族长须讲明泾渭贤愚之理由。或蛮子妇妒悖，不遵祖训，全族公邀族长，遵行祖立家法惩治，阖族共攻，宣布罪衍，驱逐出族。遗有业产，全数捐输家庙，族中不得霸占。

一、本宗祠子孙繁衍，后世名讳每虑其字类同音，每见匹夫子孙，不识文义，竟犯祖号。故于九世阖族公议，考取"舜祖开化文明之始"取义，研用"智仁圣义，中和孝友，睦姻任恤，礼乐射御书数"一十八字为世序字辈。凡族中生子，先须按谱命名，庶不有犯先人之讳。

一、吾姚氏首出有虞，大孝文明之胄，励行孝友，忠厚传家，耕读诗礼，严教子孙，唐宋间有十世同居，五代孝行，隆叨历朝叠沛恩轮，旌忠旌孝，诏加优赐，立庙宗祀。史记立传，后世子子孙孙谨循祖训，克绍前烈，孝睦不替，义重同根，一脉相传，亲亲益笃。后之贤哉不学时俗，刻薄傲睨，即是不肖。

一、历祖历宗，忧厥后良莠不齐，狼戾妄行，夙夜研究，孜孜教化，不殚劳瘁，栽培后进，预立简易家法。子孙自翼怀刑知耻，不入凡庸，评议核定，家律自治。男子有五刑之辱：一不忠，二不孝，三不仁，四不义，五悖理。女有七出之条：一不孝翁姑，抵触尊长；二侵辱夫婿，兄弟姒娌；三闱门不谨，羞污门楣；四苛毒前子，内藏恚怒；五违背大义，助立恶继；六夫卒年逾五，妒妾靳嗣；七虐视夫族，私厚外家。又有夫死再醮，律不归宗。如遗有子女，或随出姓，不得回宗。若母醮，子女未随者，近支世伯叔母或兄嫂加意抚养，怜悯孤苦，如有遗产，竭诚保守。若敢鲜耻，肆恶野蛮，违犯祖训，关系纲纪家教，阖族宣布罪愆，共攻出族惩治。或有遗产，助入宗祠，赡养贫苦，或修祠墓。如知恶，痛悔改过，阖族再议。

一、始迁祖尚严公幼遭倭俘，历尽诸艰，出居于外，遣弟回籍，庐守先人坟墓，入继大宗，孝也礼也。弟尚义公复下周浦，报产于兄，友也义也。各以勤俭起家，忠厚立身，以诗礼严教子孙，至今居室之安，田畴之养，皆我先人之式。二世克承先志，创改宗祠，朴而壮之，礼制咸其，杀其亲疏，敦叙宗族，后世子孙恪守祖宗贻训，能绳祖武，祠复扩而大之，缮而葺之，或筑新祠，如得制度闳峻，轮奂交颂，蒙先人之盛德，荫泽于后也。

民国六年岁次丁巳孟夏之初，十世孙仁焯树云氏庐山后身百拜续订

【注】《澧溪姚氏家谱》不分卷，姚仁焯纂修，1919年开尚堂写本。始祖姚兴，字械士，谥忠毅，南宋初自浙江武康移居安徽休宁陵阳乡依仁里。明嘉靖三十年，姚尚岩、姚尚义自休宁徙江苏上海县浦东澧溪周浦镇，是为澧溪姚氏始迁祖。

泗泾秦氏宗谱

秦氏家训
家训引

　　大凡世族名家,不惟国宪是遵,必且家训克守,此亦厚风之一端也。我族自大宋迄今,迁徙不一,由来已久。今续修宗谱,补家训十四则,使将来子孙展读之时,庶几有所感动,而兴起为善之心云。

修录世系

　　有天地即有人民,有人民即有祖宗。然有祖宗功德,未及五世而遂寂然无闻者,何哉?以其无谱查阅故也。诚能世系修录,则功德有征,名分以定。奋乎百世之上,生乎百世之下者,展卷无遗。此谱书为传家之至宝,而修谱亦族中至要也。

训　词

　　训词所在,即祖宗之心志所在。原之祖宗之于子孙,不惟生之养之,抑且有以教之戒之,欲其成人,所以为后世虑者远。生乎百世之下,不得亲睹其仪容,而今日读其训词,即如闻其声。奉行不怠,为贤子孙。不然,祖宗能无怨恫于地下乎?

孝父母

　　亲为五伦之首,孝乃百行之先。凡为人子,当思此身从何而来,念怀胎哺乳、抚养训导之恩。弥天极地，不可少忘。昏定晨省，冬温夏清，随职分之所当尽，循力量之所能为，敬养顺志，怡怡然日求其欢心。否则一蒙不孝之名，则陷于忤逆，为天地间之大罪也。

敬 尊 长

内而宗族，外而姻戚乡党，凡分之尊，齿之长，在彼固有当敬之分，在我宜有尊敬之礼。我能敬之，人亦礼敬于我。如此，则谦和之德益彰，逊悌之誉日盛。或倚父兄之官势，或恃门户之富豪，与夫学问之利达者，其自视俨然，陵夷尊长，似觉得意满志。讵不知日沉轻薄，从旁指摘而窃耻者，已塞于道路矣。

和 兄 弟

兄弟本一脉手足，幼则相扶持，长则同师友，和之性出于天性。至于各妻其妻，各子其子，尔我之势既分，暌隔之私遂起。或以妻言之感，或以蝇头之计，致成嫌隙，小则雀角家庭，大则健讼官府。姜被荆田之义，反为阋墙操戈之变矣。古云："难得者，兄弟；易得者，田地。"岂可为易得，而失难得者耶？

正 妻 妾

妻之为言，齐也，取其与夫齐德之义。妾之为言，接也，取其与夫接续之意。故先妻而后妾，妻尊而妾卑。房帏之下，大小分明，则家法立，而家道隆焉。庸人鄙夫，或宠爱其妾，而凌虐其妻，如此则内变作而人伦灭，家道安得有昌耶？

教 子 孙

子孙者，百世宗祧。所系家门，兴替攸关，故义方之训，实传家之首务也。为父母者，当教之知礼义，习经史。穷可师友，达可卿相，光我门户。若资禀庸下者，亦当教之，粗知礼义节文廉耻，务农桑，学技艺，勤俭劳庶，不放逸其心志。为父母者，苟溺爱不明，而不教之以正，务游荡失业，必至饥寒交迫。读书不成，耕种不就，学亦非及，岁因循坐误，老大徒伤。知耻则免填沟壑，无耻则流为不肖，辱及祖宗，噬脐何及哉？

睦宗族

近而同宗，远而同族。服虽尽，气脉犹通，须要视为一体。患难拯救，忿争相平，庆吊相贺，内变相调，外侮相御。如此，和气既洽，祯祥骈至，自无折篱入犬之患。

择婚姻

婚姻，人伦之大，不可不谨之。于始欲求淑女，必清白良善之家。素闻礼教，稔知节义，习成幽娴之性，他日迎归，必为贤妇而能内助。苟或拔其官爵门户，殊不知富贵之家，往往养成娇妒之气，傲慢公姑，凌贱丈夫，召牝鸡司晨之祸不少也。

积阴德

古人之积德于子孙者，以为久远之计也。宪若鸩毒，慎毋争讼，戒之，戒之！

禁赌博

世之有损而无益者，莫若赌博。人之至愚而不明者，无如刘盘龙之好。或侥幸而胜，则以为快活生涯，贪得之心益横。或不幸而负，则反欲倾囊倒箧，似操必胜之权。然而求复之心愈炽，破家之兆益形甚。致儿啼妻泣，积不相能。故谚云："莫入赌钱场，甘投陷马坑。"凡我子孙切宜禁止。

戒吸鸦片

鸦片流毒，未绝根株，堕落青年，不知凡几。论其害，则足以伤身，亦足以倾家。强壮之身渐致瘠弱,富有之家终致贫困。中斯毒害,则精神委顿,而事业废弛矣。吾族子弟有犯此者,亟宜戒之。

祠堂规条

一、吾族自沛苍公赵氏创捐祠屋祭田,不料五十余年以来,祠尚未成,房屋坍毁。又田十二亩,族中人经手,租米积有余资,续置田亩,共有四十五亩零。至同治八年,族中人公议,将续置之田及房屋基地变卖,即以契资买娄邑坊二十七图雨字圩五十五号、五十六号市房,修葺成祠。第一进平房二间,第二进正间,恭设上海城隍景容公神位。楼上正间,恭设始祖少游公,迁闸港始祖知柔公,自闸港迁泗始祖悦耕公神位,暨倡捐祠屋祭田沛苍公,创成祠堂湘琴公,续捐祠田湘兰公、少楼公祔焉。楼之西偏间,恭设阖族祖先神位。又于西偏厢楼,添设阖族之未婚而亡者之位。楼下西偏间,为祭祠日族人憩息之所。厢楼下过弄一条,平时出入径路。楼之后,披一间为厨房。祠之缘起大略如是,倘日后有余资尚当扩充。

一、原存额租十二石一斗,又湘兰公捐助正租八石五斗,又丽泽捐助正租十七石九斗正,其方单均交于松江族长襄勤公收存。

一、祠中收租以及开销,经族长另选族之贤能者经手其事。每年收租完赋外,春秋两祭,以及修理祠屋,添置对象。出有租籽,毋得冒滥。每岁春祭日,开明收支细账,张贴祠内,以昭信实。

一、春祭以三月十五日为定期,秋祭以九月十五日为定期。祭品五簋一素,届期雇音乐一天。族中人到祠展拜,每房各携香烛一副,元宝一求。祭毕后,即于祠中聚饮,以联族谊。

一、族中人娶妇,三日之内,翁姑率领其子及新妇到祠内敬谒祖先。嫁女先期三日,女之母率领其女至祠谒辞祖先。

一、族中人生男及女,则必赴祠谒告祖先。又以所生之或男或女,书明年月日时,交付司祠务者,登诸族谱。

一、族中人如或无子,自宜以侄为嗣子,不准过继他姓之子作为己子,亦不准以赘婿作子。凡此,皆杜异姓乱宗之弊。犯此者不入宗祠。

一、族中人凡遇寿终病故者,其家幼辈必至祠堂报明:某人于某月某日某时身故。司祠务者即登谱上。

一、祠堂最宜洁净,以妥先灵。故不得借人居住,即族中人亦不得于祠内居住。不得寄停棺柩与寿具,及一切杂物家伙,亦不得暂寄祠内。

一、祠内所有器物不准借出,倘有徇情借出者,惟管祠人是问。

一、族中子弟，均祈其读书上进，光耀祖宗，否则必须学习生意，待其有成，赖以支撑门户，切不可闲游浪荡，下交匪类，以致渐入下流。其有不自检束，玷辱祖宗，甚至受过官刑者，不准入祠。

一、族中人，倘得发科入官，获有勋位嘉章，及中学以上毕业者，必入祠昭告，即自注明祠册，以便登刊宗谱。

一、祠中除管祠人住屋之外，其余房屋关锁谨严，平时不准入内。

一、各房葬地，其在某邑、某保、某区、某图、地名何处，及某山某向，必注明堂册，以便注入宗谱。

一、族中入祠神位，预先到祠取位填写，则与祠内诸神位无大小高低异样。自做主位，供于家中者听。

一、各房茔葬之后，神位已供宗祠，不得再将主位私自携取，供设祠内。嗣后查出，逢祭期日焚化。

一、葬不逾期，《礼经》所载。停棺不葬，例有罪名。是以定规：吾族中，凡停棺及浮厝未葬者，神位缓入宗祠，俟其葬后即入。抑凡夫终妇在，已葬者神位即入宗祠；妇终夫在，虽葬，神位缓入宗祠。

一、每年生育男女若干，寿终男女若干，随时到祠注明堂册。殁者年月日时，统须注明。至每年正月二十日添位，并查合族现存人数，注明宗谱。倘或寿终，族人名字，红字改黑，注明堂册。

一、族中人愿续捐田产者，中楼添设长生位。

一、族内请旌节孝，报金祠堂内支取。

一、族中人温饱者少，不准于祠账内借用分文。其有应恤之家，倘日后祠产扩充，宜再行议恤。

一、男娶二婚女为妻，及妇不守节再醮者，其神位均不得入宗祠。

一、光绪三十三年，将祠中余资绝买，得娄县三十八保十四图西有字圩号内，共田九亩七分八厘，实租五石三斗。又光绪三十四年，绝买得娄县坊念七图雨字圩号内，共田五亩，正租五石。又宣统三年，活典娄县十图霜字圩号内，共田四亩，实租三石。

一、族中寡妇家景清贫，平日素事规正，而子年幼，难以糊口者，每年每名津贴洋四元，待其子长成至十六岁为止。如无后，由祠中津贴至终。或有远方可以推立者，其嗣子年幼，亦准以十六岁为限。若其嗣子业已成丁，不务正业，不能侍养者，亦当祠中津贴至终。若查其嗣子得能力养，则祠中亦不得津贴。或有其夫去世后，尚有余产，由其氏不得谨守，将产耗费者，此项亦不得津贴。

同治九年十一月裔孙二十九世鸿耀、鸿翔、三十世垣玉敬订
中华民国元年九月裔孙三十世时霖、垣藩、三十一世钟骏重议

清明节七房轮祭祖茔规例

用账船、滩船各一只。

用雇使一名,邀各房辰刻齐集便饭,并每房收苞七个。到乡祭扫拜焚已毕,须带朱墨笔,复改墓碣。回泗至晚,到轮祭某堂欢聚夜膳,祭品四桌,用六菜、二点心、一素菜,香烛四副,灯笼一对,杂用零星,余不细注。

【注】《泗泾秦氏宗谱》,秦毓骏纂修,1917年铅印本。谱称始祖为宋代著名文学家秦观,元代秦知柔迁至松江。其孙即上海城隍秦裕伯。十七世孙秦逢尧,字悦羹,号悦耕,明季由申浦闸港迁华亭镇、泗泾镇,为泗泾秦氏始迁祖。

乱溪夏氏家谱

家范辑要　有序

吾家学不干禄,故历代少显名,然孝友节义则世守之。昔余兄弟侍侧,先人尝语予云:须教子孙不失家法,即读书亦但欲明理义,识古人趋向。若富贵则天也。予退而书诸绅,是用家人雍睦,罔有间言。今老矣,儿孙辈俱弱小,恐不复见其成立,惧渠失家法以忝先泽也。因辑家范数条以贻二子,俾得奉为蓍鉴云。

旹万历壬子荷月,双柳老人松翁甫述

士人立身,事事从读书起,读书故能明理,明理故能立品。语云:不自重者取辱,不自畏者招祸,不自满者受益,不自是者博闻。此修身大要也。右立身。

男子贤愚不齐,士农工商,各安其业。无恒业者必习于赌博、酗酒、争斗诸非义之事,为天地废人,为父母劣子,合族摒之,终身不齿。右恒业。

司马温公曰:子事父母,容貌必恭,执事必谨,言语应对,必下气怡声,出入起居,必谨扶卫之。又曰:凡诸卑幼,事无大小,必咨禀于家长,毋得专行。语云:至乐无如读书,至要莫如教子。为父兄者,察子弟,资质聪明者,督之读书成。后士愚鲁者,督令习耕,为勤俭之人,切不可任其游荡,以坏家声。

司马温公曰:凡为家长者,必谨守礼法,以御子弟及家众,分之以职,授之以事,而责其成功。用之节量,入以为出,称家有无,以给上下之衣食,及吉凶之费,皆有品节。省冗费,止浮华,常令稍有赢余,以备不虞。右父子。

兄弟同胞,一气痛痒相关。人有溺妻子而仇兄弟者,外患将至,身家难保矣。语云:兄弟同居忍便安,莫因毫末起争端。眼前生子又兄弟,留与儿孙作样看。念之哉!又如张公艺九世同居,唐主过泰山,幸其居,问本末,公艺书"忍"字百余以进。浦江郭氏自其祖绮教子孙,勿异爨。洪武中召其十世孙郑濂入见。上问曰:"尔家何雍睦班至是?"濂对曰:"曰不听妇人之言耳。"右兄弟。

浦江郑氏曰:宗人实共一气所生,彼病即我病,彼辱即我辱。子孙委曲,覆庇勿使失所具。无子者,亲房为继立,无所归者庐之,葬无地者,听葬义冢之中。我子孙有力者,必当法此。右睦族。

司马温公曰：凡议婚姻，当先察其婿之性行及家法何如，勿苟慕其富豪。

安定胡氏曰：嫁女必须胜我家者，胜我家，则女之事人必钦必戒。娶妇必须不若我家者，不若我家，则妇之事，舅姑必执妇道。右嫁娶。

朱氏曰：居家之道，第一要内外界限严谨。女子十岁以上，不可使出中门。男于十岁以上，不可使入中门。外面妇人，虽至亲，不可使其常往来行走，恐说是护非，致一家不和，又防其为奸盗之媒也。

《颜氏家训》曰：妇主中馈，唯酒食是议耳。国不可使预政，家不可使干蛊。如有聪明才智，识达古今，正当辅佐君子，劝其不足，必无牝鸡晨鸣，以致祸也。

袁氏曰：家人离，多由妇人。妇人隙，多出黠婢。妇勿听婢语，男勿听妇言，雍睦其可渐敦矣乎？右闺门。

昔人云：待下当和，和而无节，反生其侮。惟和而庄，则人自爱而畏。又云：小人有功可优之以赏，不可假之以柄。

《袁氏家训》曰：清晨早起，昏晚早睡，可杜绝婢仆奸盗之事。右驭下。

胡文定曰：善保家者，戒兴讼；保国者，戒用兵。讼不可长讼，长家虽富必敝，兵不可久，兵久，国虽大必诎。右息讼。

吴下风俗，笃信师巫，病不求医，惟知祷赛。病者未必痊，可生者已经坐困。愚昧无知，莫此为甚。明理者当以此劝戒之。右辟邪术。

雍正乙卯春日，元孙延辅校字

续内省　一条

司马温公《我箴》曰：我诚实以启人之信，我乐易以使人之亲，我虚己以听人之教，我忝己以取人之敬，我自检以杜人之议，我自反以急人之罪，我容忍以受人之欺，我勤俭以补人之侵，我警悟以脱人之陷，我奋发以破人之量，我逊言以免人之詈，我危行以销人之鄙，我定静以处人之扰，我从容以待人之迫，我游艺以备人之弃，我励操以去人之污，我直道以伸人之屈，我洞彻以解人之疑，我量力以济人之求，我尽心以报人之任，我弊端切须弗始于我，凡事但知私于我，圣贤每存心于无我，天下之事尽其在我。

族葬义会启

盖闻爱物之心，急亲为务，敦仁之谊，泽骨为先。此《周官》所以弭天扎之焚，

《月令》所以重骼胔之掩也。某等情殷利济，念切同宗，目击平原露棺不一，心伤尔室惨柩靡多。欲措佳城，时伤瘠瘵，爰谋吉壤，屡叹拮据。此人子之所病心，亦同宗之所抱歉者也。今喜仁义同心，定谋有日，轻重无失，卜兆可期。爰告同人，共襄厥事，毋使视同秦越，致死魄之衔悲；庶几念切兔狐，免亡灵之饮泣。此真睦族之巨功，泽灵之大德也。他日举辀入土，非其叔伯，即其父兄，今兹解索成谋，出其羡余，成其悦服，伫看马鬣高封，奚恨晓风残月。行见枕印得所，毋伤委壑填沟。酌以七十二千之数，筹以子母之金，务使用而不竭，本不告终，自可泽及无疆，绵而勿替。谨启。

公议族葬义会条例十五则

一、议是会，每会计交足钱一千二百文，后不收，交有力者，或两三会，或四五六七八九十会，以力为准。如无力者，或一会，或两人合一会，惟力自视。总之此系同宗公事，惟冀诸君发其善心，和衷共济，克成其事，切不可视为具文，置身事外，吝而不与，则枯骨蒙庥，阴功莫大。

一、议是会，数定通足钱七十二千文，共纠六十会，以足其数。设不能如数，凡力有余者，宜格外多与以凑足之，勿谓已与，致偾其事。至力不能任，亦宜念切从公，恩施朽骨，勉助其美。若已足而又有勇于乐从者，不妨多多益善，毋沮善念。

一、议是会之钱，定期于丁未年五月初收全，不得后期，不得空名不缴，在诸君虽未尽囊充，而此族葬之事，上则祖宗感激，下则子孙受福，不妨预为省节，以佐其费，则届期，庶无徒手难交之虑矣。

一、议是会之钱，俟收足后，择族之充足富有者，交与收管生息，使葬时易于垫本，既不至临用无挪，亦可杜侵假耗散之弊。

一、议是会所存之钱，议定按月一分四厘起息，闰月亦算，每年生息若干，即使支利埋葬，不准援本，庶几永传勿替，新旧克葬，万无中辍之虞。

一、议埋葬之期，定于或冬至，或清明，缘葬家各有后嗣，须凭地理择日。至葬时，每棺议定助石灰三担，沙泥倍之，价银若干，悉照时值给付。至工食费用，葬家力可自给，公项不贴。如遇无力，当局酌其情形，公项另给。

一、议有力葬亲，本无待助，然此系公族义事，不可违例，以缺其助。想有余者，力能自爱，必然好善为怀，扩充其美，转将此助捐入公项中，作本生息，庶几本大利饶，则族之力不能自葬者，永无久暴之棺。睦族阴功，于此为大。

一、议族葬，凡有祖茔可祔者则先之。若无祖茔而有地者，必视年之久远，棺之最不堪者,则更先之。莫云当局私心,至分先后。

一、议棺之未久,地之并无者,俟公项充裕,后卖地续葬,不得腹诽,使生异议。

一、议族棺尽葬之后,尚存公项,视其多寡,公议一并开除置田几亩,以作公族义冢,为后之无力买地者设。若余数甚微,不能成买田亩者,容俟生息,充盈置产。

一、议局中司事,南北遥睽,不能轮年递管,只可各任其事。在乡者司其查访,在城者任其银钱,惟冀兼公厥职,不可始勤终怠。至葬时,一察棺之难缓,先期开报,一核钱之赢余,不使浮费。至一切局中往来,船食工费各司事,只须自给,不准公项支取。

一、议葬非易事,族葬亦非一二年可竟。司此事者,宜秉公竭力,不以畏难而隳志,不以流言而变心,庶诚心办理,毋相侵假。即继此续办者,亦宜谨守前规,去其偏私,以垂永久,光昭前烈。

一、议是会之外,有好义续捐,愿广前议者,其钱亦存公所生息,不准自擅。

一、议义会告成,谨将各房钱数收清,注明造册,两部一留茸城,一留苊溪,以杜后日开销隐漏之弊,以明逐年所葬之棺。

一、议族葬举行伊始,经费未充,先将蒒村公一支,有主无力者,次第埋葬。至仰椿公三支,族大费艰,另行再议。

　　　时道光二十六年岁次丙午阳月上浣之吉,苊溪义门后裔合族公议

【注】《𠮷溪夏氏家谱》不分卷,夏履泰等纂修,清金山志隆堂抄本。始祖宋代夏荣,字子显,号遁庵,别号全归居士。明嘉靖间,夏缙,字云翁,自松江华亭迁东胥浦上(即金山𠮷溪)。

徐氏族谱

卷 二 二
家 训 辑 要

读书不能做好人,即如不读。

做人话,必可当钱使事,必可通天知。(赠少师思复公语)①

吾兄弟赖祖宗之庇,幸取科第,吾官品既逾涯分,而弟万里之程亦初发轫,苟非相与极力为善,何以仰绍世德,下延余庆?凡官司、词讼,彼胜则此负,理屈而负,犹不免怨直者,况可使之衔冤?人家差役彼脱则此受,富者役于官,犹不免破产,贫者宁不遂至覆灭?故于外事,宜一切不理。子弟家人干扰府县,陵虐乡里,利则归彼,恶则归我,故宜朝夕禁约。其有违犯,子弟必责,家人必逐,毋为隐护。朝廷赋税,本自当输,况今吾家幸免差徭,比之民间,轻省已甚。若更逋欠,上触公法,下累粮里,岂有恻隐羞恶之心者所为?故宜督率族人,及时完纳。夫积善最难,损德最易,古人"如登"之说,"销膏"之喻,所宜猛省,而灾祥祸福,天道神明,又最可畏。吾弟素砥砺志行,如近日召试吉士,不赴,缙绅咸以为高。此等道理,料自见得。然吾不能已于言者,骨肉情深,且防患之虑远也。璠儿旧年在此读书,吾尝以仁教恭俭为训。归后又屡作书致戒,不审颇能领受否。幸为垂涕泣而道之。吾宦情素薄,弟之所知。他日东归,获有颜面,入见家庙,出见乡人,吾弟之赐大矣。

嘉靖丁未五月七日,少湖阶书。(与司寇公书)②

进显至说,汝在家,不管闲事,亦能节用,吾心甚喜。更愿汝常常如此,仍严拒新进家人谋利之说,则所谓保家之主也。秀才浜地,我前日看地图,亦是中平,今可一面与钱处成交,一面仍再看,比并而用之也。然人家兴丧,一则系于积德,

---

① 思复公,即徐黼,徐阶父。
② 少湖阶公,即徐阶;司寇公,即徐陟,徐阶弟,官至太理寺卿。

一则由于天命,不在风水。且如程篁墩先生祖上原不曾择地,却生出他父子,不惟居高官,且以功业文章享盛名于世。及至篁墩,精究地理,作《雪心赋》一书,为堪舆家所传诵。择得一地,自谓天下无双,今其子孙乃甚衰落。由此观之,心好命好,则好风水不求而自得;心不好,命不好,则将不好风水偏认以为好,贻累子孙,盖鬼神福善祸淫,或默佑人以吉,或阴误人以凶,大率如此。汝于此事,亦不须过求,空费财力,无益也。汝大兄已进本,告致仕,拟于九月间南归。吾此时若得亦准退休,与同归,甚妙,但尚未能必。汝二兄可促之北上。吾老年欲得一知事子在。(下三字阙,与弟三子述斋公书)①

前月得汝书,首归恩于天地祖宗,具见汝能知源本所在。后于汝父处见汝书,不欲家人远迎,又见汝能脱去夸张、浮侈等习。汝报吾书云:晏之日,满朝缙绅不华,汝之得第,而喜吾之有后。汝之所存所志如此,是吾真有后,不特科第之继承而已。慰甚!慰甚!吾欲成汝之美,兼欲抑遏家人族人辈矜肆傲狠之端,一应事务,已尽从简俭安静。但此中风颓俗恶,不独小民靡靡,惟声是尚,即士大夫及汝诸亲友亦鲜知道义者,其言皆无足听,其事皆无足法。汝既欲卓然做一大丈夫,上延庆泽,下示子孙,宜坚持此念。凡以要好看及雪耻报怨等语,动汝激汝者,一切峻拒,庶足副吾平日期汝待汝之意,且为汝父弭谤解怨于乡里也。适差徐慎迎汝,特书此以嘱。自古惟善人能受善言,而祖父之教,亦惟贤子孙能听信。汝其念之勉之。

朔日得汝中式之报,于时虽幸书香有继,然未尝动色以喜。及十一日得汝书,自谓一岁两叨荐籍,有惧心焉,吾不觉抚掌欢笑。何者?人之为善为恶,虽其究至于天高渊下,乃其几却只在此心敬肆之间。惧也者,敬之所由存,而肆之所赖以收敛者也。能知惧则敬德日崇,而善因之日积,天地之庇佑,祖宗之福泽,皆可以延诸悠久;一不惧则肆心日甚,而祸因之日滋,庇佑之在天地者将转为恶怒,福泽之在祖宗者将渐至耗竭。故吾在家日夜丁宁汝父、汝叔戒饬族人家人,凡事务比前加宽厚,加安静,动心忍性,惩忿窒欲,一毫不得伤害天理者,良为此也。汝当放榜之辰,此在常情,方共矜侈佚乐,而汝独能以为惧,积善迪吉,承前裕后之道,皆基于此一念矣。吾能已于欢笑哉!汝叔行,特差增敏随来看汝,就示此意。汝尚坚志力行,勿怠勿恐,于亲友之慕悦势利者,谈说恩怨者,厌怠职业者,鲜腆服食、暴殄沉湎者,或远或绝,以期卓然成一大丈夫,垂名不朽,则吾信哉有后,生无忧惭,死无愧憾矣。惟汝勉之,勉之!

徐平至,得汝书,谓随行逐队无益,而思于山中深大所养,以期用世。此意良善,但所谓养者,若欲博览强记,多识洽闻,则非山中不可。然于用世,不能得力。

---

① 述斋公,即徐瑛,累官尚宝寺卿。

必欲用世,须就身心用功,而身心功夫,却不必舍随行逐队,远有所慕。昔孔子告门人问仁,曰主敬行恕,曰居处执事,敬与人忠,曰事大夫之贤者,友士之仁者。皆令即应事接物间,察磨锻炼。惟颜子资质高,学力到,乃举本源告之,曰克己复礼。诚以人生无时不与事物相应接,故其检察磨炼,有不容外此者。然使能检察精密,而一毫人欲不能伏藏,磨炼深至,而一切事变不能摧挫,则即此便是克己复礼。己克礼复,则天下且将归仁,其于用世何难之有。若只居深山,翻故籍,纵使言之了了,只属虚见虚谈,到临事对境,不免错乱。古来有一种博学无用之人,及或假借经史,以败坏天下,其弊皆由于此,不可不痛戒也!且伊尹耕于有莘之野,以乐尧舜之道,方其耕时,岂能不随逐农夫,为厥所为哉。乃其身心功夫,则固有不舍耕而求,不因耕而废者。士之于仕,犹农夫之于耕,其深大所养,当有不能捐舍行队,亦有不必捐舍者矣。汝诚于随逐之时,观彼所为,如或趋于私刻,入于憸邪,流于卑诎,便悚然戒之。或忠厚博大,或端方恭谨,或光明俊伟,便忻然学之,由事为之著,以究夫念虑之微,由动履之常,以极于毁誉得失,死生之大,逐一检察磨炼,不少放过,其外恂恂然,不异于庸众而其中,则如陆象山谓某虽不识一个字,亦须还我堂堂地做个人,此则期于用世者之要术也。万履庵宗伯端正醇笃,耿楚侗符卿沈静刚毅,陆五台太常方严忠信,此皆吾至厚,汝宜以为师。邹刑部聚所,吾昔与其祖司成公相知,又尝与其父宪长公相处。此君虽未识面,然观其《论阳明先生从祀疏》,当自不凡,汝宜以为友。此外更从四君子者访求之,则是深大所养,期于用世者之所取资也。惟汝勉励!勉励!汝叔亦颇有志于学,可出此与看,家庭间自为师友,切磋琢磨,更便且密也。(与孙小太常公①三书)

奉告列位:善信念佛一第一好事,但念佛不是只要口念,须要心念。所谓心念者,是心心念念,在佛如佛说,诸恶莫作,便一心一念不作恶业。佛说众善奉行,便一心一念,修行善果,富贵的不去倚势凌侮,欺害那贫贱的;贫贱的不去逞刁欺赖,诓诈那富贵的,在家里孝父母,敬兄长,不欠钱粮,不宿娼赌博,不使大秤小斗,见人不去搬弄是非,教唆词讼,如此才是真念佛。佛必阴加保护,获福无量。若只口里念佛,如俗所谓佛口蛇心,却也全无功德。吾年已七十二岁,做官五十二年,历事颇多,见作善作恶之报颇明白,故此真心奉告,千万听之,信之。(谕俗文)

而辈不观天乎?春时都不大宣朗,万物却从此生;皎洁莫如秋时,万物却从此杀。(以上皆文贞公②语)

延师教子弟,固须择有文学之人,然亦须择其有德行,有威严,又勤谨善教训

---

① 小太常公,即徐元春,官至太常寺卿。
② 文贞公,即徐阶。

者。盖无德行则教坏了学生,无威严则学生不畏而教不行,不勤谨则空费束修,供养荡子,不善教则一味打骂而无实功,反使学生愁苦而阻畏,以至废学。故有文学之师,又必须兼此四者为妙。

先儒有言,嫁女必须胜吾家者,娶妇必须择不及吾家,此言虽是,然尤必择父母兄弟,宗族积祖为善学好者,才可与之为亲。如若凶恶使势之人,就是富贵,亦切不可求他为亲,恐其家作恶之报,累及吾家也。又许嫁要择其儿子肯读书,性温和;聘妇要择其女子肯勤慎,性慈良者。

子弟家人不许与府县衙门中人往来交易。(已上司寇公家规,录三则)

伯父文贞公居常早饭吃素,夜饭不吃,惟日中用荤二样,值岁饥,减中饭荤菜一样。公云:虽所省不多,但民间嗷嗷,而吾辈照常,于心恰不安。先公日中止用鱼肉二样,并不杀生,终身未常着一绸纱裤。吾年二十一,母亲方做得绿绵绸面白布里道袍一件与穿。人生之福,譬如有米一石,日用一升,则够百日。若纵人分食,顷刻立尽,焉得不受饥。(楚雄公①《杂记》中语)

处无竞之地,可以远忌;处无恩之身,可以远谤。

有道之象,不系容止。若留心于服饰间,一纨绔子弟而已。(小太常公语)

贫不可为富也,贱不可为贵也,最可耻者,贫而有富态,贱而有贵容。

易牙"非人情不可近",此言真千古龟鉴。人未有薄视手足,而厚于交游者;亦未有利析秋毫,而可言通财者。

善画者纯是一团生机,故多善;善奕者纯是一团杀机,故无后。若叶子之戏,时时与宋江诸剧贼相对,岂不更为丧心。(以上武静公语,载丽冲公日记)②

凡人检束身心,父兄师友俱不能著力,惟有自己做主,随事省察,庶几有济。然未能全免,尤悔也。如何是检身法?自己曾犯口过,则开口时便检点;曾犯酒过,则举杯时便检点;曾犯傲僻粗肆诸过,则待人接物时便检点。以至贪杀盗淫皆,从日用细密中起,即从日用细密中勘。此吾儒洗心法也。吾与汝曹相处不久,切勿以我言为瑱。

见富贵之人骄蹇,可生发愤心;见势利之人趋承,可生鼓舞心,若止畏而厌之,于我何益?

敬字纸,贵之基;惜五谷,富之基;救物命,寿之基;护坟墓,子嗣之基。

《豳风》谋衣食,不过一豫字。汝曹费尽思索,不免临事仓皇。此宜切戒。

许衡言儒者治生,即商贾逐末,亦复可为。盖饥寒切身,更有何事可做。此宜深思。

---

① 楚雄公,即徐琳,徐陟次子,官至云南楚雄知府。
② 武静公,即徐致远,字武静,徐陟曾孙。丽冲公,即徐允正,徐致远子,徐陟四世孙。

病不发于病之日，乱不生于乱之时。健极不知慎，乃病根也；治极不知防，乃乱源也。

程子云：卜其宅兆，卜其地之美恶也，非阴阳家所谓祸福也。地美则神灵安，子孙盛，培壅其根，而枝叶茂盛，固然也。地之恶者，反是。然则曷为地之美，土色光润，草木茂盛，乃其验也。而拘忌者，或以择地之方位，决日之吉凶，不亦泥乎？甚者不以奉先为计，专以利后为虑，尤非孝子安厝之用心也。惟五患不得不谨。勿近沟渠，勿近道路，勿近村落，勿近井及窖，远此五者，皆善地矣。或云段使他日不为道路，不为城郭，不为沟地，不为贵势所夺，不为耕犁所及，此则安能知之，而安能禁之？（已上丽冲公语）

诵经茹斋，虽是善事，不可太为此说愚了。我儒戒慎恐惧，静存动察工夫，原是绵密，是实落学问，须下手做去。即如放生戒杀，岂非美念？然孔孟程朱，无此邪议，我人自己性灵澌灭，而仗禽兽草木希行善之报，不足愧死乎？世人每多作恶万千，而吃素念佛，放生戒杀，曰吾藉是以免阎罗之罚也。果尔，亦大溃溃矣。儿辈须细细研求存心养性工夫，如司马公"无念不可对青天"，赵清献"每夕以一日所行之事，焚香质之上帝"，此等不欺暗室，即摈却经典，厚自奉养，庸何伤乎？

人家兄弟最该和睦，每见兄愚则弟欺之，弟弱则兄陵之。予一生亲尝其味，其端皆由于妇人。盖妇人之性阴毒居多，若娶得德性温淑，自能俭以成家，贤以相夫。倘娶一险薄，眼孔浅之人，止快自己，不顾他人，或怀嫉妒之心，而巧言装点；或萌胜人之念，而冷语挑唆；见其不及我，则恣意姗笑；见其过于我，则冀其破败，枕边之言，何所不至。即平日友于素笃者，亦无不动念，况未必尔耶。儿辈须知此种无益于己，徒坏心术，痛以为鉴。兄弟同体，犹父母之一身。兄戕其弟，弟戕其兄，是父母以左手斧右手矣，忍之乎？

做人须识大体，不可懵懂，亦不可聪察。

交友以及僮仆，须择谨厚戆直者，切不可近柔顺尖巧，言利之辈。然逢迎易入，忠告难容，须留心详取，方为得之。

事务之来，不论大小，必须平心静气，或商于密友，或证诸古人，量时度己，从容筹度，小事不可忽略，大事不可着忙。"何处不从忙里错"，此言最有味。

小人最会讨好，见我盛时便卑污苟贱，无所不极，其逢迎我稍失意，彼即倖倖他适。朋友亲戚皆有之，不独奴辈也，须要看得破。至阴险之人，口蜜心刀，尤当远之若蛇蝎，切勿一时受其迷惑。

祖先祭享，不可不尽其诚。贫富不可齐量，丰俭亦不可强求，而一点诚敬之心，何处不有？

祖宗祠庙、坟墓，苟力可勉为，即应修理，万勿以非我经管，惧费推委。此身何自而来，岂容忘却本来面目也。

我人一生安逸受用,惟有读书上进一路,质敏者不可恃才而怠苦功,凭他一目十行,不肯读,终归皓首无成;姿钝者不可畏阻而甘暴弃,即使一日一句肯读,皇天定不相负。汝曹勉之。

读书大都十岁以外,至十八,最为吃紧。前则幼稚无知,后则情欲渐炽。此八年工夫,乃一生成败之关。为父兄者,不可不加意督率。

延师须详加体访,择方严朴实之人,切不可凭人荐扬。教子亦须时加考校,察其勤惰,博恂外议,征其优劣。每见人家欲延一师,荐者踵至。若轻信一人之诩奖,妄以子弟从之,或猫鼠同眠,或诱为不善,书无一句而盛夸聪明,文无一字而装改谬赞,以欺其父母。若父母误信,岂非害杀一生乎?人情乐闻子弟之善,不乐闻子弟之丑,此念贻误不小,切须猛省。

立身不可自满,自满则直言不入;作事不可太尖,太尖则人怨易丛。保身保家,慎此二者。

做人行事,一以俭朴为主。俭则可久,朴则有常。无论事之大小,十分之中,要省五分,五分之中又要省三分。切弗快耳目之观瞻,供旁人之赞叹,而损自己真精神。况费用太过,上天亦恶之。日后收拾不来,前之赞叹者,又从而讪笑矣。戒之!戒之!(已上摘录迂叟公①《训儿杂语》)

【注】《徐氏族谱》二十卷末一卷,(清)徐自立纂修。清乾隆四十八年(1783)徐氏家刻本十册,上海图书馆藏。此谱为明代著名官员徐阶族谱。徐氏世家华亭小贞,初居徐家浜,以农为业。徐阶高祖德成生于明洪武间,奉以为第一世。

---

① 迂叟公,即徐佺,徐阶五世孙。

殷氏宗谱

训　语
一、慎娶妇

人家为子孙娶妇，必访其父母之家法如何，妇之性行如何，不宜早婚少聘，贪慕富室家资，勉力攀援。若不择其良，娶一妒妇，入门悍戾，子无刚立，恶为爱掩，纵性自由，略无顾忌，酿成祸患，一时难遣，悔无及矣。且娶媳成家，无论贫困小姓，不求其容，求其贞德。幸遇其贤，何论妻财贵族。若逢其妒，夫在任其酷杀婢女，使夫终身无后，夫死虐陷嗣男，荡夫家业，暴露夫棺，不得安葬。至于颠倒是非，灭绝天理，浊乱宗祧，无所不至。又值不良父兄悖理灭法，阴贼挑唆，直至耗散家资，方为餍足。吾言此不觉悚然心动，谆谆不厌，以儆族之娶妇者。

一、务敦睦

人家兄弟同居，当同心协力，不蓄私财，量入为出，不事奢华。子子孙孙，交相劝勉，始终如一，将见和气致祥，安享无极，如浦江郑氏同居三百年，一门十四世；东昌张公艺九世同居，又如庾衮之不避兄丧，牛弘之不听妻言，薛包之克让，王览之克谐，此皆深知天伦之当重，财利之当轻也。彼兄弟争得尺寸之利，怒气相加，不顾情义，此皆由于气量之浅狭，贪心之胶沛耳。岂知兄弟乃分形同气之人，当式好而无相尤。乃为争财而伤天性，有仁心者忍为之乎？至有溺于情爱之谗间，视兄弟如仇敌，恶声相詈，攘臂挥拳，真禽兽之所为也。将见乖气致戾，感召有由，是敦睦之道所当务也。

一、勤耕读

谚有之曰："家无生活计，不怕斗量金。"言人当经营生计，不可宴安坐困也。天下生业，惟耕读为良策。二者之中，读书又为上乘。一家若得常稔之田百亩，及时耕种，用本栽培，不作匪为，省使俭用，累年积少成多，增置产业，亦可致富。读书立志坚确，亲近胜己，不耻下问，研穷经史，攻习文艺，机关纯熟，下笔成章，临场不滞，万选万中，富贵可期。此不惟荣耀一身，上自父母兄弟，下及妻孥亲属，尽得荫蔽。若立志不坚，自揣终无世用，莫若安分守己，竭力务农，以充衣食足矣。至若造船、买牛、捕鱼、贩鲳，谚所谓"以无底篮收迷露"也。何贪婪不知戒耶？

一、谨交游

交重五伦之一，所由来矣。盖交通多端，利交也，伪交也，贫贱莫逆交也，总不出于君子小人之交。于此契合，于此兰臭有之，于此盟结，即于此矛盾有之。吾族生各一业，必当择其为君子交，慎其为小人交。何也？君子之交淡若水，小人之交甘如蜜，故直谅之与便辟贤奸异，多闻之与善柔妍媸异。如族子弟，日与贞士左右，前后皆贤豪也，谈聚乐啸皆格论也。不则，吾以狂妄交，彼以狂妄投，则狗马鹰兔之驰奋矣，呼庐喝雉之辈出矣，寻花问柳之夫随矣，由此而萧墙贻祸，讼衅内讧，直至销金铄骨，皆此利交，伪交启之也，其祸可胜道哉。愿族慎于斯。

一、戒奸淫

语云："万恶淫为首。"此语人尽知之，而人独不能戒之者，以贪色之念误之耳。有一等不肖子孙，见人家处女略有姿色，钻穴相窥，逾墙相从，及被父母惊觉，即置其女于死地，后日死女冤魂日月跟随，岂不可畏。又见人家寡妇解囊买线，卖俏行奸，一朝事露，身坏名裂，以致两姓门风败坏，使女不能守制，累夫含泪九泉，有仁心者忍为之乎？又见人家有夫妇女，千方百计，日夜谋奸，一日到手，男贪女恋，或背夫盗逃者有之，或谋杀亲夫者有之，或奸夫被杀者有之，或奸夫淫妇俱被乌龟杀死者有之，以父母之身而死于淫妇之手，则老年父母，何人养育，年少妻儿，何人看顾。况古语有云："我不淫人妇，谁来淫我妻。"大抵淫人即所以被人淫也。为子弟者，其必首禁绝之。

一、慎嗣乱

闻之神不歆非类，民不祀非族，族有无后者，受制于妇人，不敢卖妾以图出，而又不立其所亲，故有娶遗孕之妇以生子者，有阳装假孕而阴育他人之子以为子者，有不揣己不能生子，而故纵婢妾与外通奸生子，而冒为己子者。意谓闺中密计，人莫吾知，岂知家人妇女，不免宣露于平时，本生父母不忍绝忘于日后。况人可欺，天不可欺，事可眩，祖宗难眩，欲盖弥彰，话柄难歇，自是绝其祀矣。泉下能无恨乎？《春秋》书"莒人灭鄫"，盖以此也。

祖 训

为我子孙，无忝家门，清白相承，佑启后昆。
孝悌忠信，礼义廉耻，执此八字，以厉行止。
婚姻丧葬，称家有无，力所不及，切勿强图。
房屋器具，饮食衣服，切宜随分，不可过福。
兄爱弟敬，彝伦之常，和气致祥，戾争致殃。
夫和妻柔，人道之常，牝鸡晨鸣，肇祸取亡。
汝有子孙，教以义方，灵椿丹桂，窃比窦郎。
汝有儿女，量材婚配，慎择善良，莫贪富贵。
汝有田地，毋轻荡弃，当思前人，创业非易。
汝有钱财，万弗轻废，开口告人，难矣难矣。
汝欲求安，粮差早办，或图苟免，反贻后患。
宗族不虞，互相扶援，一志同仇，外侮斯远。
或挟小愤，旁观反擎，假此济私，识者所鄙。
毋学赌博，入以贼名，资产罄尽，盗必斯兴。
酒为狂乐，汝当深戒，乱性伤生，为害甚大。
闲花野草，切莫恋他，精枯财散，丧命倾家。
毋惰农业，安分守拙，此为务本，百艺为末。
毋好争讼，动不如静，情恕义让，保家为胜。

毋作下流,奔走服役,丧志专身,毁灭祖德。
济人利物,方便克己,崇善积德,前程万里。
妒害阴险,淫虐暴殄,积恶降殃,神目如电。
欲长儿孙,必须积善,作孽丧心,天鉴不远。
欲求富贵,还是读书,一朝发达,荣显如何。
子孙贵盛,家门之幸,当思范公,顾恤同姓。
既富既贵,益宜积德,消怨施恩,余庆罔极。
从训惟贞,逊曰不敬,钦哉允若,受天之庆。

以上家训,俱系真切,见其言言恳实,字字真详,不惟可以训家,亦可以训国,不惟以本氏之家,亦可训合邑之家也。始采集之以为吾族之训云尔。

【注】《殷氏宗谱》不分卷,光绪十七年(1891)尚义堂木活字本。南宋殷臣自句容迁至常熟,又迁至崇明西沙旧城北,是为崇明殷氏始祖。

云间珠溪陆氏谱牒

卷 一
文 定 公 家 训

吾陆为郡中四姓之一。自汉晋以来,代称望族,嗣系繁衍,以仁义礼智分四派。今散居嘉禾、华亭者为仁派,相传皆宣公之后。吾上世谱牒递传,族叔南云公所。南云为郡从事,以迁徙靡常,谱失去。余初第时,从族中长老访求遗失。未几而南云下世,卒未有议及之者。

一、吾陆世系之远,胤祚之蕃,虽不系谱牒之存,而水木本源,其初一体。语云:受氏而不知所从来,为不知本,不知本为不知宗,不知宗者谓之忘亲。故余特详陆之所自出若此,乃若象贤克肖,以无忝前休,则视其子孙何如,不专以族望为,也为陆氏子孙者,其慎思之。

一、陆氏上世居郡城之德丰里。其出徙乡居,自曾大父槐轩公子二,长大父梅庄翁,赠资政大夫、礼部尚书,大母林氏,赠夫人。梅庄翁子三,先资政其季也。生甫三月,表兄宗大公无子,襁之乳哺,故长冒林氏宗。大公女二,两婿皆强宗,宗大公先母氏卒,姑妇皆孀居,两嫠孤茕,以婿持门户,瓜分其产。先资政所得十之一。时先母甫及笄,归先资政,拮据茹荼,躬织纴以佐修灊。暨二母殁,丧葬皆取给,食指渐繁。岁丙寅,伯兄生后三年,己巳,余生。又十三年壬午,中丞弟生。家日落。盖三年,而余年二十。先资政意怜之。一日命之曰:众良苦力田,孰与力学,余泣谢。始负笈,从经师托馆谷。余时从田间短褐茸履,同学生皆指目窃笑,余益苦厉。越再岁庚寅,补学官诸生。又十年庚子,举乡试。明年辛丑,成进士,抡入中秘。壬寅,引疾归。己巳入朝,授翰林编修。值上推恩,封先资政编修,母沈氏赠孺人。嗟伤哉,吾母沈夫人之卒也,岁甲午,余试棘闱。先资政之卒在壬子,余守官京邸,皆不及视殓,余所为抱终天之恨者以此。

一、余自赘李氏,以书生贫薄,受困抑,居尝谓:大丈夫不自立,奈何株守妇家。复自念家无余产,惧伤先资政心,即隐忍自甘,间资讲授以自给,暨辛丑释褐,入读中秘,不一年请告归,始营居室。家政一主于先资政,一日伺食,炰枯鱼为馔，余方就食。适兄子某至曰，大人何不肉食？先资政曰，竖子忘食贫耶？谁令汝为此言者？余悚然，故余每食不过二簋。客至，供具不夙设，乃今亦稍稍渝矣。

一、吾陆上世农家两伯父皆业儒，以诸生蚤世，不获试。追余兄弟始通仕籍，儿章近叨一第，同时诸从子弟，叙门荫，举乡闱，游国学，入黉校者，先后继起，庶几衣冠之族，绵诗书之泽矣。继自今子弟务惇孝友，笃伦常，毋忘贫贱而慕奢华，毋长骄慢而失礼让，毋私燕昵而忘检饬，毋事掊克以取怨尤。盖节俭所以惜福，恬静所以遗安。斯二言者，余佩之终身。

一、余年八十有一，列仕版者近五十年，平生多病嗜退，家食之日多就禄之日。少弟中丞，自登第以来，荐历台省，晚至开府，然皆恪守家风，在官则廉慎自守，居乡则安静寡营，故囊之羡资，家鲜厚蓄，无余润以推及亲党，所赖彼此相成，仅得寡过。今约每岁计百亩之入，自担石以至升斗，于内外亲族，拟量轻重，以补助不给。其族人子弟有能推广此意者，各行己志。但子孙有贤愚，家业有兴替，岁事有丰歉，不得取必求备，使将来难继。

一、祖墓在贺祥泾，左者高王父松山翁，大父梅庄翁藏魄妥灵之所，形家谓坐壬向丙，受东南巽水生气，为吉壤第，左右塚穴相连，不能旁展寻丈。自后子孙不得轻听堪舆家言，开拓修筑，致伤地脉。惟护封树，戒樵牧，立一坟户，以司守望。

一、外祖父母沈氏墓在余所卜新垗之北，越一水，距不百步。今沈氏已绝，岁时祭扫，属吾家子孙世世无忘，以明追远继绝之义。

一、孝敬，人伦之常。然父子兄弟间或不能尽分，致乖违责备。为子弟者，盍亦反思，我今日为人之子，日后当为人之父，兄之视我，犹我之视弟也，我不能以子弟之礼善事父兄，而责子弟以事父兄之礼事我，为父兄者，亦思我为子弟，所以事父兄者何如，而责之子弟，如此则父兄子弟各尽其道，而爱敬之心不容自己矣。语不云乎：前人标榜，后人则效。

一、由吾祖而同出者之为伯叔，由父而同出者之为兄弟，推之则由吾祖父而上溯先世，由吾世而下逮子孙，其所自出，则皆一人之分，譬之水木一本同源。故凡同宗子姓，本乎一体，所宜休戚相关，敦睦无间者也。自夫隔形骸而分尔我，析门户而为彼此，中间成立各异，嫌隙易生，甚则互为忌嫉，相戕相贼，是撤藩篱而祸患乘之矣。故曰：宗族睦则本根自固，兄弟和则外侮不生。每见操入室之戈者而祸自内作，启阋墙之衅者而家以倾败，如近俗者，可鉴也。

一、子弟之资禀不同，性行亦异，在贤者无论已，即使不肖，为父兄之者当提撕之以教言，表率之以操行，涵育熏陶，以之善养，盖涵育以俟其变化，熏陶以俟其渐磨。所谓中养不中，材养不材者以此。如以其不肖，而弃绝之，彼将妥于不肖。不思自反，而反以不慈不爱蓄怨于父兄，小则失欢，大则伤恩者，有之矣。

一、子弟承继祖父，享盈成之业者，不思祖父起家辛勤，开创艰难，徒见夫宦达丰隆，用度优裕，视为故常。至其当身无所凭借，而习于骄溢奢靡侈汰，不务节抑，致衰门祚。如使为子弟者，当盈成而常怀开创之艰，处丰余而无忘寒俭之素，则先业不坠而家可常保矣。故曰：善保家者有余时，常坐不足想，善养身者无病时，常作有病想。

一、子弟少时情窦未开，则养正于蒙。迨其长也，知识渐分，趣向未定，嗜好易入，当严其出入，慎其交游。夫人情每惮于检饬而乐于恣肆，故直谅谨恪者难亲，而便僻巧佞者易合。如不慎其初，一比之匪人，则导致以骄奢淫逸，放辟邪侈，无所不至。及夫积习既久，疏之而怨谤横生，从之而败亡踵至。盖游处熟则熏染易，迷惑深则悔悟难，故交游不可不慎而择之，贵于早辨也。

一、男女婚娶，惟审其世裔相当，家法有素，苟徒慕门阀之高华，资产之丰厚，校计于目前，不知富贵不可常，贤否难预必，乃其后婿或不肖，而不能善保其室家，妇或不贤而不能恪守乎妇道，以至伦理乖违，家道衰落，使其子女抱恨终身，悔无及矣。

一、童仆以朴直谨愿，心无欺诈者为上材，能营干者次之。其他巧黠便佞，语言儇捷者，中未可保。与夫浮寄而无亲属，转鬻而事二主，曾经公门役过者，并不宜蓄。大凡臧获，为家长者，当御之以正，抚之以恩，平居则恤其饥寒，轸其疾苦，使令则均其劳逸，程其勤惰，如此则感恩知劝，无不尽心矣。

一、人情愤争，责备生于恩怨，故或非意相加，度其人贤于己者，则我当顺受，待其自悟。其同于己者，大则理遣，小则情恕。至不如己者，则以不足校置之，乃若我有德于人，则不责其报，人有德于我，则受施勿忘。如此，则以之处人而愤怨息，以之自处而地位宽。故曰，宁我容人，无人容我。宁人负我，无我负人。

一、置卖产业，界至要分明，价值要平允，不可乘人之急，故濡迟以抑勒其价，亦不可利人之产，务图谋以强勉其售。盖交易贵平，处心宜厚，交易平则日后无异言，处心厚则子孙可长守。当思兴替无常，今日弃产之人，即前时置产之人，或其子孙也。

一、晨昏门户启闭，内外出入分别，人情安于所忽，易至疏虞。为家长者，亦当加意省察。先达顾文僖公戒子孙曰：通宵出饮清朝卧，此是人家百弊生。真格言也。

一、宾婚丧祭，当一依礼制，及称家有无，不可徇俗趋时，奢靡越礼。其详已著乡会约、善俗议中。

一、近俗子弟受人哄诱，收买年少童仆，始相狎昵，久而纵肆，坐则同席，食则同案,不惟主仆不分,抑且观视欠美,亵主威而招物议,贻厉阶以坏子弟,甚则挟恩生事,以来外侮,恃爱宣淫,以湿家声。此之为害,生于积习,然情欲易流,隐微易忽,识微谨始者,宜戒之。

一、娶妾必择其父母良善朴实,女子性行端谨,其市井商贩,客土浮寄者,虽姿色绝伦,细微难保。乃若娼优下贱之女,总有色艺在,良人家不宜蓄,不惟虑子息难处,尤恐玷污家门。

【注】《云间珠溪陆氏谱牒》十一卷,陈守先等纂修,1926年石印本。始祖陆文伯,元代迁居松江府城德丰里。明末陆庆臻,字集生,号笏田,避乱自德丰里迁居青浦珠街阁(今朱家角)镇。明代陆树声、近代陆士谔均出自此族。

陆氏世谱

春山祖训

先正曰:"君子将营宫室,宗庙为先。"故居家者,必择静室以妥主。每遇时祭、诞辰、忌日,必诚必信,荐时食,致孝享。然此须于分析时,约取常产中十分之一,永充祠基义田。或家置千金,名登仕版者,亦念世德所钟,量捐百分之一,少植公产,慎勿自专而忘本。先行什一以急公,后行百一以裨公,则和不匮而公益充,报本追远之道,无逾于此。

谷英祖训

孟子曰:"人之为道也,有恒产者有恒心。"若无所借而为善者,豪杰也。其次则必待乎恒产焉。是以先王制其田里,教之树畜,使寒有所衣,饥有所食,庶幼有所养,老有所终,衣食足而礼义兴,然后驱而之善,则□□浧之也轻,而恒产恒心,可相有而不□相无者也。惇典善后之道,无出其右。

上二祖训,乃大父询之,故老笔之家乘,可大可久之业肇是也。备录于此,子孙其仰法焉毋忽。

乐忍祖训

宋真宗曰:"富家不用买良田,书中自有千钟粟。安居不用架高堂,书中自有黄金屋。娶妻莫恨无良媒,书中有女颜如玉。出门莫恨无人随,书中车马多如簇。男儿欲遂平生志,六经勤向窗前读。"夫学者,吾儒之珍也,学成而身自荣矣。善后之道,其有外于此乎?

朱文公曰:张公艺,九世同居。高宗幸其宅,召问所以能睦族之道。乃请纸笔书"忍"字百余以进。其意以宗族不协,由尊长衣食或不均,卑幼礼节或有不修,更相责望,遂为乖争,苟能相与忍之,则家道雍穆矣。夫忍者,众妙之门也。能忍而家自宜矣。睦族之道,其能外于此乎?

夫贞宗言善后也,文公言睦族也,即此一君一相之格言,真足为万世之至教。吾子孙当夙夜佩服,以立身扬名,保族宜家者也。慎毋暴弃,甘于下流。

怡忍祖训

夫农业者,衣食之源,民之所天也。故男不时耕,看人吃饱饭,女不勤织,看人穿好衣。谚云:"懒惰难成事,风流不立身。"凡为子孙者,男则当时其耕,女则当勤其织,毋分昼夜,毋间寒暑,而又尽之以俭,公逋私负,仰事俯育,皆于是取给,而为盛世之良民矣。

克茂祖训

大凡物不得其平则鸣,故讼也者,将以求代口分释,务使寓之图圉,归于良善,不终于冤屈,可也。此固自固其防,免贻有识者之诮,其自干□□,怙终不悛者,不在此例。能众证成狱,□□祖训者,尤惓惓于将来之望。

□平也息之将□□。悔翁曰:毋好争讼,亦惟毋听谗言搬斗,毋容金壬往来,自反自抑而已矣。讼自反而讼由是息焉。或被冤抑,或受屈陷,理直气壮,事出无奈者,务须原情具词,告诸有司,申之当道,别白是非,剖断曲直,惟明惟允,必期理明气伸而后已。如果年衰力乏,不能辨雪者,凡我同族,宜各仗义捐赀,同心协力,或轻身赴欣,或……

【注】《陆氏世谱》不分卷,陆坤元等纂修,嘉庆十四年(1809)行素堂刻本。始祖陆春山,宋元间迁至崇明。

南翔陈氏宗谱

宗规十二条

一、崇祀以敦孝思,一、孝悌以肃家风,一、耕读以承先泽,
一、睦族以念同宗,一、择配以选良家,一、好合以和夫妇,
一、勤俭以务本业,一、诗书以裕后昆,一、慷慨以助亲戚,
一、敬信以慎交游,一、赈济以活穷乏,一、宽厚以待佣工。

训声翔

宗祠旧有宗规十二条,载在旧谱,于修身齐家之道概括无遗。近来学说日新,风气渐变,人生斯世,自立尤难。故再发挥己意,以训声翔,并与我族人共勉焉。人之为物,与禽兽之为物,生理作用,间不容发,饥思食,渴思饮,劳思息,倦思眠,穴居御寒,聚众御侮,人与禽兽皆能为之。所异者,人较禽兽开化较早,智识进步,则运用其智识研究为人之道,于是有敬父母,爱朋友,重夫妇,信交际,忠职务,慎取舍,是为人之道德,而定其名为孝、悌、忠、信、礼、义、廉、耻,损益而斟酌之,以制为礼,以此教人,简称之曰"礼教",取其精神,以制法律,犯者以律文处之。亦有律文所无,而其行为与孝、悌、忠、信、礼、义、廉、耻相反者,则有师友以规劝之,清议以指摘之,未有不幡然改悔者。即有怙恶不悛之人,其人必为乡党所不齿,众论所不容,是礼教之深入人心。善恶即不能混淆,是非即不能颠倒,由是而父慈子孝,兄友弟恭,夫义妇顺,皆互用其爱而范之以礼。又推爱家之心,以爱他人,则睦族恤邻,而交际往来之事起矣。再推而爱全国之人,则养老慈幼,尊贤容众,而慈善教育之事举矣。非仅具衣冠,不知礼教,即可为人也。人与禽兽之区别在此,而中华民族,较诸异国民族之仅以法律为范围高出一等者,亦在此。故中华民族论人不谈法律,而以礼教衡之。非若外族之论人,以不犯法为了事,置礼教于度外。如自身奉养奢华,置父母于田间,在礼教为不孝,而渠云"我不犯

法"。如商业行为与人口约,到期不履行,在礼教为不信,而渠云"我不犯法"。如对于职务怠惰不力,在礼教为不忠,而渠云"我不犯法"。如闺门不修,在礼教为无耻,而渠云"我不犯法"。如见危不救,受恩不报,在礼教为不义,而渠云"我不犯法"。以此观之,受过礼教之民族,较之仅以法律为依归者,实高出一等耳。况欧美因人之出生时代渐久,亦已逐渐礼教化。古云:"君子怀德,小人怀刑。"德重于刑,可以慨见礼教之说。古人书中言之最详,故为人必先读书也。迩者西方异种高唱共管谬调,东方同种力肆侵略暴图,环顾国中,内乱也,共祸也,凶荒也,疫疠也。凡我同胞,救死犹恐不遑,乃复自相残杀,生齿削减。自兹以往,不待外人之侵夺屠戮,而毁家灭族之惨不旋踵至。是非团结精神,积无数各别之家族、宗族,以成惟一整个之伟大民族,不足以挽劫运而救民生,乃国事日见其杌陧,人心日趋于萎靡,岂晚近以来,种族起有变化,抑人道失其真传耶?揆厥原因,实始于清季民初之选派留学生为最大误点。考各国选派留学生,必其人在大学,毕业后任教授若干年者,方得选派。因其早知本国之精神何在,学成以后采异国所长,补己所短,磨琢良玉,借助他山,成效之彰,非可限量。日本人留学欧美者数居各国之冠,虽军事略师德制,法律略师法制,是取其精神而不徒袭其皮毛,故和服、木屐旧俗迄今未废,而国仍可强。我国选派官费留学生之初,世家子弟皆不愿往,不得已求之西崽之门,盖以其日与外人接近也。当时官府复以名利饵之,故一味盲从,遣其子弟放洋游学,而年龄相当与否不计也,问以中国精神何在,茫然不知也。历年既久,袖一毕业证书,或得有博士、学士等学位,高视阔步。言旋故国,仪表举止,衣食习惯,怡然以欧美化自豪于众。即语言一端,亦必纯用外国语,一若本国语不足道者。其故虽于后生之自作聪明,亦由于前辈之不肯指导。余亦留学界之一分子,忆及从前经过之事,每多感慨。余民三出宰龙溪,邑之天主、耶稣两教徒常相评讼,余以教民同为中国人,竭力开导,不因其异教而歧视。主教之牧师司铎等渐与余昵。亦云:庚子后,外国多认中国为无规则。余来华多年,熟读中国书,方知中国事事有规则,且文化非他国所能及也。夫外国人对于我国如此推崇,以其读中国书耳,而学生辈对于本国乃诸多轻视,以其未读中国书也,可慨孰甚。呜呼!国家阽危,人伦攸敦,非孝共妻谬说日炽,我国欲求自强,仍须求之于礼教。非重视礼教而轻视科学也。我国科学不能谓之无有,只能谓之不发达。盖其不发达者,由于君主防范人民,束缚人民所致。嗣后政府若极力提倡,以我族先进之智识,其发明必高出他族一等。故兴国之策,当以注重国文,尊崇礼教、提倡科学合并进行。我族人丁日盛,政农工商各执一业,然任从何业,必先读书识字,所谓普及教育也。对于子孙读书之费必不可省,使家无盲丁,即国无盲人,家兴即国强。子孙出洋留学,须在大学毕业,实习其所学若干年后,方可遣出。贫乏者亦可向义庄借支学费,完成其志愿,于国、于家两有裨益。如子孙资质不甚高者,使其有相当学识,即就其性之所近,从事于农工商,择一为之。若坐食遗产、游手好闲,是为败家之子,亦即辱国之民也。愿汝等共勉之。

【注】《南翔陈氏宗谱》不分卷,陈家栋纂修,1934年永誉堂铅印本。始祖陈仁教,号西溪,官慎图,明天启年间自休宁移居嘉定槎溪。后其孙陈菊亭,号泰燧,字佩公,迁居南翔。陈家栋为中华人民共和国成立后上海政协委员,其所撰《训声翔》,又有《南翔陈氏家训》铅印本存世。

练西黄氏宗谱

卷　七
家　宪
族党规约

一、吾族自始迁祖,忠芳公以下,谱牒具在,以前均已无考。自后按照规程,以时修纂,恪遵祖训,断自忠芳公始。其他黄氏支系不得妄有攀引,以诬先人。

二、旧定字辈已有取以命名者,难以改正,今以复位之"汝宗世守,曰惟义方,式承学友,贻庆乃长"十六字辈榜于祠堂,族人命名务宜遵守。

三、凡无后者,宜择立族子,不得以异姓为后。其有恩抚异姓子者,苟性质行谊不趋污下,自可认为别支。但有后,始得入谱。谱列附录,别支之子孙虽遇辈齿独尊时,不为族长。此外不宜过分畛域。

四、凡成人贫而无后者,族中在五服以内应为立后,不得嫌贫规避。承嗣后,其本生父遗产照旧均分,兄弟不得争执。其承嗣有产者,不得援以为例。但本生父母及兄弟愿以家产酌分者,亦得承受。

五、义田为赡族之举,将来族大丁滋,势必供求难应。族中有力者应常谋扩张,以善其后。如族人有捐田至五亩以上,或捐他项财产称者,应随时题名祠中,以彰懿行。

六、祠中春秋祭享,族人满十岁以上者,非有重大障碍,必须到祠行礼。春节清晨,族人率子弟到祠行礼。礼毕,退出于诚明堂,依长幼序齿,团集行礼,亦不得无故不到。

七、吾族子弟不论男女,已届就学学龄,必须入学。如有学龄已届,父兄不令入学者,族长得强迫之,族人得督促之。

八、子弟毕业小学之后,若无力更入他项学校,或亟须谋生者,应择正当之业,俾令习学。既习一业,尤不可时时改业。如有听其游荡、不务正业者,由族长剀切训诫,族人亦有规劝督责之义务。

九、族人设因民事细故、致生争执者,诉明族长及族人之公正者,会集祠中,秉公调处，不得遽起诉讼。但犯有刑事者，族人不得干预庇护之。

十、子孙有贫不安分，盗伐坟树，鬻卖子女、滋累亲邻及为其他不肖事者，由族长召集族人，在祠中会议惩戒之。

十一、族人为大不韪事，贻害国家社会者，及流为娼盗奴（指鬻为人奴者，在此言贫而佣工不例）妾者，由同族会议令其出族，谱牒除名，勿与为齿。

十二、本规约如因时势不同有修改时，须经同族会议之议决。

守恒案：吾族旧有族党规约，后经一度之修改，详《祠祭志》中。此为现行规约，民国三年十一月由同族会议议决。

同族会议规程

第一条，左列之各事件，应召集同族会议。

一、族党规约及各项规程之编订修改及施行期。

二、义田之预算决算。

三、义田职员之选任。

四、其他重大事件经规约或规程规定，应付同族合议者。

第二条，同族会议由司总召集之。

第三条，凡族人年在二十岁以上，通晓文义，有正当职业者，得于同族会议列席为议员。

第四条，同族会议设议长一人，由列席议员推举之。书配一人，由议长指充之。

第五条，同族会议事之可否，以多数表决之，可否同数，则取决于议长。

第六条，同族会议之议事录由司总保存之，另录副本存祠中，其议决事件交由司总、司事分别执行。

第七条，族人有重大事件或意见，得提出议案，或请求召集会议。

第八条，同族会议于诚明堂行之。

第九条，本规程之施行及修改由同族会议议决之。

守恒案：同族会议，肇自清季，详《义田志》中。此为现行规程，于民国三年十一月议决。

家　　训

损之公：与受陶弟书

前奉决拾旧业之命,喜而不寐者累日夜。我祖、我叔积功累德,庸启后人,以植此无疆之休也。今闻丈山有合伙之议,贤弟尚在游移,愚实鄙陋,不能窥测高深。就愚看来,无论彼处客存多而枪法乱,必无完美之算。况不杀生而不发财,未必杀生而即发财;杀生而发财,未必不杀生而竟不发财。发财之人甚多,未必皆由于杀生;不发财之人甚多,未必皆由于不杀生。而发财之不能无抱歉,于心又无论矣。矢人岂不仁于圉人,矢人惟恐不伤人,圉人惟恐不伤人。故术不可不慎,斯言当三复之。

石香公保家条约

余七世祖忠芳公明季由江东迁于合浦门外出号一图,今宗祠余家老宅也。累世有潜德,先大父膺若公服膺"学吃亏"三字,尝为亲戚家知数,不染一尘。先考省斋公、叔父竹虚公、效圃公勤俭操家,家业渐裕。然皆恪守膺若公遗训,乡里咸称善人。余兄弟及从弟、从子辈各承先人遗业,数年来有赢无绌。因思承先启后之方,不外循分守己之道。享祖父余泽,家计日丰一日,福报日削一日。其继我后者,以不善经营,荡废家产,尚无足责;或骄奢淫佚之余,不快其挥霍,渐开刻剥之风,积为豪横之习,将祖先德泽渐灭无余,有识者未有不归咎于今日封殖之勤有以致之也,悔何及哉?谨拟数条质之伯氏,损之从弟,补之次欧,从子济川辈酌定,俾后人永守弗替,吾宗幸甚,吾子孙幸甚。

一、祠田宜筹办也。吾家族属未广,幸各自存,无待公钱津贴。然子又生子,孙又生孙,保无有长短不齐,谋生日促者乎?岁入节省羡余,留为祠中置产,数年之后,积有千亩。凡族中贫不能婚嫁丧葬及读书者,于兹取给焉。若不及今图之,到无力时,移终成虚愿矣。

一、佃户当轸恤也。沾体涂足,辛苦难言,业主安然坐享其利,租斛与市斛不同,重入轻出,于心何安?倘遇灾荒,视岁收折算,必使留其有余。佃户或疾病死丧,亦宜量为周济。家中有喜庆事,必减租资福,如此而有积欠顽户,不妨别佃。

一、亲戚必提携也。亲戚中富厚之家固不待说,如有贫乏无以为生者,或代为谋地,或随时周恤,毋使失所。虽甚不肖,亦宜矜怜。

一、交游在慎择也。朋友亦五伦之一,岂可轻言结纳?无论邪僻之徒,固当远避,即酒食征逐辈,亦须谢绝。平日交游皆直谅多闻之士,则进德修业,实基于此矣。

一、浮费要节省也。俗竞奢华,伊于何底?无论服御饮食,及一切动用器皿,皆宜质朴,婚嫁务崇省俭,即丧葬大事亦不得逾分越礼。

一、公事贵实心也。凡有益桑梓者,能身任则身任之,否则襄助以期有济,不可萌悭吝心,亦不可作自私自便计。倘水旱灾荒,公事中为极大,尤当不遗余力。

一、教子弟必择名师也。读书即不为科名起见,必得讲明圣贤道理,方可为人。养正之功,责在蒙师,所系重大子弟。或有苕发颖秀者,文行交修,华实并茂,尤不可少名师裁成。

以上数条于用财之中寓宝家之道,惟量入为出,随乎力所能为。若从井救人,究非中庸之道。至孝悌忠信,礼义廉耻,随时随事,各勉为之。勿自蹈瞀,尤抱惭衾影,是在人人自尽之而已,安能条分缕指哉?

道光十三年六月书

石香公书示鲁文英三孙

道光十九年十月一日,余末疾大作三昼夜,粥饮不食口,几至危殆。今虽少愈,而精力大衰于前,因思祖泽之绵长,念后昆之冲幼。呼三孙,命之曰:余老矣,尔曹不幸早失怙,尔高曾孝友可风,余不为尔述之,尔曹何由知先德哉?尔高祖膺若公孝行大节详于家乘中者,无庸赘述。膺若公有兄上衡公,自幼读书,不遂厥志。膺若公以祖遗薄田悉让之,又时周恤之无倦。尔曾祖省斋公昆季三人,止老屋数椽。省斋公与二曾叔祖竹虚公别买宅同居,以老屋让三曾叔祖效圃公。省斋公与竹虚公同心合力,勤俭持家,以数百缗钱行商,积至亿万余缗。兄弟皆年逾七十,始分居,爱敬和睦,不异童时。抚己子犹子,食饮教诲,无少区别,乡里咸称道之。余虽德薄,无善可述。省斋公弃养,余事尔伯祖损之公如事省斋公,无事不咨禀而行。余兄弟友爱,终身弗替。尔父既后损之公,损之公年七十时,一日语余曰:"今有三孙矣,一孙当承大宗,然勿以我故,而使其兄弟分产之不均。三孙皆吾父之裔,吾兄弟之产皆吾父所遗之产,无分彼此也,无有异同也。他日其均分而授之。"余偶迟未答,损之公曰:"吾弟知敬而不知义,吾弟其行吾志可也。"损之公弃世,余以命尔父,尔父谨诺。今尔父已殁,安可不令尔曹闻斯语欤?夫古人让产取薄,历世同居,懋行淳谊,余非敢遽望尔曹。尔曹得如高曾所以处兄弟者足矣。兄弟谊诚同财,然有时分异,适全其义。尔曹他日各娶妇,各有子,妯娌为异姓,骨肉易生差别。世间昆弟尚不能违言,矧可责诸妯娌辈耶?惟望尔曹,异时各立门户,毋蓄私利念,毋萌争竞心,不愧为黄氏子孙,不失为黄氏昆弟,则余之幸,即尔曹之幸也。尔曹今皆幼稚,因书之,以冀不忘余言。

樗父老人书

损之公上竹虚叔父书(附)

三月十四日,侄男钟顿首、顿首,谨献书于二叔父大人尊前:

凡学之道,严师为难。诸弟从学母舅师则得矣。然放馆时,店中诸友互相谑浪,乐而忘返,保无燕朋匿师,燕辟废学乎?钟思欲诸弟学业之成,来岁必需延请西席,朝稽夕考,毋使或离。庶几安其学而亲其师,终始典于学厥德修罔觉也。抑又有请者:钟早拈帖括,正业俱荒,由今以思,抱悔无及。假使掇取巍科,服官莅政,而宦海茫茫,欲不负所学,保全令名难矣。况万万不能是。诸弟为学,当潜心求道,下学上达,安在圣贤不可学而至。然此可为知者道,难与俗人言也。

王氏姑夫病,鼓胀甚剧。钟思姑夫昆仲三家俱无嗣息,今又沉疴难起,未必非择业之不慎。维天好生,君子则之,见其生不忍见其死,闻其声不忍食其肉。我家数世相承,俱无亏行,惟是宰猪一事,业此有年,不能无遗憾焉。以叔父之鸿才卓识,何谋不济?倘不必恋恋于此。

伯祖上衡公不可以无嗣也。无嗣,曾祖之心安乎?曾祖之心不安,即大父之心亦不安。钟欲于诸弟内枚卜一嗣,家庭一切如故,而奉祀则专属之,其亦兴灭断绝之道乎?

每岁祭扫,高曾祖暨大父,三处主穴,固自了然,余者不能逐细明了。此时尚然,况其在后之人乎?钟欲于每茔立石,石上刻某某公墓,某山某向,某某立,庶可昭示永远。即有兵燹变迁,亦可按石而求也。再高祖茔东竹梢内,九公公、四叔父、象叔、虎叔、泾西瓒弟、碧弟、二姐姐、小姐官诸墓未能剖析。现在竹梢已尽,钟欲二处俱筑疑冢。凡族中无葬地及幼殇者,男则葬竹梢地,女则葬泾西。其瓒弟、瑞弟系幼孩,不嫌男女无别,不必搬动也。

古之葬者,不封不树,土周于墩而已。孔子以东西南北之人,不可不识,封四尺。古四尺,今二尺五寸六分。子夏葬孔子三斩板,板之长不可知几何,大约与四尺之封相等,然则垄之,不求高明矣。又葬,藏也,欲人之弗得见也。钟鲜外出,然往往见一抔之土方干,四寸之棺已露,或垦为平地,或冲及临涯,触目惊心,良可浩叹。从可知入土宜深,去水宜远。譬犹树浅则易长,然不虑大风拔木乎?至近水而岸落根萎,又不待言矣。

以上数条,俱就愚昧之见,约略言之。语有之:"狂夫之言,圣人择焉。"又曰"愚者千虑,必有一得"。倘以钟言,足可采择,俟叔父旋南,再当逐细剖陈。如有错谬,即望斥示,庶茅塞顿开耳。

钟顿首顿首谨禀

卷一三

世荣既捐成义田，乃与诸父商订经营开支各章程。而与九世孙宗起，商订尤多。（守恒案：先文惠先生书集，翰斋公手续之。关于义田者，装潢为三巨册，署曰"义田商榷两续"，叔父世祖题跋，今藏于家。守恒拟更搜集先文惠手札汇续之，以垂于后。）。自光绪三年始设司总、司事各一人，三年一更替，董理其事（皆于九月任事，秋祭交替）。五年己卯，司总世荣绘造各图田形图册，九世孙宗润实任其役。十八年壬辰，改司总、司事为岁一更替。顾是时尚未有租栈，每岁租入皆寄储其顺堂，以时砻确售变之。二十一年乙未，司总九世孙宗善始于祠右增后屋为租栈，以建于"学吃亏"旧址之屋为租栈办事处。是年冬，司总十世孙世初始置司栈，一人专司其事。至二十六年庚子，章程修订略具，凡为经管章程二十条。

附录章程

一、义田所入者，首重正供。每年条漕启征时，即将本年应完粮数赶完，不得丝毫逋欠。

一、义田设司总、司事各一人。另由司总派用司栈一人，常川住祠，管理仓廒。每年司事经收租项，上仓报明司总登记。租册由司总随时出具，实收联单。每年核对租册后，另派人到佃户查核，以昭慎重。遇应开支各项，司事核实填付账单，凭单支取，年终汇齐各单存根对销。岁支辛资，司总、司事每月各支钱三两，司栈薪水、饭费，随时量给。

一、司总于各房中择身家殷实者承充，司事择公正干练者承充，均不论长幼，逐年秋祭时，公议举换。惟族长有督事合族之责，不得肇充司总、司事。义田多系老大房捐置，凡会议事宜，老大房子孙例应与议。

一、义田岁入租米，扣存本届应支各项外，将高白米上廪。至来年小暑节后，方准籴变，永为定章。如有潮软米色，不能过夏，准随时籴变。司总、司事跟同议价。如有小暑以前擅动廪白，不遵定章者，族人随时纠察。

一、本祠设积谷仓廒二间，各容谷一百担。第一年租入留谷二十担；第二年租入留新谷四十担，将旧谷粜去；第三年留六十担；第四年留八十担；第五年留一百担；第六年留新谷六十担斛，存旧谷六十担，其余粜去；第七年留存新旧谷各七十担；第八年留存各八十担；第九年留存各九十担；第十年留存各一百担。以后两仓已满，无庸再积。但于每年租入后，将前年各一仓粜换新谷一百担，上年一仓斛见旧谷一百担（如有亏耗，将新谷补足）。设遇荒歉，筹垫不敷，会商动用。成熟后，即照前法补足。凡粜变旧谷，必待新谷既升，不得先行粜去，永为定章。

一、汇造本族男女丁口册，注明支派、年岁及某人妻女，遇应支各项，于本人名下加盖红戳，以备稽查。凡有病故、生育、完娶、许字、出嫁、恩抚、出继者，随时报明，核实注册。在外不检生子者，出家为僧道者，过犯至出族者，不准入册。遇应给各项，逾三月不报者，勿给。

一、凡应给各项月米，按月支领；修金辛费，按季支领，卷费临考支领，丧葬、婚嫁、产婴各费临时支领，养老、岁修支项不准预支，不准留积。有缴还者，另收公积，以备置产。无论经费赢绌，不入别项开支。

一、凡收租粜变，应给各米，均用本祠较正官斛升斗，出入划一。如有轻重出入者，族人随时纠正。

一、每两制钱七百文，不扣串底。

一、开支各项外，如有盈余至五十千，即择妥生息。至成数后，即行置产经营者，不得见有盈余，即拟应变通挫广，亦不得扣留备用。

一、义田设遇灾歉，入不敷出，有力者筹垫，不得取息，亦不准于义田别出借据筹垫。不敷，动用仓谷，或除修金月米费卖外，其余各项暂停暂减，临时察议。

一、义田前有活交田亩，业经回赎买补，自后不得再买活产。

一、义田除官派各费外，地方一应捐类，既不应酬，以从撙节。本祠房屋器用，除经营外，族人不得占据会聚，擅自备用。

一、义田佃户，宜从优体恤，不得额外取盈。实际顽抗，亦应禀官开追。因此，本祠田地房屋，族人不得租借。

一、义田出入，每年誊清管收除在四柱册，会同校对无误，刊刻《征信录》，遍送族人，并于祠祭日具疏焚化一本。如有察出司总司事扶同情弊（借与族人者，亦作本人侵盗论），除赔补外，合族公议，另选公正族人会办。

一、义田章程禀县里立案，给示刊石，永远不准变卖。嗣后续捐增置积至百亩，即行续禀；积至千亩。通详报部，增勒碑石，以符体制。

一、司总司事除自有弊窦，许合族查察外，其有不应开支之疑，依规处置，无可通融。凡我同宗，均宜体察。

一、现因经费未充，除照章支给各项外，所有岁科乡会卷费，有子继娶婚费，暂未议及。俟物力渐裕，临时公议酌增。

一、凡应给月米、养老甘旨、婴衣乳食钱、读书修金、经营薪资，自光绪三年冬季起。

一、现在开支外，如有盈余，尽数生息，随时置产。

右义田开支经管章程，系就现在经费，详审酌定。惟祠堂应兼设家塾，及计口授粮,周恤灾祸兵荒之类,因经费不敷,未能举办,即照章开支。将来丁口日紧,尚虞不给。务望同怀一本之谊。

开支章程十六条

一、凡夫故守节、子孙年未逾二十者,月给米一斗。聘室守贞来归者同。子孙及岁,停给。不肖送祠拘管者,照给。遗腹给产费钱三两。家贫再嫁妇,能守节者,照给。

一、凡家贫孤子,年未逾二十者,月给米一斗。三岁内无母者,由族人抚养,月给婴衣乳食钱八钱(孤女给六钱)。

一、凡家贫孤女,兄弟无年逾二十者,月给米一斗,嫁时给钱二两。无母或母有废疾者,嫁时给钱四两。既嫁,月米停给。童养夫家,预给聘来嫁资(由夫家具领)。

一、凡既嫁女,贫寡无子,归依父母兄弟者,月给米一斗。大归依母家者同。

一、凡家贫,年六十外,无力谋生,子孙无年逾二十者,月给米一斗。子孙及岁,停给。不肖送祠拘管者,照给。

一、凡家贫废疾,无可谋生,子孙无年逾二十者,月给米一斗。子孙及岁,停给。不肖送祠拘管者,照给,病愈停给。孤寡兼废疾者,准于孤寡本分外,另给。其有家贫丁壮,实系重病久病者,随时酌给药资。

一、凡家贫,年逾二十未娶者,给婚费钱十两。无子继娶者同,无子纳妾者减半给。非明媒正娶者,不给。

一、凡家贫,生产临时给产费钱一两。生而育者,每月给婴衣乳食钱五钱,半年为止。失母者,二年为止。所生子女多至五口者,月给米二斗。弃婴溺女冒领者,审出追赔。

一、凡读书,岁给脩金。父没,读四书者,四两;经书者,八两;作文者,十二两。父在者,减十分之三,由司事按季支送,入学后停给。现从业师,报明注册,每月十五日赴祠考课,酌给奖物,每次经费以十两为则。另设季课,以劝实学。与大小试者,一概应设奖款,每年以四十两为则,章程另立。应试者概给卷费,县试正场一两,州试、院试正场各二两,复终入学者,均倍给。

一、洋文西学,为时用必需,理宜兼习。照作文例支给脩金,按季支送。仍分别父在与否,不论已未入学。如考入官设学堂及铁路电报学堂者,停给。不习冒领者,察出追赔。嗣后从师较易,宜随时分别酌减。

一、读书不就而习业者,酌给铺程费五两,不分父在与否。须年十三以外,太幼不给。习业不成,复改他业者,不准重领。

一、凡六十以上者,岁给养老钱一两,以供甘旨。七十以上者二两,八十以上者三两,九十以上者四两。至年例合符,呈请建坊者,常给外,加贴坊银钱八两。

一、凡家贫者身故,已娶及夫故者,为上丧,给丧费钱六两,葬费有地者给四两,无地给八两。十二岁以上未娶为中丧,给丧费四两。三岁以上为下丧,给丧费钱二两,葬费有地均给二两,无地均给四两(葬族葬地者,照有地支给)。夫在妻故者,照中丧支给。已嫁守节,归母家者,照上丧支给。女在室者,照下丧支给。家无人经理者,司事代为经理,丧葬费并给。丧期迟至三年外者,皆不给。

一、凡忠义孝悌,贞节烈懿,行例得旌表,家贫无力举报者,由义田开支代为举报,已嫁女同。

一、凡出继他姓归宗,及恩抚异姓未归宗,一体支给。

一、凡遇各项照章开支,有志存赡族,或贫寡有近房加意周恤,愿将各项缴还者听。

世荣乃缮具章程,并田亩细数清册,呈嘉定县知事章鸿森,请予备案,并分移宝山、昆山二县。备案发还,印册给示,勒石以垂永久。既得请,乃于翌年辛丑,汇刊为《练西黄氏义田存案》一册。二十八年壬寅,司总十世孙世湜始制收租三联单。三十四年戊申,司总荣复于祠后购地一方,为晒晾租谷之用。民国元年壬子,司总十世孙世祚于沿河添建小屋,为庋置车具之用,而属于租务之设备亦渐具。又自宣统二年庚戌,世荣创议,设会议于祠中,凡义田立法及族中遇重大事件,以时集议。

是年八月二十九日,开第一次会议,议决变通义田开支之法。

议决案,分别办法如下:

甲、司总、司事薪水。

乙、婚费、产费、养老、习业,以上以两计者,概改为千。

丙、丧费、葬费,照章倍给,丧费当场给发,葬费查实后给发,不得预支。

辛亥闰六月初十日,开第二次会议,议决案之关于义田者,一为提存备荒款案。

议决案

每年提存银一百圆,提至十年截止,计银千圆,作为本族备荒之款。十年之内,不得移作别用。其条例别订之,无庸建设仓廒。

二为建置老病残废留养所案。

议决案

祠中于款项有余裕时,应于赵泾河沿地面建造房屋数间,以备留养族人。年在六十以上贫独无依、疾病交侵者,或手足残废、目不能视而贫无所依之人。

三为代葬规条案（议决规条六条，详《墓域志》）。

四为义田告示勒石案。

议决案

将立案告示，即行勒石，碑阴刊义田细号，别用书条石刊义田记、义田后记、主祭议，嵌立祠壁。

又以各项规章多需修正推定，十世孙世圻、世祚，十一世孙守恒为起草员，即行着手修正。至民国三年修订草案成，改会议之名曰"同族会议"。十一月八日，由第一次同族会议议决，同族会议规程九条（载家宪），修正义田经管规程四十条，义田赡族规程（原名"开支章程"，今更题）四十条。并议决嗣后开支，皆依阳历为准，但雇员役不在此例，公布族人，以资遵守。是年，验契章程颁布，司总守恒检集田房文契，一律验领新契。此义田沿革及历年规划，经历之大概也。

世荣之成义田也，以收族之道，谋有以养之，特治标之策耳。为务本计，莫如谋教。故于族人为学务极注意。于开支章程既规定修费之补助，复以光绪十七年辛卯，始于春秋集子弟祠中考课。十九年癸巳秋，始增设季课，与宗起订为家塾季课章程四条。

章程

一、解经论史，贵有本原。随意命题，易涉泛滥。今拟以经学、史学、词章三项，定为常课。经学分纂《尔雅集解》《经字集诂》二种，史学分纂《通鉴纪事本末》《歌括地理考》二种，词章分纂《四家律赋注释》《拟经史演连珠》二种，各就性之所近，分门认定，悉心肄习。第专工词章，无补实用，当分认经史，兼而替之，庶变体用咸备。凡事先难后易，切勿见异思迁。苟能勤学有恒，由浅入深，积小高大，将来发名成业，即基于此。分纂体例，列如别纸。

一、课程每年分四次交送（凡兼习者，一期专交或经或史，一期专交词章。不兼习者，仍逐期送交），分冬夏两次，甲乙概给奖钱，备购书之用。初行两课，略分轩轾，均匀给奖，以示鼓励。一年之后，别上课、中课、次课三等给奖。每课奖钱之数，上课得五，中课得三，次课得二。每等卷数之多少，每等中各卷奖费之异同，同听校阅者临时酌定，签黏卷面，悬票领奖。

一、课卷由祠中司事经办，刊成印板，大小一式，以便汇存。每卷至少必在十纸以外，不及十纸者，留俟下期，一并甲乙。

一、是课以劝实学，凡吾族大小试者，皆宜应课，一例评阅。至春秋季，祠中考课作文、默经等，仍照旧举行，奖款统于数修公积项内开支。所有两项开支，每年以四十千作为限制，□□经史不在此数，俟经费较裕，再议扩充。

分纂经史词章体例五条

《尔雅》为群经总注,不通《尔雅》,不可读群经。国朝邵、郝诸家深通训诂,疏证详明,尤足引掖来学。且篇各为类,最便分治。今拟分篇,各认纂为集解。自郭注、邢疏、陆氏《释文》外,凡古今诸家之说,各按世代条录。每句之下标明书目(首条并书人名),点明句读,末附案语。或广搜证佐,推阐众说;或根据典籍,别创异诂。虽有穿凿,必无杜撰,切忌向壁虚造,望文释义,为大雅所讥。如别无所见,不著案语,亦必详录诸说,以备补纂,不得疏漏。

欲通训诂,必究六书。六书之学,以许氏《说文》为最古。至国朝,经学家多本此为撰述,小学称极盛。但请求不易,钞纂亦烦。今拟先辑《经字集诂》一书为入门之法,取十三经中字,每经合治,各人分认,依经列字。字之下为目,分别本义、引申、通假三者,依次分隶,不得随手混列。为第一行为纲,首标一字,详审六书,注明某体,或某体兼某体。低格另行则分三目,先本义全录许君全文及音切,于下注见某篇某部,经字不见许书者注,许书无,以《经籍纂诂》所引《玉篇》《广韵》所收系本义者录之,次引申,次通假,以《纂诂》篇韵所引,有系引申通假者,分隶之。有则纂,无则阙,亦注明音切及六书之体。

史部浩如烟海,初学宜从纪事本末入手,庶易为力,此通人定论(见《輏轩语》),确不可易。今拟以是书,按世代分认,每篇纂歌,包括《地理考》各一首。歌括用四言韵语(用古韵,依《易》《诗》《离骚》各经),如近人《史鉴节要》之式,务取隐括全文,略参议论,但不可议多于叙,致蹈空疏之病。《地理考》就歌括本篇中地名,以《李氏韵编》考其古今沿革,逐一注明,务求详密,不可惮烦。地名不见于李书者,阙之。舆地为史学之要,然文质绪烦,初学者所惮。今以此发凡,即事求地,相辅而行,将来考索既多,亦可为舆地之学张本。

连珠一体,昉自韩非;《士衡》所演,载于萧《选》。比物连类,不同泛滥。本此以学骈文,即借此以镕经史。近人俞曲园以之课孙,今拟略师其意,引经证史,各认一书。每期试演若干条,所用之书注明出处,温故修辞,似可两受其益。

词章之学,首贵储材,翻阅辄忘,无裨腹笥。欲求记忆,莫若为前人校注。今拟以吴、顾、陈、鲍四家律赋,分篇辑注(兼集各家评语)。凡前人已注者,审其当否。是者引之,不嫌剿袭(注明来历,不得掠美)。非者正之,不可苟同。考异之法,宜检对经史原文,或采类书,亦务得作者本意。纪注庚辰集,典核详明,可为法式。独取四家者,以近于举业,卷帙不多,观成亦易。若嫌其浅,自可以次求深。

并于祠中以时添置有用书籍,备族人为学者之研求。又于祠中举行会课者数次。二十四年戊戌春,重订家塾考课章程十一条。

章程

一、考课仍分四班,略加通变,以期适用。第一班照旧,季课不分生童,惟经学增说经文字一篇,以实用为主。史学增入问目一项(于歌括后,仿《启悟初津》例,逐一标举问目)。词章于连珠外,改四家赋注为抄录。史学提要分节详注(原书如高头讲章之式,不便读者,今拟分节抄录于正文后,以原注标题散入,如《经典释文》之例,似较读史论,□史识节要为详晰)。

一、别增"时务"一门,购□湘学、《时务报》,分类拆订,互相轮阅,有所是否,别册札记,均分为八期。每季于季中、季末截数两次。经学、史学、词章满十叶以上,时务满十条以上,皆作完卷。核其当否,分别给奖,不满者,无奖。

一、第二班将历次所发书籍,就性所近认看一部,用笔圈点。每月望日,携带赴塾,考核当否,并于所读四子各经(或自认熟习某经亦可),及所看书中发问若干条,以笔述答,词取达意,不尚藻饰,通计分数优劣给奖。

一、第三班未能笔答者,就读过各书发问,口答若干条,并默书一纸,分别奖赏。

一、第四班未能口讲者,背书数叶,略为讲解,并写字一纸,分别给奖。

一、演祭日不值课期,概行停止,以归划一。如望日适逢祭期,仍预于演祭日举行。

一、塾中购备正续《东华录》《先正事略》、正续《经世文编》《圣武记》《海国图志》《西政丛书》《格致汇编》,有愿阅者,均准取阅。能为评论札记者,并归时务门。

一、第二、三、四班考课,均自二月望始,十一月止。其因考不满十期者,于十二月望日满课一次。

一、第一班课奖,每期以四千为率,第二三班以二千为率,第四班以一千为率。第一班岁给制钱,第二、三、四班给钱给物,随时酌定。

一、考课日,家塾具午膳,一餐二荤一斋。每次约计三桌,以一千为率,由司事经办,开支饭米,即于祠租动用。不备晚膳,亦不得携卷归家。

一、家塾设司籍一人,以族中读书者选充,经管晒晾藏书,及收存各项课卷。族人取阅书籍,立簿登记,限日收还,本族以外,不得借出。

自后行之数年,季课以应者甚寡,辍不复举,而考课则历行至今。惟兴学以后,改依学生程度,科目命题试验,并减其试期,岁凡四次。宣统三年辛亥闰六月,由祠中会议议决,以"学吃亏"后西厢房为图书室,置橱庋藏本祠所有图书(拟订借阅、保存各条例,未果)。民国三年十一月,同族会议议决,修订考课章程,为学业试验规程十条,公布施行之。惟族学之设,屡议未决。宣统三年闰六月,祠中会议议决《设立族学案》。以经费支绌,今亦尚未实行也。

议决案

设立单级初等小学,本族学生不纳费,外姓学生酌纳极廉之学费,但贫苦者亦得免费,自明年正月开办。

义田经管规程
民国三年十一月同族会议议决
第一章 员 役

第一条,义田设置职员如左:

一、司总一人掌保存契据册籍,支配收支款项,编制预算决算及其他规定之职务。

二、司事一人掌收取租息,支付款项,管理租栈及其他规定之职务。

三、稽查二人至四人,掌稽核账目,并得解决关于款项出入之疑难事件。

第二条,前条各职员,以公正族人任之。司总以身家殷实者,司事以才具干练者,稽查以心思精密者为合格。

第三条,司总、司事、稽查,均由同族会议推定之。

第四条,族长不得被推为义田职员。

第五条,年未满二十者,不得被推为司总、司事。

第六条,老大房系下之子孙,除第四、第五条之规定外,至少必有一人为稽查。

第七条,司总、司事、稽查均以每年十月为更替期,但连被推者得连任一次。

第八条,司总、司事岁给津贴费银三十六圆,稽查无津贴费。

第九条,祠栈中设司栈一人,专司看护屋栈仓廒,舂碓谷米之事,由司总择雇非族人之老成谨愿者充之。

第十条,司栈月给薪水膳食银五圆。

第十一条,每届收租时间添雇栈役一人,供栈中指挥,月给工膳银三圆,以六个月为限。

第二章 管 理

第十二条,祠栈房屋、仓廒物具由司事督率司栈保管,以时修葺。

第十三条，祠外余屋，遇族人赤贫而年老无依者，得由同族会议准许居住。司事应随时稽查，有无违禁及危险之事。

第十四条，祠屋、祠栈及义田市房不得由族人租借，居住田地不得由族人承佃，耕种、什物、租具不得出借。

第十五条，族人身故在外，归榇不能即葬者，得报明司总，暂寄祠栈余屋，惟不得久停至一年以上。在家病故者，不得寄殡祠栈。

第十六条，族人举办葬事，无力购买墓地者，得以司总、司事合议，准许于义田内择地营葬，但须遵守左列各款：

一、所择葬地仍由义田管理，不得自行承粮管业。

二、所择葬地或在祖茔附近者，不得开填水道，或立穴向前，或挨附昭穆。

三、在义田择用葬地者，主穴缴抵租费银十二圆，附穴缴抵租费银六圆，于营葬前缴清，方许定穴。

四、既葬后，如须结篱、种树、盖屋，每占地一分，缴抵租费银五圆。

五、天成公墓地应恪遵祖训，不得祔葬。

第十七条，自始迁祖以下墓地，凡地在义田内，而子孙已在五世以下者，或无后者及族葬园，其修缮祭扫均由司事经理之。

第十八条，族人墓地因无后而无人管理者，收归义田承粮，其修缮祭扫由司事经理之。

第三章　会　　计

第十九条，义田预算决算由司总编制，交同族会议议决之。

第二十条，凡开支之款，均以规程明定预算编列为准，司总、司事不得于预算外率行开支。

第二十一条，义田应纳粮赋，须依规定期限完纳，不得逾限。

第二十二条，祠栈应用斗斛，均依定制较正，不得轻重出入。

第二十三条，司事于赡族规程规定款额，不得增损，不得预支，不得留积。

第二十四条，司事每年编造丁日册一次，注明支派年岁及某人妻女。遇应支各项于本人名下加盖红戳，遇有生卒、嫁娶、恩抚、出继、出家、出族等事，亦均填注册内，以为支款根据。

第二十五条，赡族规程应支款项，在应由本人报明。请领者不得于逾期之后诗求补给。

第二十六条，有冒领赡族款项者，察出后除追缴外，并由同族会议惩戒之。

第二十七条，每年于开支项下，提存银五十圆为备荒基本金，存放生息，逐年改息为本，积至基本金千圆为止。非遇非常变故，经同族会议议决时不得动用。

第二十八条，每年于开支项下，提存银五十圆为修谱费。基本金存放生息，逐年改息为本，提满十年为止。以息本充续纂宗谱之用，以基金充重纂宗谱之用。尚有不足，临时提款补充，作正开支。

第二十九条，义田开支，设遇非常变故，致有不敷时，由同族会议议决，变通搏节之法，不得以义田名义立据借款。

第三十条，每年开支有盈余时，应提三分之二储为积聚金。

第三十一条，有将应领之款缴还者，作为捐助金。捐助金及第十六条第三四款之抵租费，均归入积聚金项下。

第三十二条，义田应视积聚金之多寡，以时添置田房各产。

第三十三条，置购田房产，除族人外不得置购活产。

第三十四条，置购田房产时，须一律纳税，验契过户。

第三十五条，左列各项册籍应由司总分别保存之：

一、预算决算册；

二、契据底册及契据；

三、田形图册；

四、田亩承粮细数清册；

五、各项积聚金基本金清册及其折据；

六、历年租户细簿（保存至十年为止）；

七、合族子弟学籍。

右列各册籍遇交替时，由稽查二人以上审核一次。

第三十六条，司事应行置备之册籍如左：

一、本年预算册；

二、本年租户细册；

三、本年丁口册。

右列第二、三款之册籍，随时得由司总调查审核。

第三十七条，司总、司事收支款项，应分别置备各项联单如左：

一、收租三联单如左式，一由司事填给佃户，一由司事填交司总，一由司事存根。

二、收款联单如左式，一由司总填交司事存查，一由司总存根。

三、支款联单如左式，一由司事填交支款人向司总缴单支款，一由司事存根。

右列各项联单,每届交替期间,由稽查二人以上调集审核一次。

第三十八条,司总、司事每届交替时,将本届收支决算制成四柱清册,交由稽查审核,会同署名印据,分送族人,并于祠祭日具疏焚化一分。

第三十九条,司总、司事有舞弊或亏蚀款项情事,由稽查察出或经族人觉察后,由同族会议追偿并惩戒之。

第四章 附 则

第四十条,本规程之施行及修改,由同族会议议决之。

义田赡族规程
民国三年十一月同族会议议决
第一章 劝 学

第一条,子女入学时,由保护人报明所入学校及其等级,岁给学费补助金如左额:
一、入初等小学者,银二圆。
二、入高等小学及与同等之学校者,银四圆。
三、入中学及与同等之学校者,银五圆。

第二条,前条之补助金,在家无财产者及孤子女,照原额加给十之二。劳力所得岁入不足百圆者,以无财论。仅有先世所遗住屋墓地者,以无产论,后均准此。

第三条,就学私塾不入学校者,不给补助金。

第四条,入族学者免收学费,不另给补助金。

第五条,补助金之支给期以学期为准,分三期如左:
第一期,八月中支给全额二之一;
第二期,一月中支给全额四之一;
第三期,四月中支给全额四之一。

第六条,中学毕业后入高等专门学校者,岁给学费补助金银二十圆。游学日本者同游学欧美者,岁给学费补助金银四十圆,均于八月中一次支给之。但本条所规定,以习实业之一科及医科者为限。

第七条,中学以下之子女,每学期按学业试验规程。试验时每次奖金之额,以银十圆为度。

第八条,不应学业试验至二次者,停给补助金。

第二章　劝　　业

　　第九条,习工商业者,给治装费银三圆。但本条所规定,以毕业高等小学或毕业初等小学而已,有与高等小学毕业相当之年龄者为限。
　　第十条,习一业不成改习他业者,不得再给治装费。

第三章　旌　　善

　　第十一条,有褒扬条例所列之行谊者,援例举报得受褒彰后,给建坊费银十圆。
　　第十二条,已嫁之女得受前条之褒扬者,给建坊费银五圆。

第四章　助　　婚

　　第十三条,单丁逾婚期,学业有成而家无财产者,娶妻时给婚费补助金银十圆。但非明媒正娶者,不给婚费。
　　第十四条,有前条情事,因无子而续娶者,依前条之规定。
　　第十五条,孤女遗嫁时,给嫁费补助金银四圆。
　　第十六条,孤女童养夫家者,得预给嫁费补助金由夫家领受之。

第五章　保　　婴

　　第十七条,家无财产者,产育子女时给产费银一圆。生而育者,月给婴衣费银三角,以六个月为限。
　　第十八条,遗腹生子女者,产费及婴衣费均视前条倍给之。
　　第十九条,家无财产之子女,于二岁内失母者,月给婴衣乳食费银四角,至满二岁为止。
　　第二十条,孤子女三岁内失母,由族人抚养者,月给婴衣乳食费银六角,至满三岁为止。

第二十一条，家无财产者之子女多至五口以上，无年逾二十者，月给米一斗。

第六章　恤　　孤

第二十二条，孤子家无财产，年未逾二十者，月给米一斗。
第二十三条，孤女兄弟家无财产，年未逾二十，或有而废疾者，月给米一斗。

第七章　敬　　节

第二十四条，夫故守节，子孙无年逾二十，或有而废疾者，月给米一斗。
第二十五条，聘室守贞来归者，依前条之规定。
第二十六条，已嫁女贫寡无子归依母家者，月给米一斗。
第二十七条，已嫁女不为犯法事，及非犯淫而大归者，依前条之规定。

第八章　恤　　病

第二十八条，身有废疾，无子孙或子孙无年逾二十，而家无财产者，月给米一斗。

第二十九条，家无财产者，染有重病或久病，得调查病之所费，酌给医药费。

第九章　恤　　灾

第三十条，家无财产而猝被非常灾变者，视被灾之轻重，酌给恤灾费自二圆至十圆。

第三十一条，家无财产，而夫或子孙处徒以上之刑，他无年逾二十之子孙者，于处刑期内，月给米一斗。但夫或子孙犯有族党规约出族之处分者，不适用本条之规定。

第三十二条，孤女之兄弟家无财产而处徒以上之刑，他无年逾二十之兄弟者，依前条之规定。

第十章 养 老

第三十三条,年老者,年终给养老费如左额:
  一、年满六十以上者,银一圆;
  二、年满七十以上者,银二圆;
  三、年满八十以上者,银三圆;
  四、年满九十以上者,银四圆。

第三十四条,年逾百岁者,举报得受褒扬后,除常给外,加给建坊费银十圆。

第三十五条,家无财产年逾六十,而子孙无年逾二十,或有而废疾者,月给米一斗。

第十一章 恤 丧

第三十六条,家无财产者遇有丧时,分别给丧费、葬费如左额:
  一、已婚者,或年在二十以上者为上丧,给丧费银五圆,葬时给葬费银四圆。
  二、年在十九以下,十四以上而未婚者为中丧,给丧费银四圆,葬时给葬费银三圆。
  三、年在十三以下,七以上为下丧,给丧费银二圆,葬时给葬费银一圆。

第三十七条,已嫁女归依母家,或不为犯法事及非犯淫而大归者之丧,依前条第一款之规定。

第三十八条,身故无人治丧者,由司事经纪之,丧葬并举用费,有棺者以银十圆为度,无棺者以银二十圆为度。

第十二章 附 则

第三十九条,本规程所规定,凡出继他姓归宗者,及恩抚异姓未归宗者,均适用之。

第四十条,本规程之施行及修改,由同族会议议决之。

学业试验规程
民国三年十一月同族会议议决

第一条，本族中学以下子女，每学期末由司总召集，在祠中行学业试验一次。
第二条，学业试验于年假、春假、暑假、休业期内，定期行之。
第三条，司总按年编制学籍簿如左式，试验时分别记载：（图略）
第四条，学业诚验之科目如左：

  初等小学：国文、算术。

  高等小学：国文、算术、图画。

  乙种实业学校，视高等小学，但加本科重要科目一项。

  中学：国文、外国语、数学、历史、地理、理科、法制经济、家事（女）。

  甲种实业学校，师范学校，视中学，但加本科重要科目一项。

第五条，学业试验时，除国文、算数外，于前条科目中任择二科命题。
第六条，学业试验按照年级程度分班拟题，不以所入学校现用课本为限。
第七条，学业试之时间，自上午九时起至下午四时止。
第八条，学业试验按照所得各科总平均分数，分甲乙丙丁四等，分别给奖。

  甲等：八十分以上。

  乙等：七十分以上。

  丙等：六十分以上。

  丁等：五十分以上。

  不及丁等者不给奖。

第九条，学业试验时，膳食茶饭等由司事供备，每试验一次，额费银一圆。
第十条，本规程之施行及修改，由同族会议议决之。

义田经管交替疏式

维中华民国 年 月 日司总 世孙 司事 世孙 稽查 世孙 谨告于吾祖吾宗曰：
  （孙）等祇承先泽，经管义田，照章开支，悉心经理。今当交替之时，谨将 年 月起至 年 月止，四柱总数开呈祖鉴。粒米寸丝，不敢入己，言如虚饰，殃及厥身。敢竭寸忱，伏维昭格。谨告。

计　开

一、旧管
一、新收
一、开除

卷　一　四
修　谱　规　程
民国三年十一月同族会议议诀

第一条，吾族宗谱断自始迁祖忠芳公始，遵祖训，不与他黄氏支系通谱。
第二条，恩抚异姓成人有后者，其支系亦得入谱，但别为附录以别之。
第三条，族人遇有生卒、立后、嫁娶、迁徙时，应依左列报告书式分别填注，送司总登记。

出生报告书式

某于民国某年某历某月某日某时生第几子（或女）命名某，请即登记。

司总监　某谨告

死殇报告书式

某（或某配某氏，或某第几女某）于民国某年某历某月某日某时以何病卒（或殇）得年几岁，请即登记。

司总监　某谨告

营葬报告书式

某（或某配某氏或某第几女某）以民国某年某历某月某日葬于某县某市（或乡）某号某图某圩主穴某山某向（或某公墓某穴）地名某绘具墓图一幅，请即登记。

司总监　某谨告

立后报告书式

某第几子某今嗣为某后，请即登记。

司总监　某谨告

娶妻报告书式

某于民国某年某月某日，娶某氏新妇名某，系某县某市（或乡）人，某字某之孙女，某字某之第几女，生于某年某历某月某日某时，请即登记。

司总监　某谨告

嫁女报告书式

某之第几女某，于民国某年某月某日嫁于某县某市（或乡）某姓，婿名某字某，系某字某之孙，某字某之子，请即登记。

司总监　某谨告

迁徙报告书式

某以民国某年某月迁于某县某市（或乡）某图某圩，地名某，居屋系自产（或贷自某姓），请即登记。

司总监　某谨告

第四条，司总置报告册一本，接族人报告书时，应即登记于册。

第五条，祠中庋藏报告正册一本，春秋祭时，司总携报告册到祠，校录一次，并遍询族人。如有漏未报告者，即补登之。

第六条，族人之传状碑志及寿祭诗文，应随时录副，交由司总监汇存之。

第七条，宗谱以十年续纂一次，就上次修纂之本所未及或遗漏者补纂印行之。五十年重纂一次，就历次纂续各本汇纂印行之。

第八条，宗谱印本，凡族中子姓每丁一册，均敬谨保存，并就所知以时补录，以备续纂或重纂时之稽考。

第九条，续纂或重纂时之主任者，以同族会议推举之。

第十条，本规程之施行及修改，由同族会议议决之。

【注】《练西黄氏宗谱》十四卷首一卷，黄守恒纂修，1915年诚明堂铅印本。始迁祖黄继春，字忠芳，明时自黄浦江东高桥里迁嘉定合浦门外练祁塘。黄汝成、黄宗起均出自此族。

黄氏雪谷公支谱

雪社缘起

眉山苏氏有言曰:"亲尽无服,则途人也,而其初兄弟也,兄弟之初,一人之身也。"余读之,不禁感慨系之。谨按:吾雪谷公直下五房,子孙传至今日,有四百余人之多,散居于春申江左右,为士,为农,为商,为工,大有人在。邂逅相遇,略叙寒暄,相通姓氏,徒知为同姓而已,不知其即为一本所生。此伯文叔所以奔走呼号,亟亟乎组织族会也。叔对于宗族事务,倍极贤劳。九年春,访余于巽奥学校。余曰:"君欲报名乎?"叔乃袖出家乘为余讲直系,头头是道,不胜钦佩。余久抱整顿族务之志,而苦不得暇,既得同志,遂相与邀集族中父老昆季,开筹备会于伯文叔,宅颜曰"雪社"。且夫雪之为义,不徒取雪谷公传下子孙之狭义已也。雪之义为洗濯。吾黄氏为数百年之旧家,积累深厚,子孙或有不能缵承先志者,此后宜朝乾夕惕,一洗濯之雪之义。又为皎洁,心地光明,洁身自好,乃为人格高尚之国民。世界各国之强,良由高尚之国民竞争进化。盖积家成族,积族成国,《大学》所谓家齐而国治,其关系中华民国前途顾不大耶!圭学识浅陋,社长命编社务报告,拉杂书此,管窥所见,聊以博族中父老昆季一粲云尔。

中华民国十一年二月,墨华楼主二十七世圭字亮人志

雪社简章

一、本社系黄氏族人组织之团体,以入社者皆为雪谷公以下子孙,故名雪社。

二、本社宗旨在职络感情,互相扶助,保护族中公产,筹划族中公益。

三、入社手续,凡雪谷公以下子孙,年满十六岁者皆得入社。

四、本社主张共同负责,仅由全体社员中推举正副理事长各一人,理事三人,会计二人,书记二人,办理社务。

五、本社每年按季开会，由理事定期，先五日通告，如有紧要事件，得由理事定期召集，开临时会。

六、本社职员任期以一年为限，连举连任。

七、本社社员年纳合费银一元，由会计收证。

八、本社社章，每届开会，得三人以上提议，可时随修改之。

雪社社约　任之手订

一、凡我社员皆须确守职业，谋生计，上之自立，并求处世必要之常职，使成良善之公民。

二、凡我社员，皆须教育其子女，至少完足义务教育年限。

三、凡我社员，设有孤独衰废，无力求学或存活者，应设法扶助之。

四、凡我社员，丧葬婚嫁，皆须节俭，以惜物力，矫敝俗。

五、凡我社员有争端，应听本社公共之调处。

六、雪谷公以下公共产业及建筑物，凡我社员应负共同保管之责任。

一 年 大 事 略

十年三月十七日，开成立会于伯文宅，到者二十二人，先由伯文报告世系及保存公产理由，继由亮人宣读社章，推举季纯为理事长，伯文副之，叔英、任之、调卿为理事，璇衡、济北为会计，亮人、淦生为书记。是日成立，接管永思堂产公同，议据通过，各房均签押。

五月十四，开夏季会议，到者十八人。欢迎理事任之海外归来，众情雀跃，任之演绎家族制改良方法，娓娓动听，遂担任起草社约。

五月二十六日，下午六时，举行叙餐会，到者十四人。会资收一元，我五房长幼向日不相亲问，至今日团聚一堂，悦以情话，洵足乐也。

五月，伯文、调卿、亮人、季辰、秉钧为收租事，下乡布告租户。由调卿印成联票收据，即在酬志堂备午膳二桌，邀集地保，宣布一切。并声明嗣后收租有收证为凭，倘有私人冒收，本社概不承认。

七月初七日，任之介绍星卿于中华职业学校纽扣科职员，同时并介绍春园于残废院。

九月初二日，开秋季会议，到者二十八人。摄影于江苏省立二师操场，社长因公迟到，由职员部陪谈一小时即散。

十一月十三日开冬季，会议于黄家阙路、大吉路转角任之宅，到者三十三人。任之夫妇殷勤招待。先提议二房仲甫私收永思田租问题，由社长发表，派秉钧下乡调查真相，再去函责问。时夕阳西下，摄影于公共体育场，继由任之介与家庭日新会，诸君子相见一堂，事详翌日报纸。

十二月初三日，接周浦五房源泉公逝世耗音，本社即制挽联以志哀思，文曰："葛藟庇根又弱一个，琼瑰入梦增痛诸宗。"

修祠宣言书

父老昆季均鉴：敬政者，高行宗祠系二房驷书公创造，在前人遗谋远大，公诸阖族，其大公无我之心，昭如日月。乃者年久失修，堂宇圮毁，几成碎瓦颓垣，庙貌倾危，恐为荒烟蔓草。长此不顾，曷以绍远泽而昭来兹。亟宜筹款修葺，光复旧观。去年由二房同人首先认捐，虽筹有六百余元之数，预算之下，不敷甚巨。惟我二房诸人心有余而力不足，不得不作将伯之呼。查各房有栗主在内，理合具函通知。得荷热心赞助，共策进行，庶众擎易举，则斯祠不难，即日改观也，临书追切待命。顺颂公棋。

二房同人启

修谱报告

修谱事，由伯文、济北、亮人分任修纂。伯文主大房、三房，五房。济北主四房，亮人主二房。嗣济北公务忙碌，无暇顾此。所有四房谱稿，亦归伯文修纂。现在将次告成，稍行校对，即可付印也。

金山黄氏族谱

黄氏义田章程

第一条,义田附属黄氏宗祠,即以宗祠管理人兼管义田一切事宜。

第二条,管理人额设两名,一管银钱,一理账目。倘遇事紧迫,族人均有襄助之义务。

第三条,管理人由族人公举,以年满二十五岁有地方自治民权者为合格,不支薪水,三年一任,连举连任。

第四条,管理人未满任时,或死亡,及因他事解职者,应另举他人接办,其任期以补足前任未满之期为限。

第五条,关于义田一切权利,凡载在宗谱之人均得享有,惟已嫁子女不在此例。

第六条,族中贫苦之家,如遇婚嫁丧葬等事,应分别补助。其银数之等次如下:

　　婚:三十元。

　　续婚:每次二十元。

　　嫁:十六元。

　　丧:三十元,十六岁以下六折,七岁以下三折。

　　葬:每具六元,十六岁以下六折,七岁以下三折。

以上补助金,均俟该事项发生时随时给发。

第七条,族中鳏寡孤独之贫苦者,应按年给以补助金,其银数之等次如下:

　　男在五十岁以上而无子奉养,或虽有而尚未成年人者,每年助洋二十元。

　　孀妇无子奉养,或虽有而尚未成人者,每年助洋二十四元。

　　无父之人年助洋二十元,无父之女年助洋八元,均以给至十六岁为限。

以上补助金,于每年清明祭祠日查明给发。

第八条,族中贫苦而身有废疾者,不论男妇老幼,年助洋二十四元。

第九条，凡所给婚嫁丧葬等费，或移作不正当之费用者，一经查有确据，当开祠判责。

第十条，凡按年补助之费，或移作不正当之费用者，一经查有确据，当永停其补助。

第十一条，义田收支细数，每年清明祭祠日由管理人造册宣布。如有管理人又不称职之处，族人均有纠察权。

第十二条，本章程如需变更之处，应随时由族人公决修改。

【注】《黄氏雪谷公支谱》十卷，黄士焕修，1923年江夏雪社铅印本。始祖黄彦，号元一，宋高宗侍卫，随帝南渡，第五子黄天瑞定居嘉定滕阳巷。十六世黄学录，号思雕，始迁高行镇。十九世黄霖，号雪谷，生五子，是为雪谷公支始迁祖。著名民主人士黄炎培出自此族。

纂修黄氏白分家乘

家　　规

　　夫家国一体，齐治一理也。故家之有规，犹国之有法。设使一家之中苟无规以齐之，则无以率闺门正风化，家何由而齐。一国之内苟无法以治之，则无以辩上下定民志，国何由而治。所有家规敬录之于左，以望子孙世守之。

　　一、凡居家，先择洁室以奠祖考神主，每遇□祭忌辰，必敬慎以祭。虽物菲薄，亦致如在之诚，此立身报本之道也。

　　一、一家之亲，父子兄弟，夫妇叔侄而已。必须父慈子孝，兄友弟恭，夫义妇德，长幼有序。能尽是道，永无悖逆，争斗骄妬之事矣。

　　一、冠婚丧祭，礼之大者，先儒云：人家能存得此等事数件，虽幼者可使渐知礼义。又云：家礼所载，仪文节度之详，然冠婚之礼卒难变习，当从乡俗简易而行。其丧祭之礼，宜悉依文公《家礼》而行可也。

　　一、子孙各要守分，不许博弈饮酒，领犬放鹰，设谋害民，欺公罔上，攒造黄册，埋没钱粮，礼敬僧道，做媒作保，一切玷辱家风之事，尊长当指过痛责。不改，告官而放绝，仍告于祠堂宗谱，削去其名，能改过者复之。

　　一、嫁娶必须择温良有家法者，不可苟慕豪横富贵之家。及有恶疾，亦不得与议。

　　一、家业成立，难如升天。子孙当知务本节用，俭素慈尚。不得奢侈，终日肆筵设席，浪费以取覆败。

　　一、置买产业，彼出于不得已而卖。吾欲为子孙悠久之计，当加体恤。以时价尽数交足，切勿与中保交谋，损人利己。设有此事，则天道好还，纵得之必失之。又不可暗附他人之籍，使人赔粮。

　　一、崇土坍涨不常。凡子孙置产，凡宜四散，不宜连丘一顿。恐地非恒产，易坍易涨，迁易靡常，非子孙久世可守者也。四散虽坍，犹可去彼而存，此一顷若坍，额留在户，去之则不能，贻之则有累。

　　一、家中所有秤尺斗斛，务在公平。若有大小，上干天刑。

一、税粮盐课，及时完官，毋使执役之人受辱，家长不得安乐。

一、旱潦之年，收成果薄，我家口食不缺。若有租债在外，当量减宽取，毋得追并，以致生怨而起祸。

一、凡子孙收租者，则当验其地之肥瘦，从缓量收。不可重秤大斛，刻剥小民，不惟起怨于一方，抑且过遗于后。如贫者投种租田，必须及时耕种，预先输纳。不可欺赖延脱，不惟有亏行止，抑恐田主告累，务宜遵守勿恣己私。

一、治家必须早起夜睡，待大小歇静灭火，方可安寝无虞。

一、居处之所，每夜轮流，年壮义男，巡防火盗，倘有迹虞，贻祸不浅。

一、人家为子娶妇，必访其父母之家法何如，妇之性行何如，不宜早婚少聘，贪慕富室妆资，竭力扳援。若不择其良，娶一妒妇入门悍厉，子无刚立，恶为爱掩，纵性自由，各无顾忌，酿成祸患，一时难遣，悔无及矣。且娶妇成家，无论贫困小姓，不得其容，求其贞德。倘遇其贤，何论妻财，正不在于贵族者。况醴泉无泉，芝草无根。昔鲍宣甘守清贫，不贪妻资，乃得桓少君之内助。诸葛孔明娶得丑妇，乃得寡欲养心之一宝。吾见族有妒妇，夫在其任，嫉妒婢妾，使夫终身无后。夫死，虐陷嗣男，荡失家业，暴露夫棺，不得安葬。至于颠倒是非，绝灭天理，浊乱宗祧，无所不至。又值不良父兄，悖理灭法，阴贼挑唆，且至耗尽家资，方为餍足。吾言此不觉悚然心动，故谆谆不厌，详细以告族之娶妇者。

一、凡族有炊臼梦者，弦不可急续，袂不可苟合。须自量才求配，甚择良偶。若三十以内，必娶处女为是。如中年难合，不得已而娶醮妇，须先访其德性，察其才能，且无些带累，乃为可娶。使过听媒氏，娶一阘茸贪惰者，惟爱虽有，所供中馈，或有所缺，所云牝鸡晨鸣，维家之索，小弁之怨，申生之废，势必有之也。悔何及乎？若年将六十，丧偶必当戒娶，以保暮龄，亦以杜子孙之累。纵娶之，则老妇嫁人，必非良妇，老夫强娶，必非寿夫。溺情丧躯，闺门败德，致招物议，一生名节，皆因之而澌灭尽矣。可不戒哉！

一、子孙当以谦和待乡曲，宁使我容人，毋使人容我，不可先有忽人之心。若累相凌逼，当以理直之，亦不失于柔懦。

一、凡词讼告争，田土或被人坑陷，事出无奈者，必据理与论明白。果使曲在彼而直在我，方可申辩。倘与人一言不合，即轻嚣与讼，酿成大祸，倾陷身家者有之，切宜推详有无。慎之，戒之！

一、经过处断桥流水，子孙即当修补，济人往来，损坏整理。

一、人家奴婢童仆，所以给内外之使，令不可无也。当御之以正，使有畏惧之心，不可与之亵狎。然亦不可太严。太严则情疏，情疏则无心，于我多不得其力也。须要待之以恩。谚云："先念饥寒，后听使唤。"故陶渊明与其子书曰："有如此，亦人子也，可善遇之。"宜警。

一、凡宗族诸卑幼，于大小事务有不平者，必欲告家长、族长，会众直之。不可怀忿成仇，辄便经官，竟成忿戾。

一、宗族众多，亲疏亦自有杀。凡遇丧事，丧服不能悉具，依各小宗派，属，量为发之，余各自备吊丧举殡。确有来往，随人缘分自申，庶九族之义不失矣。

一、宗族无所归者，子孙有余，当善处之。若遇凶荒，除自赡之余，量自赈给。或死而无后者，购棺葬之。

一、讼狱之事，人所难免。顾吾宗族甚众，谅为自取罪戾，无可与辩则已。如或冤抑，或被人诬陷，而无力伸理者，凡吾同宗，宜仗义出力，相与辩明。庶亦自固藩篱，以杜豪强欺噬。

一、子孙不幸无子，本宗无继，毋得招甥婿，乞异姓，混杂家法。

一、父母妻三族，倘有贫穷不能婚丧，衣食不足者，量周之。

一、凡族中诸妇，必须安详恭敬，侍奉舅姑以孝，事丈夫以礼，处妯娌以和。若淫狎妒忌，喋言无耻，姑当诲之。诲之不改则出之。

一、凡吾家宗族，概为派远人众，讳多重犯，深为可恶。今后子孙，必须稽考宗谱，然后定名，庶无有犯祖宗之讳。其义男之名，或因其乳名而呼之，或因其姓而呼之。若系同姓，必须择其陋匹之名，以防干犯。鉴之，鉴之！

一、吴下风俗，凡遇疾病，信凭巫祝杀牲，请祷鬼神，以求免患。岂知聪明正直者神，而鬼则听命于神者也。乃贪牲醴之媚，而遂私降祸福于人，以昧天道之公乎？此必无是理也。况血气之属，皆有性命，杀彼血属之躯，以冀免我身之患，恐神将吐之不享矣，何有裨于人。又有故纵家人妇女，听信师娘，妄称净眼见诸鬼祟，妄言祸福，云须祷送可以免患。独不思生人见鬼，则亦近于死矣，岂能救人之患哉？此为引怪入门，大非家庭吉兆。凡我族人，皆当明鉴而禁绝之也。

一、圣经所称，欲治其国者，先齐其家。可见家国一理，贵贱同伦。故缘法以致治，在国之命官，约礼以萃涣，须家之族长。此一门之内，一族之中，必推举一人以主其事。然此必以公明正直者为之，乃可以服众而一志。惟族尊行中推举一人，而遵从之，不必拘其年之少长。若其素履无咎，可以表正一族者，则可为之耳。如遇族人忿争相格，毋得辄就兴讼，以伤亲谊。必当告诸族长，两辞具备，听凭剖断曲直。至若以富欺贫，以强凌弱者，不妨面叱其非。有等无赖，故意诬占族人田财者，听告族长据理原情，决不容欺占，务使调节和平。如或执迷不服处断者，族长到官证其是非，治以官法。若族长受嘱不公，有显迹昭著，许族众面证其非，共攻易置，仍举公直之人代之。族长所系甚重，一或存私，大失居尊之体，一生之名义澌灭。岂不愧死人哉？此族长之不可不慎也。

一、古圣之言，谆谆教人为善，并不教人为恶，如为善最乐之语，实为人之规鉴。人如为善，则不罹法纲，不受刑辱，天神呵护，祸患潜消，远迩敬信，怨仇不招。《易》称善有余庆,恶有余殃,良有是也。且一念之善,善神佑之;一念之恶,万鬼随之。其可不为善而戒恶耶?予观凶恶暴虐等辈,每以势力嚼民,或以捕风捉影,挟诈人财,使人破家荡产,献谀戒容,一时虽为称快,岂知天道昭昭,必将明来暗去,或官司火盗,或暴病夭亡,身死之后,子孙不肖,家破人离,出乖露丑,动人口舌,孰谓天道无知而不报耶?凡吾子孙当自省诸。

一、为人做事,极低者惟为盗赌博。为盗者,贪人之财,劫夺作耗;赌博者利人之有,巧弄机锋。岂知盗露擒拿,须臾命毙,妻子家占,以为人有。赌去囊空,再赌再输,甚至卖田借债,日渐娘□父母,妻子怒恨,亲朋乡党恶憎,恬然不知悔悟,终为贫贱下流,直至贩盐为盗,殒命倾家,乃为结果。故赌与为盗者并称,为人知所当戒也。

一、凡有丧事,当务尽礼。父母之丧,所谓斩衰寝苦,不脱经带,不与人坐,朝夕器奠之类,此所以表人子哀戚之心,其可缺乎?其可行爱岩。世俗择日入殓,及所谓躲多妨克拘忌,都不可惑之,有乖大义,得罪于名教。凡饮酒食肉,尤其不可。至丧大礼,不可省简,须彷宏之丧记而行,庶几不致错乱。一刍一奠之外,地不可用浮屠道士,营修斋醮。牲礼祭奠,不惟重,有所捐于生者,抑且反加罪于死者。若得名公志铭,虽非庶民之事,倘能发其几光,亦可永垂不朽。是在族之贤子孙者。

一、凡为□继世,先王养生之计,须学诗书,罍二,商贾而已矣。中间惟有读书最高,惟农后苦当相子孙贤恩而就学之,不可旁骛诊多。若能守义,终身作一田舍郎,亦可足衣食给俯仰矣。其余师正邪术,盐盗违法之事,虽利而不可为也。凡书族人,览之,记之。

一、凡子孙做人家,必须禁绝六婆往来。六婆者,尼婆、道婆、故婆、袄婆、牙婆、师婆是也。此等之辈,日游夜淫,并非良妇。而尼姑婆夷他,因所学不正,反要人布施钱财,妄谈果报,煽惑多端,若非高明洞达之人,鲜有不受其诳诱者。及媒婆作伐,牙婆倒兑,师婆巧工,无有不入闺房,窥深人家,艾妇闺女,偷买私藏,觑人行动,调唇鼓舌,坏人家法,以致煽惑,生心败德,□或大祸,还有许多缴言,说不尽之话。凡吾族人远之禁之。

一、谨出入以避嫌疑者,自古修身齐家治国,必自闺门始。凡男子年十五以上者,不许入内,妇人亦不许出外预事。或有姻戚婚丧,及至亲相招饮宴,势所难免而出,亦须当日而归,毋得宿歇他家,恐招物议嫌疑之际,不可不慎。古禁妇人不百里而奔丧,恐面之不及故也。此系风化所关,首以为戒。

一、绝左道以杜浪费。妇人不许寺观庙堂烧香做斋,男女混杂取人谈论。律有禁条,切宜戒之。亦不许听信僧道尼姑道婆诳诱,惑于左道,齐僧布施崇尚虚无,浪费赀财,深为无益。尤忌容引卖婆往来哄骗财物,搬弄是非,窥觑门路导引贼寇，及诱妇人为不良之事，宜痛绝之。

一、戒淫酗以惜身命。世之酒色害人，为祸甚大。后生少年，无慕外色，可遵上帝垂训曰：色非己者休，淫切以为戒。若或被其迷溺，不惟废家误事，且能致疾丧身。谚云："酒乃酥骨烂肠汤，色乃杀人陷人坑。"此语虽俗，实为格言。然不但外色当戒，虽妻妾间亦宜警省，保身惜命为重。妇人小子不知此理，溺爱昏迷，不顾性命，及至病之日，虽扁鹊莫救，追悔无及矣。其娶妾一事，无子不得不然宗嗣为重，无后为大故也。有子决不可娶之以为乐，此念一萌甚谬已甚。且女子小人性偏执拗，最难调治。多有妻妾妒忌争斗是非，致家不和，甚者皆逃自缢，玷污名节。其祸不可胜言。谚云："若要家不和，便寻小老婆。"往往皆然。自古节欲省劳，戒气为延寿之方。彭祖云："服药百颗不如独卧，饮药百服不如独宿。"当以此言为法。倘有疾用药，必择明医，不可轻忽，服庸医之药。此系生命所关，为害非细，宜审择之。

一、谨藩篱以御外侮。凡祖宗兄弟，虽出各母，即如同胞。必相亲相爱，相周相济，患难相救。如有外侮，宜齐心并力以御之。孔子云："二人同心，其利断金。"亦不可妄生事端，轻易与人兴讼，自取罪戾，费财破家，切以为戒。孟子云："夫人必自侮，然后人侮之。"凡弟兄间，虽有小忿，各宜忍耐。毋听妇人之言，小人谗谮，自相争竞，有伤手足之情，致招外人乘隙欺侮，为祸非细。古云："篱牢犬不入。"人家弟兄不和乃家门之祸，败亡之兆。吾传闻无锡富翁邹望家资五六百万，日进五千余金。其富甲天下，驰名两京。所生二子，长来鹄次来鹤。父殁之后，弟兄不睦，骨肉伤残，自相构讼，家业各废罄尽。来鹤仅保衣食，来鹄乞食于亲友，世人皆笑之。当以此为鉴。

一、慎渡海以防危险。生于吾崇，出入难免渡海，自己无船或雇或趁。必须大船顺风，天气和平，方可往返。虽有十分紧事，切不可轻忽。附乘旧漏小船，大风过海。行致中流，追悔莫及。宁迟缓数日，抑又何妨。夏秋天，道卒时风，飓龙阵，皆起于下午。如遇夏秋午后，慎莫开船，尤忌夜间行驶。养子自幼必教游水，以识水性。生居海中，当为防患。昔年秀才陈守正白书与众水滩同行，失足踏落堑潭，再不能起。众莫能救。盖因不识水性故也，宜以为鉴。渡海乃吾崇第一险要之事，身命所关，不可不慎。勿以其为小而忽之。

一、谨言语以戒暴怒。凡出言必须三思，慎勿轻忽。子贡云："驷不及舌。"诗云："白圭之玷，尚可磨也；斯言之玷，不可为也。"程子曰："吉凶荣辱惟其所召。"谚云："病从口入，祸从口出。"又云："机不密，祸先行。"可不谨乎？一动一止皆当循理，一语一默尤宜存心。出辞傲慢，人皆恶之，谦则受益。出辞粗鄙，人皆轻之，文则起敬。切莫议论人之过失长短乃招怨，速祸之道莫托相知。轻于戏谑，多致弄假成真。久而敬之，则能全交。虽至亲好友不可语以私密之事，倘后失欢,则被其制服,动辄以为借口。虽与人不合不可尽言,其底蕴隐讳过恶,使人恨入骨髓。乘隙伺间,必怀报复。盛怒中莫答人以书柬,必有伤触之言,后日难以相见。盛喜中莫轻易许人以物,恐后不能践其言,致于失信。饮酒切莫至醉,酒中勿谈心事。一有不平,必致盛怒出言伤人,争忿结怨,皆由于斯甚,醉之时不可责人,恐致任情有失。酒后责人,然虽有理,彼亦以为酗酒,其心不服,必待怒解。酒醒然后治之,未为迟也,使彼无辞。凡此数端,事虽细微,失则能致大祸。宜以为戒。

一、谨防闲以备不测。凡治家必须晏眠早起晨昏,觉察内外关,防奸盗火烛。每晚须令值日妇人扫净灶前,莫留柴草近爨出灰。须防带火堆灰,莫近积薪。内外大小各房,禁绝私炊火灶。灶多恐致有失周回。门外及内门,各处早晚严于启闭。若夜深未晓时,有敲门欲入者,必问来历。详细辨其声音,不可轻易开门放入,恐防盗贼奸计。虽居城中,亦防劫盗。必留便门出路,或预备梯凳以便逾越脱身。夜间如有窃盗惊觉,宜明言使其遁去。不可遽起空手追捕,以防刀刃伤害。盖失物之事小,伤身之祸大。夜间不可独行,凡动止之间,谨于保身。出入之际,慎于防闲。庶无有失矣。

一、睦宗族以周其急。吾崇宗族甚众,虽亲疏不等,贫富不同,则均是我祖宗子孙。亦皆为子孙者,当有急相周,患难相救,婚丧相助,喜庆相贺。笃于亲亲之义,厚于睦族之道。如遇凶荒,除自赡之余量,周族人之贫乏。不能自给者,若其假贷,虽无宽余,亦可些少以济之。无责其偿彼亦感恩,莫多借以图其还,后日取索,反成怨恨,每每皆然。且天运循环,谁能保其常有乎?

黄氏十戒十愿

余叨纂修世谱妄矣,又有规训数十款,不更谬乎。虽然狂夫之言,圣人择焉,而况非狂也。昌录侄视余十戒十愿,言言切中时弊,正可与家规世训相发明也。斟酌前后,谨列如左。

十七世玉文识

一、戒埋粮作弊。凡有产业,必须清文明白,办粮归户,切不可以虚为实,贻害子孙。

二、戒拖欠钱粮。每年租入,即当酌量用度,存贮完公。且朝廷粮饷,升合为重,岂可恃顽拖欠,以致捉签带比,受累无穷。

三、戒揭借营债。借本十两,加一加二加利,十两不够,一年利上加利,盘算即有良田美宅,尽为他有矣。

四、戒出入衙门。肺肠面目俱非,无论至亲好友,讲一事,必先吃东道,打夹账,书其家业,方为餍足。即处事公平谦慎,不免为下役,而况为伴虎眠,有事终发乎?

五、戒时人攀亲。今人见识浅,每欲攀高,殊不知竭力逢迎,那移撮借以奉之,尚多责备。间或有事相烦,仍旧取利索酬。固不如与相知道义缔姻也。

六、戒负人财物。古人通财之义,本为人父母殡殓,儿女嫁娶极不得已事,那移应用,事反思负赖。目前虽云得计,将来求告已穷,而况于品行攸关乎?

七、戒欺贫重富。今人略有钱财,便生骄傲,徒为有识所鄙。而况为趋炎奉势者乎。殊不知人之贫富,皆有命数,眼前亦难定料,何必见彼富便多势利,见彼贫便多淡薄,作尽炎凉丑态,问心不能自惭。

八、戒当兵吃粮。人虽贫穷,谋生之路尚多,何必轻生走险,将父母遗体委弃若是乎。

九、戒骄纵妻妾。冶容诲淫,易戒之矣。闺门整肃者,操作是勤。岂得徒事靓妆丽服,登山入寺,与三姑六婆作游伴乎?为丈夫者,切不可为其所惑,纵之自如也。

十、戒鞭扑奴婢。走使下贱,亦是人子,纵有过犯,量其轻重责罚,务以理论情恕。平日防范虽严,务恤其饥寒病患为得。

一、愿读书。凡我子孙读书第一,上可耀祖荣宗,下可训蒙糊口。且免人轻贱耻辱,岂非立身最要。

二、愿力农。种田乃是根本。春耕夏耘,秋收有望,衣食自足。且池有鱼,园有竹,花果盈庭,菜蔬满径,何乐如之。

三、愿生意。有本开铺营生,积累可以致富,乏本即腐酒经计,亦可日进分文。凡子弟不能读书力农,此着断不可失。

四、愿纺织。在昔可以津贴家用穿着。当此年岁频歉,营生正可度日。毋以大小人家为见,自惰自误也。

五、愿积德。荣枯得失,虽皆有命,然必本于心地。积善余庆,积恶余殃,《易》言之矣。与其积金积书,以遗子孙,固莫若积德为先。

六、愿公平。俗云:"人家天做,非可强求。"近见人家大斗小秤,出入两样,作许多不公平事。后来子孙衰替,家业凋零。岂知公平之家,却自耐长永久。

七、愿戒杀。冠婚丧祭,庆贺寿诞,虽不免宰割,讵知人畏死而禽亦畏死,人贪生而鸟亦贪生。苟能推己爱物,鱼肉尽堪适口,何必恣意妄杀,造孽无穷。

八、愿调解。排难解纷,鲁连所重,岂可概作乡邻争斗,闭户为高乎?然亦不可波澜生事,须于其家衅隙将开未开时,极力调解消弭,乃为盛德。

九、愿方便。时俗好作,预修受生,皆是无影之事,终不脱一"贪"字。莫若修桥铺路,施舍棺木,急患难,真实行去,其后必昌。

十、愿节用。做人家,量入为出,方为可继。若用度无恒,虽千仓万箱易完也。譬如穿衣吃饭,今日节省,来日自然有余。即人情交际,万万难缓,亦要轻重得宜。古云:"常将有日思无日。"诚至言也。

时康熙十八年己未仲夏,十八世孙燦全订
二十世孙文凤、鸣周重校镌

【注】《纂修黄氏白分家乘》不分卷,黄逊修纂修,嘉庆三年怀英堂刻本。始祖元一于靖康时南渡,历经建康、句容迁至崇明西沙。

曹氏族谱

卷 四

上海诸事得风气先。光绪三十一年七月,苏松太道袁树勋准绅士所议,撤南市工程局,设城厢内外总工程局。冬十月,实行地方自治。邑王氏、朱氏仿其意,集族人为族会,从事家族立宪。宣统元年十月,润甫公于宗祠崇孝堂先后两次邀集族众决议仿行,拟具简章。十一月朔冬至祠祭,聚族通过简章,公举职员,正式成立。民国七年七月,由临时大会公决,添举契券保管员。十三年六月,复由临时大会修改简章,通过施行规则,添举职员,分任诸务,相延至今。爰述其涯略如右。

谯国族会简章(甲子修改)

宗旨:联络情谊,清厘公产,保管祖墓,修葺族谱。
定名:由族人全体组织,故名"谯国族会"。
会所:宗祠崇孝堂或由主席酌定。
职员:议长、副议长各一人;评议员十人;契券保管员一人;会计一人;庶务一人;征租二人;文牍一人。均用投票法公举,会计以下各员不以评议员为限。
选举权:十六岁以上有选举权,二十五岁以上有被选举权。
会期:冬夏至祠祭日为大会期;常会每月一次,由议长定期召集;如有要事,由议长酌开临时会或临时大会。
任期:一年为期,冬至大会更举,连举连任。
议案:凡议决之事登录议事簿,由主席签字。
附则:以上各条如有未尽事宜,随时修改。

谯国族会施行规则
第一章 开 会

第一条,议员半数以上到会,方得开议;到会议员有过半数同意,方得取决。

第二条,议长主席不到,由副议长代;副议长亦不到,以议员之得票多者代。

第三条,议员发表意见当依秩序,二人不得同时发言,他人言未终时不得掺杂。

第四条,议员意见或两歧时,以多数取决;两数相等则取决于议长。

第五条,议员、议长、经理而外,会计、经租、庶务各员亦须到会,以便询问及报告事件。

第六条,议决事件,未到会议员共同负责。

第二章 议 长

第七条,主席有汇集到会议员意见、分付表决之权,惟不得参加己意。如有发表,须请副议长主席,而退就议员位,方得发言。

第八条,定常会及临时会期,告知文牍员缮发通告。

第三章 经 理

第九条,保管公产及重要文件,随时整理。二至祠祭日,须全数携带到祠,以便公共检点。

第十条,任期一年。连举连任,惟至多以三年为限。会计、庶务、征租同。

第四章 会 计

第十一条,总司收支出纳,支出数满五十元以上者,除祭祀纳粮等经常费外,必经议会议决,乃可支付。

第十二条,收入之数满百元以上者,须存放稳妥装档。

第十三条,每年编造四柱清册,缮印清楚,于夏至祠祭前,分送合族查核。

第五章　庶　　务

第十四条,综理杂物、屋宇修葺、器物购置均归主持。向会计支取款项,惟需款至五十元以上者,须先经议会认可。

第十五条,祠中一切器物,登载簿籍,随时检点,负保管之责。

第六章　征　　租

第十六条,应收租款,按期收取,交纳于会计员。

第十七条,租出房屋或须修理,报告于庶务员。

第十八条,收租地点距离远者,应向会计支取车资。

第七章　文　　牍

第十九条,专司登录会务及议案议决案。

第二十条,缮发开会通告,于会期三日前饬人赍送。

第二十一条,信封通告单,送通告雇资及其他各项正当费用,均向会计支取。

第八章　旁　　听

第二十二条,开会时族人有莅会者,入旁听席。

第二十三条,旁听者无发言及议决权。有必须陈述意见时,先请议长报告,得到会议员过半数之承认乃可。

第九章　附　　则

第二十四条,本规则有未尽者,经议长、副议长或议员二人以上之提议,均得随时修改。

【注】《上海曹氏族谱》四卷,曹浩纂修,1925年崇孝堂铅印本。明成化间,曹处士,字孟春,由嘉定迁居上海,遂为上海望族。与朱氏同为上海最早创办族会之家族。

曹氏宗谱

族　　例

　　宗祠具在，族例永存，愿我阖族，务各遵行，勿自遗弃，有愧为人。朝斯夕斯，莫视具文，心思一致，共奋精神，人人自重，借慰先灵，光前裕后，独树风声，青年后裔，永作铭箴。
　　一、宗祠为先人所立，每逢春季寒食时节（即清明前一日是也），凡吾孟庄公后裔皆须到祠，同行纪念。惟远近不一，如有当日不及来回，即由办事者留膳设榻，以优待之。
　　一、浦东同族人数兴盛，或老而无依靠，或幼失怙恃，此际衣食谁供给。但恻隐之心，人皆有之，希望族中慈善家将来宜设安老院、育幼厅以养之教之，使无颠沛流离之苦，则方合先人设立祠堂宗旨之一也。
　　一、宗祠为合族通人行礼之处，精华荟萃，人才系焉。见有损坏之处，随时修理，免致因小失大，酿成巨患，更难收拾。
　　一、凡有捐助祭田或银钱与宗祠者，当作传文，以褒奖而颂扬之。
　　一、倘有行为不法之族人，如盗卖祭田及一切有害宗祠非分之事，凡吾族人皆得干涉。万一恃蛮抵抗，立当送官究办，以清祠累。
　　一、吾族遇有分家，自常酌提一份，慨助宗祠，作为公产，以增经济。俾祠款充足，兴办族中有益之善举，如养老补幼以及扶助嫁娶丧葬等事。如此生死兼顾，愈为宗祠增光，岂非吾族之幸事乎？
　　一、祖宗虽远，逢时必祭，以尽追远之诚，毋自忽焉。
　　一、凡茔域，乃先世体骨所封，必详志其地及昭穆位次，庶子孙不至迷失。
　　一、祖先之讳，子孙宜避，礼也。东渡以来，又十余世子孙繁衍，犯讳者有人，重名者不一，今悉更正，后人不得再犯，庶披阅之下，世代井然。
　　一、凡书所自出，即书其所出，表世系也。
　　一、男子成人，方许登谱，防夭折也。古者殇子不继，自上殇外，虽未娶而死者，亦宜以继之。盖谱者，补也；系者，系也。补不可使阙，系不可使绝。谱之关系此等处最切。

一、立嗣自有古制，无子者以兄弟之子嗣之，若本支无子或独子，则一从再从，虽远族亦可断，不可领养异姓乱宗。

一、不立后者，直书无嗣。

一、凡为人后者，其名皆再见。间有出继异姓者，直书"出继某姓"，其子氏不书，后归宗者宜增辑。

一、铭、传、表、状、碑、诔等文，乃先世明德所托，录以垂不朽。

一、殇子而为神童奇童者，附载录父传。

一、凡生有子女，至六七岁，须使之入学读书，极低限度，宜俟文理普通，方可就业。

一、凡玷辱先世者，谱不得书。已书，署"去之"，出家为僧道者亦如是。

一、凡未登谱者，自将名字年庚生日及配氏子女注明本支，使异日握管者易于补辑。

一、继配书"侧室"，有子方书。

一、凡所娶系名德之裔，妇道克全者，既述其善，并书其父母，以显其家教。

一、女不特书，只止于父名下，婿之姓字皆书。

一、女未字早夭，而有淑贤德者，既字而有特行贞节者亦附焉。

一、夫人被出与改嫁者不书。虽有子亦不得母焉，母出与庙绝故也。

一、凡第宅之在旧址者，不必书，其迁徙他方者，志以备查考。

一、同姓不结婚，人皆知之，况吾曹姓更宜注重，莫使伦常乖舛，失此重要面目。有之，族人皆当加以干涉。

一、凡吾族人有福国利民，爱乡睦邻之事者，当由近族志之，以便下届修谱增入传记而表扬之。

一、凡欲所为之事有益于宗祠，或有利于合族，可于寒食节日祭毕，午后在宗祠内开合族大会议决而行之。

中华民国二十年寒食节，平阳曹氏同族公议谨行

【注】《曹氏宗谱》不分卷，曹鸿纂修，1932年石印填补合璧本。明永乐间，曹守常，字孟庄，由范溪（即范家浜，一说为曹家渡）东渡，赘于护塘季氏，遂定居于此，后即曹家弄。是谱即为浦东曹氏总谱。

西城张氏宗谱

卷　　二
遗　　训
曾大父致斋公遗翰抄

一、读书者，宜立限看记，须了一书，方换一书，毋泛滥涉猎，致终于无得。先儒所谓"读书不可贪多，多看得不如少记得"也。

一、未熟快读足遍数，已熟缓读思理趣。未得于前，则不敢求其后。此则不敢志乎彼此。朱子读书之要法也。今宜自量记性，定为遍数。每授细分几段，看读已熟，又通授背诵数十遍。每日清晨宜温诵昨日所读之书，至于精熟。直从卷首带背一遍，虽读至卷终亦然。日逐积累带背，则用力少而成功多，可免通温之力。至换一书，亦如前法。

一、古人读书用济河焚舟法，熟读牢记，若恐终身不得再见此书者。是谓得尺则尺，得寸则寸，皆为有用之地。得效虽缓，而受用之日多。若徒贪多务广，卤莽涉猎，虽一岁温习几周，毕竟无一章一句，精确明透者。后欲温习，与初见无异。宜严立课程，宽着意思，宁缓毋急，宁详毋略。先之以熟读，使其言皆若出于吾之口；继之以精思，使其意皆若出于吾之心。迟以岁月，则其得效之浅深，常自见之。

一、朱子读书法曰：二更止，五更起。古人夜诵法也。将尽二更，即须熟睡。盖子时前后不得睡，则血不归肝，次日决无精神可以读书，勉强至十日、七日，必嗽疾，咯血成瘵，终身不可任劳事矣。又曰：灯火起于中秋，止于端午。此养明之法也。凡灯下写小字，日落后看细字书，皆能损目，勤者宜戒。

一、夜读不可忍饥，宜供茶饼、馔粥之属以助精神。又不宜燃桐油猪脂，致令损目。又读书作文，昼夜不息，最能困人精神，但少觉劳倦，即当暂息有顷，复用工，乃可持久。

一、朱子曰：心一放时，便是斧斤之伐，牛羊之牧；一收敛在此，便是日夜之息，雨露之润。今试于心不存时，先之纵横驰骛，内无所主，读书必无所得，写字必多误落,听言必不精专,发语必无次第。故必居敬以为之本,穷理以尽其功,务使已放之心,反之复入身来,然后众体有所检束,百事可为也。

一、凡读书看史作文写字,只宜逐件理会,渐次干去,虽似迂阔,积久事事着实,而收可必之功。若琐碎立课程,一日兼务几项,未启其端,而遽欲探其终,未究乎此而忽已驰乎彼,但见终日勤动,意绪匆迫,竟无一事精熟。孔子所谓欲速则不达,此昔人身体力行之验,非虚言也。

一、凡看经史子书、百家传记,各录其紧要并佳句及故实,专采紧切,尽削烦词,时复批点检阅,以便灯窗场屋之用。若不知所决择,一概泛滥记录,则又不知观正本也。

一、后生学文,先能开展滂沛,后欲收敛简古甚易。若起手便学简古,不免规模局促,日后难于充拓。初学者知之。

一、四书经义,贵乎依经按传,发扬题意,亲切有味。长题贵收敛,短题贵扩充,最忌险怪陈腐,丰富勿失之冗杂,简洁勿失之枯涩,破承讲结固欲全美,而结束尤当致意,切勿苟简。

一、先儒谓文宜频改,则功夫自出。昔欧阳永叔每以所作贴壁,时加点窜,有改至终篇,不留一字者。黄鲁晚年多改削旧作,所以各极其妙。今学者凡有所作,宜朗书行款,即以贴壁,待心事虚闲,忽如新见他人文字者,得失了然,乃自为画,裁圈抹改。而又改用平日看文例,篇章句字,一一中的方止。每种作得一二十篇,则能事毕矣。

一、试士以策,正欲观其用世之学,不但取博识宏词而已。凡看策问,或辨难经疑,或商榷时事,或斟酌治体,或考论故实,皆当质经订史,据古证今,文必根理温厚,典则策冒欲冠冕雄深,答词欲敷腴畅达,余意欲援引经传,断制或敷陈平日见闻,以足间意;结束欲知所归重,该括不穷。所问典故有不可知者,只就策眼本要所在,浑融敷演,主张在题目外,开合抑扬,文思滔滔不窘矣。

云谷公遗嘱节抄

嗟哦,我十岁前不知人事,无可记说。十二三,父往南京坐监,不得专师受教。十五六而受业川张师,少能通文。十七遭倭变,十九丧父。时闻父病,自松城馆中奔归,父已不能言。重赀已不经见,仅见几百金,而所遗军前支应粉骨撑持其间,亦有受人诱驱,偶费不经,亦有官事讼非正经费用,甚有他人事牵缠干害诸般来搅。诸弟幼稚,一无帮助,宗党亲族,阳施阴设,用计科索,以致天地间希有之事,我独有之。一生命蹇苦楚,不能立业传家。惟认真"教子读书"四字,所以经营微利止好,日逐支持,即如扶养汝兄弟八人,自三年怀抱以及延师、训诲、娶妻、完聚,屈指光阴,难到成立,今日囊空如洗。汝辈切勿怨我,不会作家,一无分授。夫无分授则无争竞。汝辈亦知之乎？我目击五房各侄争产,力为分剖,不至成讼。我死之后,诸子辈有一不才,听人调弄,谋害骨肉,汝兄弟执此赴官,罪其不孝。今我留存举业书几本,望儿朝夕拈弄,以图进取。即亡论人人得取功名,显荣祖父,而读书识字,明仁义礼智,达父子、夫妇、长幼之伦。虽为农为贾,立身天地间,做好人,干好事,不得罪祖宗,则无非受孔孟之益,无非受我教诲之益也。汝兄弟有资质者,勉力用功上进;无资质者,勉力用功经营,苦挣成家,为父争气,则我虽死之日,犹生之年。若不体我志,玷辱前人,诚天所不容,地所不载,九泉之下,饮恨如生。倘其朝夕存想,留芳子孙,毋贻骂名于身后。

训　　揖

揖之为义大矣哉。朝廷之拜跪,乡党之周旋,皆此仪、此志也,可自我子弟废之乎？目击其废而隐忍不言,以长子弟之不肖,使终身由之而不觉其非者乎？诗礼之家,驯驯雅饬,姑无他论,即以清明拜扫言之。娶子姓而展墓,旋即分享,少长咸集,一以申孝思,一以敦族谊也。吾族自崇祀公起家,本仁宗义,贻图裕后,钟祥毓秀,素称诗礼之家。予诸父一十九人,彬彬鹊起,邑令刘公有"诸张竞爽"之称。嗣后子姓愈繁,族谊愈涣。居恒无论矣,即聚集茔堂,或经年暌隔,曾无一语寒暄;或叉手击拳,不肯曲躬施礼。甚而偶语情浓莫逆,来者承趋私密,竟远阔疏,脱略者荡轶绳检,椎鲁者罔知揖让,成人如此,童稚亦然。既废礼仪,攸关名分,于尊行也,不知谁伯而谁叔;于雁行也,不知孰弟而孰兄。以祖宗同气之人,而若漠不相知之辈;以漠不相知之辈,而为一堂宴饮之欢,何啻鸟兽聚而鸟兽散也。是虽子弟之过欤,而亦父兄之责也。故笔而附之谱中,毋以余言为忽。

己丑清明后一日,子安氏识

张 氏 家 法
第一章　总　　纲

第一条,本族由第一、第二、第三、第六、第七、第八等六房组织之。

第二章　族　长　与　房　长

第二条，本族举一族长，每房举一房长，族长以五房中辈次最长者兼充之，房长以全房辈次最长者充之。

第三条，凡该族人辈次虽长，而已有不道德之行为，或本族及本房所反对者，不得充任族长或房长之职。

第四条，族长有行使家法之权，房长经本房人推托，有代表全房之职权。

第五条，本族或某房对于族长或房长认为违法失职，得召集全族或全房公同评议之。如违失属实，本族或某房应撤销其族长或房长资格，另举辈次最长者接充之。

第三章　全　族　经　理

第六条，全族经理管理本族所有公产单串契据及出入公款一应事宜。

第七条，全族经理无任期，由本族每于清明日公举之，得多数赞成者为当选，但妇女与未满十六岁之男子无选举之资格。

第八条，全族经理资格须品行端正，家产较富，且为本族所信仰者。

第九条，全族经理有会同族长行使家法之权。

第十条，全族经理有监察值祭员领款用途之权。

第十一条，每于清明祭祀日，全族经理应将一年内出入公款有无盈亏，开明清单，粘于祠内。

第十二条，全族经理须秉公理账，不准捏造虚账，侵吞公款。

第十三条，全族经理受稽查员弹劾后，应暂行停职，听本族派员审查。

第十四条，全族经理职权不能私相授受，须经本族公举后方为有效。

第十五条，公举全族经理时，无父举其子，子举其父，或父继其子，子继其父诸嫌疑。

第十六条，本族公举全族经理之议据，归被公举人执管。

第十七条，全族经理如偶因他事，不能视事，得随意派人暂行代理，通告本族，本族不能干涉。如因事免职，或所派人代理后有非法行为，不在此例。

第十八条，全族经理无俸金，由本族每月贴补车马费洋一圆。

第四章　稽查员与值祭员

第十九条，第三房逢甲己年，第六房逢乙庚年，第七房逢丙辛年，第八房逢丁壬年，大房逢戊癸年，于该房中指派稽查员、值祭员各一人。

第二十条，稽查员稽查公款账目有无侵吞弊端，一经察出，应向本族提出弹劾书，以便派员审查而定去留。

第二十一条，稽查员资格须精通文字，谙熟算术。

第二十二条，稽查员不准串同全族经理作弊，或怀藏私怨，罔诬全族经理有弊。

第二十三条，全族经理因事免职后，全族经理职权，稽查员得能暂行代理之。

第二十四条，稽查、值祭二员无俸金，每年各贴补车马费洋六元。

第二十五条，值祭员管理祭祀会餐，一应事宜及置办祭祀会餐各物品。

第二十六条，值祭员应于清明前二日，向全族经理取公款，置办物品。

第二十七条，值祭员不准将所领公款置办私物，或将所办物品私运至家，或串同全族经理捏报虚账。

第二十八条，清明后四日内，值祭员应将置办物品款项，有无盈亏，开明清单，呈送全族经理。

第二十九条，稽查员因事免职后，稽查职权，值祭员得能暂行代理之。

第三十条，稽查、值祭二员应预先派定，由该房房长于清明日报告本族，以便登录。

第五章　祭祀与会餐

第三十一条，本族每逢清明日于祠内祭祀先代祖宗。

第三十二条，祭祀分为二次，先祭南坟西楼公等，后祭北坟致斋公等。

第三十三条，祭祀每次分为五桌，每桌位数依照谱上载明各坟位葬数。

第三十四条，祭祀时应另备一桌，供祭中台诸神位。

第三十五条，祭祀物品及格式悉照谱上所载祭例。

第三十六条，祭祀行跪拜礼时，族人应循规尽礼，不得轻率敷衍，或争先退后。

第三十七条，凡族人新娶者，应于清明日率领其妇，到祠谒祭。

第三十八条，凡族人到祀祭餐，应先至账房报名。

第三十九条，祭祀既毕，然后排桌会餐，每桌坐八人，会餐物品亦依旧例，务求饱食，不必虚加珍馐。

第四十条，族人既皆就坐，由全族经理会同稽查员挨桌点名，有无冒混或漏报等弊，一经查出，该冒混人或漏报族人，应不准会餐，立即出祠。

第四十一条，族人不准携领已嫁之女或亲戚朋友入祠祭餐。

第四十二条，会餐时，族人不得高谈阔论，或饕餮狼藉，致妨公德。

第四十三条，会餐时，族人不得辩论私怨，兴起口角。

第四十四条，会餐时，族人不准激成争斗，或怒翻酒桌。

第四十五条，族人如于寒食日来祠，本祠另备有夜饭及早饭。

第六章　全族公产

第四十六条，本族所有公产，无论何房族人，永远不准有出卖、押抵等事。

第四十七条，本族所有公产，无论族人、外人均可纳费认租。

第四十八条，承租人如于所租公产地上，无论建屋搭棚，本族不能干涉。

第四十九条，凡单身茕独之族人，如亡故后，其所遗地产悉归本族收管，作为全族公产。

第五十条，本族有义冢一处，专葬单身茕独之族人。

第七章　宗　祠

第五十一条，宗祠为本族开全族会议及祭祀会餐之地点。

第五十二条，祠内附设蒙塾，凡本族贫困子弟来读者，得能免其束脩。

第五十三条，祠内左右台备各房族人供置神位之用，但未曾婚娶之族人，无供置之资格。

第五十四条，祠内备有被褥二付，凡远居乡镇之族人，平时有事来沪，可至祠内账房报名，经核对确实后，得能暂宿数日。

第五十五条，族人违纪家法，族长应会同全族经理，将其罪状布告祠中，但未满十六岁之男女不在此例。

第五十六条，族人在祠内非会餐时，亦不得辩论私怨，兴起口角。

第五十七条，族人在祠内非会餐时，亦不得激成争斗，击坏公物。

第五十八条,族人不准在祠内辱骂先代祖宗或长辈。

第五十九条,族人在祠内辱骂幼辈,本族得能理论之。

第六十条,族人如有分产不均,承嗣不决诸争,应于清明报告本族,本族得能公断之。

第六十一条,族人不准有意毁损祠中所备之杯、碗、桌、凳等物。

第六十二条,祠中所列各种碑像、古物,应一律保存。

第六十三条,凡单身茕独族人,如亡故后,其遗款遗物悉归宗祠收管,该族人如负有债欠,将其家产抵偿,倘有不敷,与本族无涉。

第六十四条　本章系尽先世祖所订谱例上未到之处。

第六十五条　本族每届三十年,应倡修家谱一次。

第六十六条　修谱经费由盈余公款项下拨付,如属不敷,所有不敷之数应由各房均平分担。

第六十七条　凡族人,无论出外、居县,如初娶、续娶及所生儿子已满一岁,均应将其妻或其子年庚建生日时,用函或到祠报告全族经理。

第六十八条　族人所生儿子经报告后,全族经理即应依照辈次题名知照该族人,并应将该儿名讳登录族人名簿。

第六十九条　族人题名应谨遵先世祖名讳,依定字辈,以分长幼。

第七十条,族人亡故后,除女儿外,无论男女长幼,应将其亡故年庚日时报告全族经理。

第七十一条,以后族人名讳,除嫡生及应嗣近支承祧外,所有血抱、接乳等,经近支人证明方可。其余螟蛉、赘婿诸辈,一律不准承嗣入谱,及到祠祭餐。

第七十二条,族人载列家谱或刊刻神位均须用其名

第八章　家　　　谱

讳或讳号并用。

第七十三条,族人无子,应由最近支派承嗣或兼祧。

第七十四条,凡单身茕独之族人而承嗣兼祧俱无者,如亡故后,由本族殓葬。

第九章　褒扬与惩罚

第七十五条,全族经理亡故后,其神位并配妻神位得供置中台。

第七十六条,凡族人慨助公款洋三百元以上者,如亡故后,其神位并配妻神位得供置中台。

第七十七条,凡族人慨助公款洋一千元以上者,如亡故后,依照第七十六条褒扬外,并将其生平事迹勒一纪念石碑。

第七十八条,凡族人慨助公款洋三千元以上者,如亡故后,依照第七十六条、第七十七条褒扬外,并将其身熔铸一铜像。

第七十九条,对于本族极大功劳有二:

一、重振宗族。

二、独助建祠修谱之经费。

凡族人具有以上二种功劳之一者,除亡故后依照第七十六、第七十七、第七十八等三条褒扬外,如认租本族所有公产,得立特殊利益之租契。

第八十条,族人如犯第四十六条,除禀官究办外,本族应将该族人并其后裔永远驱逐出族。

第八十一条,全族经理,如犯第十二条,除撤销职权外,本族应将该经理永远驱逐出族。

第八十二条,稽查员,如犯第二十二条,除永远撤销稽查资格外,处罚该员于五年内不准入祠。

第八十三条,值祭员,如犯第二十条,除永远撤销值祭资格外,处罚该员于五年内不准入祠。

第八十四条,族人如犯第四十四条或第五十七条,该族人罚于三年内不准入祠。

第八十五条,族人如犯第四十三条或第五十六条,该族人罚于三年内不准入祠。

第八十六条,族人如犯第四十一条,该族人罚于一年内不准入祠。

第八十七条,族人如犯第六十一条,该族人应将所毁损物件照价赔偿。

第十章　附　　则

第八十八条,本家法条例均经本族公同制定,以后对于各条例,不得更行删改。

第八十九条,本家法自本日施行后,族人应永远一律恪遵无违。

中华民国七年戊午阳历二月　日订立

家法之制,非欲伐能卑视后人,以夷先烈之尚德缓刑,为后世之烦文末式。

然鉴如近今几至贻泽尽湮者,虽系彼辈之不肖,族门之不幸,实乃无法遵循,不无他故也。自有家法,而一族之举动得失,了如指掌,可以按律褒贬,儆劝后人,庶各自竞以步先世之光荣,毋越法轨指条,遗骂于后世。故奖善惩恶,不可不申之以先也。受制成法,述作法之意。

志超氏述附

附录 祠役规程

本族既订家法,以范围全族,毋得越轨。况祠役而能无规则限制,作所欲为,隐蚀吾族,其害岂浅鲜哉!鉴古证今,不得不亟亟于订立者也。爰制祠役规程一十四条,使有遵守。附之谱末,庶免遗弃。

第一条,本宗祠赁一人为祠役,由全族经理管理、指挥、督察之,并受稽查员之检查。

第二条,祠役之要务在看守祠屋,保护坟墓,管理祠中所有之一切物件。

第三条,充任祠役之人,须素谙其品行端重,居心诚实者为合宜。

第四条,祠役之任用,或由全族经理雇赁,或由本族人荐保。

第五条,祠役月经工食洋十圆,由全族经理于公款内拨付。如有增加,非经全族之允许不可。

第六条,祠役如违背以下各条之一者,不论全族经理察觉,或稽查员及族人告发,当立即开除其职,全族经理与荐保人不准袒庇饰,冀图延用。

第七条,祠役不准毁损所管之祠屋物件。

第八条,祠役不准将所管之祠屋物件擅自动用或租借与人。

第九条,祠役须将祠屋及一切物件洒扫拂拭,常使清洁,不得污秽轻亵,先灵坟墓须加看护。

第十条,祠役不得有不规则之举动,致妨本祠事物及名誉,或本族人之事物及名誉,并不准涉及本祠与本族人之事端。

第十一条,祠役须宿祠屋,不准宿正屋,并不准与其亲戚朋友等同居祠内。

第十二条,凡族人有事至祠,须详细问明招待,不可因有庇护,反以倨傲侮辱之行为对之。

第十三条,祠役如犯第七条者,除照第六条惩撤外,须修理赔偿之,如不得已时,由赁用或荐保者负责。

第十四条,本规程自订定日施行后,该祠役或未谙悉,由全族经理训谕之。

民国十七年十二月 日订定

【注】《西城张氏宗谱》六卷,张志超等纂修,1928年上海九如堂木活字本。西城张氏早就定居上海,宗祠在今中华路、蓬莱路一带,明洪武间,张义贤,字稼隐居上海法华里,其子张寅徙家县治西南隅。历代名人辈出,明张泮等便出于此族。

清河族谱

石黄公家训（共有三百余条　先谨录十有二条）

一、俭者，富之门；节者，生之路。知所为节俭，虽不得富，亦甚不贫矣。立身行己，总自治家始。

一、治家，所以立身养身，所以守己。须知不治家则不立身，不养身则不守己，泛泛焉如无根之蓬，奚能立脚于天地之间？是以有识之士必具全力而后可。

一、有钱之易，如履平地，不见其易。无钱之难，如涉江涛，深见其难。居常待客，不妨裁五簋为三簋，裁三簋为二簋。至若朝夕自奉衣食，甘其粗粝，器用择其寻常，居止仍其陋巷。想念戢其繁华，岂非素位之实学欤？

一、省财惜费，便称圣贤路上人，空名豪杰，断断乎不可为也！

一、时无论寒暑，止是治家有法，生财得用，则所以御寒暑者有其具，而此身自陶然于春夏秋冬之间，岂非事之至适，而愉愉慊志者哉？苟不其然，即使寒得重裘，暑获张盖，而心境之局蹐已甚矣，又安得俯仰以无忧？

一、"俭"之一字可以治贫，"勤"之一字可以补贫，"奢"之一字可以销富，"倦"之一字可以失富。治而补之，总药石也。销而失之，总佚乐也。劳于操心者，即操家之道。逸而败检者，即败家之门。

一、财不必泥沙用也，即珍之惜之，而妄费者多矣。物不必粪土视也，即爱之护之，而速朽者多矣。如其不然，鲜不败坏。圣人较奢俭之数，而特著之曰："俭则固。"夫固之为言可久耳。长生久视，岂别有丹方，为神仙所授哉？授之他人，不如宣尼之为确君子用，此法以益寿，是用勗之。

一、贫厄，人所时有，而盈虚势在必然。念兹往事，知造物之琢磨，有时而吝者，福泽也。我本薄福人，即造物有意予之，而我未敢骤即于安也。差胜于昔，便是造物之厚，乃何得不兢兢自守焉？耕田以备粥糜，经营以赡生养。自是有生以内之事，苟其侈然着想，奢愿求盈，为其不可继，则枯槁窘迫，丑态百出，皆由之至矣。人生老之将至，切不可露丑态与人，即子房之每事不犯手也。从赤松、子游，何等清虚，得趋陶朱公之高妙，所谓末路不露丑者此耳。致富正隐者之事，恍焉晤此，觉追随之恐后。

一、人之可忧者不一，而最苦于无末路。末路之所以难臻者，由于奢且侈也。收拾得来，便是佳境，收拾不来，有许多不自在处。莫可救贫，何从得趣？君子安贫若故，自有妙致，不期而会。故曰，不贪为宝，可以素位，而自得此居易，俟命之高辙也。遵而行之，可以释忧矣。

一、姜太公垂纶钓渭，时过古稀；百里奚去虞入秦，年已七十，皆藏其身，以有待者也。古之先达，经济变化，自是不凡。若云衰朽自甘，天生此人，亦甚渺渺耳。君子弗自轻亵。

一、祖宗享祀，必从丰洁，庶无忝孝道。余将吾父治家格言带之箧中，出入思警，而尤于每节，享祀奉牲供祀，以补前此素物奉享之咎。然更须时当省察，以保全余生，则于孝莫亏，而子孙之职亦可告无罪矣。后之子孙，其有此想念者，自克承家道，否则大忝厥生矣。记此以警悟。

一、人自谓豪杰，则万不如庸常矣。人自谓庸常，尽可以胜豪杰。学问之道，切不可以名士盗虚声。

道光十八年戊戌岁荷月，十三世孙为崧谨录

【注】《清河族谱》一卷，张允垂纂修，清道光抄本。明清之际张西企之子张桢，字少溪由浙江湖州双林镇迁居松江上四图，为清河张氏始迁祖。

上海叶氏支谱

叶氏敦厚义庄碑记

自世界大同，吴越一家，我闽之与江苏，虽有浙江间之，而沿海千里，舟楫相通，贾商互萃，即海禁未开以前，闽商之鼓棹乘风者不可缕计。上海为江苏要塞，市肆尤称繁盛。同安叶丽水公于清道光十年经商来沪，有子四人，伯仲皆早世，叔氏鸿英先生乃蔚然特起，继志述事，坚忍不挠。七岁就傅，十四肄业于大昌，十六即赴东瀛北海道函馆游学，十八复东渡长崎，扩充高丽、釜山、仁川、元山各埠营业。是岁为光绪三年丁丑，遽遭失怙，发愤自立，辛苦备尝。辛巳股开源润昌，甲申筹设海参崴商业，庚寅在沪开设源昌号分设长崎、神户、横滨，骎骎乎日新月盛，而默念祖功宗德，无日不为报本计。今齿将古稀，屈指近三十年来，由亲亲而仁民而爱物，于社会则无役从，于教育则有开，必先于振恤，则惟力是视，政学同界无不知叶先生。其同安原籍书简往还，岁时存问，饰祖庙，惠族党，弥形诚恳。惟于上海既多亲友，风土相宜，遂有家焉之志。先是，卜宅于城西蓬莱路，所有致力为务之图，购置墓田于松江之莘庄镇十六图，并建家祠以奉蒸尝，筑义庄以赡宗族，立义学以教子侄，购田计一千七百五十八亩有畸，縻费计十万余元。规画井井，告诫谆谆，实仰承丽水公之素志而光大振兴之。论语云：君子笃于亲则民兴于仁。方今世风浇薄，仁德难言，寒俭者既自顾不遑，丰厚者又骄奢淫佚，不知收族敬宗为何事。得先生以矜式群伦，匪独上海一邑之光，亦吾闽流寓之佳话。况哲嗣文孙，绳绳继继，堂构永承，异日之推广增饰，正未有艾。此又可为先生预庆者。立勋与先生交逾三十年，知之最稔。用记其崖略此。至田亩宅舍位置，备详图册，别勒贞珉，兹不赘叙云。

岁次丙寅孟夏之月朔日，汀州陵斋伊立勋记于春申江上，时年七十有一

鸿英教育基金规则

鸿英经营商业，以辛勤节俭谨慎之结果，积有微资。年逾古稀，子孙粗能自

立。默察国家社会前途,荆棘正多,培养本源,厥惟教育。教育千端万绪,非个人财力所能负此重任。而目前最需要,最感缺少之两种事业,一曰乡村小学,一曰图书馆。乡村小学,前曾试办一校,自应力谋推广。图书馆尤为教育所急需,自东方图书馆为暴日焚毁后,凡有血气,谁不痛心。适参观人文图书馆筹备处,知其搜采多年,已有基础,而为地位及经济所限,一切尚在困难中。其进行计划,有能独力捐助建筑费及经常费之基金者,即以捐助人之名为永久纪念之表示。因以双方同意,合力筹备,曾将捐款志愿及拟办事业范围、开具财产细数呈请教育部批准在案。嗣经遵照部批,设立财团法人,定名为鸿英教育基金,聘请董事。几经详加讨论,佥以拟捐之各项财产种类繁多,管理不易,其中尚多一时难于收集之款。爰议定改捐现金五十万元,指明上开二项为应办之事业。兹将捐款之分配及规则详列于后。

第一章 捐　　款
第一条　捐　助　志　愿

本财团法人以鸿英之志愿独力捐款专充本规则第三条指定范围之用。

第二条　捐　款　总　额

捐款总额为国账五十万元。

第二章 事　　业
第三条　范　　围

本法人目的事业,即在上海市设立图书馆,在上海附近及毗连区域设立乡村小学,兹规定以十万元为乡村小学基金,及其陆续筹办费,以四十万元为图书馆基金及购地建筑设备费。但经董事会规定之基金不得动用,其维持及推广费均以子金充之,不足时,得募集补充之。

第四条　名　　称

本法人名称为鸿英教育基金，所营之事业即为鸿英图书馆或鸿英乡村第一（或第二或……）小学校。

第三章　组　　织
第五条　董事名额及其产生

本法人设董事十五人，组织董事会，由捐助人及其选聘之人员充任之。于捐助人身后，应由其子孙后裔中遴选一人补充之，其职权与普通董事同。除捐助人于生前指派者外，其产生及解任依照本章第九条之规定办理。

第六条　董 事 任 期

董事任期为终身。

第七条　常 务 董 事

董事得互推常务董事三人至五人。

第八条　干　　事

董事得聘任干事。

第九条　董事之补充及辞退

如董事出缺，得以董事四分之三以上之同意，选聘补充之。如董事品格不端,或因其他相当原因,亦得以董事四分之三以上之同意辞退之。

第十条 保管委员会

本法人基金在捐助人生前于董事中指定三人组织保管委员会,由捐助人共同保管,但全体董事得监察之于捐助人身后,即由董事会组织保管委员会保管,并由全体董事监督之。

第四章 保障
第十一条 公约

本法人永远不得变更第三条规定之事业范围及第四条规定之名称。

第十二条 登记

本法人及规则应依法向主管官署登记备案。

第五章 附则
第十三条 未尽事宜之处理

本规则未尽事宜,依财团法人普通规则办理之。

附言
一、本法人之未来财产

除本规则第一条捐款总额外,鸿英仍拟将少数商业结束后之微薄赢余,陆续捐入,本法人一切按照本规则办理。

二、祝　　望

　　捐助人具此志愿,不过聊尽绵薄。倘我国人共同继起,举办类此之公益事业,或以资财辅助本法人之发展,是所祝望。

中华民国二十二年七月二十八日

　　【注】《上海叶氏支谱》不分卷,叶鸿英篡修,1934年铅印本。宋代叶文炳,直隶河间府献县人,其子颜,乾道间迁居福建同安。道光十年,叶华自同安迁沪。其子即著名实业家、藏书家叶鸿英。

万氏家乘

云兰公题词

施仁不望报，尚义有芳声。耳顺生嗣，孙枝蕃茂。
上苍之福善方殷，后人其继志无堕。

季春熏沐书，奉先考宾翁小像

云兰公训笔
立 家 训
父 云 兰

汝祖宾兰，乐善好施，颇立名誉，五旬有九而生某，才九月而父辞世，孤寡伶仃，勉撑门户。先承分授田九十亩零，何期讼事连绵。而万历八九年，又风秕歉收，自此贫困。历年粮银用度，俱出借债卖产。延至十五年，大水无收；十六年，米复大贵，至是瘠田不及三十亩，而母老子幼，众口嗷嗷，败荡几尽矣。宁特家道磬如，渐且锥也无立。以故朝勤暮苦，身亲稼穑，然多五月籴新，至秋收而随获随尽，及至征粮，束手无措，几番窘辱，而流汗成浆，无门控吁。身于大暑，必同僮仆在田。或工毕而回，贴地息肩，时则仰屋窃叹，意图恢复一二而未能也。所幸时叨天眷，不负苦辛，蹶而复起者再三。且性独洁洁自好，不喜逐末刀锥，又不欲经营生息，里有排难解纷，不特无取分文，即有馈遗亦不受也。惟是株守安贫，耕织之外无他务，所以少壮努力，苟可无饥。不意三旬二三，累年剧病中衰，加之三十六年大水，寸茎无收。是时延师教尔，正值凶荒，从此又经倾倒，修补绸缪者累岁。三五年来，稍得清理就绪。不觉班班二毛，而六旬成虚度矣。窃见年貌相若亲友，已大半化为异物，况此多病残躯，曷堪久扰。今将苦守田基百亩交付邦宁，内听租二十亩，作佛郎读书定亲之用，结亲后即归佛郎。其六甲排年随田，即该宁男承办粮差，支直公务。自今以后，恢扩在尔。比如近年里中巨室，即宁男妻族也，良田广厦甲于一乡，不数年而倾废，言之每每嗟叹。乃有起自寒微，克勤克俭者，几友竟为造物所厚，亦不数年而骤富，念之啧啧称羡。所望吾子，尽心竭力，别立一番事业也。我不足法，当念尔祖之起家，尔祖之积善。成败由汝，汝其勉之。有几端时宜儆省，备录以诫将来。祈望谆切，立此家训为照。

凡事要细心筹划，财帛粮务，要录账仔细明白。汝之弊在粗卤懈怠。切戒，切戒！

酒多误事，妨工废业，费时失务，当家计者，决无流连沉湎，所损非小。切戒，切戒！

交易相关，不拘大小，须要光明正大，不可贪小，益己亏人。但当勤俭于己，不可刻薄于人。切记，切记！

非义之财，分文不苟取。凡取非其分，造物所忌，鬼责人怨，因小失大，此最一生人品成败所关。切记，切记！

耕田决要身亲勤苦，晏眠早起，处置务求周到。各件生活务求精细，才望厚获。若竟委任家人，必然颓惰抛荒。

交际礼尚往来，宁过厚，毋失缺。亲丧尤为大典，汝常有过差，宜慎将来。

和邻里，睦亲族。交贤良，远奸恶。

谑浪讥笑，虚伪浮薄，极宜痛戒。待人必真诚，临事必敬慎。鲁有几氾，年七十而谨慎有加。夫人为善者少，为谗者多，此身若在，安知祸罪不施也。忠言逆耳利于行，药石苦口利于病。古云："赠子以金，不如赠子以言。"即言无足采，亦可作刍尧，备缓急。汝其听之，汝其听之！

老身一生辛苦，六亲无靠，骨肉无缘，惟有自苦自知，极力撑持，得至今日。其送终棺椁，毫未完备，止为多病求安。故自甘淡泊，剜肉救疮。一愿代我世务，佚我以老。一望鱼龙得润，可致升腾耳。如年月通利，造圹时必须资助。倘五年内，老迈坐食空山，则生事之礼，不可缺也。宜想汝半生来，我任劳任苦，以为汝役。汝未尝一日任事，报效我也。思之，思之！孝为万善之原，子孙昌盛由此。其佛郎读书定亲，目下要紧，速速毋再迟误。

半丝半粟，一粥一饭，俱从殚精竭力，劳心焦思，血汗中来。今日顺受安享，须知苦创之难，苍苍可鉴。

天启元年十二月十二日立

【注】《万氏家乘》不分卷，清万以增纂修，万树熔续修，1942年续抄清光绪间抄本。元至正间，万国柱与万国栋自江右迁居江南，兄万国栋居嘉定，万国柱居松江章练塘。

葛氏家谱

卷 二
家 训 纂

宋刘安世从学于司马光,咨尽心行己之要,光教之以诚,且令自不妄语始。

宋胡文定公戒子弟曰:"对人言贫者,其意将何求。"汝曹志之。

宋文定公邺判绍兴府,尝曰:"十二时中,莫欺自己。"其实践如此。

祖考恪庭公曰:"立名自不求人始,不求人自节俭始。"

张文端公曰:治家之道,谨肃为要,《易经·家人卦》义理极完备,其曰:家人嗃嗃,悔厉吉,妇子嘻嘻,终吝。嗃嗃近于烦琐,然虽厉而终吉;嘻嘻流于纵佚,则始宽而终吝。又曰:人之居家立身,最不可好奇。一部《中庸》本是极平淡的人,能于伦常无缺,起居动作,治家节用,待人接物,事事合于矩度,无有乖张,便是圣贤路上人。譬于布帛菽粟,千古至味,朝夕不能离,何独至于立身制行而反之也。

又曰:谭子化书训,"俭"字最详。其言曰:天子知俭,则天下足。一人知俭,则一家足。且俭非止节啬财用而已也。俭于嗜欲,则德日修,体日固。俭于饮食,则脾胃宽。俭于衣服,则肢体适。俭于言语,则元气藏,而怨尤寡。俭于思虑,则心神宁。俭于交游,则匪数远。俭于酬酢,则岁月宽,而本业修。俭于书札,则后患寡。俭于干请,则品望尊。俭于僮仆,则防闲省。俭于嬉游,则学业进。其中义蕴甚广,大约不外保啬之道。又曰:人生第一件事,莫如安分。分者,我所得于天,多寡之数也。古人以得天少者,谓之数奇,谓之不偶,可以识其义矣。

董子曰:"与之齿者去其角,附之翼者两其足,啬于此则兴于彼,理有乘除,事无兼美。此予所深洞于天时、物理,而非矫为迂阔之谈也。"

宋陈抟曰:"优游之所勿久恋,得志之地勿再往。"

元许衡言:"人心如印版,然版本不差,虽摹千万纸皆不差。本既差矣,摹之于纸无不差。"

张文和公曰:"凡人得一爱重之物,必思置之善地,以保护之。至于心,乃吾身之至宝也。一念善是即置之安处矣，一念恶是即置之危地矣。奈何以吾身之至宝，使之舍安而就危乎？亦弗思之甚矣。"

曾文正公曰：人能发奋自立，则家塾可读书，即旷野之地、热闹之场亦可读书，负薪牧豕皆可读书。苟不能发奋自立，则家塾不能读书，即清净之乡、神仙之境皆不能读书。何必择地，何必择时，但问立志之真不真耳？又曰：君子之立志也，有民胞物与之量，有内圣外王之业，而后不忝于父母之所生，不愧为天地之完人。故其忧也，以不如舜、不如周公为忧也，以德不修，学不讲为忧也。是故顽民梗化则忧之，蛮夷猾夏则忧之，小人在位、贤才否闭则忧之，匹夫匹妇不被己泽则忧之，所谓悲天命而悯人穷，此君子之所忧也。若夫一身之屈伸，一家之饥饱，世俗之得失荣辱，贵贱毁誉，君子固不暇忧及此也。又曰：古者婚姻之道，所以厚别也。故同姓不婚，中表为婚，此俗礼之大失。盖兄妹之子女犹然骨肉也。至如嫁女而号泣，奠礼而三献，丧事而用乐，此皆俗礼之失，吾辈不可不力办之。

富郑公弼训子弟曰："忍"之一字，众妙之门，若清俭之外，更加一"忍"，何事不办？

尹和靖曰：莫大之祸，起于须臾之不忍，不可不谨。

薛文清公曰：应事最当熟思缓处，熟思则得其情，缓处则得其当，事急最不可轻忽，虽至微至易者，皆当以慎重处之。

吕晦叔生平未尝作行草书，尤不喜人博，曰："胜则伤仁，负则伤俭。"

陶士行勤于吏职，诸参佐或以谈戏废事者。乃命取其酒器、蒲博之具，悉投之江。吏将则加鞭扑曰："樗蒲者，牧猪奴戏耳。"

记曰：夫养居于内，问其疾可也，夜居于外，吊之可也。故君子非有大故，不宿于外。非致斋也，非疾也，不书居于内。

张文节公曰："人之常情，由俭入奢易，由奢入俭难。"吾今日之俸岂能常有，身岂能常存。一旦异于今日，家人习俗已久，不能顿俭，必至失所。岂若吾居位去位，身存身亡如一日乎？

汪信民尝言："人常咬得菜根，则百事可做。"胡康侯闻之击节叹赏。

文中子曰：婚娶而论财，夷虏之道也，君子不入其乡。古者男女之族，各择德焉，不以财为礼。

司马温公曰：只字必惜，贵之本也，粒米必珍，富之源也。

不杀则有故，而杀者无几矣。夫养亲、祀先、敬宾，大礼所在，不得已而烹宰。若徒为口腹，断宜灭省。至于大畜之中，有功于世，而无害于人者，惟牛与犬尤不可食。

司马温公云：草妨步则薙之，木碍冠则芟之，其他任其自然，相与同生。天地间,亦各欲遂其生耳。

蔡虚斋曰:祸莫大于纵己之欲,恶莫大于党人之非。

曾文正公曰:吾不望代代得富贵,但愿代代有秀才。秀才者,读书之种子也,世家之招牌也,礼义之旗帜也。

朱文公曰:悔字如春,万物蕴蓄初发。吉字如夏,万物茂盛已极。吝字如秋,万物始落。凶字如冬,万物枯凋。

许文正公尝暑中过河阳,渴,其道有梨,众争取啖之,公独危坐树下不食。或问之,公曰:"非其有而取之者,不可也。"人曰:"世乱,此无主。"公曰:"梨无主,吾心倘无主乎?"

于清端公守武昌时,出见负贩者,卖肉多斤,问之,曰:"有客。"公曰:"汝不节,至此必至匮乏,必借贷。借贷多,则不能偿。不能偿则莫肯借,莫肯借则凶年无以为生。无以为生,则不能不为小盗,以渐至于大盗。此胡可长也?"薄责之而去。

曾文正公曰:古来言凶德致财者,约有二端,曰长傲,曰多言。丹朱之不肖,曰傲,曰嚚。讼即多言也。又曰:胸多抑郁,怨天尤人,不特不可以涉世,亦非所以养德;不特无以养德,亦非所以保身。又曰:人生以戒酒为第一义,起早亦养生之法,且系保家之道,从来起早之人,无不寿高者。

吕东莱曰:士大夫喜言风俗不好,不知风俗是谁做,的身便是风俗,不知去做,如何会得好?

高忠宪公家训云:士大夫居间,得财之丑,不减于室女踰墙,从人之羞,流俗滔滔,恬不为怪者,只是不曾立志要做人。若要做人,自知男女失节,总是一般。

颜光衷云:乡绅,国之望也。家居而为善,可以感郡县,可以风州里,可以培后进,其为功化比士人百倍,故能亲贤扬善,主持风俗其上也。即不然,而正身率物,悟静自守,其次也。下此则求田问舍,下此则欺弱暴寡,风之薄也,非所足道矣。

刘念台曰:士人自初第以至崇阶华膴,同是穿衣,同是吃饭,何会有半点异常人处?只被闾巷一二愚鄙惊喜奉承,此人不知不觉,不能自主,遂高抬起来,究竟于自己身上曾有一毫增益否?

朱柏庐云:勤与俭,治生之道也。不勤则寡入,不俭则妄费。寡入而妄费则财匮,财匮则苟取。愚者为寡廉鲜耻之事,黠者入行险侥幸之途。生平行止于此而丧,祖宗家声于此而坠,生理绝矣。

林退济临终,子孙环抱请训,先生曰:无他言,尔等只要学吃亏,自古英雄只为不肯吃亏,害了多少事!

颜光宗云:天下风俗败时,大抵自为子弟时先做坏了,稍有拂戾便容受不下,小有才气便收拾不住,所以一到长成,放出无状来,遂不可当。古来洒扫应对,奉几侍立,都是要消除子弟的雄心猛气,使之鞭辟入微耳。

张文端训子云:欲行忍让之道,先须从小事做起。余曾署刑部事五十日,见天下大讼大狱,多从极小事起。君子谨小慎微,凡事只从小处了。每思天下事,受得小气则不至受大气;吃得小亏则不至吃大亏。此生平得力之处。凡事最不可想占便宜,终身失便宜,乃终身得便宜也。

吕新吾曰:水激横流,火激横发,人激乱作,君子慎其所以激者,愧之则小人可使,为君子激之,则君子可使,为小人激之,而不怒者,非有大量,必有深机。又云:论人须三分浑厚,非直远祸,亦以留人。晚盖之路,动人悔悟之机,养人体面之心,犹天地含蓄之气也。

高忠宪公家训云:少杀生命,最可养心,最可惜福。一般皮肉,一般痛苦,物但口不能言耳,不知其刀俎之间,何等苦恼,我却以日用口腹,人事应酬,绝不为彼思量,岂复有仁心乎?

刘毽云:人之有心,如树之有根,果之有核也。根拔而树朽,核蛀而果坏,此一定之理。岂人心即丧而反独无害乎?

吕新吾云:属纩之时,般般物皆带不得,惟是带得此心,却教坏了,是空身归去矣,可为万古一恨。

熊勉庵云:做官想到去之日,做人想到死之日,便留一二好事。与人间纵不能留好事,决不当再留不好事也。

陈榕门云:先有一段悲痛悯疾之心胸,而后有一番移风易俗之事业,徒然愤世嫉俗以为高,与世诚无益也。

薛文清公云:国以逸欲而亡,家以逸欲而败,身以逸欲而为昏愚,为戕贼,患无不至。盖忧患是天理之行,震动惊醒,心胆变换之地。安乐是人欲之窟,般乐怠傲,志溺魂馆之地。故孟子云:生于忧患,死于安乐。古语云:富贵不与骄奢期而骄奢至,骄奢不与死亡期而死亡至。处顺境者,可以知所警矣。

吕新吾云:人情之易忽者莫如渐,天下之大可畏者亦莫如渐。周郑交质,若出于骤然,天子虽孱懦,甚亦必有患心,诸侯虽豪横极,岂敢萌此念。迨积渐所成,其流不觉,至是故步视千里为远,前步视后步为近,千里者,步步之积也,是以骤者,举世所惊渐者,圣人独惧,明以烛之,坚以守之,毫发不以假借,此慎渐之道也。

陈榕门云:以义理为权衡,则轻重大小之间,看得不爽,行得不错。妇人之仁,匹夫之义,拘谨之礼,穿凿之智,硁硁之信,总为不权衡义理耳。

吕新吾云:新法非大益于前,且无虑于后,不可立也。旧法非于事万无益于理,大有害,不可更也。要在文者实之,偏者救之,敝者补之,流者反之,怠废者申明而振作之，此治体调停之中策，百世循者也。又曰：法有九利，不能必其无一害，法有始利，不能必其不终弊。无知之口，乃执一害终弊之说，而讪笑之。不曰：天下本无事，安常袭故何妨。则曰：事势本难为，好动喜事，何苦至大坏极敝，瓦解土崩而后付之天命焉？呜呼！国家养士何为哉？士君子委质何为哉？儒者以宇宙为分内事何为哉？

张文端公曰：读书者不贱，守田者不饥，积德者不倾，择交者不败。

卷　三
顿邱公会记

　　余闻之先人曰：上海葛氏，初以经商，海上沙舶往来，帆樯林立，有所谓葛家厂者，即修筑沙船之坞也。道咸后，家业渐衰，然族祖号松亭公者，少年豪放，尚以资财自雄，可想见其凭借之厚矣。惟吾祖易贾而儒，研求经史，授徒糊口，时当变乱，迁徙无常，虽举于乡，文名震海外，几至托足无地。吾父发奋从戎，崎岖三晋，历官数十年，席不暇暖。至余兄弟而衣食稍赡，各得一廛，屏蔽风雨，岂非天乎？《诗》曰："风雨如晦，鸡鸣不已。"古人言艰难可以兴国，逸豫足以亡身。读史至盛衰兴废之道，未尝不三致意焉。余生也晚，于族中公地、公产等向不置意。曾记十数年前，有售去望道港基地三十余亩及马家厂基地两事，祖宗产业沦于异族，未免可惜。族中有鉴于此，爰于光绪丙午年创为公会，先修坟墓，继理公产，将南市青龙桥雄三公名下厂基地一亩三分零租与万姓，其中有昔抵于张国勋者，筹资赎回，约费八百余元，反租与张姓。又有毗连之英三公名下厂基一亩三分零，系福田叔祖与子贤叔承继管业，以债贫累累，无款清理，由公会措资归并，又费二千元之数。以上两地共计二亩六分零。（尚钧）又以先慈浦东遗奁地基三亩零作为公墓之用，而公会以成。成之者，芝田叔祖、似耕叔实为主谋，赞成者吉人叔、咏九哥、梦文哥、亮卿弟、渡浦往来，不辞劳疲，力为多焉。诗称：干蛊易言困亨。失之东隅者，安知不收诸桑榆。愿吾族人化其私心，力崇公德，则斯会之兴，有可操券者。余以齿幼，推为总理，于尊祖敬宗、收族之道，未能实行，徒托空言，塞责深自渐焉。略书缘起以记，使人之为善者，片长不没，而因以知夫公会之谨谨成立，为硕果，为苞桑，为千钧之一变，为九仞之一篑，当实事求是，共相保护，维持于其后，而非可以轻心虚掷者也。

宣统三年辛亥孟夏之月葛尚钧谨识

敬睦堂公款暂拟章程
尚　　钧

族中设立公产，原以救济孤寒、敬宗收族，非徒春秋祭祀，修葺祠墓已也。凡子弟无力读书者，应资助之；孤寡残废者，应抚恤之；丧葬疾疗不继者，应赒给之；婚嫁乏资者，应帮贴之；情理当然，毋庸置喙。惟是经费有限，穷乏甚多，即欲广行布施，恐难为无米之炊。若待资集后济群，将效枯鱼之涸，此中两难情形，非笔墨所能磬，章程所能拘也。似耕叔所拟五条，照目前公款收数，未能措置。然条程不可不立，数目不能指定，以俟将来扩充，再行确定。此则非余一人之私见，亦阖族不得已之苦心也。

一、学费资助，目前助至小学毕业，中学毕业。
二、孤寒给养，每月酌送若干。
三、残废疾病养抚，每月酌送若干。
四、丧葬襄理，临时酌量，赙赠若干。
五、婚嫁助资，酌量情形，补助若干。

【注】《葛氏家谱》三卷，葛尚钧纂修，1928年敬睦堂铅印本三册。南宋初葛乾，字可久自杭州迁居苏州吴县洞庭东山。十一世孙葛君美于明季迁居上海，子孙散居小南门薛家浜、漕河泾、徐家汇等处，为上海著名的沙船家族。

嘉定葛氏宗谱

葛氏宗祠记

丙午之冬，腊月初吉，予侄彦超葬其考继皋公于舍西近地，继皋，予嫡兄长也。予视治灶岁之事，筑坟封穴，手植松楸，可谓悫且敬矣。明年春，因其隙地，迤构轩枢，周以回廊，为祠而藏主焉。自予氏居是乡，宗谱散佚莫考，但忆先人有言，予以前三世单传，至予而兄弟有三，幸矣。因戒以式好无尤，而颜于堂，乃再传而倍之，又再传而又倍之。惟予兄继皋，只生彦超，继皋为人豁达不羁，宽厚待人，彦超嗣之，廓然有志，族党亲知，无不欢洽。有一子，不为少矣。予家聚族而居，列屋不越左右。予兄之卜兆也，即在族茔之左，而堂兄君牢之墓介其间。冈断云连，势相回抱，亦可云聚族于九原也。且斯祠适当其后，祭祀扫墓，一举两得，其在此矣。凡宗祠之建，必合族共举。今彦超以一人之力，不辞拮据。不吝资斧，约费千金而后成，则有其始者，必俟其继。又以艰于嗣，思有以善后也。欲志之石，以示来兹。而问于予，予曰：是予兄所慰，予祖考所慰，亦予诸昆季子侄所有志未逮者也。春秋祀之，世世勿替，后之人嗣而之葺，扩而大之，是则予与彦超之所望也夫。

五世孙庭谨志

一、彦超捐田十七亩八分七厘。
一、祭祀，一岁二举，春三月初一日，秋九月初一日。
一、不许拆毁斯祠及砍伐坟树。
一、不许弃卖祠中一切物件。
一、不许族中以祠为住宅。
一、不许在祠中赌博。
日后倘有不遵规条者，合族鸣官宪治。

乾隆五十三年岁在戊申仲春月谷旦立

【注】《嘉定葛氏宗谱》十卷首一卷，葛存念纂修，1940年萆兮堂铅印本。明季葛思萱迁居嘉定溪鸣塘之见龙桥，是为嘉定葛氏始迁祖。

崇川镇单氏宗谱

家训小引
心斋识

予幼承祖父之遗训,终日乾乾,犹时以不克象贤为憾,敢谓有嘉言,足以垂示后世哉。然而予潜心于谱有年,潜心于家训亦有年,无非欲后人知所法戒,而不致荡检逾闲,贻玷于当时后世也。兹值宗谱汇集,不惮以肺腑之言,列之于谱。其间家礼、家法、家禁与传家宝等篇琐琐屑屑。总为家训中之法所当法,戒所当戒者,言虽浅而意实深。庶几凡我族人之后人一披阅而视,以为准绳规矩,未始非保世滋大之兆也。吁!家贫望邻富。故予愚,尤望后人贤。倘后人超群出众,鉴予一片之苦心而倍加精深之意议,岂非予之厚幸哉!

目 录

第一修德行立品行
第二别夫妇教子孙
第三和兄弟睦妯娌
第四明礼义爱名节
第五敦本源务正业
第六守王法重师尊
第七择居处睦邻里
第八拣好亲择好友
第九裕财源慎嗣续
第十谨奴婢防火盗
第十一慎喜忌别嫌疑
第十二善识人能见机

第十三绝病源除祸根

又诀十三宜列左

第一宜顾人身家完人婚姻
第二宜矜孤恤寡敬老怜贫
第三宜排难解纷劝争息讼
第四宜振兴两途厚待三党
第五宜胆大心小智圆行方
第六宜归真返璞去恶为善
第七宜循规蹈矩记恩释仇
第八宜知足惜福顺时听天
第九宜心口如一始终不变
第十宜不恃己能不言人过
第十一宜日日改过时时知非
第十二宜因人而施随事而行
第十三宜广听格言坚信因果

又诀十三忌列左

第一忌不知人事不听教训
第二忌志气卑污性情乖张
第三忌大伤阴功大坏名声
第四忌损人利己肥身润家
第五忌不报四恩不顾八维
第六忌忘恩负义弄巧成拙
第七忌妒富欺贫倚恶凌善
第八忌多言招尤多事惹祸
第九忌妄作中保惯做媒证
第十忌口正心邪面是背非
第十一忌但顾目前不计日后
第十二忌损伤元气铲削根苗

第十三忌处处便宜事事过火

家礼约言列左

第一待祖父母礼
第二待父母礼
第三待兄弟礼
第四妇事翁姑礼
第五妇待妯娌礼
第六妇待姑妈姑娘礼
第七女事父母礼
第八女待嫂礼

家法要言列左

第一自立法
第二训妻法
第三训子女法
第四训奴婢法
第五主宰婚姻法
第六主宰分家法
第七主宰丧葬法

家禁要言列左

第一禁止卖祭田
第二禁止锯坟树
第三禁止独迁穴
第四禁止重上坟
第五禁止太乖戾
第六禁止无泾渭

第七禁止太失算
第八禁止太痴呆
第九禁止太轻狂
第十禁止太差错

传 家 宝 列 左

传家宝二诀,传家宝三诀,传家宝杂论,论命运,论风水,论阴功,论读书,论择师教子置书肄业,读书箴,论做官,论医道地理,论种田,论为工,论为商,论开店及合伙请伙计,论经纪懋行埠头,论书吏房科,论贫者渐二致富亦有积久不富者,论富贵愈久昌大亦有消归无有者。

家　　　训
第一,修德行立品行

德行本也,文艺末也。士必先德行而后文艺,方可以为人,可以为子。是故孝为百行之原,万化之始。凡为子者,第一须知父母之遗体不可毁伤;第二须体父母之心念不可违背;第三须知兄弟之为手足不可戕残;第四须知父母创业之艰难不可荡废;第五须知父母之所急需不可迟缓;第六须知父母之所忌讳不可冒犯。其或父母偏爱一子,须曲为原谅,而不可稍有变色。其或嗣母、继母、嫡母、庶母性情乖张,不可因受害而口出怨言。其或兄弟中有忤逆不顾父母者,切不可因此推诿争竞,以致父母之受气苦于无可如何。其或父在母亡,父亡母在,尤当念孤单之苦,而不可一毫稍拂其意。至于父母俱亡,则丧葬称家之有无,不可过奢过俭,致有后日之悔。如此则可以为人,可以为子,而德行全矣。

品行与德行相为表里者也。人苟品行不端,虽贵如钱起,富如陶朱,犹或有人鄙菲,况贫贱者乎?若立品行者,不交匪僻之友,不作淫邪之事,不说流荡之话。此虽贫贱之极,犹或有人敬重,况富贵者乎?

第二,别夫妇教子孙

夫妇为人伦之首。夫和妻柔,自古列为定则,良有以也。予谓其本,先在于肃清闺门,毋论三姑六婆,不许入门。即亲族邻友,当有事往来之际,俱要分别内外,以正体统。切不可混杂不清,致令为人耻笑。至于教子孙一道,先要自己正本清源。凡淫词、小说、春方、邪术及纸牌、骰子等项,一概不列于家。然后教之以正,自然醒悟。成人纵不能显亲扬名,亦不致坠入恶道矣。其或稍有不肖,尚属可教者,务必多方督责,竭力化导,俟其回心改意。切不可放他游荡,以致无所底止。

第三,和兄弟睦妯娌

兄弟不和,遂致妯娌不睦,此不孝之尤,亦即消败之兆也。予每见世之做私房者,往往自私自利,反致日后不利,则何不目前同心合意,已成厥家,而自无后日之悔也。至于妯娌不睦,或因母家有贫富之殊,富者不肯动手,贫者必不服气;或因妯娌有勤惰之异,惰者全不问信,勤者必不甘心。岂知今日之媳即是后日之婆,设下代亦如此光景,奈何奈何。予愿为兄弟者学"忍让"二字,不听枕边之言;为妯娌者学"勤俭"二字,除去嫉妒之念。则家道自此昌大,而贤声远播矣。

又诀:兄弟不和要父母督责,妯娌不睦要翁姑化导,是在族人思之,慎之!

第四,明礼义爱名节

礼义无处不有,而于家庭为尤切。如父坐子立,兄先弟后,虽在私室之中,造次之祭,亦不可遗忘忽略,至令外人谈论。至于叔伯子侄辈,毋论或亲或堂或远堂,俱要视此以为仪规,非苟焉而已也。

名节所在,系一身之防闲,关合族之颜面。务须珍重爱惜,不致上辱祖宗,下玷子孙。此即目前贫贱,安知异日不富贵乎?若不惜名节而苟且,纵日后子孙发达,外人议之笑之,岂不可惜可恨?

第五,敦本源务正业

敦本源者何,敬祖睦族是也。敬祖者当春秋二祭时,虽年力衰迈,犹必亲自赴祭,尽如在之。诚况中年少年辈,岂可推诿有事而不拜扫乎?至于睦族者,毋论旁支服外,总不可稍有间隙,以致日后裂户各祭,况本支服内乎?务正业者何,本分内所当为之事也。或耕或读,或行商坐贾,总要精于勤而不可荒于嬉,此正家之道,亦即起家之兆也。外有习尚恶俗,如开赌场、造赌具、做假货、卖假药、明圈套,暗串脱等件,俱有愧于心,大害于人,非正业也。戒之,戒之!

第六,守王法重师尊

王法所在,即天理所在,不可一日忘也。予系无能之人,窃愿我族人毋论士农工商,所处亦无论富贵贫贱,先将《大清律》一部熟读记忆,久而久之,自然作事循天理,出言顺人情,不以强暴为得计,不以尖刻为能干,不以忠厚为钝滞,不以忍让为失算,将见公平正直。纵有一时遇匪人诬害,天神决然照察,不至罹于法网,玷辱祖宗矣。

师教我与父生我,其理一同。我族人有志上进,全赖明师以登科及第,切不可于得力之师而不知敬畏,不思报答也。

第七,择居处睦邻里

习俗移人,贤者不免。故卜居犹之卜亲,不可目为小事而忽之也。如一方皆守分安命之人,纵不能日受其益,亦不致有意外之虞,此可居之地也。倘或一方习赌贼,做光棍,学打网,好串脱,将见受害无穷,尚可不远离乎?至于睦邻一道,不可倚势而辱善,不可倚富而厌贫,不可以小隙而生怨恨,不可以微间而相争竞。邻有益于我,则敬之重之;邻有害于我,则远之避之;邻有求于我,则随意应之。邻与我相厚,我但相亲相爱而不可甘如醴;邻与我不睦,亦必曲为周旋而不可乘风纵火,是为真能睦邻者,完全无弊矣。

第八,拣好亲择好友

拣好亲者,嫁女择佳婿,毋索重聘,还要访他果是清白之家;娶媳求淑女,勿计厚奁,还要访他果是忠厚之家。如此方能结得好亲,原不必拘拘于大富大贵之家,始得称心满意也。至于朋友与我相切近,决不可混交滥友,以致流为匪僻。如果公平正直,有益于身心者,友之可也;或浑厚精明,才能足式者,友之可也。反此则受祸无穷,悔之无及矣。戒之,慎之!

第九,裕财源慎嗣续

财源乃人生之命,子孙之基。所谓得之则生,弗得则死也。予每见白手成家者,未必前生带来,大约第一要阖家帮助,第二要早起晏眠,第三要淡泊自甘,第四要处置得宜。切不可借债纳利,以装门风。又不可攀结高亲,结交官府,以致渐至荡废。至于房屋饮食衣服,一切用度等项,俱要量入为出,而不使溢于数外,则财源裕矣。

嗣续乃生人之所不可无者。须知中年无子方娶妾,或带房分中一子亦可。如无嫡侄立嗣,则或堂或远堂,无论应立爱立,总要与族中公议,以免祸患。此万全无弊之道也,思之,慎之!

第十,谨奴婢防火盗

子云:"惟女子与小人为难养也。"故近之则生无穷之弊病,远之则有不测之祸患。予每于耳闻目睹之余,窃念家资薄者,到底不用奴婢为妙。若家资富足,不得不用奴婢者,当谨于未用之先,防于当用之际。其诀全在我用他,绝其生病之根由,切不可轻信妄听,反为他所用,此紧要之论也。至于朝朝防火之诀,全在少堆草,多蓄水,虽火来犹或可救。夜夜防贼之法,全在谨门户,呼鹅犬,虽贼来犹或无虞。其或邻家失火之时,我先且查出银钱契约,与家中人收好,随即赴他家救火。彼即从前与我有隙,亦可因此解释。邻家呼捉贼之时,虽严寒亦必起身喊叫,方可免其复来。此皆治家要务,不可以粗言而忽之也。慎之,慎之!

第十一,慎喜忌别嫌疑

甚哉,喜忌之关系匪浅也!当与人相接之时,所喜所忌之性情,早已为人窥探。如喜赌则人必来诱赌,破我产业;喜嫖则人必来诱嫖,破我身家;喜酒则人必来诱我醉,误我大事。又如忌闻正言,则邪言皆进;忌见正人,则邪人皆来。此虽百万家资,未有不败者也。惟是喜正直,忌淫邪;喜公平,忌私曲;喜谦恭,忌放肆;喜浑厚,忌刻薄;喜勤劳,忌懒惰;喜节俭,忌荡废;喜雪中送炭,忌锦上添花;此真仁人君子而可望吉人天相也。至于嫌疑所在关系更大。古人每云"瓜田不纳履,李下不整冠",良有以也。我族人须谨小慎微,不致无远虑而有近忧,则幸甚,幸甚!

第十二,善识人能见机

　　人不识人则事事坠其术中,遂至受祸无穷,虽悔之亦无及,惜哉!惟是泾渭清者,无论亲族邻友,士农工商,一概细细窥伺,识得此是真君子,此是真小人,然后其言共事之人。但有君子而无小人,将见平时则安闲自在,有事亦万全无弊,岂非我族中之大能人乎?至于事属变故,祸患就在目前,须见机从权,不吃眼前之亏,方可免害无事。决不可听人摇惑,竟至无所底止也。切记,切记!

第十三,绝病源除祸根

　　病有源,祸有根,其所由来者渐也。设或习焉不察,或视为无关紧要,或自恃年富力强,或自信财多势大,久而久之,势必至无所底止。虽英雄至此,亦束手而无可如何。惟是见理明者,识得病源从风寒起,则防之又防,不致再受风寒;病源从酒色起,则慎之又慎,不致再重酒色,如此则病源绝矣。心灵者识得此人是骗我上吊之人,自是再不共言共事,以致祸起萧墙;识得此事是旧犯王法之事,自是再不起念起兴,以致变生肘腋。如此则祸根除矣。

　　以上十三条皆予鄙俚无文之言,族人谅不见哂,即见哂亦无可如何,但予救世之苦心尽在于此。愿族人将此篇细细察核,不以予言为诞,妄是则予之幸也夫。

又诀十三宜
第一　宜顾人身家完人婚姻

　　自己之身家固宜保守永久,不致落人下风,如亲族邻友之身家,亦不可视为无关得失,竟全然不顾也。何谓?顾不因人富而我驳削,不因人贫而我欺侮,不因小隙而争讼不休,不因微间而谋算不了,不以赌场破人产业,不以暗计唆人坑害,此顾人身家之道,亦即自顾身家之道也。至于婚姻,系承先启后之事,凡亲族邻友中,无父母无力量者,或捐己资以代办,或劝同志以帮助,切不可因平日有隙而不完全此事也。予愿族人思之,勉之!

第二　宜矜孤恤寡敬老怜贫

孤寡皆宜矜恤，而于宗族为尤切。予谓凡遇孤寡之辈，切不可自我起谋，以致母子离散，伤尽无穷之元气。彼婪产逼嫁者，但图肥己，而不顾他家之破败，其如天理之昭彰何？至于族中之老而有才德者，毋论服内服外，总宜敬之；如纳贫而有志节者，毋论本支旁支，总宜怜念而周济焉。此皆立本之道也，予愿族人思之，念之！

第三　宜排难解纷劝争息讼

宗族中有大难纷杂之事，则必为之安排解释。予以安全之道，才算得是个族中人，亦且有许多好处。至于宗族中互相争讼，无论远房近房，总要极力为之规劝，令其归于和睦。切不可因平日与我有隙，遂于此乘风纵火，以致日后无以见祖宗于地下也。

第四　宜振兴两途厚待三党

两途者何，名利是也。为名者，当知日进无疆为登科及第之计，切不可自暴自弃，看闲书，走闲路，说闲话，做闲事，竟致一无所成；为利者，当知生财之道为成家立业之计，切不可自害自废，好嫖赌，好嚼摇，好游荡，好耗费，竟致一无所措。至于三党中有才能之士，情意足取者，须加意厚待，比泛泛之人，可置诸不论不议之列。若匪僻不堪，刻薄无情者，淡然处之而已，岂可一例施行哉？

第五　宜胆大心小智圆行方

予幼读小学，至"胆大心小""智圆行方"二语，窃叹此是处世为人之极则，不但处家而已也。夫所谓胆大者，非倚仗势力之谓也。须于大事一心向前，无一毫疑惧气概，却心细如发，不致受人挫折，斯万全无弊矣。至于智巧乃心性所发，须于所当为之事，归本于五伦八维，而不致同乎？流俗合乎？污世庶乎？得称人杰焉。

第六　宜归真返璞去恶为善

真者,纯一无伪之谓也;璞者,朴实无文之谓也。此予一生之本来面目,人皆笑之。然予每见归真返璞者,往往人皆敬重爱惜,并不受人欺负。可见凡人不必尽在趋时也,至于善恶不可以数计,在□□为耳。予愿族人举念之初,不存一毫奸险刁坏心;动作之时,不做一件远礼悖义事;交际之顷,不说一句刻薄冷毒话。如此则今虽贫贱,将来富贵矣;反此则今虽富贵,将来贫贱矣。可不畏哉!

第七　宜循规蹈矩记恩释仇

有一项人,便有一项规矩,此一定之天理也。人能刻刻安分守己,宁正直勿淫邪,宁忠厚勿暴戾,宁一尘不染,勿造言生事,庶几可保身家而无人耻笑矣。至于人以大恩待我,我从此起家致富,则恩同天地,纵不能十分报答,亦不可一刻忘他。若人与我有仇,既非不共戴天,则何不宽以处之而自无后日之悔也。总之人能守此二语,便有许多益处,忘此二语,便有许多损处。慎之,慎之!

第八　宜知足惜福顺时听天

人不知足则祸由此生矣,人不惜福则寿由此促矣。古云:"人无寿,天禄尽而亡。"故知足惜福者,凡一切日用等项,总不过分妄费,宜为目前人人笑,不为日后人人骂,此保寿保家之道也。至于时运乖舛,天心不顺,皆气数使然,虽英雄亦无可如何。我但平心察理,静以待动,直至命运亨通,方敢向前作为。庶不弄巧成拙,万全无弊矣。

第九　宜心口如一始终不变

人能心口如一,则上可对天地神明,下可对亲族邻友,岂不是善人君子。若自始至终,以公平正直为根本,以和厚谦恭为作用,不因贫困而怠操修,不因变故而改志节,将见不欺人亦不受人欺,不害人亦不为人害。此谓人间第一仙。吾能不敬之爱之乎?

第十　宜不恃己能不言人过

　　天下最无穷尽者,人之才能也。若自恃己能,竟目空一世,势必为人鄙笑,直到无人说话地位,何耻如之。至于人有过,己亦不能无过。我说人,人即瞑目受之;人说我,我能无愧于心乎?尤所忌者,凡隐讳之事,不可与人言者,我虽明知其非,亦必为之隐瞒而不可自我说出,此存厚保后之计,亦即是远怨避嫌之道。我族人不可不时记斯言也。

　　又诀:人无论亲族邻友,切不可因与我有仇,而说他隐事,恐有杀身亡家之祸。若隐瞒而彼明知我之意,将来冤仇渐渐解释,岂不甚美?

第十一　宜日日改过时时知非

　　人非圣贤孰能无过,但必返之于心,将自己之过失,改之而不复犯,则受用无穷矣。抑所忌者,族中人与我无大故,竟以区区银钱田亩或口舌细故,争讼不休,是不敬祖宗之过也。不改可乎?至于非礼非义之事,明白者决不至此。些小之非,往往有之,其可不自省察而有不知不觉之非耶?

　　又诀:人亦有明知故犯者,或逞一己之英雄,不顾子孙之折害;或享当前之快乐,不顾日后之祸患。此等人日日有过,时时有非,族人宜鉴之以为戒。

第十二　宜因人而施随事而行

　　人心之不同如其面焉。故奸险者则防之而不听,混障者则置之而不与言,正直公平者则敬之爱之,而时相亲近。此法无论待亲族邻友,皆视此以为准,而不可一例施行。至于事有正有变,则顾之而行变,则细细酌量,与高见不混我者相商,则万无一失矣。

第十三　宜广听格言坚信因果

　　格言或在书中,或在街谈巷语中,不但《感应篇》《阴骘文》已也。好善者须留心各种格言而奉以为程,未有不保世滋大者也。尤所宜者,《大清律例》《大清会典》及《明心宝鉴》等书,皆济世利物之言。人能记之而佩服不忘,并与愚鲁者细细传述,将见畏神钦敬,里党畏惧,无穷之妙处,一言难尽此,岂与荒谬无稽之论所可同日语哉。至于因果无处不有,无时不然。须知小善报近,大善报远,所争只在迟速,必无不报之理。是必信之而后可。

又诀十三忌
第一　忌不知人事不听教训

人无论富贵贫贱,全以知人事,听教训为主。彼痴呆懵懂者,全然不知人事不听教训,无足怪也。独惜放肆乖僻,一家似乎知五伦三党八维,而所言所行纯是不知人事之气概,总父师严训而亦置若罔闻,甚至离经叛道,上不可以对祖宗,下不可以对子孙,如之何哉?我愿后人戒之。

第二　忌志气卑污性情乖张

志气乃生人之主,不论富贵贫贱也。予每见志气高明者,虽父亡,毫无根基,而亦能成家立业;志气卑污者,虽父在,广有根基,而不顾消败,将来无以度日,谁之过欤?至于性情乖张者,以奸险刻薄为能干,以公平正直为无用,一旦时衰运蹙,势必至无人说话,或有奇灾异祸,亦未可知。则何不及早回头而转邪为正,易恶为善乎?

第三　忌大伤阴功大坏名声

世之行阴功者,未必遽有善报,亦必无反有恶报之理。若不顾阴骘,而明知故犯,或淫人之妻女,杀人三世,令其不能抬头,或唆人之争讼,破人身家,令其不能活命,此皆大伤阴功而天必有奇报、湾报也。至于名声所存,即颜面所在。人能保全颜面而不为非礼非义之事,自然保全名声而毫无可惜可恨之嫌。予愿族人思之!

第四　忌损人利己肥身润家

　　人生富贵功名，从艰难辛苦得来，方可保其久远，留子孙于不替。其可损人利己，肥家润身乎？予每见损人者，或妒人之技能，无端毁谤，令其毫无生意；或谋人之财产，多方勒逼，令其无以度日；或恃己之势力，多方欺压，令其不能安居，种种巧计妙算，自然肥家润身。乃己利而人已损，其如天不容地不载何？予愿族人戒之！

第五　忌不报四恩不顾八维

　　天地君亲为四恩，我族人谁不知之。惟是念天地覆载之恩，则竭诚致敬，决不因时令不正而顿生悔恨之意；念君亲生成之德，则竭力尽心，决不因责备太过遂有拂抑之见。至于孝悌忠信，礼义廉耻，皆人所以为人之道也。我族人所业，不同所处亦各异，总要时时省察而不可忘此八维也。勉之，慎之！

第六　忌忘恩负义弄巧成拙

　　人之所以异于禽兽者，惟此一线之良心耳。予每念人之恩义，大益于我，纵生死不忘，尚未足报其万一，况可忘恩负义乎？至于弄巧成拙者，非见识不到之故，即尖刻太过之故。予愿族人思之，慎之！

第七　忌妒富欺贫倚恶凌善

　　古云："贫贱天生就，富贵天缘凑。"此固无容妒与欺也。彼妒富者，亦思他家富贵前生定乎？欺贫者，亦思穷无根富无苗乎？至于倚恶辱善者，不过逞一时之英雄，遂致日后之败绝。所谓"古往今来，放过谁也"。我族人尚其思之，戒之！

第八　忌多言招尤多事惹祸

古云："只扫自己门前雪,莫管他家屋上霜。"盖诚恐多言招尤,其害无穷也。至于事不关乎亲族邻友,我不问信,彼亦不能怪我痴呆。若不计此事之浅深轻重,果何以收梢结果而漫为管理,后将无可脱身矣。可不戒乎?

第九　忌妄作中保惯做媒证

中保以稳当为主,惟于两人皆可信者,做之不妨。若或良亩不清,或典主占田,或门户上下有分不明之产,合隐瞒祖父之田,或公中祭田,或军家屯田,或指田脱骗,此皆招祸之尤。虽谊关亲族邻友,亦不可贪利而妄作中保。况非亲族邻友乎?至于媒证一事,须两间皆老实至诚之人,方可做媒,以成人之美。不然或贪财,或贪酒,或贪人之奉承,未有不受害者也。可不慎哉?

第十　忌口正心邪面是背非

心正则口自正,所谓本来面目也。若心邪而口正,则为奸险不测之人,非好兆也。至于面是背非,惟不可以共事,并不可以共言。一旦令人识破,殊亦自觉其无谓矣。可不戒哉?

第十一　忌但顾目前不计日后

子云："人无远虑,必有近忧。"可见人必计及后日,方可永保无虞,而不至为人耻笑。若或嫖赌,或嚼摇,或好勇斗狠以逞英雄,或造作歌谣以招口舌,将见无远虑而有近忧,其不至于消磨者几希。

第十二　忌损伤元气铲削根苗

　　人无论智愚贤不肖，总要培元气，存根苗，以为后嗣之计。若或削除孤坟以致阴灵不安，或引诱人家子女以致丧人名节，或明瞒暗骗以致人家家破人亡，或阴算谋害以致人家斩宗绝嗣，此皆损伤元气，铲削根苗之事，天神必不容也。可不戒哉？

第十三　忌处处便宜事事过火

　　古云："讨不尽个便宜，吃不尽个苦。"此明示人以宽厚之道也。若过于刻薄，处处讨尽便宜；过于奸巧，事事极其过火，势必至天怒人怨，毫无容身之地。虽贵如钱起富，如陶朱有何益哉？予愿族人戒之。
　　以上十三宜、十三忌，皆予肺腑之言，未免失之直率，见笑于文人学士。但予愿族人不以为迂而以为可恕。庶不负予一片苦心矣。何幸如之！

家　礼　约　言

　　家礼悉载于《曲礼·内则》诸篇，皆族人之所深知熟悉者，予无庸更易一词，令窃参鄙意以载于谱，俾后人知所遵循焉。

第一　待祖父母礼

　　人既知以礼事父母，自不能不以礼事祖父母。是故受教受责，无一毫稍拂其心；任劳任怨，无一端不遂其欲。有时跟随出入，不辞负戴之勤劬，及至运值孤单，尤念衰老之痛苦。我族人如此之致敬竭诚，谅后人亦如此待我。岂非保世滋大之兆欤？

第二　待父母礼

　　父母期望于我，我不可不倍加忧勤；父母责备于我，我不可不时为惕厉。是故出必告，反必面，所游必有常，所习必有业。平时起居作息之际，恒体父母之所喜以为喜，遵父母之所忌以为忌。其或父母有不合理之事，则怡色柔声，微言以规劝焉。至于置寿衣，造寿具，必禀命再三而后备，恐其有孤栖之意也。尤所宜者看寿地一事，务须细访明师，不误人大事者方请之，切不可视为渺茫之事，无关得失也。父母既亡之后，必须细择吉日安厝，切不可限定七数内用事，恐其地吉葬凶，与弃尸同，可不慎欤？

　　又诀：前祖及父母忌日，须荐其时食，供其嗜好之物，方为致敬尽礼。切不可以此时委之妇人子女，竟至或记忆或遗忘也。

第三　待兄弟礼

　　兄弟皆我父母之所生，其不可歧而视之也明矣。是故未分之初，须同心合意以成家，切不可做私房以开争端。当分之时，听随父母分派，切不可争多较少以令父母受气。古云："好男不吃分时饭。"今人独未之闻乎？既分之后，同居各爨，切不可听妇言以伤手足，尤不可听人唆词以戾同气。或兄弟比我稍富，我但安命而不可妒忌；或兄弟比我稍穷，我但怜念而不可盘算；或兄弟受人欺侮，我必随力帮助而不可坐视不问；或兄弟欺侮待人，我必邀人原合而不可致他争讼。至于兄弟移居二三十里之内，我于两三月内亲身顾望，以尽友爱之情。或我移居二三十里之外，我亦如此顾望以敦友爱之礼。尤若是则式，相好无相尤，可不谓族中之典型乎。勉之，勉之！

第四　妇事翁姑礼

　　夫乃妇之天，翁姑乃夫之天。则敬夫者，自不能不敬翁姑，其礼大概视夫之敬父母。以为则予谓尤有要诀焉。

　　第一，要紧守闺门，弗与三姑六婆接一谈，勿与远族旁亲共一语。

　　第二，要勤劳针指，或裁剪衣服以省烦费，或描绣龙凤以成女工。

第三,要谙练中馈,先禀命翁姑以无悔误,次商酌姑娘以相帮助。

第四,要谨慎言语,不说张家长来李家短,岂说翁待我是姑待非。

第五,要帮助丈夫,不顾自己之辛勤,但求家业之克保。

第六,要教训子女,常怀孟母三迁意,无负敬姜劳逸论。如此则为族中光而不但事翁姑之有礼矣。是则与家之兆云尔。

第五　妇待妯娌礼

妯娌犹之兄弟也。予每见无礼之家,往往因母家有富贵贫贱之殊,不免各生意见。岂知均之为媳,自无彼此之异。予谓平时则相亲相爱,犹如姊妹一般,有事则次序秩然。宁和顺,不乖张,宜公平,不欺侮,如此则雍睦成风,而家礼昭彰矣。

第六　妇待姑妈姑娘礼

妇既以礼待翁姑,则翁姑之所生者,自不能忽略而不敬。但亦有要诀焉。姑妈已适人家,客礼相待可也。姑娘在家尚有几年,不得以幼小忽之。如性情乖张,全不以嫂为嫂,我但让他忍他,而不可一句抢白,诸事俱要看翁姑面上。若贤德足式者,凡女工及中馈之事一概精通,则倍加敬爱,无异待自己姊妹。贤声岂不自此远播乎?

第七　女事父母礼

女为外家之人,非本家之后,但必知所以事父母,然后知所以事翁姑,其诀全在视兄弟之待父母,以为则非苟焉而已也。惟是起居动作之际,或习纺织,或工裁剪,无多言,无妄动,则今日之贤女即是他日之贤妇。岂不有光于宗族乎?

第八　女待嫂礼

姑嫂全居无过几年,必须彬彬有礼,凡事皆商之于嫂,相亲相爱才算得成个家礼。如嫂性情乖张,我但十分包含而不与之计较,如此方不愧为贤女。而所谓无成者庶乎,其有终矣。

以上家礼八条,皆家中切要之言,粗疏中确有至理存焉。愿我族人时时阅之,不以为可憎而以为可观,则得矣。

家法要言
第一 自立法

人必先正己而后正人,未有不自责己而反责人者也。何谓正己?植纲扶纪,名教允矣无亏,义正词严,家声于以常著。又如动作语言之间,毫不囿于习尚,周旋晋接之顷,全不涉于卑污。如此则本之以训妻子及奴婢,无不有条有理,得为家法之成规。何必待贵如钱起,富如陶朱,才算得一个人家哉?

第二 训妻法

妇当入门三日后,贤否早已知之。其在素悉家教者,自然孝翁姑,敬丈夫,知三从,娴四德,无庸琐屑一言。其在不谙妇识者,全要细细与他讲谈,慢慢为他化导。或精明而不能浑厚,则忧悠以令其归于浑厚一家,方为裕后之计。或浑厚而不能精明,则从容以俟其归于精明一路,才得保家之方。倘或素性乖张,存心冷毒,或多言招尤,或多事惹祸,或不能循规蹈矩,全非妇道之所宜。务须与他父母知道,以家法惩治之,庶乎安然无事,不致有后日之悔。

又诀:妇有识字看书者,切不可将闲书与他看见。有善于博弈者,切不可将赌具与他人手。有虐害奴婢者,切不可多用奴婢,渐至祸生肘腋。又有好吃懒做,不顾家业者,或性好做人,喜人奉承者,总不可令他习惯成自然,到后来无以度日。此皆治家之要言,宜录之以书于堂内,方得切记不忘。

第三 训子女法

人家无论富贵贫贱,男儿亦无论多少迟早,总不可从小惯他,便至害尽终身。第一初生后,不可终日常抱,以致日后不能行走。又不可过饱过暖,以致身体脆嫩。医书云:若要小儿安,常带三分饥与寒。洵不诬也。第二识字后,叫他数与方名,常示无谎。又必节制饮食,勿令他食邪味毒物,恐不利于痧痘。第三识字后,择名师以从学,便令他一心读书。凡风筝、踢球等项一概禁止。又不许与同学人搅笑生事,是正始之道也。第四开笔后,请先生严于督责,谨于课程。凡五经、诗赋等件,总令他熟读玩味,不许早眠晏起。第五成篇后,须以读时新考卷为主,以名文新墨卷为辅,总令其归于清真雅正,勿使入于乖僻荒诞。第六成名后,须令其诗文精工,后场娴熟,须待时来福凑,以登科及第。切不可欲速以致妄想生祸。第七登科后,须令其倍加精进,不可得半而自足。此是训子之极,则我族人记之方是。至于不能读书者,亦须学习数年,必至能识字记账,而后放手。切不可因家寒而省束脩,遂致遗悔于后日也。

训女诀,全在《女儿经》内,须于十岁前日夕,与他讲说。尤所宜者,第一教他性格温柔,勿令一毫暴戾。第二教他存心慈孝,勿使一意伤残。第三教他端庄诚一,不可学习琴棋。第四教他正直和平,不可肄业诗书。斯则训女之极则云尔。

第四 训奴婢法

男奴为宅主所用,勿令入内室以理事。女婢为宅母所用,勿令出外门以管事。其用之之法,全在宽严互济,小事不得过于琐碎,大事不得过于疏忽。凡起居动作之际,不可听谗言以致家不和睦,不可信诡计以致错误大事。至于祖父所遗老苍头,果然信得是个老实可托之人,还要细察其目下性情意气何如,然后以事务着他管理,庶乎其无误矣。

第五 主宰婚姻法

婚姻乃前生所定,但必谨之于始,乃不致悔之于后。予每见先富贵而后贫贱者,皆由嫁女不择佳婿之故。又见贪厚奁而破败随之者,皆由娶媳不求淑女之故。然则主宰婚姻者可不慎之又慎乎。予谓有要诀焉。第一,不可指腹割襟为婚;第二,不可与下流卑污之人为婚;第三,不可与败落之富家为婚;第四,不可与尖刻放肆之人为婚;第五,不可与伦常乖舛之家为婚;第六,不可与行凶作恶之家为婚;第七,不可与奸险不测之家为婚;第八,不可与毫无规矩,全无礼义之家为婚。惟是女当十岁后,毋论男家若何富而且贵,全要有才德足式,贤能足取者,与之匹配可也。男当十岁后,亦无论女家若何富而且贵,全要有三从熟悉,四德全备者,与之聘定可也。予言谆谆若是,或者人以予为迂,俱未可知。然人果细察吾言,当亦谓未尽非焉。

第六　主宰分家法

　　人家当盛昌之时，自然不分为妙。亦有不得不分者，两人皆衰老之年，兄弟妯娌俱不能十分同心合意，则先提养膳田以生养死葬地步。如有未娶之男，未婚之女，俱要提出来路以便应用。自是将田房银钱什物等件，请亲族公平分派，令各男拈阄书押，日后方无异言。抑予又有说焉。分家有一定之要诀，亦有不易之至理，不可一例论也。如家亡而兄将次子与弟立嗣，弟妇续后父手出嫁。凡父所遗之债负，皆系一己独还，并抚养出继子长大成人，与长子、众子一样，到父亡出葬之后，凡父所遗之房屋什物，自然出继子与众子一同均分。倘出继子不同生父之独还公债，竟欲与生父平分余产，是生父之长子与众子得一半，次子得一半，毫不垫出生父之还项。古今来无此理，亦无此律，众亲族将何说之辞。

　　又诀：天下得现成嗣产者，总是嫡堂或再堂或远堂，非应立即爱立，族人不必争论。若所立之嗣，的系生父之胞兄胞弟，则祖父之产业有分，祖父之债亦有分。今出继子不能代嗣父垫出生父之还项，则岂能与生父平分，撇去生父之众子乎。自后凡亲族遇此等事务，总要从公处断，不得妄议平分。

第七　主宰丧葬法

　　养生者不足以当大事，惟送死可以当大事。此在稍知礼义者，皆能深信而无疑。是故病重之初，便措办后事，免至临期仓皇将亡之际，须预先剃头，不待父母停于门上，正礼也。殓则用吹炮祭品，致敬尽礼，以待父母。此在稍有力量，而死日非重丧之期，决然为之，岂待亲族劝解而始然哉？抑予又有说焉。斩衰三年，用极粗麻布为之，不缝下边，其文也，不饮酒，不食肉，不处内，其是也。文与实相称，方得称为孝子，而不愧亚圣之训。是时宿柩堂，办丧礼，不必拘拘于僧道修齐，惟是尽吾力量之厚薄，或守丧，或开丧。毋论肴馔素荤，不因兄弟推却而口出怨言，不因亲族众多而心怀悔念，此则孝子之正礼。虽无公项而亦然，况有公项可用而反惜费乎？七终后过三日，方剃头，仍旧不用红箸，不坐红凳椅，不看戏灯，不听歌唱，不通庆贺，不赴筵席，不与人共言笑，不与人相争斗。庶乎不同流合污，而真能知礼者矣。

　　葬期不拘七内七外，亦无论三年内外，全要吉期。合山向合化命，方得安全而无后患。至于葬礼比丧礼尤为重大，盖人子事亲，舍是无以用其力。故必竭情尽慎，不使稍有后日之悔。总之此事，全要削去"惜费"二字，才是昌后之兆，切不可以打小九九为得计也。

又诀：人子居继母、嗣母之丧，亦如居父母之丧。媳居翁姑之丧，亦如子居父母之丧。其理一同，不可忽也。

家　　禁

从来家有所宜，亦必有所忌。所宜者不得以事大而诿为不能理直，所忌者不得以事小而视为无关得失。兹特举家中所当戒者列之于谱，愿族人不以为琐屑而不足听，则美矣。

第一　禁止卖祭田

祭田乃阖族拜扫之资，上之敬祖，以竭情尽慎，下之睦族，以酬酢疑洽也。予谓人，虽贫如乞丐，宁可哀告亲族中之仁人君子，借本竭力谋生，切不可与族人同谋同议。或将一分以并与公中，或将公田以卖与他人，将来失祭，而令人指为某家孤坟，谁之过欤？自是已卖者，不同未卖者，须知前车之覆，后车之鉴。切不可因公中无人问信，竟以此事为常例也。切戒，切戒！

第二　禁止锯坟树

坟上之树，犹如屋上之瓦，不可一息去也。予每见锯树者，竟以为有分之产，即自我独锯，族人亦无如我何。岂知祸及本，已而并波及于房分，于心何忍？总之铲削根苗，损伤元气之事，非保后之道也。自后万万不可，切记，切记！

第三　禁止独迁穴

凡穴有一定之数，看一穴不改三穴，看三穴不改五穴，此正礼也。如葬主穴之后不大顺利，则虽看三穴而只用独穴犹可。若三穴既成，而或独迁出昭穴，或独迁出穆穴，不过另作主穴以图富贵。倘不上算，不如兄弟同谋，敬请明师，以另择吉地，仍葬三穴，方无后日之悔，切不可独挑一穴以为得计也。

第四　禁止重上坟

公中存留之祭田，固不可因岁之有丰歉，遂致或祭或不祭。至于兄弟不睦者分田各祭，或两次三次，或四次五次。予每见因此不利者最多，且亦非慰祖睦族之道也。戒之哉！

第五　禁止太乖戾

和气致祥，乖气致异，此一定之理，万世不易者也。予每见乖僻一家，不礼爹娘，礼世尊，良心丧尽，神其眷我福我乎？不和兄弟和他人，亦思好煞是他人，恶煞还是家人乎？又有好酒一家，不论酒源之好否，每日酩酊，以成酒痨。或不问酒价之低昂，每夜酰酬，以成酒毒。或酒后开包，不顾家业之荡废，或酒后生事，不计旁人之羞憎，或酒后行房，不恤此身之不保，或酒后落水，竟致此命之不存。请试思之，酒亦何益于我而乃乖僻至此乎？又有贪色一家，或停妻娶妾，或以妾为妻，或宠妾以溺爱其子，忘乎嫡子之当存，或弃妻以撇去其子，忘乎庶子之不规，或谋算节妇处女，不顾报应之不诬，或常久淫妓宿娼，不顾梅疮之臭秽。请试思之，色亦何益于我而乃乖僻至此乎？又有贪财一家，或预做私房，不计父母之受气，或太重财产，不圆兄弟之和睦，或千方巧计，盘算亲族之田庐，或万样恶言，勒逼亲族之什物，或因财致讼，不免渐渐以消磨，或天理不容，竟致徐徐以覆败。请试思之，财亦当能常益于我而乃乖僻至此乎？又有贪气一家，竟致家中之不睦，或偏听恶语，反致吾气之不舒，或无事生端，凶气因之而入，或乘风纵火，戾气自此不宁，或气愤用事，未免家业之不存，或暴气凌人，不免身命之不保。请试思之，人亦何苦生气而乃乖僻至此乎？总之，人能事事看得破则受益无穷，看不破则受苦无穷。予不才，窃愿我族人和气以致祥，不可乖气以致异。思之，慎之！

第六　禁止无泾渭

人惟泾渭不分，斯无往而不受害，将如之何。予谓一切事到面前，能平心察理，便不十分差错。如父母命我以合理之事，我便终身从之；命我以背理之事，我便微意谏之,此即所谓泾渭也。又如待妻妾子侄,全要分别其性情以安排之;待亲族朋友,全要分别其意气以周旋之。至于事有缓急大小,切不可一例施行,以致动辄招尤。是在族人思之,慎之!

第七 禁止太失算

大抵人无论富贵贫贱,全要知进知退,不致失算以贻悔。如贫者假装门风,后来无以度日,岂不失算之至?富者结交官府,到有事不能照顾,岂不失算之至?又如贪产而穷,忍产而穷,种种失算之事不可胜数,心可不灵乎哉?

第八 禁止太痴呆

世之好赌者,往往衣不遮身,食不充口,甚至流为贼盗,死于非命,何痴如之?好嫖者往往自己之妻女为人所淫,甚至被人打杀,死于非命,何痴如之?世之好嚼摇者,往往后来不能活命,何痴如之?又有妄想求富者,刻薄大甚,往往子孙荡废,何痴如之?妄想求贵者,行险侥幸,往往家破人亡,何痴如之?又有健讼一家,害人适以害己,往往身罹法网,何痴如之?又有好勇一家,杀人适以杀己,往往命丧黄泉,何痴如之?又有刀笔一家,不顾人之身家性命,往往天怒人怨,后来无以见人,何痴如之?至于呆钝一家,等等不同,或明知人之有益于我而毫不顾问;或明知人之有损于我而全不防闲;或礼让相先之地,竟不以礼让相加;或斗争交作之时,全不思斗争成祸;或谊关亲族邻友之大,不能待之以理顺情安;或事属危急变故之初,不能处之以合宜当可;或势处不得不然,反以为无关紧要;或时当无可奈何,反以为不必追究;或可救之人不救,未免无以问心;或当为之事不为,未免错过机会;或说出说不得之话,殃必及身;或做出做不得之事,祸在目前。此虽与痴不同,而其失则一也。我族人于此思之,慎之!庶不致落人圈套,受人欺侮矣。

第九 禁止太轻狂

大抵轻狂者,放乎规矩之外,自以为人莫己若,岂知得意便是失意根,惜哉,惜哉!予谓人虽贵如钱起,富如陶朱,切不可目无一切,以致福去祸来。又如言语轻狂，必有不测之患；做事轻狂，必有意外之祸；用度轻狂，必有破败之虑。戒之哉！

第十　禁止太差错

予不才每见世之差错者，或昏昧不知，或明知故犯，皆所谓枉为人也。如谊关至戚之人，值万不能过之时，我既有力量可扶，竟全然不顾，是过于冷毒。天必使之不昌，何错如之！如恩情太重之人，当无可如何之际，我已经富厚有余，竟全然不问，是过于丧心。天必使之不昌，何错如之！又如从前订约之事，目前相好太过，日后食言忘恩，竟不思无以对人并无以对自己，是过于昧心，天必使之不昌，何错如之！外有习俗之恶壤，念念错时时事事错，初非笔端所能尽者。愿我族人鉴此篇而倍加推求焉。

以上家禁共十条，皆于釜底抽薪之言，我族人未免鄙之笑之，以为不足耸人之听闻。然予窃谓眼前之迩言，未始非刍荛之一得也，是必细细思之而后可。

传家宝二诀
保　身　诀

身为心之所系，家之所恃，子孙之所观瞻，故保身为最要焉。第一，忌七情太过以致病入脏腑；第二，忌六欲太重以致病入膏肓；第三，勿以父母之身付之水火，如犯法无主是也；第四，勿以金玉之身委之泥涂，如上船淫妓是也；第五，勿以有用之身丧之法场，如杀人抵命是也。又诀静可坐不可思闷，可封不可独劳，可酒不可食醉，可卧不可淫饱，可行不可卧。又诀勿久听、勿久坐、勿久行、勿久卧、勿多言、勿多愁、勿重酒、勿重色、勿重财、勿重气，勿偏好五味，勿感冒风寒，勿管人闲事，勿说人是非，勿恃己之力，勿犯人之疑。此皆保身保寿之要诀，愿族人时记而勿忘焉。

保　家　诀

最难保者，家也。第一，要审慎居处，坐向端方，邻居仁厚乃是保家之要诀，切不可仓卒以误事。第二，要孝友型家，事事顾本，念念务实乃为保家之要诀，切不可乖僻以误事。第三，要严立规矩，教训子孙，谨戒妇女乃为保家之要诀，切不可悟懦以误事。第四，要防微杜渐，检点门户，谨慎往来乃为保家之要诀，切不可怠惰以误事。第五，要合家和顺，劳逸必均，主宰归一乃为保家之要诀，切不可偏私以误事。第六，要慎于亲友勿贪富，亲勿近凶暴乃为保家之要诀，切不可冒昧以误事。第七，要和睦族党，宁让勿争，宁忍勿较乃为保家之要诀，切不可傲慢以误事。第八，要和好邻里，情意相孚，礼貌相待乃为保家之要诀，切不可冷毒以误事。第九，要审量用度，当用则用，当省则省乃为保家之要诀，切不可过当以误事。第十，要明白世故，不令人欺，不令人怨乃为保家之要诀，切不可任情以误事。

传家宝三诀
一曰正本源

身既保，家既保矣。自足以传家而绵延于无疆矣。然而保身保家犹不足恃也。所可恃者，惟忠厚正直以清本源焉。如祖宗以忠厚正直成家，此天理所属而亦气数方盛也。我倍加之以忠厚正直，则培养元气自然富日益富，贵日益贵，子孙日益昌，大而不可限量矣。如祖宗以刻薄刁坏成家，此气数方盛而非关天理也。我若继之以刻薄刁坏，则产削根苗将来富变为贫，贵变为贱，子孙渐至消灭而不可挽回矣。愿族人思之，慎之！

二曰修善根

本源既正，则善根自不坏矣，而修之尤宜备焉。重体统、顾颜面、爱名节、端品望，时行方便，广积阴功，于族中尤当加意。如身处富贵，则除凶恶匪僻外，凡族中之孤苦无告及婚葬无措者，量力以扶助之；有才能而无资本者，量力以提携之，切不可打铁算盘只图自己子孙永久之计。如身处贫贱，则勤俭创业，不险诈虚浮，不冷毒放肆，惟是尽正道以听天命，自然有个出头日子。切不可因自己已到此地位，只思损人利己。此皆传家之要言也，倘德行不修，积恶不悛。或巧计骗人，或妙算谋田，或唆人争讼，或妒人技能，或道人隐事，或谈人闺阁，或破人婚姻，或阻人善端，或诱人为恶，或千方毁谤以坏人名利，或百计图害以绝人子孙。此等莫大之恶孽，善根一毫不存，虽拜佛念经，戒杀放生，有何益哉？愿族人思之，慎之！

三曰防灾祸

　　善根既存将灾祸庶可免矣。然而天有不测风云，人有不测祸患，则防之之道宜备焉。如孟春行冬令，仲春行秋令，季春行夏令，孟夏行春令，仲夏行秋令，季夏行春令，孟秋行夏令，仲秋行春令，季秋行冬令，孟冬行秋令，仲冬行夏令，季冬行春令，皆有疫病之灾。务须节饮食，忍嗜欲，谨寒暑，节劳逸，庶几可以变重为轻，变轻为不致受其大害。又如与人不睦，必有放火之害；待人太过，必有耻辱之祸；帮人争讼，必有官刑之祸；淫人妻女，必有杀身之祸；诱人赌破家，必有横来之祸；出口太快，必有意外之祸；霹空诬害，必有反坐之祸；听人哄骗，必有牢狱之祸；酒醉酩酊，必有落水之祸；盘算过火，必有威逼之祸；放水害稻毒药杀人，必有雷打之祸；恃势辱善倚富厌贫，必有湾报之祸；助人行恶谤人为善，必有奇怪之祸；贪财害命淫妻杀夫，必有家破人亡之祸。诸如此祸，不可胜数，此特举其大概以为戒。愿族人见得到看得破，自无大祸临身矣。思之，慎之！

传家宝杂论
论　风　水

　　地理与天理相为表里者也，人但知天理而不信地理，故往往目为渺茫而无稽，遂置诸不论不议之列。岂知有阴功而子孙衰败者，实由风水不合之故，非关天理也？无阴功而子孙富贵者，实由风水荫庇之故，亦非关天理也。夫风水有两家书，《三元书》《三合书》是也。用《三元书》者，每多葬于沟角沟边，地支水冲穴，所以不绝者百无二三。用《三合书》者，无论里港大河，认清水口以立穴，不犯冲生破旺，前低后高之弊。所以未发者必发，既发者永久。如白蒲虎牢关东首吴府之祖坟，至今富贵不替。通州新城东首余府之新坟，现今发福无穷。可见风水之关系甚大，不得视为戏笔而忽之也。抑予又有说焉，目下习地理者，几于指不胜屈细核之，依稀仿佛者最多。予谓此时择地，全要寻出有好传派之辈，理明词达，有济世之深，心无利己之俗见，方可有吉无凶而不至堕入恶道矣。予愿族人思之，慎之！

论 阴 功

阴功深大,亦可挽回风水之凶。但阴功最好亦最难,须要真心实意,不惜自己之钱物,不顾一己之劳苦,不欲人见不求人知,方是有益之阴功,足以利及子孙。若沽名钓誉,不知不觉中,或一言伤天地之和,或一行触鬼神之怒,虽平素有阴功无益也。惟是为宰相者,救天下之人生命;为总督者,救两省人之性命;为抚院者,救一省人之性命;为府令者,救一府人之性命;为州县尹者,救一州一县人之性命。此等莫大之阴功,自然天畀之以吉地永远,富贵不可以数计矣。至于小小之阴功,不必望报亦自然必报,但可望诸子孙耳。

又诀存阴功者,全要知四勿九思与。夫三自省三自反,方为人阴功之门。予故有补遗一篇载列于后,愿族人常熟思而实察焉。

论 读 书

书乃天下至宝,人无论富贵贫贱,总宜视以为日用服习之常,不可一息忘也。顾古人所以列之第五者,非以读书为后。正以命运风水譬如田,读书譬如人种田,有终身苦志,芸窗而卒无成者,譬如烧苗漏水之田,屡遭荒歉之岁,又自己值衰败之运,自然全不得利,非关不善种也。亦有读书未岁而辄登科及第者,譬如极高极好之田,屡遭丰满之岁,又自己值旺相之运,所以收成异好,非关别有善种之法也。总之窗下莫言命,场中莫论文,古语之确不可移者,今人岂能斥之为不是。惟尽其在我不因贫困而怠□修听,其在天不因未遇而怀怨恨,此乃读书之正理。不沾沾于风水命运引为借口之资,庶乎于吾意有合焉。

论择师教子置书肄业

先生是引路之灯,学生是走路之人。天下容有先生非状元而学生状元者,竟无先生状元而学生亦中状元者。然而取法乎上,仅得乎中,故择师为教子之第一件。予窃谓德行本也,文艺末也,择师必择一有德行品行而手不释卷,兼之善于引诱子弟,不误人终身者,真心实意从之。至于所置书籍,虽汗牛充栋,亦不得称为博物君子。惟举切要者置之可也。

书名列左：《十三经》《四书集注》《四书题镜》《左传》《古文》《昭明文选》《广事类赋》《明文》《国初文》《张江稿》《贾兆凤小题稿》(尤为切要)《典制题文》《姓氏题文》《敦复堂稿》《周聘候时文》《新墨考卷》《典制人物备考》《圆机活法》《唐诗合选》《应制诗赋题镜》《小学纂注》《考古源流》《留青采珍集》《新刻时诗赋及策》。

以上切要之书，须竭力营办，奉为传家之至宝。至于违禁之书，不可存留以干罪戾。又如棋谱戏文及各项闲书，并淫词小说等书，切不可置之以误事。如有即付之于火，免日后害及子孙，切记，切记！

读 书 箴

读书者全要以圣贤自命，不可以庸流自待。何谓圣贤？以孝悌忠信为主本，以礼义廉耻为作用。惟是动静语默之间，以责人之心责己，以恕己之心恕人，此便是圣贤地位。谁谓今人之不若古欤？何谓庸流？自以为是不知天下之义理无穷，自以为能不思一人之见识有限，此则名虽读书，而实与未读书者一般如之。何其可也！

论 做 官

前论读书登科之诀，或有裨于万一得以显亲而扬名。如既登科及第则做官可必，却不可视以为易，致有失出失人之虞；亦不可视以为难，致有畏首畏尾之概是，盖有中正不易之道焉。盖为官不在沽名钓誉，全在因心作则，以为民与利除害，伸冤理枉。不以小事令人家破人亡，不以大事令人无门投告，庶几有益于阖境而官声远震焉。与利者何立义学以令贫人识字，设书院以令小友易于人泮，长友易于登科。开育婴堂以令贫贱儿得生，督率保总以令农民修桥平路，免人早晚淹死，此皆与利之阴功也。除害者何到任时，先叫地保圩快出结，不许养贼害民光棍打网娼舡入市。又叫铁匠出结，不许造贼锹及刀枪，如犯出与恶棍一体同罪。又严禁恶棍日抢人物，夜窃人家。又严禁各圩，不许开赌场引诱人家子弟。其诀先要将律上紧要易犯之规条，一一开明出示。然后闲暇之际，自己青衣小帽，同一个人出来访察。一更之后亲自查夜，延医请稳，外犯者重责二十，遇贼棍重加枷责。至于所收词讼，三日内批出。不可十状九准，致开混渎之风；亦不可十状九不准，致开肆虐之害。此际全要就词默想平心察理，如打降抢亲，拐带强奸等事，批准后三日内出差查明，十日内严审结案。不使差房迟延，以致贫者苦无盘费，强者倍加作恶，此除害之阴功也。伸冤理枉者，何贫者受富者之害，贱者受贵者之害。我平素与富贵家不相干涉，照律例书严审申详，如此则冤枉得伸而阴功大矣。又如命案不令仵作生弊，验骨时细细查看，随即问地邻与凶人苦主口供，半年内结案，岂不甚好？总之心要慈，法要严，时时将扶弱抑强之念悬之于堂。上可对天地神明，下可对士农工商。至于或升或降或调，听之天命而毫无喜怒之色，斯为善于做官者。又诀做官人不贪财，不徇私，将印信收好。内不令家丁生弊，外不令衙役专权。犯罪者全不容情，无罪者及早放回。或遇疑难之案，不得真实供语，全要细阅龙图公案、海瑞公案，临期百般盘法，直审到真情而后止。如此则不惟不伤阴功，而且大有阴功，将来保世滋大，容可量哉！

论医道地理

读书人既不能成就做官，则医道地理最有功于人世。未始非族中之幸也，但不可视以为易，或致冒昧以误事。亦不可视以为难，或致胡混以行险。须知此二项全要书理透彻，境界分明。如《内经》《难经》为医道之本，原《直指原真》为地理之主本。须知得一清楚有传派之人细细说明，方不害人以害己。抑且福及于人，功归于己，岂不甚美？若于书略观大意，不求甚解，将见有行道之名，无行道之实，其害有不可胜言者，如之何哉？予愿业术者视以为身家性命之关系，而不作戏笔论，则善矣。

书名列左：《本草备要》《内经》《难经》《本草纲目》《名医类案》《六经定法》《医方集解》《医学心悟》《张仲景伤寒论》《医宗必读》《瘟疫论》《药性赋》《痘科金镜录》《救篇琐言》《外科全生》《外科正宗》《食物本草》《救荒本草》《窦太史外科全书》。

《雪心赋》《直指原真》《玉尺经》《阴阳二宅全书》《地理传心》《平阳全书》《星砂赋》《天文志》《地脉经》《五种秘窍》《青囊经》《郭氏元经》《人天共宝》《阳宅十书》《地理发微》《紫囊经》《水龙经》《罗经解》《撼龙经》《阳宅玉镜》《天玉经》《赤囊经》《都天宝照经》《郭氏葬经》《象吉备要》《三台正宗》《蜀德类情》《协纪辨方》。

以止切要之书，须竭力置办，但必得所指归。有酌古准今之益，无影响含糊之弊，方为有功而无过。至于《地理辨证》《地理捷径》《及知新录》《归厚录》人子须知徐试可，《地理大全》《文献通考》《琢玉斧》等书俱不可置，切记，切记！

论 种 田

人既不能为士,则种田亦为四民中之上项。予喜族中务此者,最多以其为正业之本也。但必择最高最好之田,附近市旁。一则便于垭壅,不致荒芜田亩;二则便于上学,不致贻误子孙;三则便于延医请稳,不致有乖性命。此岂非种田之善术哉?虽然天时丰歉无常,可喜亦可忧,须耕而兼织,无一息之闲暇。将来渐渐致富,耕即为读之基矣。至于远市之田,必须二里路之内有好先生,便于从学,方无后日之悔。不然但思谋食而不思谋道,正恐乡村鱼米贱后代子孙,愚如之何哉!予愿族人思之,慎之!

论 为 工

士农之下惟工。工之项不可以胜数,但亦有高下之分,不得任我意见以为此项可做,彼项亦可做也。予谓上之既不能为士,次之又不能为农,庶乎习纺织一业。一则便于学习,不致迟延岁月;二则易于起家,不致坐困贫窘;三则子孙发达,不致旁人议论。此不可以为善术哉?余愿族人思之。

论 为 商

商之项等等不同,大抵惟祖宗以此起家者,方可为商,取利非苟焉而已也。倘冒昧从事,既无自有之本资,又无出众之能干,宁可经营别业。不出门为妙,如本资富足,伙计稳实,须因时制宜。利于陆陈之年,则办理陆陈;利于花布之年,则办理花布;利于囤积之年,则办理囤积;利于搬运之年,则办理搬运。其诀:第一投埠头叫信实之船,不刻待船户,不与船妇接谈。日间微睡,夜间防闲。第二投信实之主,置稳实之货,不与客伙赌钱,不到娼船戏谑。到卸货之时,斟酌尽善,不可利心太重以致错过喜神,不可重托奸牙竟致不能归结。又须知五年之内,总算不满二分钱,再三年又不得利,是此业非我所应做也,改之方是。

论开店及合伙请伙计

天下惟店铺最易起家，亦最易败家，不可不审慎也。油米店不可多堆货物，须要有别处囤积方妥，小贩店则不论此。钱铺衣店俱无大使费，全要家中人同心合意方好，有十分信实之伙计亦好。纸货京货店，有大本钱有好所在，又家中多人办理，不专托之伙计方好。杂货店书笔店，运动最快，无大欠账亦无大使费，择一好所在开之可也。酒店本大而利重，但践踏米谷，日久既得过数十倍之利，亦必改业为是。至于烟店药店染店等项，俱要委托他人，不可轻易开也。又诀平素享福僻性乖张之人，不可开店；不精书算不会讨账之人，不可开店；不通情理不谙世故之人，不可开店；利心太重出口太快之人，不可开店；喜人奉迎听人诓骗之人，不可开店。至于请伙计与人合伙，全要本前项以为则，方得万全无弊。不然疏忽于前，必致贻祸于后，谁之过哉？

论经纪牙行埠头

经纪惟米行之生意最大，但要公平待客，小心谨慎，方得万全无弊。切不可混放账与米铺，致有失脱之虞；尤不可自己作用太重，致有用客钱之害；更不可听信游荡之子侄、奸险之伙计，致有亏空之害。如此则可以起家而致富，不难矣。花布行生意最大，利息亦最大。离家行勿问连家行，全要分别内外，不令杂人入内，方是正家之体统。其诀全在自己掌秤，不与不相信之伙计生弊。又必广招步担，毫不滥收低花；又必太阳晒照，毫不涉于滥湿；又必较准斤两，便于地头交卸；又必督责更夫，不使致有火盗之虞；又必远离龟船，不使项有拐窃之患；又必严禁子弟，不使眼眶太大。如此则家道兴隆，将来不可限量矣。至于各项代人买卖之经纪，赚他有数之行用，并不一毫供给，亦是美事。全要办理公平，不额外用他分文。又不可因他喜赌而诱他赌，因他喜嫖而诱他嫖，致令他无颜回家，丧于非命。牙行代人买卖田宅，全要方明来历，毫无一点过节，方得万全无弊。切不可听人诓骗，落人圈套。如公中祭田、军家屯田，或门房有分之田，或祖父养老之田，或粮亩未明之田，或典卖未清之田，或官讼未结之田，或指鹿为马之田。总不从中作成，自然祸不及身，而人人信服矣。埠头之利息亦好，但恐来历不明之船害及客人，遂致祸生不测。又恐来历不明之人代他叫船，遂致害船户以害己。总之此业与歇店一同，全要平素见识精明，临期察言观色，不重酒不徇情，不受人赃钱，自然有利无害,万无一失矣。切记,切记!

论书吏房科

书办事当官之讼师,最忌得人钱而反送人命,其害有不可胜言者矣。如房科承办之案的系忠厚受屈之人,须要微微扶持,不受富贵家霹空诬害之钱,惟保贫人身家,将来阴功万代子孙焉。有不发之理哉?又如遇可以解免之事,极力为之解免;遇可以和息之事,极力为之和息。不要人屈钱,不坏人名节,不妨人农功,不令人节外生枝,不令人无故受害。此等莫大之阴功,久而久之,鬼神于焉钦敬,官长于焉畏服。各人家之祖宗父母,亦默默为之祷祝。此即螽斯行庆,富贵双全之兆也。倘平素僻性残酷暴虐,或放肆冷毒,或刁坏奸诈,便不是个好兆。切不可入衙门中办事,竟致家破人亡。慎之哉!

论贫者渐渐致富,亦有积久不富者

贫贱等等不同,有由于祖父骄奢淫佚,或刁坏刻薄,或结交官府,或攀结高亲。亦有由于命运风水,或接连火盗,或被人诬害。总之先要学一个"忍"字,不可怨天尤人。次要学"勤俭"二字,务最上之正业,而不一毫入于匪僻,居易俟命。久之为人信服,自然渐渐致富矣。倘狃于习俗,或代人诱嫖诱赌,赚非分之钱;或自己害族害亲,做不法之事;或坏人名声,不顾他家之羞恨;或唆人争讼,不顾人家之败亡。此等坏心恶计,正恐利未到而害已随,必无再富之理矣。予愿族人将此章并下章刻出救世,便有无限之阴功而保世滋大,不于此可必哉?

论富贵愈久昌大,亦有消归无有者

富贵亦等等不同,有由于祖宗阴功深厚,或忠孝勤俭;有由于风水的系螽斯千古,富贵双全;有由于自己创业辛苦,或亲族不时提携。总之,先要学一个"谦"字,不可胆大如天,致生不测之祸患。次之学"公平、正直、浑厚、精明"八字,方得万全而无弊。公平者何,如租利,宁歉无盈,不可丰凶,一致斗秤。宁同毋异,不可出人两般。正直者何,奴仆之妻女,即当自己之妻女看,不可以卑贱而污之。亲族之功德,即当自己之功德看,不可以寒微而忽之。浑厚精明者何,他人议我骂我,全要诈哑推聋,毫不与之计较;他人骗我吓我,全要甜言蜜语,不可终他计谋。如此则富日益富,贵日益贵焉。有不昌大之理哉？倘或自恃其富,竟不知富之伊于胡底,将敢作敢为,祸即起于肘腋。或自恃其贵,妄以为莫之与争,将倚权倚势,变即起于萧墙。此即贵如钱起,富如陶朱,终久消归无有而不可胜言矣。伤如之何？此家训之言亦即救思之言也。予愿族人思之,慎之！并祈将前一章录到之理矣住,此一章录到之何字住,刻出送人便为莫大之善事矣。

　　时乾隆五十五年岁次庚戌元月中浣之三日,十五世孙国传谨识

　　【注】《崇川镇单氏宗谱》十二卷,单国宠主修,道光二十五年(1845)善谏堂木活字本。唐代单潮五,字海藏,为单氏始祖。宋代时后裔单暹,字天化,迁居宜兴。明洪武初,单琦起,字玉秀,号珍亭,迁居崇明镇场。

乔氏宗谱

卷 二
世 范

三十九世孙承华撰，四十一世孙英魁辑录，四十八世孙征衔续辑

一、凡立坟茔须为久远计，无泥世俗风水之说，致久暴露。择地以司马公土厚水深及程子五患之说为主。治葬家礼自有仪节，力能尽者，惟坚筑灰隔为要。志铭一事，古人为陵谷变迁之虑深矣，必请于所亲厚而有文行者，或如家礼略叙始末刻之，不必假借声势、眩人耳目。坟茔以时修葺，不得互相推诿。每春秋祭扫，先三日，预芟草增土，整庐培木，不得虚应故事。子孙过墓门，不得策马乘舆，虽夜半，必下。

一、古人冠礼久废，惟婚丧礼尚行，然亦多杂时俗，协古礼者仅十一尔。当悉循仪则不得逾越。择妇虽于名门旧族，清白之家，则妇亦能执礼于舅姑。若徒取门阀，骄奢纵肆，何所不至，适为败亡之媒也。嫁女毋得幼小，受聘笄时，择贤子弟妻之，亦须考求家世，非积善之家不可。嫁娶之仪，悉遵家礼，称家有无，贫者亲族给之，富者虽稍从厚，亦不得争为靡丽，以开子女奢侈之端。又不得论财多寡，以蹈卑鄙之习。

一、丧礼以哀痛为本，自有家礼可遵。富厚者毋得过制，贫乏者减省行之，不得久殡在家，及用火葬。无力置坟，合族之丰足者，出地给资以葬之。至于迎丧、杂剧等繁文，最为恶薄风俗，我子孙虽富，亦勿许用。若亲丧而用声伎，期功而衣紫绯，尤为不孝之大者，亟宜痛戒！

一、祭礼，古士庶祭先祖，月朔荐新时祭用。仲月冬至祭始祖，立春祭先祖，季秋祭祢，忌日迁主，祭于正寝。今俗时祭，则用孟诜家礼，二分二至，月朔荐新，则用常节。古不祭于墓，今则清明十月朔祭于墓。至其祭始祖、祭先祖、祭祢、祭忌则一循古制，仪节悉遵家礼行之。事必先期预备，至日必夙兴，陈设中馈，必主妇躬亲，祭品必精洁，祭服必鲜明，务致悫以交神。

一、《礼》"支子不祭"。程子谓，支子虽不祭，或以身执事，或以物助，其诚意

则与宗子无异。如立宗子，当从此义，否则徒欲废祭，以长其惰慢之心，不若使之祭犹愈于已也。况今宗法久废，家自有祠，人亦各欲自尽时制，亦许三代酌古准今，一以家礼仪节为主，但于丧祭时俱不用僧道异端，以同流俗。平时亦不许用师巫淫祀，不但可以正家、正俗，亦自省费扰。至于女巫尼媪之类踪迹入内，最易肇衅，尤宜痛绝。

一、祭之明日，必宴会族之老幼。是日，不举乐，不设杂伎，不得喧哗戏亵，须尽一日之欢。其平时则宗族会合，物不过三品，酒不过数行，不但主者易办，而宗族亦得常会聚矣。其于异姓之宴，在吉凶礼者，择日丰洁，必诚必信，毋失礼，毋惰容。其于往来款洽之宴，必须诚信精洁，但不可作长夜饮，以起奸盗之端，又不可频嗜饮，以犯荒酒之戒。

一、《礼》云："君子将营宫室，先立祠堂于正寝之东。"吾父大登公笃志于斯，乃于立家之始，以宅之东南，创为祠堂，其规模间，架悉仿《家礼》，亦协诸义矣。后世子孙其尚敬之哉，念之哉！

一、祖宗名讳，谱牒未成，难以稽考，或有犯者，已无及矣。既成之后，凡欲立名者，须检勘谱系，毋得重犯名讳。

一、吾族世守耕读，又业医术。凡吾子孙，先教之读书，倘资禀凡庸，不能有成，则令之业医，或令力田务本，庶不坠先绪以延门祚。誓不许为仆隶优伶，亦不许为僧道吏胥。有犯者，会族众，痛戒逐出，待其自新，方齿于族。其有不孝、不悌、不仁、不义，及学习非为赌博者、盗窃者、酗酒争斗者、刁诘好讼者，暴横乡里，合族摈之，终身不齿。

一、凡吾族有孝子、顺孙、义夫、节妇，行能卓异、有关彝伦者，倘贫乏，则合族之富者给衣食丰养之，为士大夫者达之当道，奏闻旌表，或有阻格，必为核实明著，请文名公，以永其传。

一、先业既分之后，各宜保守。或因死丧、役讼、水火、盗贼、意外堕落以致不给者，助之，有不立者，植之，务使骨肉谐和，毋得聚讼，以伤和气。至有喜则庆，有忧则吊，有外侮则共相扶持，虽无服亲尽之人，自同一体，毋得如途人泛视，并生幸灾乐祸之心。倘以尊凌卑，以下犯上，以强凌弱，欺孤虐寡者，会族众共声其罪。

一、叔侄之间，名分攸系。侄年长，虽富贵、虽贤，不得自挟以傲上。叔虽年幼，虽贫寠、虽愚，不得自卑以取容。凡会坐必肃、必敬，不得嬉笑，非礼遇于道，必进揖拱立，以伺其过。其尊长亦宜以礼，自检为卑幼所法。或有假公济私，以卑幼不逊为辞，辄起讼端，意在侵夺者，会族众于家庙前，共以义正之。

一、男勤耕读，妇勤女红，须至夜分，黎明既起。若晏安怠惰，终非自植之道。其服用衣食，但不令饥寒，不使污秽足矣。毋得过为珍馐绮丽，以靡财用，且非保家永久之计也。

一、内言不出，外言不入，所以别嫌微，杜非僻也。今凡家人，男子十岁以上者，不得入内。女子八岁以上者，不得出外。其于婚丧宴会时，宜燃大炬于庭中，以防混杂。平时门禁尤必严锁钥，以时出入。

一、无子立后，须昭穆相应者与之继嗣，否则听其立爱。如律文所云：倘在死后而议立者，则必由亲而疏，以昭穆相应之人及子，毋年岁相当，如例者立之。毋得为他说，以起争端。凡一应入继异姓，螟蛉他子，以乱宗祧者，会族众共斥出之，别立应嗣之人。

一、妇人之行，不出闺门。凡为乔氏之妇者，决不得干预外政。其有夫亡外适者，谱削其名。女子毋得入学读书，吟诗作赋。

一、子弟于童蒙时，须择端谨师傅，导之以礼，使正言格论日闻于耳，以养其心。既长，则因材成就之，务学者必须求为通儒以致用。

一、先正云：交游不必多，三四人便足了。吾一生事多，则招怨取侮。信哉斯言也！凡吾族子孙于论交之始必须慎，择端人正士为终身之益，否则闭户读书，毋与人竞长短、较曲直，以致怨尤。

一、吾乡别无他利，惟以耕织为常业，当置腴田数十亩为恒业，非大故不得轻废，亦不得滥置。

一、族中力有可办者，各出田二三亩，立为吾族义冢。凡遇族内无力茔葬者，随时量给灰土，以免暴露及火化之惨。

以上规约二十条为从世祖评事公所著，诚足敦饬合族，训诫后人，而其中训示尚未尽宣，爰更酌撰数条于后，以为子孙法焉。

四十八世孙征衔谨志

一、吾族宗祠，世祖大登公建立于上海者，规模尽善。然吾祖以下一支既居松郡城，亦当立庙。子孙有力者，须于正寝之东设立一祠，以继吾志，是所厚望。

一、松城祠式居中一间，堂下设东西两廊，堂中供位第，由吾祖葆堂公上下推之。如始祖太尉公至吾考文墀公，凡四十七世，其间附以同曾祖伯祖安愚、琴野公、伯父鹭洲、申甫、绥堂公神位，祭祀以二八月为期，仪节悉遵家礼行之。

一、祭主自吾子孙以下，立宗子宗孙。庶出虽长，不许为祭主。惟使陪祭视行辈，长幼分别执事。祭祠日嫡庶均当齐集，有不到者族众共责之。

一、君子四十无子始娶妾。凡吾子孙，年未四十无子者不许娶妾，永不许立妾为正室。倘有子纳妾及娶妓女者，合族众斥出。其妾至妓女，门风必为所败坏，尤宜戒之、绝之。

一、松城祠中，永不许有妾主混入，以乱嫡庶。倘节烈孝养，有关伦纪者，不可以一例论，许附主于主母之傍配祀。其余妾主，无论有出无出，只置于门外两廊祭之,并不许生时砌生圹,及死后于神主外另立神位。凡吾子孙违此规约者,作不孝祭主,合族众于祠中,重责出族。

一、正出嫡子不许祭祖与父,妾之生日、忌日,只许听其所出之子私祭,供神像,亦不许以妾位并供,另供则听之。

一、父妾正出子妇,只许与之行常礼,不许下拜。是非过为严刻,特恐整饬之难耳。至于祖妾,其时年已邻暮,或可无意外之事,则不妨一拜及之,然亦视其人当尊与否,酌而行之。

一、吾族向无义田,每见贫族妄为,心实耻之。但吾力不自赡,奚遑他顾。凡吾子孙,倘能食禄于朝,或盈余克立,须急积廉俸余赀,创置义田若干亩,分立规条,刻石立于祠中。每年取租税之余,分给贫族,若范文正公之流泽后人,岂不美哉?

一、吾乔氏,自汉季太尉公、至本朝中丞公、及吾曾祖鸥村公、先大父葆堂、显考文墀公,凡四十七世,绵延一千五百余年。其间,文武忠孝、弈世传家、历历见诸史册者,不可悉数。惟字辈一节,缺而勿传,然支繁族盛,何可忽焉。爰撰"敬承祖业,善武崇文,克昌厥后,以衍家声"十六字为行辈次序,凡吾子孙须遵此立名。倘有力修谱,续撰字辈,以传永久。

一、吾族支繁,大江南北,不下数百余支,甚难稽考。此谱特就先人手泽旧谱增而辅之,为吾一支所系,计成四卷,汇而订之,以俟后人有力者刻之,庶几明吾宗之所自来也。

征衔识

家　　则

淤溪五十世孙先格续撰

评事公所撰族训及少墀叔祖续辑者,诚为晓畅周详。其于伦理纲常,甚有关系。第俗倘嗜好不同,趋向后先或异,爰忘其谫陋,而复增数款于后,庶补先所未及云。

一、祖宗坟茔,当时时瞻省整理,不得视为故冢荒丘。凡遇清明佳节,亦必焚化褚币,非好徇俗尚也。忾羊时供,告朔之礼斯在,否则漫不加察,耕犁及之矣。

一、坟茔日久年深,已成平陆者,宜于冬至、清明时勤箦覆,其榛莽苇荻之属,亦宜随时剪伐。若夫水冲沙啮,狐撅狐埋、崩损废壤者,尤当移迁高原,或以时填塞。

一、门祚昌大，德字开宗，知命乐天，莫如耕读。家有数亩，克俭克勤，自奉待人，皆堪取给。若子弟之才可远到者，宜博访名师，善为磨琢，先尚器识，不重浮文。庶他日忠君爱国，显亲扬名，为宗族之光也。

一、吾邑自道光壬寅通商以来，鸦片弛禁烟，馆日繁，忘其毒而食之，每易染瘾，为贼为盗于是滥觞，丧身辱先，莫此为甚。我子弟有犯者，必责，责而不悛者屏之。至若雪茄、香烟、板烟等类亦宜一概禁绝，违者必惩。

一、服之不衷，古人所戒，布衣耐久，抑且惜福。吾乡密迩租界，以红紫怪异为新奇，习俗移人，贤者不免。须时时为子弟开导，庶不惑于靡俗。至若窄袖密钮，革履皮冠，尤为恶习，有效此者，焚之裂之。又围巾（纡回颈上者）形如虺蜴，饭单（覆于胸前以避垢污者）类同奴婢，虽时俗所尚，我家妇女亦不许用。

一、呼卢喝雉，无赖之尤，败产倾家，于是乎在国法所必禁，亦家法所不容。凡我子弟有犯赌博者，小则罚跪家庙，大则严加惩责，尚共戒诸。

一、酒以合欢，原所不禁，然亦不可过饮。昔浦江郑氏子弟年未三十者，酒不沾唇，兴念前型，允宜矜式，盖沉酗号呶，最为失仪，不可不戒也。妇女尤不许共饮，惟年过五十者，姑从其便。

一、淫书淫画，不许购藏借阅，以启邪淫之渐，有则亟应焚毁，以绝祸本（如我昔日所焚《玉蜻蜓》《红楼梦》《肉蒲团》《倭袍三笑》《西厢》等类）。盖子弟情欲已开，识力未定，不见书画，犹恐易触邪缘。况朝夕展玩，引其情窦，将有精气消磨，年寿短促，疾病连绵，丧身乏嗣者，是宜痛戒也。至天文图谶、幻符秘记，国有明型，亦宜戒绝，庶免自取罪戾。

一、委弃子女是人间第一恶孽，逆天悖理，等于枭獍虎狼，杀人者死。国有常刑阳律，虽或幸免，阴谴必不能逃，读书有识之家，断不为此。乡里有犯者，时为劝戒，亦行善之道也。

一、女入庙烧香，有干例禁，子弟无故闲行，亦违训示。凡为家长者，自宜修身齐家，严闲内外、三姑六婆、左道诸色人等足迹不许入门。至浮屠佛事，缁衣道场皆无益之举，读书明理之家，勿以从俗借口可也。

一、风水为慎终所不能废，医学为疾病所不能免，地师医士往来，在所不禁，惟不可轻信而误用。余若巫觋星相，以及捉牙虫、看水碗、占家宅等人，皆系猜测影响，诓骗财物之流，一切摈斥，不许入门，方为我家贤子弟。

一、鳏寡孤独、废疾病癃皆天民之穷而无告者，虽在途，人犹将悯恻，况同宗乎？族中有此，宜量力周济，不可漠视。

一、臧获婢妾，亦他人父母之子女也，不可虐待，当遵考亭庄莅、慈畜之训。其人亦以老成忠信朴诚为尚，俊美姣好非所取也。

一、婢仆勿取俊美，佣雇勿用少小。如不得已而用之，宜取老成忠厚诚朴，年在四十以上者,若年轻姣好,恐启奸邪淫乱之嫌,闲家者,不可不防微杜渐而深虑之也。

一、放生戒杀,可召天和,闻声远庖,是为仁术。若牛若犬,有功于人,杀者有干阳宪,食者岂无阴刑?我家自祖曾而下,合家戒食。凡吾子孙,当恪遵先训。至蜎飞蠕动之属,同生两间,俱宜悯恤,亦免灾消眚之法也。

一、水火为人家日用所必需,为功甚巨,肇祸亦易,孩提之童,毋使狎玩,厨房灯火,尤宜小心。虽曰天灾,人事不可不尽也。至若洋火洋油等类,亦以不用为是。

一、义田、义仓、义塾、义冢,俱古今第一美事。读《范文正传》,心窃慕之,无力则存此心,有力即行其事,以视补路修桥,其功尤为切近也。

一、建祠镌谱虽非易事,然力足为此,即宜首举。木有本而水有源,尊祖敬宗,此其要义也。

一、妇女不许入厂做工,盖以丝纱二厂,男女谑浪笑傲、油头粉面、朝出暮归,为奸盗之囮媒,淫邪之径路也。凡为父兄者,心志宜坚,不听其去。又当时时告诫,总以在家勤习女工纺织为本,违者斥责。

一、妇女不许入校读书,夫以嬉戏玩弄、暴寒作辍之新法,心志未定,知识渐移之成年,不先之礼义从德,刺绣织纴,而使之出入无忌,男女无嫌,沦于禽兽之途,优入蛮貊之乡。吾不知为父兄者,何以见异思迁,喜新厌故为也。吾宁使人嗤为陈腐,不愿妇女渐染新奇,其尚慎旃念之。

【注】《乔氏宗谱》八卷,乔先格主修,乔先信等纂修,1932年铅印本。乔氏始祖乔闲,世居上海南汇鹤沙里。其孙乔彦衡,元季迁居上海县城,为上海乔氏始迁祖。明代乔镗即出是族。

傅 氏 家 谱

祖 讳 歌 引

　　昔王宏日对千客，不犯一人之讳，后世皆敬之慕之。夫他人之讳犹不可犯，岂祖宗之讳独可犯乎？凡为人子孙者，自当留意也。然此道不闻于世久矣。尝见世之为人子者，无不萦情富贵，唯利是图，而问其高曾祖父以前之名讳，茫然不知，又何论犯与不犯乎。故前年康修谱时，痛旧谱无宗支图，散漫难稽，谨绘宗支图增人之，并于宗支图外，另绘本支指掌图增之，庶几便于查考，开卷了然矣。然犹念龙庵公始迁浦东以来，传至康已十有五世，代数甚多。康方寸善忘，恨难记忆，爰仿《易经》卦歌例，谨按历代祖讳，歌诗八句，并按《姃姓歌》诗四句，附列谱中。自今以后，不但善忘如康者，从此日用饮食，常存心目之间，而凡我子孙，在读书时，使之成诵于口，敬志于心，则凡临文下笔，并坐谈心，不且可以无时不避，无地不避也乎。歌即成，聊述数语以为之引。时大清光绪元年乙亥元旦也。

三房直下十五世孙以康谨识

祖讳歌（七言八句）

　　荣玉相传铤褓公，津生讲及汝宾终。德臣故后应仁继，时夏文征泽不穷。从此维城忠信代，第三房是讳为镕。以康育子名恭弼，次子恭思恭赟同。

姃姓歌（七言四句）

　　三代婚陈蒋祝张，任王陈太记无忘。乔徐相继倪丁顾，惟有倪吴并赞襄。

以康谨识

十 六 字 家 法

忠孝节义,道德文章,仁慈廉让,温俭恭良。

为 人 十 戒

予于读书时尝著为人十戒,榜写坐处壁间,随时省察。非敢以之戒人也,特书此以自戒云尔。

嵩夫识

一、戒逆父母

父母恩同天地,为子者,即竭力以事,犹莫报万一,何可逆乎？所当戒者一也。

一、戒凌君长

事君尽忠,事长尽敬,礼固然也。若使凌之,直无君矣,直无长矣。当戒者一也。

一、戒贪声色

声如孔子所谓郑卫,色如孟子所谓少艾,贪之则淫心动,淫心动则善心忘。有国者足以亡其国,有家者足以破其家。所当戒者一也。

一、戒好货利

孔子曰：富不可求货利,何好之有？好货利则我之心反为货利所动,我之身反为货利役矣。所当戒者一也。

一、戒信异端

异端如僧道、鬼怪、天主教等类，凡不合圣道者，皆是孔子曰攻乎异端。斯害也已，所当戒者一也。

一、戒喜懒惰

人贵勤俭，懒惰则饱食终日，无所用心，将惜寸惜分之谓何耶？所当戒者一也。

一、戒吃烟酒

烟酒皆无用之物，不吃无所损，吃之有所害。盖以烟酒皆能伤性故也，所当戒者一也。

一、戒喜赌博

赌博者，其心始于有所贪，然究不能遂其贪心。故为之者，无不破其家，无不罄其产，所当戒者一也。

一、戒听妇言

妇人有内助之资，其言无不可听。但妇人妒忌者多，使一听其言，则逆父母，凌君长，兄弟乖离，其衅无不由此而起，所当戒者一也。

一、戒多词讼

人当安分守己,不涉闲非。朱子云:居家戒争讼,讼则终凶。若多词讼,一则伤人,一则伤财。乌乎,所当戒者一也。

为妇十戒

曾于旧书中,检有昷夫公为人十戒。实堪作座右之铭。今信不揣愚昧,集成《为妇十戒》以补之,未知有当万一否。尚俟就正有道也。

诚斋著

一、戒藏淫书

淫书易于讲说,即稍有识字之妇女,亦能看之。故家中有淫书,宜先付水火,以杜其看之之端,所当戒者一也。

一、戒听小说

小说与淫书略同,然藏淫书则识字者能看之,唱小说则不识字者亦能听之。故为父母者,切不可使在家唱小说,以败坏家声,所当戒者一也。

一、戒入庙寺

庙寺为鬼神凭依之处,非妇人所当亲近,故妇人入庙寺敬神,适以亵神,所当戒者一也。

一、戒坐厅堂

厅堂系宾客往来之地，妇女当静守闺房，厅堂非所宜坐。使一旦有外客来此，而妇女或不能躲避，殊觉大失体统，所当戒者一也。

一、戒贪看戏

戏中有卖胭脂、摇荡河等名目，看之易动淫心，况戏场中男女紊杂，绝无规矩，岂妇女之所宜处乎？所当戒者一也。

一、戒喜艳妆

人以简朴为贵，为妇人者，或竟蒙不洁，则人掩鼻而过，亦属不可。然苟穿红着绿，喜于艳妆，不将动人淫心乎？所当戒者一也。

一、戒窥外客

妇人不出外门，此闺门端肃之家也。然近来人家妇女，往往有一客至，必从门间窥之，此等情形实为恶习。所当戒者一也。

一、戒出内言

内言不出者，妇道也，若为妇人而不能缓道微言，大失和顺之道矣。所当戒者一也。

一、戒辱丈夫

丈夫为一家之主尊且贵也,岂可为妇人所凌辱,语曰:必敬必戒,毋违夫子,其斯之谓乎?所当戒者一也。

一、戒管大事

妇人惟酒食是议,若大事岂所宜管乎?传曰:妇有三从,未嫁从父,已嫁从夫,夫死从子。若将丈夫当管之事收罗管之,则牝鸡司晨,惟家之索。所当戒者一也。

计开傅氏家祠修正规条

一、主祭择族长之齿德具尊者。
一、凡贤而有德,热心祠务者,神主均得居正位。
一、经理祠务分四股,三年一转,以春祭为交卸期,凡祭器及收付账,宜一一点明,不得含混。
一、春秋二祭,司事者须于祭期前分送传单,并榜贴通衢,告知合族,早降拈香颂祖,入祠须照位次,不得杂乱。
一、祭田租息有盈余,存典生息,积有成数,司事者宜商诸族人置买田产。
一、祠房不准借住,祠中杂物,亦不得借作别用。
一、一切修理费由经理酌定若干,于祭祀时报告族人,公决办理,不得擅自主张。
一、族谱以二十年为一修,其费应由族人捐助,日后祠款充足,或再议由祠开支。
一、祠中看守人种田四亩,不收租息,以供每日洒扫及招待族人茶烟等费,如溺职,宜斥退另招。
一、族中祖墓余地,愿归入祠中者,准归入祠中经理。
一、祭田田单,当呈请存案,以杜变卖、抵押之弊。
一、族中有争论,族长等得秉公理劝,以全宗谊。

一、族中子孙为种种不法行为者，生则除籍，死则不准送主入祠。

一、贫不能生活葬殓者，可央保告知经理给葬殓费，葬则每棺一具，给石灰二百斤，殓则给棺木五元。

一、每年收支细数宜逐一开明，至春祭时贴于祠内，俾各查核，如有差误，尽数追还。

一、如有违反规条邀集族人议罚。

光绪七年五月初五日示

公议祭扫田条规

一、议祭扫田，寄于宗祠，收租完课，悉照宗祠章程。所余田资，暂存于诚实店中生息，俟有成数，再置产业，契上应写"傅氏祭扫田"字样。

一、议此田向归添常公后管业，每年祭扫修墓，理应秉公办理，不得浮费分文。每逢清节，备祭菜十碗，香烛酒共费钱五百文，冥锭钱五百文。

一、议惠元公后子孙，无力葬亲者，每棺一具贴助石灰三担，着其子孙及近房，妥为安葬。其应贴助与否，悉凭公议，不得偏私。

一、议添买田亩，无论绝契活契，开明细号四址亩分，随时禀官备案。谕饬户书收立"傅氏祭扫田"户名，所有方单及将来新置绝契方单，随时禀官入库，永远不得变卖。未禀以前，暂由添常公正子孙经管。

一、议嗣后吾族作墓，墓基之外，须留余地，以为祭扫，永远不准变卖。有田则墓有所依，庶无年久失修之虑。

一、议现今产业无多，将来近款稍充，应行之事，公议增添。

一、议一切应办章程，禀明县宪，陈案勒碑。

光绪二十五年己亥春正月，十六世孙恭弼拟

公议祭扫条规

一、议惠元公祭扫田本系添常公后执业，寄于宗祠，代收租息，均已议有章程，议定呈案勒碑。将来如有更改，必须约同公议，无得偏私，率行更改。

一、议每年清节轮值祭坟，轮祭之人，节前择定日期，关照族中。至期，清晨毕集坟上，拈香拜祭，祭期无论迟早，不出清节界限。

一、议祭毕后，轮祭之家，坟墓均宜顺路挨祭，无分长次，必诚必周。

一、议祭席一桌，不计肴馔多寡，惟求洁净，以及香烛酒点，总费钱五百文，冥库一双，冥锭数球，费钱百文，或不用冥库，只用冥锭亦可。

一、议立一祭扫簿，存于轮祭处，祭毕后交与来岁轮祭之人。临祭之先，持簿至宗祠经理处领取祭费，簿上注明某年何人轮祭。

一、议修墓理应秉公，不得浮费。应修与否及修费若干，亦须公议修完后，约同与议一二人持簿，至宗祠经理处领取修费。簿上注明某年何人经修，计费若干。

一、议先宜议定轮之人，拈祭阄以定前后。所议之人，未曾轮祭之前，不准退办，轮祭之后，一周复始，再行会议，以定去就。设有要事，势难经办，亦须先行关照经祭诸人，熟商补除，不得于临祭时推托，以昭敬重。

一、议反吾族中恪守条规，永远遵行。

十六世孙恭弼拟

公议祭扫田条规

一、议南山公祭扫田十九亩四分，先人留作祭扫修墓之费，每年租息费用有余，各房分派，完粮亦由各房分完。

一、议元湘公墓基地三分三厘八毫，各房管理。

一、议琴香公祭扫田三亩，乃鋆承管。

一、议玉峰公祭扫田，梦予、梦锡、梦庚承管。

一、议春墅公祭扫田六亩，此田自析产后，恭弼提出一份，恭平、恭思合提一份，按份承管。

一、议竹初公祭扫田十一亩五厘，此田亦析产后，恭弼名下提出。又恭弼预备田十三亩三分，均由恭弼承管。

一、议梅初公祭扫田三亩，恭平、恭思承管。

一、议镜清公宅基地六亩四分作为祭扫田，日后由嗣孙承管。

一、议以上祭扫田共计六十二亩四分八厘八毫，开明四址细号，禀宪备案。田单二十八张，禀请诸库永远不得变卖、抵押。如有变卖、抵押等情，各房公同理论。如系同宗承买，即将田价罚作本族善举。若为异姓承买，罚作本处乡间善举，其田乃归祭扫其抵卖之人，当以家法议罚。

一、议自此定章之后，缮立祭扫田账簿十三本，各房分执，将章程全案抄录，各房皆应对立名签押。嗣后弟兄分炊，应由居长者分抄，并邀亲族签押，俾各分执，其余仍归长房收执。

一、议每年租息开支有余,仍归应得之份分派,不宜偏私,致启争端。

一、议吾族上承祖宗余泽,下幸各房勤俭,均堪温饱。嗣后如有衣食不继者,先由近房贴补,如无近房,吾族当起立善会以贴补之。若有不肖子孙,并宜公同教诫。如仍不改,或锁闭于宗祠,或寄禁于公所,其膳资,责令其自出,如无所出,吾族量力贴补,无得观望。其所有产业不得抵卖,以冀其改过,后为立家之计。

一、议吾族向有惠元公祭扫田,为公共之祭扫,向由宗祠代收租息,另立条规,以其赢余,备作本支子孙无力葬亲贴灰之用。今议另为分收,祭田所收租息,除祭扫外,仍分派应得之各房,以赡不足。

一、议墓各立碑有职者,书明职衔,无则但书清故某公配某氏之墓。有善言善行者,亦可叙明,无则只叙生岁殁葬年月日时,某山某向,墓基亩分细号四址,一一叙明,俾后世子孙易于识认。如因力薄费大,只叙清故某公配某氏之墓,旁书子某谨立。

一、议此次备案之后,吾族作墓,墓基之外,必有余地,如欲作为祭扫田者,其单随时禀官,诸库仍将田图细号四址单名注入各房薄上,以便查考。

一、议一切章程禀明县宪,存案给示勒碑,以垂久远。

光绪二十六庚子春正月,玄孙恭弼拟

【注】《傅氏家谱》不分卷,傅恭弼纂修,1913年铅印本。谱称先祖为明初名将傅友德。友德子傅荣,字龙庵,号伯牛,避居南汇北六灶,为南汇傅氏始迁祖。

傅氏续修家谱

傅氏家祠修正规条

一、主祭择族长之齿德具尊者。

一、凡贤而有德,热心祠务者,神主均得居正位。

一、经理祠务分四股,三年一转,以春祭为交卸期,凡祭器及收付账,宜一一点明,不得含混。

一、春秋二祭,司事者须于祭期前分送传单,并榜贴通衢,告知合族,早降拈香颂祖,入祠须照位次,不得杂乱。

一、祭田租息有盈余,存典生息,积有成数,司事者宜商诸族人置买田产。

一、祠房不准借住,祠中杂物,亦不得借作别用。

一、一切修理费由经理酌定若干,于祭祀时报告族人,公决办理,不得擅自主张。

一、族谱以二十年为一修,其费应由族人捐助,日后祠款充足,或再议由祠开支。

一、祠中看守人种田四亩,不收租息,以供每日洒扫及招待族人茶烟等费,如溺职,宜斥退另招。

一、族中祖墓余地,愿归入祠中者,准归入祠中经理。

一、祭田款产,由阖族大会公推管理人七人,组织家祠基金会,管理人、会员负责保管整理,其田单等,应盖"保存祠"印,呈县备案,请盖县印发还,以杜变卖、抵押、顶佃之弊。

一、族中有争论,族长等得秉公理劝,以全宗谊。

一、族中子孙为种种不法行为者,生则除籍,死则不准送主入祠。

一、贫不能生活葬殓者,可央保告知经理,议决补助之,殓则赊棺一具,葬则每棺一具,给石灰二百斤。补助及赊棺平卖规则,另行订定之。

一、每年收支细数,宜逐一开明,至春祭时贴于祠内,俾各查核,如有差误,尽数追还。

一、如有违反规条，邀集族人议处，或呈请判断。如应修改之处，公决呈县，备案施行。

傅氏家祠基金管理人会规则

第一条，本会依据《家祠规条》第十条之规定组织之。

第二条，本会由阖族大会就各房中公推七人为管理人员，负责管理基金款产，如遇出缺时，应补推之。

第三条，本会设主席一人，由管理人互选之，以二年为一任，连举得连任。

第四条，祠堂基金之田单、部照、存折、借据、簿据及案卷等件，备保管箱寄存于祥泰典，均由本会负责保管整理，春季公推二人检查一次。

第五条，本会负责管理祠堂全部基金之责，无论何项均不得划作别用。但祠堂购置产业必须在基金内动用者，得由本会议决行之。重要者，召集阖族大会处决之。

第六条，本会每三年，就阖族老成硕望者中，公推经办人一人，交由大会通过，负钱财收支之责，经办一切祠务。

第七条，本会春秋两季，上午开管理人会，下午开阖族大会。如有重要事件发生，得临时开会，均由主席召集之。不足法定人数时，改开谈话会。经办祠务者得列席咨询及报告一切，如主席因事未到，公推一人为临时主席。

第八条，祠堂经费应在年度前由经办人造具预算书，交本会审核，确定按月收入支出。年度终结造具决算书，交由本会审核报销。

第九条，如有特别捐等额外收入，应交本会保存议决处置。

第十条，本会管理人均义务职。

第十一条，本规则如有未尽事宜，由阖族大会公决修改，呈报县政府备案。

第十二条，本规则自呈奉县政府核准之日施行。

六灶傅氏公墓规则

一、南汇六灶傅氏阖祠宗族合葬一处，定名曰傅氏公墓。

二、公募职员设正副主任各一人，管理公墓全部事物。另设监察、调查各四人，均由族中公举，任期三年，连举连任，均义务职。

三、春秋两祭为常会日期，报告经过情形及会议进行方法，职员会由主任定期邀集之。

四、公墓分甲乙两区，甲为纳费墓区，为族中力足营葬者建设之；乙为不纳费墓区，为族中无力营葬者建设之。均分排营葬，不得争前退后。如有不愿合葬公墓者，听凭另葬。

五、甲区墓地坐落六灶乡船舫港九十六图西圩三百六十七号储廷献户田七亩六分二厘七毫。乙区墓地坐落龄公牌楼南二十九图东圩玄字二百七号凌望加户田五亩九分六厘五毫。

六、甲区公墓每棺两具，定南北六步，东西四步。乙区公墓每棺两具，定南北四步，东西两步。每墓所占之地，均视棺数多寡而增减之。惟甲区墓地计地一分应缴地价洋二十元，占地多者地价以此比例，然每墓占地至多不得过三分，粮赋均由祠完纳。

七、破除迷信风水之说，甲、乙两公墓均无碍方俗忌。

八、营葬法：棺盖应与地平低两尺，墓上填泥，以二尺高为度，上种麦冬，四角种柏树四株，并立石碑标志。各墓应照尽一，不得任意参差。

九、族中遇无人营葬，由家祠代葬者，每棺一具给石灰三担，沙泥□担。

十、代葬者，每棺一具计人工两工，每工连饭洋五角，应照章办理，不得草率。

十一、族中遇无力成殓者，可借给棺木一具，具价定期归还。

十二、族中遇无近房子侄亲戚而无衣冠入殓者，可酌情给緞（鞋）帽、布棉、袄裤、袍褂、被褥等件。

十三、族中遇无人成殓，而由家祠派人代殓者，殓单即代殓于乙区公墓。如有所遗田房，应由祠经管。

十四、族中先由家祠代殓代葬，其后子孙昌盛愿将先人殓费葬费归还家祠者，得将原账注销，以昭激劝。

十五、本规则应呈南汇县公署备案，给示勒碑遵守。

十六、本规则如须修改之处，应由阖族会议公决，仍呈请县公署核准行之。

傅氏家祠补助贫病规则

第一条，本支贫困族人田房全无者，报告司年详细登记，应否补注俟开会公决，酌量补助之。

第二条，本支族人贫困、孤老、残疾、保节、保婴、无五服之内亲族周济者，每人补注分二元、四元、六元三项，春秋两次给发，视收入逐渐酌增之。

第三条，额数暂定三十名，满额时请给者先行登记，出缺挨补。

第四条，补助以半年为期，每年二、八两月调查一次，开报司年，由家祠会议公决停止或续发。

第五条，只准原户额给，不准冒领代至，出外习艺，或佣工时，停止发给。

第六条，受补助之族人有疾病时可借给一季，不足再借一季，病愈时每季援还十分之二五。

第七条，族人无力欲谋小本经纪者，可以央保人借洋分二元、五元，十元三种，经借报，由司年准许之，每月援还十分之一或定期归还息月一分。到期不还，由保人如期代还本洋。暂定各十名，满额为限，视财力逐渐酌增，惟五元以上者应有抵押品。

第八条，如有冒借或不应借而借者，开会审查，确实即请保人垫还。

第九条，保人以正当营业，确有田房，力能赔偿，立时垫还者，方可担保，以一人为限。

第十条，如有亲族周济或烟赌嗜好、行为不正、忤逆犯禁、游荡懒惰、不遵家教者，概不补助借给。

第十一条，公举经借族人五人放款催还，互推一人为主任，三年一任。不应借而准借者，催还不到应由五人垫还之。

第十二条，本规则呈请县政府出示布告遵照办理，如有应行修改时会议公决，呈请备案施行。

傅氏家祠赊棺平卖规则

第一条，凡本支族人身故无力购棺、无亲族救济者，得由亲族介绍赊棺或平卖。

第二条，凡赊棺或平卖者，须由家属或亲族邀同族人报告，填具赊棺保证，开明名字、年岁、住址、病故情形，应由司年准许之。

第三条，伤死、路毙、自尽及其他情事者，非经官厅检验，概不赊棺或平卖。

第四条，赊棺不收费用，平卖照本收价，如有特别情形，得酌量办理。

第五条，抗送等事均由赊棺或平卖者自理。

第六条，如查有虚报冒赊及其他欺诈行为者，应由保证人理明，并追还棺价，不理则由经办者垫还。

第七条，由家祠司年豫为置棺，以备赊买。倘家祠缺款时，由族人认垫之。

第八条，赊棺者如有宅基及祖基，无子孙收管者，由祠暂代保管，以免被占拆毁。

第九条，公推经办赊棺平卖五人，互推一人为主任，管理账目一册存祠内，一侧存主任处。

第十条，所赊棺价如至有力付还时，应在账上注明收还。

第十一条，春秋两季开会，应由主任到会报告年终编造、全年收支，报告交由基金会审核公布。

第十二条，本规则呈请县政府给示布告遵照办理，如应修改时会议公决，呈县备案后照行。

续修家谱简则

修谱所到之处，应访年高有识之人为之引导，庶几支派易明，无遗漏之患。

族中如有学问深宏、著述富有、道德文章俱全者，请名人立传，登诸谱牒。

卒中有孝悌忠信、廉洁正直之人，访明其事，载于谱中，使合族模范。

妇女中如有贞孝节烈之事，宜请上官褒扬，载于谱内，永作闺门懿范。

族人远徙他方，必应访明，登于家乘，毋使阙失。

修谱时有族中之鳏寡孤独、度日维艰者，告诸家祠，使食口粮。

卒中有贫苦子弟寄出他姓、或赘于他姓者，必注明寄于某某处某某人名下，赘于某某处某某人名下，为他日归宗，俾资有所考证。

族之有祠有谱，所以明人伦也。如犯上乱伦、同姓为婚者，族议永不修入。

子弟行为不正、流为盗贼者，亦议永不修入。

嫠妇再醮，礼所不禁，如有助产招夫生育子女者，亦议永不修入。

螟蛉赘婿，本为权宜之计，敬劝族人宜于五服之内择贤择爱为嗣，可杜后日之讼端，并少异姓乱宗之弊。

族人无后乏人承受者，遗有田房宜归祠内，永作祠产。

以上数条如有未妥之处，不妨公问修改，使归尽美尽善。

壬申冬日裔孙汝炳祝礽氏拟稿

兰初公遗训

合家人尽听我训："孝亲敬长，忠国爱民。"此八字宜长守。一生要勤俭，一心要公正。布衣菜羹，已可保暖。勿学轻薄子弟，衣锦绣食，膏粱以为荣。处世要和待下,要宽治家,要严做事。勿怠惰,待人勿刻薄。清晨早起,昏暮早眠。闲钱不用,国课勿欠。一家和睦,勿较短长;一族要谦让,勿争财产。读书须讲立品,勿以文艺为长;交友须择正人,勿以浮嚣为尚。不取非分之财,不涉非分之事。耕读为业,事事当守;僧道非人,时时当戒。妇女要勤纺织,不可一息苟安。不许烧香,不许看会,不许吃素,不许闲话。嫁女不许厚奁,娶媳不许重聘。梳妆不许学时,穿着不许过艳。时时以朱柏庐家训为首,有一违之者,即作不孝论。至若讲道德,扩经纶,正心、修身、齐家、治国、平天下之道,自有圣贤书在。随时翻阅可长学问,余所不能言焉。

以上家规,余死后,或七期设祭,或随时家祭,令子孙妇女跪在堂前,择一子侄识字者高声朗读,俾皆谨听可也,若不遵此训,即捆送宗祠,以家法惩治,尔其慎之。

自 挽

功名富贵有无求,恨不早养气读书,一筹莫展;
兄弟妻孥从此别,而今知穷形尽相,万事皆空。

病 中 吟

频年课读觉劳衷,自愧五车学未充。黄卷青灯情寂寂,春花秋月度匆匆。长门献赋怀司马,渭水投时愿梦熊。一月沉疴艰苦历,天心似欲励英雄。
怒伤肝气病相侵,此后愿加涵养深。叔向遗书规戒切,赞虞朱君来书以涵养为嘱。濂溪悟道性情沈。有怀何必千秋业,无事且安一片心。更向闲居寻乐趣,图书满架半床琴。

钓 云 公 自 挽

身徒膏于九泉,一事无成,何面见祖宗父母?
家空传乎白手,双肩遽卸,痛心在儿女妻孥。

傅惠元公祭扫田条规

一、惠元公祭扫田寄于家祠，收租完课，悉照宗祠章程公同保管，将田单部照盖戳，呈县验明，加盖县印，发还保管，并请给示勒碑，永远不准变卖、抵押、顶佃。

二、租息余款存典生息，俟有成数，再置田产，契上应写"傅惠元祭扫"字样。

三、此田向归添常公后管理，每年祭扫修墓理应秉公办理，不得浮费分文。

四、田单部照契据另立一簿，公推诚实可靠者，将契据藏于祥泰典铁箱内封锁，其锁匙另推一人轮流执管。

五、储藏单据，每年清节交卸时，邀集族人会同管理人、接管人检查一次，不得少数人私自验阅。

六、添买田产开明细号、四址、亩分，随时呈请县政府备案，并将单照等盖戳呈验，加盖县印发还保管，收立傅惠元祭扫户名完课召佃，加注各房祭扫簿上。

七、族中如有捐充祭扫田者，将单盖戳呈县验明，并请加盖县印发还保管，一面注入各房祭扫簿上，另抄一侧由交捐户执管。

八、此项祭扫田与分管祭扫田，合立祭扫簿十四本，各执为证，日后分房令抄交执，在原自祭扫簿上注明年月日，抄交□□□一册。

九、如有盗卖、抵押、顶佃此项祭扫田者，即有轮管者邀同族人告诉县政府追还，并依法惩办。

十、公推轮管轮祭者若干人，每年造一报告账，并调查分管祭田数，一留于钱总账，一过入报告簿，常挂于祠堂内，以账略报告十四房。至清节祭坟日为交卸之期。

一、每年租息除开支外，赊款计有五百元。时族人贫难入学者补助学费，无力娶妻、贫无衣食、无力成殓者，酌量补助，每年开支不得过十分之五，届时另订补助章程。

二、每年赊款至五百元以外时，以三分之一公积，以三分之二补助本支贫族，均集议公决办理。

三、田产略多时，应公推一人帮同祠堂收租经管，酌给薪水。

四、惠元公后子孙无力养亲者，每棺一具，贴助石灰四担，小棺酌减。着其子孙及近房妥为安葬。应贴与否，悉凭公议，不得偏私。

五、嗣后族人作墓，墓基外必有余地，以为祭扫田，亦宜将单盖戳，呈县验明，盖印发还，永不准变卖。有田则墓有所依，庶无年久失修之虑。

六、本规则如有应行修改之处，应集议公决，并呈现备案。

傅氏祭扫规则

一、惠元公祭扫田本系添常公后执管，寄于宗祠代收租息，均已议有章程，呈示勒石碑。将来如有更改，必须约同公议，无得偏私，率行更改。

二、每年清明节轮值祭扫，先期择定日期，通知族中至期。清晨毕集坟上，拈香拜祭，祭期无论迟早，不得出清明节界限。

三、祭毕后，本年轮祭之家，坟墓均宜顺路挨祭，无分长次，必诚必周。

四、祭席一桌，香馔务求整洁，香烛、酒点及草苞八个，冥钱、纸钱等总费洋二元，至款多时酌增之。

五、立一祭扫簿存于轮祭处，祭毕后交与来岁轮祭之人。临祭之，先持簿至宗祠经理处领取祭费簿，上注明某年何人轮祭。

六、修墓理应秉公，不得浮费，应修与否及修费若干，亦须公议。修竣后约同与议一二人，持簿至宗祠经理处，领取修费簿。上注明某年何人经修，计费若干。

七、先宜议定轮祭之人，倘因事不能经办，应先行通邀经祭族人会商补除，不得于临祭时推托，以昭敬重。

八、凡吾族中恪守条规，永远遵行此项条规，如有应行修改之处，集议公决修改，并呈县备案。

傅氏各房祭扫田条规

一、南山公祭扫田先人留作祭扫修墓之费，并规定各房祭扫田，每年租息费用有余，各房分派完粮，亦由各房分完各管办理，单据共同保管。

二、所有祭扫田开明四址、亩号、户名，将田单盖用不准变卖、抵押、顶佃等图章，呈县验明，加盖县印发还，公同保管。

三、如有将祭扫田私自变卖、抵押、顶佃等情，邀集开会，照章公同声请，依法追还惩办。

四、田单部照与惠元公祭扫田合立一簿，并公推本支族人组织保管会共同保管，单照等藏入祥泰典铁箱内封锁，其钥匙另推一人轮流执管，保管会规则另订之。

五、藏储单据每年清节交卸时，邀同保管会接管人检查一次，不得私自检阅。

六、祭扫议事另立签名议事簿，所议议案应一律载明，查照办理。

七、应缮立祭扫田簿十四本，各房分执，将章程全案抄录，并绘田圖，注明四址单名，以及某公祭扫田系何年备案，各房皆应立名签押，嗣后兄弟分炊，应由居长者分抄并邀集亲族签押，俾各分执，其原簿仍归长房收执。

八、上承祖宗余泽，下幸各房勤俭，均堪温饱。嗣后如有衣食不继者，先由近房补贴之，若有不肖子孙并宜公同教诫，如仍不改，呈送感化所感化，其缮资责令自出，如无力自出，自应量予贴补，毋得观望，其所有产业不得抵卖，以冀改过之后仍得立家。

九、向有惠元公祭扫田由家祠代收租息，另立条规，以其盈余分别补助本支子孙无力葬贫等用。今议另为分收祭田所收租息，除祭扫外仍分派应得之各房，以赡不足，务各秉公分派，免启争端。

十、墓各立碑，碑上应书明葬者名讳。若为女，则书明某某之配，某氏之墓。有善言善行者，可叙明于碑阴，无则只叙生岁、殁葬年月日、某山某向，墓基亩分、细号、四址一一叙明，俾后世子孙易于认识。

十一、此后吾族作墓，墓基之外必有余地，均应作为祭扫田，其单由会盖戳呈县验明加盖县印发还保管，仍将田圖口号、四址单名注入各房簿上，以便查考。

十二、本章呈县备案，并请给示勒碑，以垂永久。如有应行修改之处，邀集各房集议公决，呈县备案。

傅氏祭扫田管理基金会规则

第一条，本会依据《傅惠元公祭扫田条规》及《各房祭扫田条规》之规定组织之。

第二条，本会由五团本支族人开大会公推或票选五人为管理人，负责管理基金会款产，如遇出缺时应补推之。

第三条，本会设理事一人，由管理人互选之，以三年为一任，连举得连任。

第四条，傅氏祭扫田基金之田单部照、存折、簿据、案卷等件，备一保管箱，存于祥泰典，均由本会负责保管整理。春季开会邀同祠堂经理检查一次。

第五条，本会负责管理傅氏祭扫田全部基金之责，无论何项均不得划作别用，但购置产业必须在基金内动用时，得由本会并邀家祠经办列席议决行之。

第六条，本会春秋两季开管理人会，如有重要事件发生得开临时会，应邀家祠经办列席，均由理事召集之。不足法定人数时，改开谈话会。理事因事缺席，公推一人为临时主席。

第七条，惠元公祭田经费应在年度前由理事造具预算书，交本会审核，确定按月收入支出，年度终结造具决算书交由本会审核报销。

第八条，如有祭扫田加入保管会，应查照第一条及第十条分别办理，由理事开会报告，公决通过。

第九条，本会管理人均义务职。

第十条，本会规则呈县备案，如有未尽事宜开大会公决修改，并随时呈县备案。

附管理基金会管理人：傅恭弼　恭安　恭平　梦庚　汝炳

候补人：傅梦礼　梦贤　相依　懋功　善

傅祖荫堂义庄绪言

先君子尝慕范文正公义田之制，有设立傅氏义庄之议，讵中年弃养，赍志以终，母氏抚孤守节，每于青灯督课时数数言之，佐衡受先慈之训，祖宗之荫，数十年节衣缩食之余，聊有薄资，爰承先人遗志，创立傅氏荫堂义庄于五图七甲住宅之内，以办理教养救济事业为目的，计有六图田滩九百八十五亩三厘，内有拨给五女奁赠田一百五十亩，附入义庄代为经管，又田价银六百元，共估价二万五千八百六十元，经订立章则，于民国二十四年十一月十四日呈奉南汇县政府批准立案，所有田单、部照、契据已逐一盖有"永远不准变卖抵押顶佃"字样，呈由县政府验明，加盖县印发还保管。惟□本堂应办事业，规定以每年收入之租息为之挹注数目尚少，除指定指拨佐衡家用六百元外，作下列三项支配：一为积聚金存典生息；二为补助贫困直系教养之费，其邻友孤苦子弟亦得酌给；三为公共慈善事业之费。倘日后积聚较多，拟扩充二事附设工艺厂，使直系亲属之贫苦者予以习艺机会，所谓"有良田千顷，不如有薄技在身"，此其一；培养高等人才，凡直系亲属中之优秀子弟可资深造而家庭负担不逮时，酌量补助，此其二。至管理方面，组织董事管理会，设董事十一人，核议常年预决算并监督进行事宜。另设理事一人，综理本堂一切事务，并由理事任司账，经租等须以勤慎廉洁者为合格，此后是项庄田产业，悉由董事兼管理基金十一人共同照章保管，永远不准变卖、抵押、顶佃、永佃，俾垂久远。深望负管理之责者，本一秉至公之心，互相维护以谋本堂事业之发展，不特我傅氏之福，抑且地方之幸也。

中华民国二十五年元旦

创立人傅佐衡拟

傅祖荫堂义庄章程
第一章　总　　则

第一条，傅氏自有友德公子龙巷公始迁于六灶，至第十六世孙恭弼因念先人有创办义庄之议，未及实行，现决定除留祭扫外尽数拨充基金，一冀仰承先志，定名曰"傅祖荫堂义庄"。

第二条，本堂建筑在南汇县十九堡五图乡七甲泰字一千四百六十九号，计基地二亩七分三毫，堂之前后仍为恭弼住宅。

第三条，南邑五六图灶地三十八亩八分四厘二毫，五图九甲荡田九百四十九亩一分七厘五毫，五图九甲四二号，大佃田十八亩，概充本堂义庄基金，收租完赋由堂自理。

第四条，创立人之直系亲属均得享受本章程所规定之利益，惟应重于教不偏于养，务使各就一业，能自食其力而免失业为目的。

第五条，义庄经费就每年收入租息分为左之用途：

一、每年提拨恭弼家用洋六百圆，至恭弼家用无需提拨时，当自请免除，仍充义庄经费。

二、除提拨恭弼家用外，余款作为三项支配：

甲为积聚金，存典生息。

乙为贫困直系教养之费，其邻友孤苦子弟亦得酌给。

丙为慈善事业之费。

以上三项除开支外，如尚有余，一并做积聚金。如欲扩充别项事业，开会时提议公决，呈县核准行之。

第六条，义庄不动产田单部照契据，逐一盖"永远不准变卖抵押顶佃"字样印，将单照呈县，验讫钤印，发还保管，并请备案布告勒石，以杜流弊。

第七条，义庄虽由恭弼设置，日后恭弼以下之本支裔属，亦不得觊觎侵占。

第二章　管　　理

第八条，管理义庄设左列各职员。满任时，应由理事或庄系或董事十分之三邀集公工亲族，公举贤能者任之。其第一届职员得由创立人指定之。

一、延请董事兼管理连创立人十一人，以本邑公证人士一人、行政人员一人、族及本支义庄系七人、亲友二人组织之。核议常年收支预决算,并监督进行事宜。

二、理事一人总理本堂一切事务,暂由创立人任之。

第九条,董事、理事、管理人均名誉职,任期三年,连举得连任。

理事应由庄系本支及族中有办事能力者任之,但族中一时无相当人才,得又董事管理会公决,暂行延请非同族人充当之。

第十条,义庄司账经租等,由理事选择勤慎廉洁者任用之,仍有理事负责督率之责。惟员额及薪金必经董事管理会之公决订定。

第十一条,每年开董事管理会两次,于清明日及夏历十月朔行之。临时会无定期,清明日核议上年决算,十月朔核议次年预算,由理事会邀集之。

第十二条,一切收支款项逐月造成详细报告表,悬挂堂中以便公阅,至全年决算经董事管理会通过后刊印报告。

第十三条,堂中应整齐严肃,并以前后左右仍为恭弼住宅故,不准有寄停棺柩、借兑货物等事。

第十四条,堂中所有器具均不得借出,以免损坏。

第十五条,堂中不得有烟酒赌博等行为,如违究罚。

第十六条,恭弼自种田二十亩,每年还本堂租洋每亩一圆,恭弼子孙佃种房数多时至多不得过义庄田十分之一,仍应请由理事会时公决行之。

第十七条,恭弼长女归吴氏,次女归张氏,三女归孙氏,四女许陆氏,五女尚幼,均不备妆奁,各给荡田三十亩,永为各该氏祭扫田,不准变卖、抵押、顶佃,赋由本堂代完,其田单与义庄田同时存案。

第十八条,亲族邻友之田愿附入义庄而自种者,准其附入备案,每年每亩还租洋一圆,而赋税即由本堂代完,若赋税增至一圆以外时,租额亦应酌增之。

第十九条,凡有德于恭弼之亲族邻友或其子孙有贫困者,亦可补助之,年额应先就每年本堂收入内酌量规定,但遇歉收年度中无法挹注时,得按短收之数比例减给,下年度如回复原状时,仍照原规则拨给。

第三章 补 助

第二十条,创立人之直系如有年老残疾以及孤寡之贫而无养者,得向本堂请领口粮,但须如左之限制,以免冒领。

一、年至五十岁以上无恒产并无子侄不能自活者。

二、残疾而无扶养之人确系不能自谋生活者。

三、寡妇之无恒产者。

四、贫苦孤儿不论男女均以十五岁以下为限，至习艺时应停止。

五、贫病而不能自医者，由保证人请由义庄代送上海医院或广益医院，本邑医院医治期十天为限，此外费用由病人自筹之，但其无力自筹者得酌量延长之。

六、遇病重时在家无力医治者，应酌助医药费以资救济，应由保证人据实报告，及调查属实其确应酌助者，即给医药费一圆至四圆，其不应酌助而实无法赊药者，亦应担保赊药费一圆至四圆。

第二十一条，口粮每月大口给洋一圆，小口给洋半圆，每月十五日凭证支给。

第二十二条，领粮之户应先调查确实，方使发给凭证。凭证如有遗失，须请公证人做保补给，其中或有顶替冒领者，一经查出均应停发。

第二十三条，补助口粮一家暂定至多三人，以三年为限，应否展限应察酌情形报告董事会公决，倘已无须补助时应即停止，不得延期。

第二十四条，族中或有大宗款产拨入义庄遇衰落时而不愿领取口粮者，得由义庄查明，租与义田耕种。每大口二亩，小口一亩，仅收租银一圆以资完赋，其田预定年限，满限收回不得延缓，如欠租项应即追还退佃。

第二十五条，直系无力办理丧葬请由本堂酌量补助者，亦应调查确实，方得分别酌给如次：

一、年在十六岁以上之男女，给丧费银十六圆，葬费银六圆。

二、寿至五十岁以上及节妇之已符年例者，丧葬费各加给五圆。

三、年在一岁至四岁者给四圆，五岁至十岁六圆，十一岁至一五岁八圆。

第二十六条，直系儿童年及七岁，应照法令受义务教育，凡领口粮之儿童，得由本堂指定送入就近学校，其书籍费即由本堂径付，该校贫寒邻友之遗孤亦得仿照办理。

第二十七条，除前条规定外，直系中有仅能自给衣食而学费尚难兼顾者，亦得报由本堂代缴，以其所在学校制具证明书为凭证。

第二十八条，直系如有优秀子弟升入本县县立高级小学，校考列最优等而无力毕业者，酌给半费及半膳费，至考入省立师范学校亦无力者，每年津贴银二十圆，勉力入中学、大学肄业者，亦应酌给之。

第二十九条，恭弼之子孙设有婚嫁而财力不逮者，可向本堂声明理由，酌助婚嫁费银五十圆至一百圆，须经董事管理会公决行之。

第三十条，恭弼子孙如须借款营业，按时收息定期归还，如遇事故须特别补助者，最多不得过公积三分之一，应有抵押品，保人立据定期归还，届期不还将抵押品收营，均应董事管理委员会之公决。

第四章 劝 化

第三十一条，每年元旦亲族邻友之居家者，宜率领子弟到祖荫堂，序次尊卑，互相祝贺，是日公推亲族邻友之有才德者，演讲为人治家之道及孝悌忠信、礼义廉耻之要旨，并请农工、商学各演讲其心得，将勤俭节省、量入为出、成家立业之法昭示大众。

第三十二条，凡有亲族邻友各宜劝善规过，毋得作奸犯科。如有屡诫不悛者，公议不准来堂，或公议呈请严究。

第三十三条，妇女三从四德，古有明训，凡为家长者应随时教导，毋得姑息纵容，至有不规则举动如无家长约束或不遵家长之教训者，得由本堂邀同公正人到堂议处。

第三十四条，凡我亲族邻友遇有争端，不得辄行成讼，应先告知本堂，邀同亲族邻友、董事、管理人等到堂秉公排解。如不能排解而仍涉讼者，应据实公呈官厅，以供采证。

第三十五条，亲族邻友之无后者，则劝立本支裔为后嗣，以全血统而重宗祧。

第五章 慈 善

第三十六条，第五条第二项内之第三款规定，慈善议定若干移送本乡及各乡慈善会办理，指定之各项善举每月一、五日交付并应帮同给发，如应增减及补额，由本堂自定之。

第三十七条，前条款项交付时，由理事出具署名盖章之送达书，取得慈善会会长之收据为凭。

第六章 附 则

第三十八条，现在经费甚微，暂缓补助。凡吾直系亲属应逐年量力拨助，以全义庄或由族中合助成之。

第三十九条，凡吾族中有热心慨拨巨款至一千圆以上者，应由本堂董事、理事、管理人会议公决,公呈官厅,按照褒扬条例给予相当之奖励。凡续拨或添置不动产,均照第六条之规定,将单照呈县验印发还,其活典之产有赎回者,并随时报案,赎价归入积聚。

第四十条,义庄办理自二十条至三十条,各项应就第五条每年收入租金各三分之一制定预算。如有不敷则酌提本年积聚金补充之,倘本年积聚金尚不敷时,应限止支出或将支出酌量减少,交董事管理会公决之。

第四十一条,如有余款时,应归入积聚金,积聚既多再议,扩充事项如左:

一、附设工艺厂。直系亲属有贫苦子弟毕业于国民学校后,即须习业或习艺谋生,本堂应介绍或设小工厂以收容之。

二、培养高等人才。中人之家培植子弟至中等学校毕业,负担已重,以每求高等教育及游学外洋为难者,本堂应量力酌助之。

第四十二条,设置公墓,凡直系亲属厝棺不得过久,如无墓基,应即葬于公墓地,每年派员调查并催促之。

第四十三条,本堂事务繁多,得就本章程所定范围另订各种施行细则,但须经董事管理会之公决,方可照行。

第四十四条,本章程呈县政府立案并刊布本堂,以后如有应行修改之处,提交董事管理会,公决呈县政府核准行之。

中华民国十四乙丑年二正月十三念一日立傅恭弼
母傅倪氏　妻傅樊翠英　傅戚桂兰　姊龚傅应荚
女傅渭贞　傅秀贞
亲张百安族傅聘岩　傅士岩　傅默史　傅默廷　傅仪百
傅梦臣　傅丙辛　傅梦麟　傅梦贤　傅梦礼　傅相宜
傅相端　傅贤君亲龚纯忠　龚纯孝　叶秀山　盛希伯
张效良　陈锡祚　孙听涛　张永才　张雨梅　张琴梅
杨彬如　王济川　吴观国　王用霖　樊企尧　周□荣
吴一清　吴德祥　张士昌　傅菊人　孙鹿笙　傅振平
徐守清

傅祖荫堂管理基金会规则

第一条,本会依据《傅祖荫堂义庄章程》第八条之规定组织之。

第二条,本会由亲族邻友开大会公推或票选十一人为管理人,负责管理基金款产,如遇出缺时应补推之。

第三条,本会设理事一人,由管理人互选之,以三年为一任,连举得连任。

第四条,祖荫堂基金之田单、部照、存折、借据、簿据及案卷等件,备保管箱存于祥泰典,均由本会负责保管整理。春季公推二人会同理事检查一次。

第五条,本会负责管理祖荫堂全部基金之责,无论何项均不得划作别用,但祖荫堂购置产业必须在基金内动用者,得由本会议决行之。

第六条,本会春秋两季开管理人会,如有重要事项发生得开临时。

【注】《傅氏续修家谱》不分卷,傅恭弼纂修,1939年油印本。家族情况同前。

南关杨公镇东支谱

祖　　训

朴庵祖曰：天生蒸民，厥有恒性。四德既彰，五常攸定。敦彼懿良，惟恭与敬。修吉悖凶，如响斯应。保世亢宗，为德之柄。藐兹厥躬，质非贤圣。上承烈祖，恪遵遗令。陨坠是忧，夙夜执竞。承先启后，铭心自镜。爰辑格言，以昭提命。勖哉后昆，积善余庆。勿怠勿忘，载歌载咏。

《礼》曰：孝子事亲，居则致其敬，养则致其乐，病则致其及忧，丧则致其哀，祭则致其严。五者备，然后能事亲。

《曲礼》曰：凡为人子之礼，冬温而下清，昏定而晨省，出必告，反必面，所游必有常，所习必有业，不登高，不临深，不苟訾，不苟笑。

宋韩琦曰：父母慈而子孝，此常事不足道。惟父母不慈而子不失孝，乃为可称。

费元禄告子曰："异母所生，总有连枝之分。"《诗》叹："豆萁，毋令谣伤布粟。"

王修曰：兄弟，左右手也。骨肉相残，譬人相斗而断其右手，而曰：我必胜。若是可乎？

狐突曰："子之能仕，父教之忠，古之制也。"

吕祖谦曰："当官之法，有三事，曰清、曰慎、曰勤。"

柳开仲涂之父，治家严整，旦望家人，拜堂下毕，即上敛手，抵面受训，戒曰：人家兄弟无不义者，尽因娶妇入门，异姓相聚，以致背戾。分门割户，皆汝妇人所作。男子刚肠，不为妇言所惑者几人。若等宁有是耶。退则惴惴不敢出一语为不孝事。

韩子曰：凡人立身行己，自有法度。圣贤事业，具在方册，可效可师，仰不愧天，俯不愧人，内不愧心，积善积恶，殃庆自各以类至。

《曲礼》曰：富贵而知好礼，则不骄不淫。贫贱而知好礼，则志不慑。

费元禄曰：读书原不端为功名，但令书香种子勿致断绝。如不读书，便当明农耕种，为祖宗守坟墓，称善人足矣。

诸葛武侯曰：君子之行，静以修身，俭以养德。非淡泊无以明志，非宁静无以致远。

柳玭曰：吾闻名门右族，莫不由祖先忠孝勤俭以成立之，莫不由子孙顽率奢傲以覆坠之。成立之难如升天，覆败之易如燎毛。

疏广曰：子孙贤而多财则损其志，愚而多财则益其过。

荀悦曰：世有三游，德之贼也。游侠、游说、游行，此三者饰华废实，竞趋时利。简父兄之尊而崇宾客之礼，薄骨肉之恩而笃朋友之爱，忘修身之道而求众人之誉，割衣服之业以供飨宴之好，风俗成而正道坏矣。

张文节公为相，自奉清约，常言：人情由俭入奢易，由奢入俭难。

范文正公曰：吾吴中宗族甚众，于吾固有亲疏，然吾祖宗视之，则均是子孙，无亲疏也。若独享富贵而不恤宗族，何颜入家庙乎？于是恩例俸钱常均于人，并置义田云。

桂轩祖曰：为人之道，须躬自厚而薄责于人，毋暴人过，勿眩己能。宁人负我，我不负人。苟能隐恶扬善，则远怨矣。见利思义，见危授命，居毋苟安，友宜慎择，处世之道尽于此矣。又曰：败家之道，莫过于吸食鸦片，近则害及自身，远则遗祸子孙。盖人一吸此物，则身成残废，终莫能挽势，不致倾家败产不止，可不慎哉！

右训系桂轩祖临终遗命，长子述明谨志勿忘，男述明附注。

梅南公曰：以教育遗子女，为最上之产业。又曰：教子女之法，须使之有康健之身体，丰富之学识，坚纯之道德，方可养成为家庭之令子社会之良民云。又曰：处乱世能吃亏是大便宜，若不肯吃亏，纵使理直在我，亦不足以服人心。或且招灾惹祸，可以说争之不足，让之有余也。

杨氏家法

第一章　家　　庭

第一条，家庭以直系血亲亲属组织之。

第二条，家庭主权在于家长。

第二章　家　　属

第三条，家属得享各种权利：

一、抚养费。

　　二、教育费。

　　三、营业费。

　　四、丧葬费。

　　五、继承遗产。

　　六、会议家务。

第四条,家属应尽各种义务:

　　一、遵守家法,

　　二、服从家训,

　　三、读书毕业,

　　四、办事尽力。

第三章　家　　长

第五条,家长为一家领袖,总揽家务,以家中之最尊辈为之,但得以家务之一部,委托家属代理。

第六条,家长召集家务会议,如因事故不能出席,由其指定家属一人代理之。

第七条,家长支配各属用度。

第八条,家长任免各处职员。

第四章　家务会议

第九条,家会以家长为主席,以家属为会员,以出席过半数决议各案。

第十条,家属中有未成年,或禁治产。准禁治产时,由其法定代理人代表出席。

第十一条,家属中有病癫而未经宣告,禁治产时由家会决议,选定代表。

第十二条,家属决议事项大概列左:

　　一、关于婚嫁继承、禁治产准、禁治产等身份事件。

　　二、关于提存公积、分配余利、预算岁费、决算家用等财产事件。

　　三、关于各店定章变更、事业伸缩、职员黜陟、产业增减等营业事件。

第五章　婚　　姻

第十三条，婚约须经家长之许可，由男女当事人之同意而订定之。

第十四条，我家素主迟婚，仍应遵守，能在大学毕业以后最佳，否则亦须在中学毕业后方可成婚。年龄至早在廿二岁以上，至廿八岁之内为适中。

第十五条，未成年男女不得婚嫁。

第十六条，娶妻求淑女，嫁女择佳婿，均须出自清白之家庭。

第十七条，男女均不得与异族结婚。家长对于已成年，或虽未成年而已结婚之家属，得令其由家分离。

第十八条，结婚应有父母之命、媒妁之言，婚礼可照新式，但须祭祖谒祠。

第六章　继　　承

第十九条，遗产继承得以遗嘱指定。

第二十条，继承顺序以亲等近者为先。

第二十一条，丧失继承权者，由其直系血亲亲属代位继承其应继分。

第七章　财　　产

第二十二条，现存资产将来分为合家公产、各房私产，所有不动产采强制保存主义，所有动产取遗嘱自由主义。

第二十三条，各处所开行号、各地置房屋，皆定为公产，经家会公议决定，由家长统执掌之。

第二十四条，各房受赠遗、各人所得报酬、个人使用之物、职业必需之品，皆归为私产，听各房自理。

第二十五条，子女之特有财产由父管理，父不能管理由母管理。

第八章　会　　计

第二十六条，公产岁入、家属岁出，皆以预算定之。

第二十七条，公产非经家会决议、家长同意，不得变更。

第二十八条，家长于必要时，须为财产紧急处分，但于次期家务会议时，应提出追认。

第二十九条，公产收支决算，经会计师审定后，由家长提出报告书于家务会议。

第九章　宣　　誓

第三十条，家属列席家会应举行宣誓。

宣　誓　词　式

某某敬以至诚遵守家法，服从家训，如有违背，愿受惩戒，谨誓。

第十章　惩　　戒

第三十一条，家属有左列各款情事之一者，应丧失其继承权，宣告终止同族关系。

一、亵渎祀典。

二、妨害家庭。

三、违背家法。

四、侮辱尊亲。

第三十二条，家属有左列情事之一者，应声请准禁治产，置监护人。

一、财产浪费。

二、品行不正。

第三十三条，家属有不治之恶疾及重大之精神病，应声请禁治产。

第三十四条,父母得于必要范围内惩戒其子女。

第十一章 附 则

第三十五条,本家法得由家长随时增修之。
第三十六条,本家法自决定之日施行。

杨 氏 家 训

第一则 修身齐家

一、尊崇祖宗信仰自由。
二、重德义敦品行。
三、守诚实励勤俭。
四、父母以慈教其子弟。
五、子弟以孝事其父母。
六、夫唱妇随上和下睦。
七、守长幼之序,互相敬爱,避纷争之端,切戒憎嫉。
八、业务必择正当者就之,勿营投机事业。
九、凡举一事,必慎其始,既行之后,须耐其久,不可变更,不可抛弃。
十、举贤选能,用其所长。
十一、各处账目应报告家长,以期统一。
十二、总收入内先提一定之公积,然后按各房等级分配。
十三、家内范围不可无故扩充。
十四、非经家会议决,不得欠债,并不得担保债务。
十五、家会议决,今年经费预算,各房均应遵照。
十六、家属中如有意见不合,应由家会调解,不可向法院诉讼。

第二则 处世接物

一、奉公守法。
二、言忠信,行笃敬。

三、近益友,远损友。

四、待人以礼,虽宴会游乐,不可失敬。

五、凡作一事,必贯注全身精神,虽属琐事,不可苟且。

六、富贵不可骄,贫贱不须忧,惟增智识,修德行,以期真诚之幸福。

七、口为祸福之门,片言只语,不可妄发。

八、人贵慈善,对于亲戚故旧之贫困者,应勉力救济,惟不可失其独立观念。

九、婢仆宜选用笃实,宁用鲁钝,勿任浮佞,买婢用仆亦以少为贵。

十、婢仆宜加体恤,以增其忠心于主之思。

十一、冠婚祭葬各仪及通常招待等事,勿趋华美,宜重朴素。

十二、凡家会议决事项,虽属琐碎,不可违背,不问关于全家或系于一身之重大者,必集会议决行之。

十三、每年一月开家务会议,行家法朗诵工。十四家会时由家属中有智识德行,及年长者朗读家训,加以演说,同族必宣誓遵照。

第三则 子弟教育

一、子弟教育之得失攸关家道之盛衰,为父母者最宜注重,不可息忽。

二、生儿幼稚,应选身体健全,品行端正者为其保姆,从事保育,由父母常加监督。

三、父母慎其言行,子弟视为模范,家庭教育宜严宜正,以免子弟怠惰放逸。

四、学校教育以子弟身体之强弱,规定功课之宽严。

五、子弟年满八岁,即应脱离保姆,任严正者监护之。

六、凡子弟幼年之时,使知世间艰苦之状,发达独立自治之气,且男子出外,即当步行,以增其身体之健康。

七、子弟满十二岁时,所有自己费用应分别记账,借以唤起注意会计。

八、卑猥之书不得读,卑猥之物不得接,卑猥之人不得近。

九、男子十三岁以上,学校休课时,得随正当师友至各地旅行。

十、男子自幼以达成年,衣服应重俭朴,女子出外或接待宾客,亦勿许奢华。

十一、男子教育以勇壮活泼为主,修内外之学,养忠义之气。

十二、女子教育养成其贞洁之性,助长其优美之质,顺从为旨,周密为要。

第四则　儿女婚嫁

一、择妇须观庭训，择婿须观家教。

二、夫妇为人伦之始，在夫须和而有礼，在妇须顺而能敬。

三、凡妇女不得习为华丽，寡言慎行，奉舅姑以孝，事丈夫以敬，待妯娌以和，教子孙以慈。

四、娶妻不在美丽及妆奁，惟贤德是尚。

五、家有贤妻，夫可免遭横事。

六、家之贤妻，犹国之良相。

七、《易》曰："男正位乎外，女正位乎内。"男女正，天下之大义也。

八、相女配夫。

九、嫁女须随家力。

十、罗兰夫人云："自由自由，天下古今多少罪恶，假汝之名以行。"尔等应知戒之。

十一、加来尔云："不能服从规则，不能自由。"

十二、卢梭云："自由无德不能存。"

十三、男女婚嫁，须有父母之命，媒妁之言，且经双方之同意而定之。

十四、儿女定婚，应以求学自主为誓言。

【注】《南关杨公镇东支谱》不分卷，于溶纂修，1934年铅印本二册。宋绍兴间，杨元规，字伟准，由广陵宜居广东香山之南。二十一世孙杨岳昭，号镇东，其子杨有谦，字谦受，号益臣，从香山至沪上经营茶业，遂定居上海。此后成为买办世家，太古洋行买办杨梅南，后香港大法官杨铁梁等均出自此族。

北山杨氏

在外侨居家范十条

一、谱系切宜留心

吾族之源流载在族谱、房谱及信海堂家谱。今之所以为是谱者，盖以一分存乡，以备房族中修谱命名之参考。复以多分，分给在外子弟，以免湮忘而资考镜。

一、毋忘祖居根本

广东广州府香山县恭常都北山乡（即今粤海道香山县）是为吾族世居之乡。祖先坟茔所在之地，根本攸关。凡后世侨居他乡者，仍须指认北山为发源之地，毋忘根本。

一、侨居择善而处

上海为华洋总汇之区，求学立业，能得风气之先。吾家侨居沪上四十余年久，已视同乡井。目前仍拟暂居斯土，惟风俗奢靡，歉然于怀。然奢侈俭约，事在人为。异日苟有不宜，则择善而处，迁地为良可也。

一、命名勿逾祖制

吾族丁齿极繁，世系相承，子孙命名均遵排定字法。长房曰："儒文士叟景英敦，珪积敷和于允元。昊若功仁贻祖训，祥麟威凤羡慈孙。颙邛誉望昭诚正，齐治均平理学尊。保世裕如昌炽远，位名禄寿自恒存。"二房曰："儒文士叟道纯全，常隆子宜为着炫。登鸿德厚饶钟秀,兰桂盈阶亦叶联。天爵修成来席聘,诗书礼乐颂声传。高节芳踪辉宇宙,三公仍是我家贤。"此上排定之字法,载在族谱。所谓两房者,即本族东西两户也。后世侨居外子孙,均宜恪遵祖训,按序命名,以清昭穆。

一、沿用祖定宅名

我家现在丁齿日繁,亟应厘定宅名,俾支分干别而归统一。王父章美公曾定"经裕堂"三字为我家堂号,今仍恪遵沿用。后世子孙无论在乡在侨,均须认定经裕堂为我家总宅,余者即为分宅。

一、保存祖上遗产

本乡故宅为祖上遗产,桂清一再从事修理。今既定为总宅,切宜加意保护,选派亲丁居住或另觅妥人看守。即将每年各祠所分席金,作为津贴。乡族事件奚归承管。

一、祖茔毋缺祭扫

祖宗坟墓皆在本乡,侨外子孙必须按年或一二年轮替,回乡祭扫,以尽追远之忱,籍联一本之谊。倘轮替之人实在不能分身,应即商之下届之人,互相替代。总之祖宗为重,凡属子孙,不得推诿废弛。至游宦在外,得有实任及效力行间者,届时得派人恭代。

一、祭祀不可间断

凡遇祖先忌辰以及年节,均应及时祭祀,不可间断。至春秋雨仲,亦应择日展祭。祭品但求洁净,不尚丰腆。其携眷在外者,应各自设祭,以尽孝思。

一、婚丧毋任轻率

丧礼称家之有无,所贵合乎礼制,不可任意铺张,亦不可过于简陋,贻人笑柄。至儿女婚姻,第一摒除世俗之见,慎选身家清白,人品端纯,彼此合意者,方可联姻。切勿仅凭媒妁撮合之辞,致误终身,不可不慎。

一、儿女均宜读书

人无才不足以自立,有才而无学,不知所以自立尔。子若孙,生际时艰,无分男女,均宜讲求实学,以华文立其体,而以洋文善其用。果能体用兼备,学底于成,男为辅世之良才,女为治家之贤媛,光大门第,合族与有荣幸焉。尚其勉旃。

【注】《北山杨氏侨外支谱》不分卷,杨桂清纂修,1919年石印本。始祖杨泗儒,南宋嘉熙元年由广东南雄州移居香山北山乡。十九世杨凤起,字贻义,其子杨祖勤,又名邦达,字宗国,号敏堂,官至守备衔千总,同治间奉檄运输粮饷,此后挈家侨寓沪上,定居于此,故谱名为"侨外"。其子杨桂清在北洋从事电政,杨桂清子则为买办。

忠诚赵氏支谱

家　　训

　　君上宜忠敬也。普天之下莫非王土,率土之滨莫非王臣。吾人食毛践土,安享升平,皆荷覆载之仁。况我赵氏世食君禄,受恩尤重,更非齐民可比。凡为子孙,士农工商,务当各安其业,法令固须遵守,赋课尤须早完,忠敬之心毋忘旦夕。至能出仕为官,无论大小,皆属为臣,尤当恪守厥职,矢清、矢慎、矢勤,无刻不怀忠君爱国之心,冀尽臣道于万一,庶几食禄不愧,能为循吏者,即无愧为孝子贤孙矣。(现在我辈应以爱国爱民,守法守职为己任。玉龙注)

　　父母宜孝顺也。为人子者,当思身从何出。父生母育,自怀抱乳哺,以至成人授室,以养以教,昕夕萦怀,罔极之恩,终身不能图报于万一。尝见世有恃父母姑息恩情,遂骄傲悖伦,自成若性。甘旨既缺,定省尤疏,以致有弟兄者彼推此诿,直以父母为赘疣,全不知孝养父母为人生第一大事,此诚人中之兽耳!凡我赵氏子孙务当恪尽子道。孝之道大,或难于完全,务勉于顺,顺即孝之一端也。谚云:"欲求顺于子,先孝爹娘。"倘自身不能孝于亲,安得望复有贤子孙乎?

　　兄弟宜友爱也。弟兄手足,同气连枝。身体虽生有先后,而为父母精血则一。薄弟兄,即薄自身,即薄父母也。世人于弟兄不相友爱者,无不因好货财,私妻子而起,殊不知乖气致戾,报应昭然。诗曰:"兄弟阋于墙,外御其侮。"可知纵有一时之乖,而天性自在。凡同室处者较亲于乡人,何况同胞生者,岂得不更亲于友生乎。诗不又云乎:"妻子好合,如鼓瑟琴。兄弟既翕和,乐且耽宜尔。室家乐尔,妻帑中庸。"引夫子之言曰:"父母其顺矣乎。"此即和气致祥,亦孝顺之一道也,何致兄弟不相容乎?凡我赵氏子孙务当痛除俗习,力讲友于,兄必友其弟,弟必恭其兄,毋财产之是争,毋妇言之是听,致伤手足骨肉之情。当鉴慕乎田氏之紫荆,取法于姜家之大被,则家庭雍穆。播之乡党,传之弈禩,庶可嗣美于百忍同居者矣。

　　夫妇宜和顺也。夫倡妇随,即乾健坤顺之道也。其道甚大。祖宗禋祀赖之,子孙基业亦赖之,故其礼亦最重。冠、婚二义,煌煌讲明,于戴礼者,诚以人伦之始，不可不开于先也。凡襟结名门，媛求淑女，自知三从四德，妇道克全，不失敌体之礼。若乡曲编氓，多有未谙箴训。而为夫者，从容规劝，气质久亦能移，亦未始不成为贤助。设不幸有干七出，亦必善令大归，均无事于忿争詈殴，酿事滋祸。至若夫也不良，为妇者尤当婉谏，亦不能高声恶语，辱夫婿如奴隶，致失妇道。凡我赵氏子孙，务当夫义而庄，妻顺而敬，恪守如宾之训，毋乖琴瑟之和。不仅家庭雍穆，儿女之气质足以默化潜移，而此中息事消非，更有无穷之乐利也。

姒娣宜亲爱也。为女子者，以夫家为家，故以嫁为归也。夫妻以义合，姒娣亦以义合。虽姓氏居处各别，而同是以夫为天。夫既同一舅姑所出，则彼此所天，异体同气，不能有彼此之分。则我之与彼同家共命，亦不可以彼此分也。世人于姒娣之间不相亲爱，盖妇女识浅，大义难明，而闺中娇情媚态，又易以摇惑其夫。手足被惑龃龉，姒娣则若仇雠矣。易卦《睽次家人》曰："二女同居，其志不同行。"诚以阴柔之性，内和悦而外猜嫌，故垂以示戒。为夫男者果能重父母，而视货利轻，则视骨肉重，而手足和，兄弟怡怡，不能为妻言所惑，则姒娣亦自相亲爱矣。凡我赵氏之妇，务当恪守闺训，而恪遵母教。姒娣之间互相亲爱，毋以簧言蛊惑所天，致乖骨肉自蹈不贤之名，而启儿女不遵训教之惭。其中获益真无量也。

宗族宜亲敬也。我身而上曰：父、祖、曾、高，我身而下曰：子、孙、曾、玄，此九族之固宜敦睦者也。然推之曾、高而上，曾、玄而下，何莫非我之一脉，相承相接也耶。圣人立法，不得不有限制，以别亲疏，然当知疏者本亲耳。《礼》之《大传》曰："自仁率亲，等而上之，至于祖；自义率祖，顺而下之，至于祢。"是故人道亲亲也。亲亲故尊祖，尊祖故敬宗，敬宗故收族，收族故宗庙严。是礼之所云，固未尝以疏间亲也。可知宗族之间，卑长幼与我虽疏，祖宗则仍亲。与祖宗亲，则与我仍亲也。尊长我不亲敬，卑幼我不亲爱，则是忘祖，忘祖即是不孝，为人而不孝其亲，则与禽兽何异耶？世人惑于远支远房之说，是亦未知一脉相传，则疏者本亲，分者本合，岂可不相亲睦哉？凡我赵氏子孙，务当敬长慈幼，互相亲睦，切勿视为吴越，而获罪于祖宗也。

乡邻宜和睦也。人生于君、亲、师、友而外，唯乡邻是重。《周礼》曰："五家为邻，五邻为里，五里为党，五党为乡。"具有相比、相保、相关之义。孟子亦曰："出入相友，守望相助，疾病相扶持。"谚云："远亲不如近邻。"殆言远亲缓不济急耳。平时结好乡邻，不独守望相助，缓急相通，其中有无穷便宜。凡我赵氏子孙，务当结好乡邻，随时修睦，切不可因贫富殊途，穷通异致，视若途人，倚势凌辱而伤邻谊，致贻后悔。

妻妾宜怜敬也。妻者，齐也，言敌体于夫也；妾者，接也，言嗣续于后也。凡娶妾者，大抵因子嗣而起，为服侍者，亦或有之。其在宦家大族，姬侍满前，均得相安于无事。唯乡曲妇女，不明大体，往往嫉妒之心一发难收。为夫者，虽欲周旋，而非理之加更甚，宠妾之渐，大率酿成之耳。为正室者，果能庄以持己，恕以待妾，衣服食用，给其所当，妾寝问膳，责其所应，可悯恤者哀怜之，应教导者庄喻之，事事待之以真，岂有不知感激而甘心敬服者乎。无如妇人之性，多不谙情理，最易生忌刻，每一见夫君，爱妾遂百般寻衅，以致待妾诮责詈辱，鞭棰交加，无所不至，并视夫若仇，莫可解释，则又安能望夫之不相遐弃也耶。凡我赵氏子孙，妇女为妻为妾者，务当各尽其道。妻毋倚势以凌妾，妾毋犯分而凌妻。妻怜妾敬，和睦一堂，庶几家道裕而子嗣昌矣。

姻戚宜周顾也。人生有三党之亲，父党、母党、妻党，是人人之所共有也。我之上代有三党，我之下代亦有三党，其间虽有亲有疏，而以亲亲之义论之，总无非骨肉之亲也。尝见世人每于饮博戏游，眠花宿柳，不惜倾家，奉佛施僧，赛会演戏或不吝重资，而于贫难姻戚，绝无周顾之心。殊不知一岁之浪费几何？不但无益于身心，且恐转生孽障。若分此以周穷戚，种德良多。无如世人每视至亲若吴越，往来绝足，良可慨也。且有富贵之家转辗攀援，引为至戚，节寿细故，馈赠络绎，丰益思丰，独于贫寒至戚，悬釜待炊，欲乞升斗，膜然不顾。习俗浇漓，竞尚势利，恬不知怪，亦可哀焉。凡我赵氏子孙务当亲所当亲，勿因富贵而引疏者为亲，勿因贫难而视亲者为疏。遇有艰窘姻戚，力能周顾者，随时赠恤之。力若不能，亦为筹计之，使无冻馁，尽我亲亲之义，则不独受者感激思报，而天地祖宗亦必默佑焉。

师友宜敬信也。人生有三，师居其一；人伦有五，友居其一。可知师友是人之所并重也。我身读书受业之师，与夫百工技艺习业之师，同为一身衣食之源，至于穷通，各有命定，亦系于自心之灵拙，进修之勤惰，非师教之不善。而总在乎人之能自得师，故师教与父生、君成并著，此事师之必当尊敬也。朋友有规过责善之义。我行之邪正赖其规，我事之疑难资其决，有益于我身心者殊非浅鲜。至若比之匪人，或悦与不若己者处，是又已之不能择交也，非友之过也。故朋友列于人伦，与四伦并重，此待友之必当诚信也。凡我赵氏子孙务，当尊崇师道，事事必敬必恭。朋友之间必诚必信，毋口是而心非，毋幸灾而乐祸，自坏心术而遭天神之谴责也。

奴仆宜怜恕也。奴仆者，供我使令者也。彼因不幸而鬻身，于我有代役之劳，有爱主之义。为家长者当恩以结之，恕以待之，使之知恩图报，所谓主义则仆忠也。况此等人识字明理者少，大抵智愚性拙，一切行为，安能如我之意。唯有舍其短而用其长，全在为家长者量材任使也。一应服食，辛劳疾苦，事事怜悯之；微小过失，训导而宽恕之。切不可恃尊凌辱，殴詈时加，酿成离叛之心，而启窃逃之患。凡我赵氏子孙役奴使婢，务当事事怜恕，结之以恩，待之以义，使无怨毒于我，收其忠爱之心，俾无离叛之患，其中造福亦无量也。

子弟宜读书也。士农工商原各执一业，而为士者读书明理，上致君，下泽民，扬名声，显父母，此读书之最上者也。即或命运迍遭，厄于科第，而教读糊口，均不失为斯文之道。即为农工商贾，而读书识字，能写能算，终胜他人一筹。先贤有训曰"子孙虽愚，经书不可不读"者，此也。我赵氏自分迁沪渎以来，迨今十三世矣，代有青衿，未尝或缺，科名显达，亦累世矣。自宜勉承先人遗训，岂可使子弟辈读书或废耶。第迩年来，族中齿繁事艰，间有废读之子弟，虽非故违先训，然亦负疚良深。因之复立宗学，俾族中无力延师者子弟有就学。务望我族人等恪守先训，凡有子弟，悉令读书，使之识字明理。以八岁入学至十五岁为限，察看资质，能上进者仍令攻书，以遂显扬。实系愚鲁之资，各量其材，农工商贾，各授以业，毋任嬉游，老大无能，终身废弃，流为荡子，玷辱先人，实厚望焉。

同治四年乙丑秋，十世孙杶谨识

戒　则

戒懒惰不勤。自古民生在勤，勤能补拙。勤则可以成家，故无论为官、为农、为商、为贾，以及百工技艺，莫不以勤为主。昔夏禹过门不入，周文日昃不遑，公旦坐以待旦，古圣人以勤治天下，此人所共知也。晋陶侃朝夕运甓，人问其何为。曰："大禹尚惜寸阴，吾辈当惜分阴。"是唯恐其身之懒也。人而嗜懒，则百事无成。懒生闲，闲生惰，惰生荡，荡生昏。既已游手好闲，势必终日游荡，智气愈昏，毕生无发迹之日。可不戒哉？

戒奢侈不俭。人生食用，皆从勤处得来。既从勤处得来，则宜持之以俭。故克勤于身者，必能克勤于家，不但可以致富，凡事获益良多。谭子曰："君俭臣知足，臣俭士知足，士俭民知足，民俭天下知足，御一可以治天下。"是俭之为义大矣。无如人之骄矜性成者，每不知持盈之道，彼纨绔之子挥金如土，若不识银钱之艰难，或谓天道循环，其来之易者，去之必速。至于平民处室，总要想祖、父之遗留，或自己之创治，凡一丝粒来之不易。若一肆其奢侈，则凡衣食起居，诸恶皆从此起矣。可不戒哉？

戒酗酒不正。酒以合欢，酒以成礼，之所以教人以正也。孔子曰："惟酒无量，不及乱。"乱即正之反也。昔仪狄造酒，大禹曰："后世必有以此亡天下者。"如商纣之沉湎，是已可知酒原不能禁人之饮，而切不可失之酗，若不知自量，曲蘖是耽，以贪杯为豪，任情纵饮，遇饮必醉，甚至怀挟夙嫌，假酒以生端寻衅，鲜有不酿成巨祸者。即或不然，醺迷呕吐，亦颇伤身。且有醉后哭笑异常，随口混说，全无忌讳，得罪于人，及醒而问之，茫然不知，是皆谓之醉汉酒徒，难与共事。此不正之人，人所不齿。可不戒哉？

戒淫佚不德。人生以守身为大。身者，父母之遗体也。天地阴阳之所钟毓，祖宗世系之所关系，总宜自尊自爱，以积德为要。若见色而渔，足谓之淫，如世所谓嫖客、荡子者是也。宿柳不止倾家，逞一时之快乐，丧百世之身名，其不德孰甚。况彼之娼为妓，半属迫于饥寒，懒谋正业，半为前世邪淫，填还孽债。我有父母，我有子孙，我何必以身试之哉？倘身惹羸疾毒疮，则悔之晚矣。至有惑于淫词小说，每一见闺阁美貌，以勾引为能，以取悦为事，更属伤风败俗之尤。可不戒哉？

戒赌博不廉。人生之富贵有命，钱财不可强致。强致则谓之贪，贪则不廉。孔子曰："富而可求也。虽执鞭之士，吾亦为之。如不可求，从吾所好。"是财之不可妄求也明矣。世人引类呼朋，开场赌博，倚作生涯。殊不思博者，薄也，赌之情无有不薄者矣。盖彼之银钱，我辄思取之，其居心岂可问乎？况输赢无定，欲得反失，比比然也。不独俾昼作夜，废食忘眠，损耗精神，致疾伤命。且律禁甚严，国法在所不容。至若抽头为生，只图利己，不顾害人，心术尤坏，则又不止于不廉也，更为天神所共忿。可不戒哉？

戒斗殴不让。人之处世，总以和平为福。语云："话到舌尖留半句，理于是处让三分。"此皆透识。退一步即是进一步之道。退者，让也。若恃我血气，倚我强梁，片语不投，即与反目，三言不合，辄即挥拳，或路见不平，亦拔刀相助，此非豪杰，实属莽夫，亡命之徒耳。孟子曰："乡邻有斗者，则闭门可也。"此不过示人自处安分，不得谓之让。须知人之事，非己之事，总要将人之大事化为小事，小事化为无事，才见得处世和平。非然者，一朝失手，致死人命，王法昭然，牢狱之苦，倾家之速，死别生离，后悔无及。可不戒哉？

戒詈骂不恕。人生在世，一切数定。人待我以直，或有德惠及于我，我必思有以报之。人待我以不直，或有侵损及于我，我则念我命数所定，此天使之然也，非人谋之所及焉。须知推己及人之谓恕。人之父母，己之父母，人之子弟，己之子弟。惟事事反躬自解，即无过不去之事。娄师德唾面自干，至今传为美谈，此何等忍耐。若因口角而咒骂辱詈，不独有伤雅道，亦且无益。事之大者，非咒骂可止；事之小者，何詈骂为哉。在稍稍明大义之妇女犹所不为，况堂堂大丈夫岂可出此？增其口过，即是口孽，亦干神怒。可不戒哉？

戒奸险不良。人各有天良，天良即初性本善之所谓也。人能处处以天良待人，则坦易直白，绝无艰深险陂之意，自可与人无患，与世无争。为子当孝，为臣当忠，为友当信，总无不从天良体出。无奈乡曲小民多不知大体，而以小忿相争，往往因睚眦细故，听信无稽之言，怀恨于心，致生刻忌，拉人下水，跻人滑路，以逞其伎俩。甚至事不干己，而以唆使怂恿为己能，以尖巧讥讽为得意。似此奸险行为，不独国法昭然，并且大干阴律。可不戒哉？

戒讼争不义。人能守分，即为义是趋。若因一朝之忿，听人之唆，告状结讼，设自理曲，反坐难逃，即或情直，而花钞废时，已得不偿失矣。偶有田土之争，睚眦之故，或请族亲，或请邻友，排解归和，既不伤彼此情好，亦不至花费许多，何等不美。况为人，自不能位居人上，又何致匍匐公庭，案前长跪，等于囚役律禁。生监干预讼词，正欲使之自重自爱，不致屈膝公庭耳。今人一入黉门，遽尔包揽词讼，入出衙门，固国法之所必惩，亦斯文中之败类也。《易》曰："讼则终凶。"足见讼乃凶事。《诗》曰："虽速我讼，亦不女从。"若读书人而不知大义，则无耻其实，可不戒哉？

戒贪饕不仁。人生食禄有定，口腹之嗜当自节欲，不可恣贪。昔何曾日食万钱，犹曰"无下箸处"，人皆谓之侈，固未尝责其所酷嗜也。君子之所以远庖厨者，盖因闻其声不忍食其肉。所谓不忍者，仁也。夫闻其声，尚不忍食其肉，何况日见其形者乎？六畜虽皆为人所饲，而牛务耕田，犬务守夜，有功于世人，当怜恤。世之食类甚多，何必专嗜牛、犬。且牛为太牢，非天地圣贤不可享受。若屠狗入市，皆鄙贱无赖之人。凡食牛、犬者，皆当上下顾名思义。此在乎人之存心，原不能通戒世人，而惟我族姓要知饮食之人，则人贱之，何必食此而忍遭天谴。可不戒哉？

戒闺闱不谨。人分男女，阳与阴之别也。阴伏阳动，顺也。《礼》曰："男正位乎外，女正位乎内。"所以别嫌疑，即谨之道也。若烧香、看戏，本非女人之所当为。况入庙烧香而或至寄宿，登场看戏而借以卖俏，实在所当禁。须知女有三从，从者，阴顺阳之道也。《诗》曰："无非无仪，唯酒食是议，毋父母贻罹。"外此皆非妇人所可行焉。有烧香看戏之道乎。世多有欲取悦妇人以遂其心，听其巧诈，任其所为。而有识者早知为父，为夫子者，不能谨之于先也。况入庙烧香，未必神即来享而赐之福，而奸狡之僧尼淫诱即从此自矣。登场看戏，未必见透劝世而如所惩，而风流之子弟轻薄即由此萌矣。迨至悟而悔之，亦已晚矣。可不戒哉？

戒内外不严。人之处家，当以守礼法为先。凡异端邪说，煽惑人心，岂可轻信？三姑六婆，实淫盗之媒，务必严于防范，切不可令其入门。即如捉牙虫、看水碗、卖花婆、衔牌算命等类，在三姑六婆之列。其出身微贱，习业卑鄙，奸盗邪淫，无所不至。《礼》曰："内言不出于阃，外言不入于阃。"言尚不准其出入，岂有此等人而任其出入者哉？无如若辈巧言如簧，妇女最易动听。若一任来往，终必售其奸邪，而受害匪浅。若不严于拒绝，则一家之规矩何存，清白何据？可不戒哉？

纯读书未成，幕游终老，不学无术，奚能免讥。况值圣天子郅治之世，沐祖宗福荫之泽，承先启后之谋，无补万一，得罪先人，贻讥后世，负疚弥深，莫能自赎。

唯少年胸中区区之志，不能自已。适任辑谱之役，谨撰《家训》《戒则》各十二条，列之篇左，昭示来兹。深愧无德无才，未足言训言则。譬之盲词小说，劝善之言，似亦未始无补于时事云。尔知我、罪我，皆所不敢计焉。

同治四年乙丑秋，十世孙杶谨识

祠　　规

一、宗祠为神灵凭依之地，子孙祀享之所，理宜肃静，以昭诚敬。倘有族丁及闲杂人等入祠喧哗作践，如系族丁，族长当祠责惩，闲人议罚。

一、每逢朔望，各房子孙整衣冠，具香烛，入祠瞻拜，以伸敬慕。

一、我族以耕读为本，纵不能显荣上达，耀祖荣宗，亦不失为孝子顺孙，家传清白。倘有奸盗邪淫，一切作奸犯科，或身为优隶，有玷祖宗者，一概逐不准入祠。

一、族下不守本分，好讼多事，酗酒行凶，及忤逆犯尊，不孝不悌，一切作奸犯科，按照国法罪止笞杖者，族长在祠责惩。如在徒罪以上，送官究办。妇女有犯罪坐，夫男倘有桀骜之辈，不遵族长调责，送官加倍究治，永不准入祠。

一、各房木主当于安葬后，照例择期送入祠中，各按世派昭穆供奉。倘有违犯生前被逐者，不得送入。至幼殇之主，如年在十六岁以上者，准其入祠。未及岁者，不得滥入。

一、祠中除娶妇三日，庙见嫁女，先期告庙，并新妇新年拜岁，依礼入祠瞻拜外，其余概不准擅入，免其亵渎。

一、每逢（清明、冬至）两祭，各房子孙均当齐集与祭，悉遵礼节，必敬必诚，慎恭厥事。倘有顽亵，及无故三次不到者，以不孝论，族长当祠责惩。

一、族中男丁，无论大小，祭时均准与祭。若系女口，均不准入祠与祭，受分福胙，违者当场驱逐。

一、祭期，主祭者先期派定执事，实贴祠前，到期各供厥事，倘善有推诿，及临事失仪，以大不敬论，族长当祠责惩。

一、祭后分福受胙，各房子孙均当必恭必敬。倘有失仪，酒后撒泼，或挟夙嫌，倚酒滋事，口角争斗，均以大不敬论。族长当祠责惩。

一、祠中祭器及一应物件均经点明登账，分别收储，不得借用。倘有不遵，及祭时使用损失，随时查明，分别加倍罚赔，以杜散失。

一、祠中理应将门窗格扇随时关闭妥协，不得任风开闭，跌碰损折。管祠人如不加意照应，致有损坏，罚令修整。

一、祠中宜洒扫洁净。每逢朔望前一日，管祠人应洒扫一次。如有不遵，或故意作践，管祠人公同逐出另招。

一、照管祠屋，应招外姓。凡系族人，均不能住祠照管，致启踞占之端。

一、祠中空屋，除招管祠人居住外，其余之屋均不准族人停放棺柩寄存什物。倘有不遵，棺柩押出，罚钱二千文充公，如系什物，充公变价。

一、祠中闲屋，以前进南首二间给管祠人居住，照管祠屋及尔珍公坟山。此外房屋不准借用堆储柴草什物。倘有不遵或照管不周，或养牲畜，故事作践，逐出另招。

一、祠旁植树，既多风吹落叶，塞满瓦沟，春雨淋漓，必致渗漏。凡值年人，每年务于清明节前雇匠扫除，以免漏潮梁栋，其费支公。

一、祠基及尔珍公坟地应完钱漕，均经归入义田完纳。所有空余之地，族人不得耕种，均归管祠人种植菜蔬。至切近坟旁，及祠前场基，仍不得兴种，以及堆积粪秽。

一、祠外及尔珍公坟上树株均不准旁人砍伐，有犯，公议责罚。每间一二年，公同议定修剪桠枝，变价充公。

一、尔珍公坟上茅柴，每年冬月归公刈割，变价充公，以作结扎枝杨之费，倘有窃割，公议估价倍罚充公。

一、祠中每年专派二人值年照管，凡刈草检漏等事，一概责成。倘有疏忽贻误，公同议罚。

一、祠屋间年一油，五年一粉饰，十年一大修，永为定例，以壮观瞻，其费动支公项。监理者随时议派，值年者公同稽察。倘有草率偷减侵渔情弊，察出公议，倍罚充公。

【注】《忠诚赵氏支谱》二卷，赵锡宝纂修，1922年棣华堂铅印本。始祖赵纲，世居上海浦东，八世孙孙赵秉淳，字润圃，号醴原，又号作纯，道光九年自湖北解组后，移居南汇周浦镇北街。清代赵文哲便出自此族。

嘉定廖氏宗谱

卷　六
摘录求可堂自记家训一则

一、读书。生员、监贡、举人、进士、鼎甲为之，即作幕教读，亦不失为斯文，故为第一。杂职出仕，亦在读书之列，武职亦在出仕之列。然读书尤以立品为先。

二、业医。良医功并良相，有太医院之设，故为第二。

三、地理。地灵人杰，有好地必有好子孙，是以地理重焉。选择亦风水之助，必并及之，然以为己，非以为人。故列第三。

四、商贾。生意为求财之路，财为养命之源，行货曰商，居货曰贾，皆所以为财也。礼义生于富足，财亦安可少哉？故为第四。

五、耕田。耕田为最苦之业，然能力农，使丰衣足食，则即为读书，商贾之地也。故四民以农为次，良有深意焉。与其浮夸，宁务实。故为第五。

星卜为下，其余手艺即为糊口而已。然百姓百条路，肯学亦可。至于打铁一艺，则于所深恶焉，尤不愿我子孙有学此者。

戒使性，戒赌博，戒贪酒，戒游手，要勤俭，要谦恭，要慎言，要和气，慎交游，慎起居，慎闺门，慎祭祀。

此四戒四要四慎，乃人生立身行己，持家善世之物，凡我子孙，须一一恪遵。凡我子孙，勿忽勿遗。至于量大，尤为难学，然必福大之人方能量大也。

宗 祠 规 约

一、享堂奉祀神位，缘兵燹后神主间有毁失，又支系分衍，格于称谓，谨一律易之以位，按世次排列，俾子孙入庙瞻礼，晓然于时代之先后。主则藏于左夹室，以符古制遗志。

一、享堂向外三龛,中奉始祖瀛海公,左配南岸公为二世,公议以此分昭穆。端伯公之后,依次列位于左龛;南岸公之后,依次列位于右龛。以后子孙繁衍,旁龛位满,即按昭穆左右,挨次移奉中龛。

一、谨遵通礼,东西序为袝位,以祀成人无后者,及上殇(十六至十九岁为上殇)、中殇(十二至十五岁为中殇)、下伤(九岁至十一岁为下殇),并夫在而妻先殁者,男统于东,女统于西。妻先殁者,仍俟夫殁后合为一位,升配神厨。

一、本邑西门外菜号五图,旧有宗祠,兵燹后仅存基址。光绪八年,寿丰购置南门内龙门北偏拱号一图云圩,坐东朝西,基地一区,计地二亩五分八厘。(契存寿丰处,地图附),并捐资重建祠宇。所有置备一切器具,均缮写清本,存经手处,以备查考。

一、祠旁余地若干,一并作为公地,族中有志者,尽可添建屋宇,以广善举。(为义学、义庄之类)

一、经费及岁修等用,均于祀田所收项开支。向有邵庵公所遗官号三十二图北圩内官田二十亩零六分,官号二十六图必圩内官田四亩零六厘,重号四十四图内官田四亩;复于寿丰名下捐置张号二十二图吕圩内官田四十五亩零八厘,又张号二十二图中城圩内官田五亩;又寿椿之妻张氏捐置地号十六图芥圩内官田十亩;汤号三十九图成圩内官田七亩,端号四十二图元圩内又地一亩,收号三十图北光圩内官田四亩,菜号七图地圩内官田三亩,将券缴入祠内,一并归公经营。又寿恭历年经营,将所余租钱,续置国号三十七图暑圩内官田四亩零五毫,又国号三十七图辰圩内官田一亩八分二厘,汤号三十九图出圩内官田二亩,统计祭田一百十七亩七分零。另公簿将每年所收钱文逐细登注,除春秋祭费及岁修等用外,倘若有赢余,再行陆续添置田亩,以翼逐渐扩充,不得挪移别用。(每年所收租款,水旱灾荒难以预料。必有两年之蓄,以备不虞,其余方可置产。)

一、宗祠每岁收支各款,拟公请一人经营,族中轮流值年,稽查出入。每年所收租钱若干、完粮若干、岁修若干、春秋祭费若干,皆令经手人逐一登记,俟下届祭祠轮换值年时,持账簿到祠,公同阅视。如有短浅不符,惟经手人是问。族中亦不得擅自挪用(如有此事公同议罚)。

一、春秋两祭定期,春于三月三日,秋于九月九日。届期各备衣冠,清晨诣祠,风雨无阻。除仕宦、游幕、行商及大故他出外,凡遇祭期,族众务当必集,勿得托故不到。

一、祭以诚敬为本,年纪幼小者,恐于礼仪有愆。公议十三岁以上方许随班与祭,以昭慎重。

一、祭品遵通礼品官之制,酌时俗变通。用全豕一、全羊一(豕约六七十斤,羊约二十余斤),中设三桌,每桌铏二、敦二、笾六、豆六。东西袝位各一桌,每桌菜六大碗，右夹室一桌笾六、豆六、菜四大碗，并酒饭、香烛、锭帛等物。每祭以二十千为度，不得过从简略，亦无许任意开支。

一、祭日，族中值年者先期两三日，雇工打扫清洁，亲临看视，排列祭器，预备牲馔、酒蔬、香烛、锭帛等物，勿得临期，草率贻误。

一、祠宇理宜洁净。公同议定，不准堆储货物，借住眷口。祠内桌椅、器具等物均有"宗祠"字样，逐件开明数目，存经手处，一概不准通融借用，以昭诚敬而免失散。

一、祠旁盖造瓦屋三间，专为看祠人居住。责之看守门户，扫除屋宇。正祠房间概不赁人居住。

一、永斋公一支，自璞完公迁吴，仅传六世，竟无嗣续，墓在苏州吴县光福镇紫薇山前二十都二图大乙字圩内，被乡民侵占。值寿恒假，旋携寿镛赴苏清理，将墓地六亩二分田十六亩五分五厘系数清还，招募坟丁看守。恐岁久无稽，制位附祀于享堂之右夹室，春秋一并致祭。其妣氏之未悉者，阙以俟考。

一、祭祀理应分班执事，以族中人少，难以于举行，姑从简，行一跪四拜礼。日后人数众多，仍应分派执事，荐献如仪，以昭诚敬。

右规约十五条，经合族集议签同，虽规模略具，或有未能详尽之处，续议增入。愿子孙世世恪守，勿忘敬宗睦族之初意云尔。

光绪十八年岁次壬辰正月吉日同族公议

寿图谨案：第八条祭期，入民国后改为旧历三九月第一星期日。第十条所规定，盖就当时物价而言，其时制钱千文，约抵银洋一圆。自铜元通行，钱币日益低落，百货之涌贵，月异而岁不同。至民国十五六年，每次祭费统计，非六十银圆不办，以元计之，三与一之，较以钱计之直，不啻九与一之较矣。第十五条所云一跪四叩礼，入民国后改为三鞠躬。又经族众公议，每岁旧历正月初二日上午十时，群集祠中，拈香并献茶点，礼毕，行团拜礼而散，自后永以为例。

【注】《嘉定廖氏宗谱》六卷，廖寿图纂修，1927年铅印本。原居福建永定县清溪乡，清康熙间廖冀亨，字沐凡，号瀛海，晚号清溪逸叟，徙吴门。乾隆间冀亨孙廖守谦再迁嘉定，清人廖寿恒、廖寿丰即出于此族。

上海潘氏家谱

祠　　规

　　一、祠堂为历代祖考灵爽所凭式，子孙所庇荫，凡潘氏后裔均宜世世守之虽千古不易也。
　　一、奉祀神位，暂遵从前《会典》，并参先儒论说。享堂正龛分列五座，中奉立始祖神位，依次立世祖位及始迁祖等位。余祖之位以分昭穆，设立东西四座。惟子孙有功于祠者，其祖先位置得以附设于正龛，以示崇敬。
　　一、神位书法，自始迁而下，俱宜标明世数，以考配妣，合书可也。或书某朝封赠官爵，第几世，年高者书，耆士亦可。
　　一、每岁春秋，二祭照依旧例。凡子孙与祭者，必须向晨齐集，至期风雨不移。非有疾病及远行者，不得托故不到。
　　一、时到祭期，各宜衣冠、斋戒、洁服入祠，以昭诚敬。子弟至十岁，方可与祭。未及十岁者，不得与祭，恐幼小不能行礼故也。
　　一、入祠拜神，以世次为先后，以年齿为行列，各如雁序，慎勿越分。祭毕坐席，各尽敬宗之道，并不得猜拳行令，以致失仪。
　　一、凡创造祠宇，捐置祭田，以及发起续修家谱者，自应特别表扬，以昭奖劝，而示子孙。
　　一、祠基祭田，业经福亭公后裔捐助，将来管理，理当归其子孙，择贤轮选，主任其事，按时收取，开明细账，通知各房公议，以昭公允。
　　一、每年祠田租息，除粮漕、修理祠屋、祭用外，尚有盈余。管理者每年至年冬，邀同各房支长合算支配，或津贴族中鳏寡孤独贫寒者，或津贴族中无力学生入校者，均公议酌量行之。
　　一、凡本支神主入祠，必先通知族中管理者。至期焚香祝告，然后依次入位。
　　一、族人务要互相亲爱，谨守法度，幼不犯尊。若有事不合，当平心气和，以情理辨曲直，从公调处，毋形暴戾。倘各执己见，难于自剖者，应以原委直诉期支长,并邀同贤能族众平情公议允协,互相退让,仍宜和好为是,勿得有诉讼等事。

一、在祠务要规矩严肃,言语和平。有公议事宜,则敬听长者及贤能者如何酌议,方为妥善。不得从旁搀越,故意违背,以伤一本之谊。

家　　训

一、敦孝悌。门内之行,莫先孝悌。孝者,所以事亲也;悌者,所以事长也。其言之所系,重而且大,即事亲事兄,亦由仁义之实也。孝如卧冰,悌如拥被,皆先世之遗范,可不勉诸?

一、慎祭祀。物本乎天,人本乎祖,本厚则枝繁,根深则叶茂。凡春露秋霜,人之宜尽其孝思,苟精意不诚,虚文之饰,奚为哉。后之贤子孙,当知齐肃以奉蒸尝,尽其如在之诚。

一、勤读书。子孙虽愚,经书不可不读。古人垂戒之意,旨深且远矣。读书明理,自然变化气质,陶淑性情,惟典籍是赖,不徒呫哔训诂,为弋猎功名之具。三余足用,寸阴宜惜。

一、肃官箴。仕以行道,非干禄也。吾宗世称华胄,垂绅搢笏,代不乏人,大都砥砺廉隅,不肯横征暴敛,而使斯民蹈于水火也。

一、睦宗族。千枝万叶,其本同;千支万派,其源一。云礽未远,而行路视之,其谓先人何尚?其崇一本,务亲睦,以敦敬宗收族之义。

一、和妯娌。手足交孚,必由妯娌。妇言是听,则阋墙之衅生焉。刑于之化,行斯雍睦之风盛。牝鸡司晨,家道萧索,可不鉴诸。

一、择交游。他山之攻,丽泽之益,日求友生,必有明效。若狎暱匪人,安得观摩之助乎?

一、力稼穑。食旧德,服先畴,带经抱瓮,致足乐也。薄田足以供饘粥,先人有明训矣。甫田蒸髦,惟贤子孙是望焉。

一、戒赌博。牧猪奴戏,智者不为。况耽逐无厌,坐是丧身亡家者,比比然也。近日法令森严,三尺可畏,亏体辱亲,惟怀刑者能自惕耳。切慎切慎。

一、遏邪淫。男女居室,人之大伦。一涉邪淫,丧德实甚。吾宗不乏佳子弟,血气未定,戒之在色。圣贤至训,可不凛诸。

一、恤贫乏。解衣推食,古人高谊。《易》曰:"哀多益寡。"孔子曰:"君子周急不继富。"力能为则为之,非为所识穷乏者市惠也。先王以六德垂教,此其一。

一、宽仆婢。仆婢,亦人子也。责备苛求,先人家训有诫矣。恕以情,遣以礼,恤其饥寒,时其劳逸。御下之道,其庶几乎!

一、端品行。士先器识而后文艺,堂堂丰彩,而操履或乖,则识者鄙之。言为坊,行为表,奉教于君子,斯得之矣。

【注】《上海潘氏家谱》六卷,潘翔麒纂修,1935年承志堂木活字本。明洪武初,潘彦章自宜兴寓居上海。至明季,五世孙潘奎正式入籍。十一世孙潘汉臣析居沪西小沙渡草鞋浜一带。

金山钱氏支庄全案

庄　　规

江苏松江府金山县儒学：

呈为仰承先志捐田赡族事。据职妇钱王氏领子文童钱铭江、钱铭铨，遵故翁三品封衔钱熙祚遗命，捐置义田祭产，拟立庄规，造具清册呈候宪核。须至册者。

计　　开

一、本邑新置义田，并地一千三亩一分一厘，现在都为一册，共立锡庆义田户名承粮。

一、本邑新置祭田三百三十四亩三分三厘七丝，现在都为一册，共立锡庆祭田户名承粮。

一、高祖舜达公与本生高祖槎亭公均系始迁祖章羽公元孙后，舜达公无嗣，即以槎亭公六子忍斋公为继，自后，凡在舜达公、槎亭公两支，皆得向义庄支领口粮。此外族姓繁衍，支派各分，赀产式微，不能遍及。

一、槎亭公在日，早经提捐田一千八百亩为合族赡给公产，尚待请详立案。是庄系锡之公追念创业艰难，亟思报本，以垂永久，特援吴中范氏续设支庄之例以为本支百世之基，故限以舜达公及槎亭公两支，以示与总庄有别。

一、章羽公由奉贤县始迁金山卫之钱圩村，自后各支，或隶浙省，或隶苏省，百余年来，谱系失修，散佚难考。今先于义庄全案内附刻自章羽公迁居金山卫一支支谱，其余宗谱俟采访详确，续行刊刻。

一、逐房计口给米，每日一升，并支白米，用部颁五斗三升斛斗，较准应斛。

一、男女自五岁起，每口日给米五合，自十六岁以上成丁，日给米一升，闰月照给。女于出嫁日停给。

一、年过六十岁以上，于本分应支月米外，准许加给，如鳏寡孤独，兼有废疾,无人侍养者,亦许加给。惟加给之数不得多于应给之数。

一、丧葬,尊长有丧,先支钱十千;至葬,再支钱十千。次长,支钱八千;至葬,再支钱八千。卑幼及已成丁而未婚娶者丧葬,共支钱十二千,未满七岁者不支其余久停不葬者,虽请勿给。或已领不即埋葬,别作花销,须于承领人应给米数扣除。

一、婚嫁婚娶者支钱十六千,嫁女者支钱十二千,定于临期具领,但须明媒正配,族长主婚。若娶再醮之妇,淫奔之女及嫁与匪人者,不准支给,同族并宜理禁。

一、族人有独子单丁,年过四十无子,实在贫寒不能续娶及置妾者,公同酌给银两,听本人详慎自行。

一、族人添丁,限满月后,即以某人于某月日时生男女,及生母某氏,男女、行第、小名书单呈报,察查注册,以备他日及年支粮。若违理逾时补报者,虽年长勿给。

一、族人遇有病故,及男女未及领米之年夭殇等,随将月日报明开除。倘有隐瞒察出,照数追扣。

一、支领口粮定于月朔,持折到庄批请。倘先期预支,不准给发。或有应给未给,托经手人留仓,他日并支者,即行扣提充公,以杜出入不清之弊。

一、子弟有志读书,无力从师者,月给膏火钱五百文;应院试者,月给一千文;入学者,给奖赏钱二十千文,赴乡试者,给盘费十千文;发科者,奖赏钱三十千文;赴会试者,给盘费二十千文;登第者,奖赏钱五十千文。此宗钱文盘费限于起程给发,奖赏定于榜后给发,以杜蒙混。

一、族中有贞节孝悌,例得请旌者,归入义庄襄办。

一、族人力能自给,不请口粮,遇婚丧等事,不支贴费者,听。其有出外营生,去乡就职者,一概停给。倘赋闲家居,以礼去官,仍准自行请给。

一、义庄以赡贫乏,量入为出,明定章程,虽系亲房,不得越例动支公项。

一、族人有以异姓之子承祧者,及出继他姓为后者,均不准入籍,领支口粮。

一、子弟中不安本分,故犯为匪,为宗族乡党所不齿,公议摒弃出族。倘其子孙悔改,许由族人报明复籍,依旧支领。

一、祭产以备岁时修理祭扫之用,应修应扫之处,须由承管人报明庄正察看,然后开支,倘日后积有赢余,再增。

一、置墓田三四十亩,为族之无力葬亲者,仿古族葬法,以次葬埋。

一、义庄办事宜先公后私,虽有歉收,不得迟缓输赋。一切出入账目,务须逐月件件结清,不得移挪亏空,至误正项。

一、义庄田户所当优恤,使之安业,为子孙久远之计。如有实在顽佃,理宜由庄正禀官究治。

一、义庄仓屋于本邑六保廿三六图横浦场西团黄字圩买绝田六亩,并自造平房两进,门面三间,次进五间,作为仓房。倘日后不敷囤积,即于余地添造。

一、义庄设庄正一人,总理诸务;庄副二人,咨请而行。统归三人掌管,依规处置,虽族中尊长,不得干预侵扰。倘掌管人有苟且情弊,当会同宗族,从公理断。

一、庄正现由铭江承当,日后总以锡之公嫡支殷实可托之人举为庄正。另择公正族人轮司庄副。三人各须秉公,互相纠察,毋得徇情舞弊,以昭信实。

一、族人不准租佃义庄及借居庄屋,以昭公允。

一、义庄余租当仿余一余三之制,预备三年口粮,以补岁歉缓征之不足。倘三年外有余,续行增置田亩。及族中有慕义捐助者,约满半庄之数,即行禀案通详。

一、遇有规条所载未尽之事,理宜掌管人与族人公同议定,然后施行。

钱氏设立支庄缘起

义庄之设,始于高祖槎亭公。公讳义,生六子,长讳树本,次讳树棠、树艺、树立、树芝、树兰,时所称老六房者是也。时有槎亭公同曾祖昆弟字舜达,讳溥聪者,自浙西来,与槎亭公力田营室,遂家钱圩村。后无嗣,即以槎亭公幼子讳树兰为继,即铭江、铭铨之曾祖是也。时复有槎亭公同祖昆弟讳溥慧、溥信、溥智者,世居浙西。咸同间,其子多有迁居圩中,而籍贯仍隶平湖,时所称"西钱"是也。以上三支,实皆一派,惟槎亭公雄于财,且不自封殖,为六子析产,时令六房各提田三百亩,共田一千八百亩,欲法范文正之意,留作义庄,向由族人轮管,现亦拟定章程,请详举办,即吾钱之总庄是也。吾故祖讳熙祚,字锡之,系舜达公嗣孙,强识博闻,急公好义,又能振兴家业,复提存自置田一千三百余亩,拟作本支义田祭产,未及举行,赍志以殁。铭江等幼承孤露,赖母王氏扶养成立,常述遗命,以善承先志。窃思义庄为赡族起见,吾族支派繁衍,势难遍及,就始迁祖章羽公一支而论,已有槎亭公提存田亩捐作公产,合族赡养,不患无资。故祖锡之公复追念祖宗创业之艰,为子孙永远之计,更拟续置义田,为槎亭公、舜达公两支子孙贫乏之助,以贷公中之不给。故锡之公当日遗嘱,欲仿范氏支庄之例,以继总庄之后。铭江等上述先志,下赡近族,设立支庄,述其缘起,刊刻全案,以垂永久云。

光绪十六年,岁在庚寅,铭江、铭铨谨识

谨拟与善局掩埋章程八则

一、本局附设钱氏锡庆义庄所设义冢，计地五亩四分二厘七毫，坐落五保廿一图北云字圩。

一、每年掩埋两次，定期清明节、十月朝，先期着地保将暴露朽烂棺木，先向局中报明挂号，届时由局董传该图保指领迁埋。如有偷懒不报，经局董察出，将该图保送官究治。

一、本局掩埋，不能遍及，以六保廿三、廿六图、六保廿五图、六保廿四图、六保廿二图、六保十六图、六保十五图为界，各图地保由县出示，一体晓谕。除无主由局收埋外，遇有无力营葬之家，亦准报局代理，给与联单，以凭日后起领迁葬。

一、本局掩埋，界内各图遇有路毙，仍由各图地保自行收殓，就近权厝。届时报局汇埋，倘有因伤毙命，已经涉案者报局，先行标明，以便查验。

一、掩埋时节，局董一人，司事一人，督同地保、土作人等，向各图指收，一应局费，由钱敦素堂暂领，如有乐输各户，捐助工资、沙灰、棺板等，交局登簿，年终禀官备案。

一、除第三条，各图界限之外，如有无主路毙，情愿附葬与善局义冢者，亦准该处图保赴局呈报，编号入葬。惟自备灰土地，抬到冢，由局验明，以示分别。

一、现在附近积朽尸棺，限期九月底止，有主者自行迁葬，有主而无力者，亦须报明登簿。如不先呈报，未填联单，临期一概葬入义冢，不得互有起领。

一、工人拣骨兼扛抬、摇船、埋葬，每工一百文，除遇天阻，不得借端推诿。

先大父锡之公创建与善一局，盖即义庄先路之导，而于地方善举，亦略及一二。自遭寇扰，江等又早年失怙，是局中止者久矣。刻幸义庄勉力告成，因念局中有掩埋这事，最于地方有益，屡欲举办，但义庄既为赡族而设，界限所在，附入为难，非别筹经费不可。适恒大典事决裂，收得存款十之一二。除千五百串助赈外，尚余一千串，即捐答掩埋经费，事赖以成。与前助地若干亩，府县均有存案，惟是心有余而力不足，区区者尚未能期诸久远。他日定当再为计焉。

铭江附识

【注】《金山钱氏支庄全案》一卷，钱铭江、钱铭铨纂修，光绪十六年木活字本。清康熙间，钱章羽，字一夔，自奉贤迁金山钱圩村，钱熙祚即出自此族。是书为金山钱氏所建义庄情况。

宝山钟氏族谱

宗 规 引

宗之有规,犹国之有法也。古人聚族而居,每逢朔望,群诣宗祠,族长登堂教以为忠臣、为孝子、为义士、为良民,暨一切日用常行之道,是以穷则独善,达则兼济善,不失为名家子弟。晚近废此不讲,俗尚浇漓,能遵矩矱者鲜矣。邵康节先生曰:"上品之人,不教而善;中品之人,教而后善;下品之人,教亦不善。"夫不教而善,教亦不善者有几,人生世上,大率教而后善者多耳。我宗萃处海陬,承祖宗之遗,优游盛世,宗规安可不讲乎。今录宗规家训数则,俱系体要所关者,存之谱首,惟期宗望奉以周旋,弗敢失坠。虽不能效古人朔望诣祠讲论,而每于春秋祠祭及喜庆聚族,时常宣解,俾我宗后起,身体力行,则为忠臣、孝子、义士、良民,既一切日用常行之道,悉备于斯。愿勿以为迂言而忽之。是为引。

钟氏家乘宗规十七则
一、孝 父 母

语云:"百行孝为先。"人若不孝,则虽有阜俗文章,盖世功名,亦付之不足道矣。故为子者,务要随分随力,尽所当为。举凡生养死葬,悉以至诚恻怛将之可耳。至如前后嫡庶,父母或有偏向,而子亦当委心置之,期于必得亲欢而后已。韩魏公曰:"父母慈而子孝,此常事不足道。惟父母不慈而子不失孝,此古今所以称大舜也。"特恐人子事之未至耳,父岂有不慈者哉?凡吾族为子者,各宜敬听斯言。不然崦嵫晚景,视之漠然,此无论劬劳未报,亦难望后日儿孙之孝矣。

一、重丧葬

人之居丧,擗踊哭泣,诚而已矣。至衣衾棺椁,随其分,亦务尽其心。吴中风俗,送终者虚张体面,开丧设吊,召缁衣黄冠,大演释道戏文,富且不可,贫家勉强为之,以致营葬反力不从心不诚,可惜哉。古云:"生无贤愚,盖棺论定;死无丰俭,入土为安。"世俗之见葬,必寻穴,或旷海,或阻山,曰:非是无以兴家业,发科第,利后嗣也。及不成事,暴露经年,或拟骨肉未寒,不忍遽葬;或因二三兄弟,贫富不齐,互相推诿,遂致停棺。年愈久,情愈淡,子孙数传以后,抛棺者有之。嗟乎!风水之说,诚恐死者不安,故揆之地理,知所趋避,岂以是为发祥计哉?

一、和兄弟

夫孔怀兄弟,同气连枝,不过生分先后耳。每见无义之徒,欺心昧己,即同胞不无瑜亮之嫌,一本亦有孙庞之算,甚而厉声,更甚而攘臂,彼欲得而甘心,此欲得而伸冤。噫!天下难得者兄弟,乃如此相尤,不知他曾念及分形连气否也。凡兄弟不能和好者,多为货财起见。然独不思分财析产时,不可作兄弟再多几个观耶,生养死葬时不可作兄弟并无一个观耶?况二老在堂,见之怒目;双亲去世,闻之伤心。兴言及此,有何财帛可争,有何是非可讲?稍有人心,亦必转头者矣。此时尔为其父,将何以为情耶?昔张公艺九世同居,只一"忍"字而已。

一、教子弟

人生世上,不重财货之聚,而重子弟之才。子弟才,贫亦无虑也;子弟不才,富亦难保也。故有子弟者,须从幼,延以正师,佐以正友,试以正事,交以正人,无饫之口腹而长其骄,无纵之刚愎而成其暴,无道之华靡而益其奢。惟慈以蓄之,严以纠之,又防其傲而训之以谦,防其欲而制之以义,防其嬉游而禁之以俭约。此无论聪明正直之资,即甚庸愚,亦必教以诗书,使稍除俗态。如此则穷也可,达也可,下至农工商贾亦无不可矣。

一、勤职业

四民之中,勤者每居上乘。故治家晨起宜早,夜眠宜迟,一日之内,亦必勿旷恒业。古人三朝晏起,即引为己过,良有以。凡人为所当为,勤勤赶办,勿嬉游从事,勿饮博妨功,勿惰四肢转趋消索,勿瘠百行渐底败亡。有一于此,宗人共斥其非可也。

一、崇节俭

老氏三宝,俭居一焉。盖人生福分,各有限制。若冠婚丧祭,以及衣食日用,概从量入为出留有余,不尽之享以还造化,优游天年是可以养福。奢靡败度,俭约鲜过,不孙宁固,圣人有辨,是可以养德。多费多败,至于多取,不免奴颜婢膝,委曲徇人,自丧己志。费少取少,随分随足,浩然自得,是可养气。且以俭示后,子孙可法,有益于家;以俭率人,奢华可挽,有益于国。"俭"之一字,诚至宝也。

一、睦宗族

书曰:"以亲九族。"诗曰:"戚戚兄弟,莫远具迩。"古人未有不以敦宗为要务者也。逮末俗浇漓,或以财货骄,或以智力抗,或以撒泼欺凌,亲亲之谊邈焉无闻矣。不知争胜一时,已为大过,况相怨循环,以致天人共愤,势必身家立败,人亦何乐而为不义事也。范文正公之言曰:"宗族于我固有亲疏,以祖宗视之,无二体也。"凡人当以亲亲为大,则诸父昆弟不怨矣。

一、立族长

族长云者,尊其分而长之也。故曲直则部析之,争竞则和平之,至犯不孝不悌以及寡廉鲜耻,即聚族众,公许其短,以夏楚痛惩。噫!不烦有司而敦宗睦族,于斯攸赖。族长之设其可已乎。虽然,为族长有道,其立心制行,先自治而后治人,则又在择其可者。

一、立家长

一家之内，政出多门，无主故也。甚而子违父命，妻夺夫权，为牸之舐，而牝之晨者比比矣。吾族如父在则家以父长，父殁则家以冢长，冢亡则家以亚长。凡有事必先咨禀，不可独断独行，以失尊卑名分。然为父兄者，亦要老成练达，毋徒恃其分之所在耳。

一、谨婚姻

胡文定云："嫁女必须胜吾家，娶妇必须不若吾家。"此是联姻确论。但末俗率趋势利，或贪富室，或贪贵族。至德容言工，以及家世不清，闺门不谨，概置弗论矣。迨其后四箴未见，七戒罔顾，甚或忤逆翁姑，违拗丈夫，更甚而家声不振，悔何及耶？故婚媾须考其来历，或世传忠厚，不计目下寒微；或胄系簪缨，必择眼前清白；或道义相先，盟心有素；或耕读世守，树德可称，此皆为良族。盖夫妇为人伦之始，家业之成败，子孙之贤否，实胚胎于此，不可不慎！

一、端闺阃

《易》曰："男正位乎外，女正位乎内。"君子齐家取法乎此，其闺门未有不严肃者。虽贫富不同，而清白家风则固自在也。设不幸寡居，则教以丹心铁石，白首冰霜，如《列女传》中所载贞烈妇女，是亦合族快事耳。若纵容妇女嘻嘻嗃嗃，或入庙鸣鼓，攻之可也。

一、慎继娶

语云："无妇不成家。"则中岁断弦，自当再娶，然亦不可不慎也。盖四旬上下，业已有男有女有媳，若求闺秀，则少年弱息，难作母仪；若娶嫡孀，败人节操，且改醮之妇，每多机警，稍失防闲，便生无限事故。奈何继娶者，只图宴尔，而不早为之计耶？

一、重继嗣

生人无子已属不幸,然嫡侄可继,古人所以称为犹子也。每见名门右族,不能举子,又患内妒,不置侧室,竟甘为伯道无儿。及即世之日,方议继嗣,而恃强夺继业者,操戈一室矣。即按昭穆定嗣,其人或以早年失训,而非蠢愚庸劣,即桀骜不驯,其将何以处此耶?凡无子者,五十以前则宜置妾,五十以后则宜择嗣,以便晨昏告诫,驯其德性,使为后来倚仗。至不足之家,则教以为农为贾,无入游惰一流,虽嗣子亦同破腹矣。世有为嗣父者,或以有女而私厚东床,或以螟蛉而反薄应继,大为非礼。总宜嗣父视侄犹子,嗣子视伯叔犹父,斯为各尽其道。

一、厚亲邻

《诗》曰:"恰比其邻,婚姻孔云。"谚云:"自亲必顾,自邻必护。"盖亲邻有情义相关,不可视同陌路,故通有无,周缓急,恤患难。不论曾否往来,俱以温厚和平处之。即使彼曾薄我者,亦且感而自化矣。若恃强凌弱,挟智诈愚,靠富欺贫,倚众暴寡,以及收租索债,分外苛求。久之天道好还,连自己儿孙亦身无处所矣,可不畏哉?

一、供赋役

《孟子》曰:"有布缕之征,粟米之征,力役之征,此以下事上,古今之通义也。"今得轻徭薄赋,毋复拖欠钱粮,抗违差役。况官府追呼问罪,赋役仍无可免者乎。凡人务将该分差粮,办纳明白,面讨经手印押,票串存证。上不违公,下不扰私,优游自在,长作太平无事之民可也。

一、尊师傅

《书》曰:"天降下民,作之君,作之师。惟曰其助上帝,是师也。"盖与大君并重矣。须博访遴选,务求学行俱优之士。然后敦礼而延之入室,毋稍轻慢。夫师所以传道授业解惑也,子弟将来所赖以通解安享者,皆师授之功,可不尊敬乎?苟或不安,望先生尽心以教,又安望子弟成人耶?

一、尊师范

人家盛衰在子弟,其子弟成败在师长。所以师长尽心则子弟良秀而家道昌,师长失教则子弟愚顽而家道替。是师之一身,实人家数世所倚赖也。但寒士不得意,借资舌耕,须常思砚田可以积德,亦可以造罪。盖消磨人馆谷事犹小,而关系人子孙事犹大。惟愿登师位者,尽心体此,则养成许多德行,造就许多人才。其功德不可量矣。切勿谓其迂而忽之。

【注】《宝山钟氏族谱》八卷,钟愈、钟人杰纂修,1930年天津华新印刷局铅印本。宋室南渡时,钟琼字报庵,自山东移居浙江,继迁苏州,又徙至宝山。元至正间,避居宝山八都。至四世,钟悦迁至舍头,钟廷玉迁至北街,钟张伏迁至唐家桥。

黑桥苏氏家谱

祭 规

一、四时家祭，期于利便，听各在家举行。惟清明一次，遵照向章，合族男女概须莅祠，恪恭将事，毋或愆仪。

一、清明合祭，各房轮值期定寒食前一日，其轮值次序另表载明。

一、祭品笾豆各八笾，置糖食水果豆，置时鲜熟物，另具三牲醓酱，献酒上香，焚燎受胙，一如祭礼。

一、宗道久废，选齿德俱尊者一人主祭，余以次分排行礼，立司赞一人、读祝一人，在幼辈中推任之。

一、祭之日，无论老幼，须衣服整洁，举止端肃，庶齐庄中正之诚，得与神明通，不致亵慢，有失孝道。

一、合族聚餐，午膳六簋、点心四簋，均为用荤腥，男女异席、少长异位，其租户住祠另桌给食菜，亦同一免分高下。

一、临值之家，雇可坐三十人以上之棚头船一只、鬻泥船一艘。祭日清晨，主妇躬往各家邀请一次后，即携带祭品，驾鬻泥船，先至宗祠，敬谨预备。

一、祭器及餐具除存放祠中外，凡盌碟箸匙等，临时送往，毕事带回。遇有损失，照式赔偿。其应须添补，即在祭田内年提租银一石四斗充用。如愿私自捐助者，听。

一、祭费取偿于祭田，当值者，先一年完纳地税，收取租银，不以年成之丰歉为祭用之加减。其有自愿隆礼者，不为强抑。

一、修理祠屋暂无的款，遇有工程，当合族负责，量力捐助，不容推诿。其办法即在春祭日公议行之，惟临时工程不在此限。

分　　券
立　分　券
父　砚　芗

余自十七岁，痛承先父遗命，分受祖遗余业，办理丧葬、偿债、读书、完姻外，仅存住房、宅基园地、竹园、坟余田等，幸入赘外家，得赖外父栽培，深沾厚泽。不料相依数载，外父弃世。余即挈眷回门，家无担石，支撑门户，兼遇荒年，辛苦备尝。幸内助和淑，典钗籴米、典衣买柴，恬澹自若。日则勤苦刺绣，夜则一灯相共，夫读妇缝。纵极严寒，常至鸡鸣始寝。虽不免牵衣同泪，而雍雍一室，教子读书，未尝稍懈，何幸上天默佑，侥幸一衿，不至贻笑于人，此皆仰赖祖先福泽，外父功德，余之不自暴弃，至有此日，儿媳团圆，孙男女满目也。今余夫妇年逾周甲，尔兄弟均已习业成家，亦可颐养门庭，安享春秋矣。所有存产及字画书籍、家用什物，悉配搭均匀，两股剖分，并无偏向。自分之后，尔兄弟各自炊爨，轮供父母，照券完粮管业，克勤克俭，毋怠毋荒、毋轻听谗愚之挑唆，争长而竞短；毋偏信妻孥之浅识，见利而忘情。须知同气连枝，骨肉一体，事无大小，竭力同心。祖宗虽远，祭祀不可不诚；子孙虽愚，经书不可不读。宾客往来，总归省约；婚丧喜庆，弗事奢华；饮食衣服，弗羡美好。尤必国课早完，以安家室。门以内，兄友弟恭，妯和娌睦；门以外，宗族欢欣，乡党和悦。庶几家业有成，日新富有，余实厚望焉。勉之，凛之！立此合同分券，各执一纸，永远存照。

右为曾祖砚香公给祖考可园公、叔祖亦园公分券也。

公早失椿庭，长依外氏，含辛茹苦，克振家声。孝顺获蔗景之娱，贤淑有镜台之助，而乃传以清白，长物只有诗书教之。友恭余情，推及里党，惩末流之奢侈，示我氏之勤俭。诚字字珠玑，语语金玉，为之后者，能不奉为规臬也哉？

曾孙裕国拜志

五世祖梅原竹塘两公分书
立遵父奉母分书
兄　苏　毓　煓

先王父乐泉公元配祖母沈氏，育子三，先府君行居仲也。先府君幼读诗书，素娴礼义。元配先母王孺人，结缡二载，一病云殂。复娶先母顾孺人，生兄与煓及弟妹共四人。其时,先府君弃儒就贾,作客河山,而先母织纴勤劳,操持家政,痛因幼弟病殂,悲伤过甚,亦复即世。再娶母亲胡,德艺兼优,谋为尽善,凡所以事上字下者,无不秩然有序。是以不十年间,家无过失,田浮上士。举弟一妹三。先兄辉祖娶嫂朱氏,不幸五载之中,兄嫂偕殁,存女数龄,恩勤抚字。后煓与长妹递相婚嫁,咸赖父母成就之劳,抚养之苦,教育训迪,至今犹凛凛焉,不敢忘也。康熙二十八年,赁房居于瑞安桥之南,复借房居于瑞安桥之北,又置房居于都台浦之东,复又徙居沈庄。自祖宅始至此,凡四迁居焉。先府君每一兴思,切念两孺人暴露荒田,并赁屋寄居,咸非长策。乃卜地于六灶港之北,前后二方将为阴阳两宅,作久安之计。遂于六十年三月命匠鸠工,凡砖灰木石及大小匠作,前后共费二千余金。至雍正元年十二月告成入宅,共房屋五十余楹。我父母劳心瘁虑,总持大纲,宵旰忧勤,胼手胝足者,凡三载,乃房屋虽成,而寿山未作,心怀耿耿。常命子兄弟曰:予年通古稀,耳昧齿摇,龙钟步履。缅思尔祖以六十九岁病故,则予今已属余生矣。欲将家业均分,以娱我晚境。奈吉地未定,寿山未作,三男次女,虽已婚嫁,而三女幼女及一孙女并待字闺中,未便分析。乃于二年八月命予自爨于室之东隅。七年八月复命弟自爨于室之西南隅,先各授田六十亩,银五十两。八年二月,复将外图及傍宅田亩,酌其田之肥硗,粮之轻重,价之低昂,租之多寡,两股阄开,为分任之计俟。正事俱毕,即行实授。痛于是年八月,先府君患痰气上逆之症,医祷无灵。予兄弟吁天求,代而不得,竟于二十四日寿终正寝,享年七十有二。呜呼痛哉!罔极之恩未报,而风木之恨偏长。因思先府君常以未造寿圹为虑,即延请地师择地于新宅之东。先府君与元配先母皆年命未通。十二月初二日先扶顾孺人深葬。不幸今春二月,三妹、幼妹皆以念父情殷,悲劳过度,相继而殁。三月,遣嫁侄女于朱门,母亲乃呼予兄弟,而命之曰:尔父在日,缘正事未竟,故田亩产业虽已阄分,未经实授。今尔兄弟皆已长成,而前人未竟之事又俱完局。合将前次分任之田,各行管业,其余均配阄分尔兄弟,其无辞焉。煓思先府君治命之言与母亲面谕之意若合符节,遂将田房未经分析者除茔赠之。余稍留膳养之资,为母十秋之计,余亦两股均分,至家伙、什物等项,逐一阄定承管。此系公同三党周亲,当面分析,毫无遗议。凡我兄弟,当思先人创业之艰难,自知今后守成之不易。务须克勤克俭,守礼守法,赋畀之性无亏,雍睦之风堪尚。倘得俾昌俾大,予兄弟其始无愧焉。恐后无据,立此合同分书,各执存照(下略)。

立分膳田合同
据嫂张氏同夫弟设庭

上年先姑存日，有本图膳养田六十亩，计租五十七石八斗，载明前券。今不幸寿终，应照原议分析，谨遵遗命，内提绝产八亩付男伟基执业，为长孙孝帛之需。内有绝产三十九亩零，与夫弟对半剖析。又有活田十亩五分，或经回赎，或存现业，亦各派价两股均分。自分之后，将来先姑殡葬之需，仍两房公出，承值其田，各自执业（下略）。

乾隆拾陆年贰月　代笔夫弟　曜南

右分书两序，一为梅原、竹塘两公之分产，计开以下，分载甚细，虽田器等项亦尽书无遗。下面不注年月，然考其时，是在雍正九年代笔。顾轼闻小楷端重始终，无一率笔。一为梅原公夫人与竹塘公分承膳田，亦详载细号亩分。两券合订一册，计四十五页，向藏宾月轩。上年正月无意中得睹，欣快曷极。考雍正迄今，已二百有余年，不为兵燹所毁损，不为蠹鱼所侵蚀。此遗编昭示后嗣，岂非祖宗在天之灵呵护也哉？

七世孙裕国谨记

【注】《黑桥苏氏家谱》不分卷，苏局仙纂修，1937年东湖山庄抄本。明嘉靖至天启间人苏应时，原籍常熟县城西南隅之胱瓜井，出赘上海潘氏，因明季兵荒，遂避至浦东周浦镇西南圣僧庙北，次子苏民用始居周浦中市。著名书法家苏局仙即出自此族。

顾氏家乘

宗　规

明阳羡何公讳士晋著

按：古者多聚族而居，有宗讲之法。每月朔望，宗长率族人讲于家庙中，所讲书如《孝经》《小学》《易·家人》《诗·国风》及国家律法、孝顺事实之类，无非教之以修身齐家、事亲敬长、待人接物、出处进退之道，是以古之成才也易。今宗讲之法久废，而族又散处，不能预教于先，所以今之成才也难。语云："父兄之教不先，子弟之率不谨。"康节先生曰："上品之人，不教而善；中品之人，教而后善；下品之人，教亦不善。"天下上品下品之人有几，大率中材为多，故必须教而始善。然吾族甚繁而又散处，有终年不及一面者，而宗人好尚又不齐，渐失祖宗淳庞敦厚之遗。揆之列祖在天之灵，无不隐恫。谨载何公宗规十六条于家谱之后，户置一册。有家塾者可请塾师，日课毕，即为子弟逐条讲解，而家长宜时时为家人陈说开导，且身体而立行之，则修身齐家、事亲敬长、待人接物、出处去就之道已略备于斯，是即宗讲之遗意也。录原文稍为删节，非敢割裂前言，然礼有宜古而不易今，事有可缓而非急务者，酌删一二。庶几合族易信而行，不自立规者，见前人已有先我而行之。祈宗人不以为迂而敬奉之也云尔。

附　宗　规
乡约当遵

孝顺父母，尊敬长上，和睦乡里，教训子孙，各安生理，毋作非为。这六句包尽做人的道理，凡为忠臣、为孝子、为顺孙、为盛世良民，无论贤愚，皆晓得此文义。只是不肯着实遵行，做自限与过恶。祖宗在上，岂忍使子孙辈如此？

按：今日陆稼书先生文集有六论集解，恐卷帙太繁，不及搜载。其序略云：六论"明白正大"二十四字中，一部大学修齐治平之旨，黎然具备。虽蚩蚩小民，咸可通晓，与古之三物六行何异？

祠墓当展

祠乃祖宗神灵所依，墓乃祖宗体魄所藏。子孙思祖宗不可见，见所依所藏之处，即如见祖宗一般。时而祠祭，时而墓祭，皆展现大礼，必加敬谨。凡栋宇有坏则葺之，罅漏则补之，垣砌碑石有损则重整之，蓬棘则剪之，树木什器则爱惜之，或被人侵害、盗卖、盗葬，则同心合力复之。患无忽小，视无逾时。若使缓延，所费愈大。此事死如生，事亡如存之道，族人所宜首讲者。

族类当辨

类族辨物，圣贤不废。世所以门第相高，间有非族认为族者，或同姓而杂居一里，或自外邑移居本村，或继同姓子为嗣。其类匪一，然姓虽同而祠不同，入墓不同祭，是非难淆，疑似当辨认。倘称谓亦从叔侄兄弟，后世若之何？故谱内必严为之防，盖神不歆非类。处已处人之道当如是也。

名分当正

非族者辨之，众人所易知易能也。同族者实有兄弟叔侄名分，彼此称呼，自有定序。挽近世风俗浇漓，或狎于亵昵，或狃于阿承，皆非礼也。至于拜揖必恭，言语必逊，坐次必依先后，不论近族远族，必照叔侄序列，情实亲洽，必更相安。名门故家之礼原是如此。至同族奴仆，亦必有约束，不得凌犯疏房长上，有失族谊，且寓防微杜渐之意。

宗族当睦

《书》曰：以亲九族。《诗》曰：本支百世睦族。圣王且尔，况凡众人乎？观于万石君家子孙醇谨，过里必下车，此风犹有存者。末俗或以富贵骄，或以智力抗，或以顽泼欺凌，虽能争胜一时，已皆自作罪孽。况相角相仇，循环不辍，人厌之，天恶之,未有不败者,何苦如此?常谓睦族之要有三:曰尊尊,曰老老,曰贤贤。名分属尊,行者尊也,则恭顺退逊,不敢触犯。分属虽卑,而齿迈众老也,则扶持保护,事以高年之礼。有德行族彦,贤也,贤者乃本宗桢干,则亲炙之,景仰之,每事效法,忘分忘年以敬之,此之谓三要。又有四务:曰矜幼弱,曰恤孤寡,曰周窘急,曰解忿竞。幼者稚年,弱者鲜势,人所易欺则矜之。一有矜悯之心,自随处为之效力矣。鳏寡孤独,王政所先,况乎同族?得于耳闻目击者乎则恤之。贫者恤以善言,富者恤以财谷,皆阴德也。衣食窘急,生计无聊,命运亦乖则周之。量己量彼,可为则为,不必望其报,不必使人知,吾尽吾心焉。人有忿则争竞,得一人劝之,气遂平;遇一人助之,气愈激。然当局而迷者多矣。居贤解之,族人责也。亦积善之一事也。此之谓四务。引申触类,为义田、义仓,为义学,为义冢,教养同族,使生死无失所,皆豪杰所当为者。善乎陶渊明之言曰:"同源分流,人易世疏,慨焉寤谈,念兹厥初。"范文正公之言曰:"宗族于吾固有亲疏,自祖宗视之,则均是子孙,固无亲疏。"此先贤格言也。人能以祖宗之念为念,自知宗族之当睦矣。

谱牒当重

谱牒所载,皆宗族祖父名讳,孝子顺孙目可得观,口不可得言。收藏贵密,保守贵久。每岁清明祭祖时,宜各带所编发字号原本,到宗祠会看一遍,祭毕仍各带回收藏。如有鼠侵、油污、磨损字迹者,族长同族众即在祖宗前量加惩诫,另择本房贤能子孙收管,登名于簿以便稽查。或有不肖辈,粥谱卖宗,或誊写原本,瞒众觅利,致使以赝乱真,紊乱支派者,不惟得罪族人,抑且得罪祖宗,众共黜之,不许久祠,仍会众呈官追谱治罪。

闺门当肃

男正位乎外,女正位乎内,圣训也。君子正家,取法乎此,其闺门未有不严肃者。纵使家道贫富不齐,如馌耕、采桑、井臼之类,势所不免,而清白家风自在。或有不行寡居,则丹心铁石,白首冰霜,如古史所载贞烈妇女,相传不朽,皆风化之助。亦以三从四德,姆训凤娴,养之者素也。若徇财妄娶,门阀不称,家教无闻,又或赋性不良,凶悍妒忌,傲僻长舌,私溺子女,皆为家之所坐罪。其夫要之教妇在初来,择妇必世德。语曰:"逆家子不娶,乱家子不娶。"《颜氏家训》曰:"娶妇必欲不若吾家者。"盖言娶贫女有益，非谓迁就族类，娶卑鄙之女以胎祸也。至于近时恶俗人家，妇女有相聚一二十人结社讲经，不分晓夜者，有跋涉数千里外，望南海走东岱祈福者；有朔望入祠庙烧香者；有春节看春、灯节看灯者；有纵容女妇往来搬弄是非者；闲家之道一切严禁，庶无他患。

蒙养当预

闺门之内，古人有胎教，又有能言之，教父兄，又有小学之教、大学之教。是以子弟易于成材，今俗教子弟者，何如？上者，教之作文，取科第功名止矣。功名之上，道德未教也。次者，教之杂字柬笺，以便商贾书计。下者，教之状词活套，以为他日刁滑之地，是虽教之，实害之矣。族中各父兄须知，子弟当教，又须知教法之当正，又须知养正之当预。七岁便入乡塾学字学书，随其资质渐长，有知识，便择端悫师友，将正经书史，严加训迪，务使变化气质，陶镕德性。他日若做秀才做官，固能为良士，为廉吏。就是为工为商，亦不失为醇谨君子。

姻里当厚

姻者，族之亲，里者，族之邻。远则情义相关，近则出门相见。宇宙茫茫，幸而相聚集，亦是良缘。况童蒙时或多同馆，或共游嬉，此之路人迥别，凡事皆当从厚。通有无，恤患难，不论曾否相与，俱以诚信和气遇之。即是彼曾待我薄，我不可以薄待，久之且感而化矣。若恃强凌弱，倚众暴寡，靠富欺贫，捏故占人田地风水，侵山林疆界，放债违例，过三分取息，此皆薄恶凶习，天道好还，尤宜急戒，毋自害儿孙也。

职业当勤

士农工商，所业虽不同，皆是本职。勤则业修，惰则业堕，修则父母妻子仰事俯育有赖，堕则资身无策，不免讪笑于姻里。然所谓勤者，非徒尽力，实要尽道。如士者，则须先德行，次文艺，切勿因读书识字，舞弄文法，颠倒是非，造歌谣、匿名帖，举监生员不得出入公门，有玷行止；仕宦不得以贿败官，贻辱祖宗；农者不得穷田水、纵牲畜作践，欺赖佃租；工者不得作淫巧、售敝伪器什；商者不得纳绔游冶、酒色浪费，亦不得越四民之外为僧道，为胥吏，为优戏，为椎埋屠宰。若赌博一事，近来相习成风，凡倾家荡产，招祸速衅，无不由此。犯者宜会族众，送官惩治，不则坐罪房长。

赋役当供

以下事上，古今通谊，赋税力役之征，国家法度所系。若拖欠钱粮，躲避差徭，便是不良的百姓。连累里长恼烦，官府追呼问罪，甚至枷号，身家被亏，玷污父母。又准不得事，仍要赋役完官，是何算计？故勤业之人，将一年本等差粮，先要办纳明白，讨经手印按押票串存证。上不欠官钱，何等自在，亦良民职分所当尽者。

争讼当止

太平百姓，完赋役，无争讼，便是天堂世界。盖讼事有害无利，要盘缠、要奔走，若造机关有害心术。且无论官府廉明何如，到城市便被歇家撮弄，到衙门便受胥皂呵叱，伺候几朝夕，方得见官。理直犹可，理曲到底吃亏，受笞杖、受罪罚，甚至破家忘身辱亲，冤冤相报害及子孙。总之则为一念恶气，始不可不慎。经曰：君子以作事谋始，始能忍，终无祸；始之时义大矣哉。即有万不得已或关祖宗父母兄弟妻子事情，私下处不得没奈何闻官，只宜从直告诉官府，善察情，更易明白。切莫架桥捏怪，致问招回。又要早知回头，不可终讼。圣人于《讼卦》曰："惕中吉终，凶。"此是锦囊妙策，须要自作主张，不可听讼师棍党教唆，财被人得，祸自己当。省之，省之！

节俭当崇

老氏三宝，俭居一焉。人生福分，各有限制，若饮食、衣服、日用、起居，一一朴啬，留有余不尽之享，以还造化优游天年，是可以养福。奢靡败度，俭约鲜过，不逊宁固。圣人有辨，是可以养德。多费多取，至于多取，不免奴颜婢膝，委曲徇人，自丧己志。费少取少，随分随足，浩然自得，是可以养气。且以俭示后子孙可法，有益于家；以俭率人，敝俗可挽，有益于国。世顾莫之能行，何哉？其弊在于好门面，一念始如争讼好赢的门面，则鬻产借债，讨人情钻刺，不顾利害，吉凶礼节。好富厚的门面则卖田嫁女，厚赂聘媳，铺张发引，开厨设供，倡优杂逻，击鲜散帛，浪用绫纱，又加招请贵宾，宴新婿，与搬戏许愿，预修祈福，力实不支，设法应用，不知挖肉做疮，所损日甚。此皆恶俗，可悯可悲。噫！士者，民之倡贤；智者，庸众之倡，责有所属，吾日望之。

守望当严

上司设立保甲，只为地方，而百姓却欺瞒官府，虚应故事，以致防盗无术，束手待寇。小则窃，大则强，及至告官，得不偿失，即能获盗，牵累无时，抛废本业，是百姓之自为计策也。民族虽散居，然多者千烟，少者百室，又少者数十户。兼有相邻同井，相友相助，须依奉上司条约，平居互讯出入，有事递为应援，或合或分，随分邀截。若约中有不遵防范踪迹，可疑者即时察之。若果有实可据，即会呈送官究治。盖思患预防，不可不虑，奢靡之乡，尤所当虑也。

邪巫当禁

禁止师巫邪术，律有明条。盖鬼道盛，人道衰，理之一定者。故曰："国将兴听于人，国将亡听于神。"况百姓之家乎？故一切左道惑众诸辈，勿宜令至门。至于妇女见识庸下，更喜媚神邀福，其惑于邪巫，也尤甚于男子。且风俗日偷，僧道之外，又有斋婆、卖婆、尼姑、跳神、卜妇、女相、女戏等项，穿门入户，人不知禁，以致哄诱费财，甚有犯奸盗者，为害不小。各夫男须皆预防，察其动静，杜其往来，以免后悔。此是齐家最要紧事。

四礼当行

先王制冠、婚、丧、祭四礼以范后人，载在大典及家礼，仪节者，皆奉国朝颁降者也。民生日用常行，此为最切，惟礼则成父道，成子道，成夫妇之道，无礼则禽兽耳。然民俗所以不由礼者，或谓礼节繁多，未免伤财废事，不如师其意而用其精，至易至简，何不可行。试言其大要。

按：冠礼不行，久矣。吾宗四五百年以来，亦未闻有行之者。今于举世不行之日，而亦采此一条以入宗规，得毋迂甚。然考之文中子曰：冠礼废，则天下无成人矣。姑存其礼节以俟，有志复古者，得以参考，犹存饩羊之意也。

冠礼（戒宾，宿宾，行始加冠礼，行再加冠礼，行三加冠礼，行醮礼，行命字礼，庙见。服制系宜遵时，冠服悉从时，王之制可也。）

婚则禁同姓，禁服妇改嫁，恐犯离异之律。女未及笄无过门，夫亡无招赘，无招夫养夫受聘，择门第，辨良贱，无贪下户货财，将女许配，作贱骨肉，玷辱宗祏。丧则惟竭力于衣衾棺椁，遵礼哀泣，棺内不得用金银玉物，吊者止款茶，途远待以素饭，不舍酒筵。服未除，不嫁娶，不听乐，不与宴，贺衰经，不入公门，葬必择地，避五患，不得泥风水邀福。至有终身不葬，累世不葬，不得盗葬，不得侵祖葬，不得水葬，尤不得火化，犯律重罪。祭则聚精神，致孝享，内外一心，长幼整肃，具物惟称家有无，不得为非礼之礼，此皆孝子慈孙所当尽者。

【注】《顾氏家乘》六卷，顾德溥等纂修，乾隆十年（1745）刻本。元代顾邦宪，字志德，卜居松江府上海县横沔之左。至正元年建造大圣寺，子孙聚居于旁。

顾氏汇集宗谱

家 训 引

昔有客与真西山论：世间百物皆有影，惟人心无影。西山曰："子孙即心之影也。子孙昌，善之影也。子孙不昌，恶之影也。"盖天道好善恶恶，人有善心，天无不报，人有恶念，天无不惩。故祖父作恶于前，纵家业丰隆，子孙未必能享。苟能行善，即现在虽或困苦，子孙必得美报，阴受其福。然行善以心不以力，如平粜煮赈，施药施棺，以及修桥建庙等类，此皆有力者之所为也。若在贫窘，只消一念无私，能体下列家训，则光明正大，自然获福无疆矣。

乾隆三十八年孟春谷旦，六十八世孙一元萃龙氏谨识

顾氏汇集宗谱增辑家训四十五则
一、收 放 心

学问之道，在求放心。盖心之为物，最易纷驰。稍一放松，耳目之官，皆能为累。故必静以守之，敬以持之，使此心常存，然后读书有得。不则，出入无时，莫知其向，纵日事咿唔。亦与书了不相涉耳。凡我族人，穷经阅史，当从此处入门。慎毋以余言为烂套也。

一、重 廉 耻

读书立品，廉耻为先。盖人有不为，而后可以有为，此定理也。晚近士风不古，利欲熏心，奔竞钻营，败捡踰闲，机械变诈，丧心罔利。种种恶习，皆坐不知廉耻耳。夫舜跖分途，只争善利，顾乃口读诗书，行同市井，卑鄙龌龊，尚可厕于士君子之林耶？我族有洁身自好，顾惜廉耻者，吾爱之重之。至寡廉鲜耻之徒，亦

亟思晚。盖前愆毋自，怙终可也。

一、示 经 学

五经所载，俱属日用伦常，格物致知，舍穷经别无处下手。顾经之有五，犹天之有五纬，地之有五狱，人之有五常，身之有五事。学者专治一经，必须淹贯五经，方可通得一经。倘徒揣摩场屋，拟题以图，猎取科名，失穷经之旨矣。凡我族人，务细心探索，使五经之理，融会贯通，不徒搦管为文，可以珊中彪外，以之躬行实践，亦可以追圣轶贤。所以通经之儒，出而尊主庇民，道德功名，与俗学相悬万万也。

一、精 讲 解

学必讲解，乃能贯通经传，文虽载诸古籍，理实具于吾心。倘徒矜淹博，而无得于心，与未读何异哉？夫古人为明道而有言，后学当因言以见道。故必讲之极明，解之极确，以吾之心上探古人之心，即以古人之心默证于吾之心，务使此理昭融，表里洞彻，乃有左右逢源之妙。凡我族人，尚其勉哉！

一、参 史 学

历朝有史，虽定前辈是非，足重后人法戒，故通经参史，事盖相须，不容偏废者也。夫自盘古以来，帝王制度，昭布森森，时异势殊，因革不一，是在善读者神而明之耳。倘泥经义而不知史事，至行古人成法，亦有大不便于今者矣。我族于穷经之暇，参以史学，不特作文，识力高卓，即异日立朝处事，亦能裁酌合宜，何至有胶柱鼓瑟之患哉？

一、正 文 体

文以载道，作文所以明道也。道本大中，故文不可诡异；道本至正，故文不可偏颇。原本六经，穿穴诸史，理为主而运之以神，范之以法，充之以气，光明俊伟，博大精深，于以发明经传，于以黼黻朝廷，此文之可贵者也。乃若清奇古奥，务必自成一家;浓淡长短,总期无乘大道。凡我族人,须加意揣摩,毋犯唐衢之哭。

一、安义命

读书励行,非以梯荣,下学暗修,岂关求禄。古圣贤重性分而轻势分,大都如是。乃若力学鸡窗,即欲奋身凤阁,此亦志士所不免。然而穷通得丧,有数存焉。每见白首通儒,未逢□荐,青年浅学,早占鳌头,升降云泥,恐非尽有司不公不明之咎也。倘急图利见,而请托钻营,偶尔踬颠,则谤讟丛起,文艺虽优,人品已劣矣。我族闭户潜修,各安义命,将见人定有胜天之理,毋致虑于不言禄者,禄弗及也。

一、贵择交

朋友一伦,与父子君臣并重,此圣人所以亦列为达道也。迄今管鲍徽遥,陈雷义远,而缔交又不可不择。设比之匪人,将有教之嫖,教之赌,教之以为非作歹,稍不如意,彼且倒戈相向,及至身家俱败,方憬然自悟,曰:"早知今日,悔不当初。"则已迟矣。孔子云:"无友不如己者。"子夏曰:"其不可者拒之。"凡我族人,各宜三复斯言。

一、戒结盟

《诗》曰:"凡今之人,莫如兄弟。"此为天亲说法,非友朋所得与也。乃轻薄少年,专好结盟兄弟,平居里巷相慕悦,酒食游戏相征逐,栩栩然,强笑语以相取下,握手出肝胆相示,誓生死不相背负,彼且以为左伯桃、羊角哀再见矣。及伏党多生事,致罹法纲,若辈仅如毛发比,反眼若不相识,落陷阱,不一引手救,即稍与周旋,亦在其中罔利。岂若同胞骨肉,竭力维持,不顾利钝哉?况法禁森严,必无曲宥。凡我族人,毋蹈此覆辙也。

一、立义学

维皇降衷,厥有恒性。纵气禀不齐,不无偏驳,然自少年培植,亦未有不底于淳良者。凡我族人，稍有赢余，须各捐金，设立义学。俾贫家子弟，得端方师长以启迪之。熟闻善言，熟见正事，扩其天真，遏其人欲，日后循规蹈矩，近德成材，非但敦宗睦族，亦以仰体我皇上乐育人才之至意矣。

一、尊大礼

礼者，人之大端也，得之则为君子，失之则为小人。得之则安处善，乐循理，失之则矜气胜，祸机临。此皆出于自然。朱文公先生摘集冠婚丧祭四者之目为《家礼》一书，实立身之正道，正家之大法也。吾族有能准而行之，何患不克光前裕后哉？

一、戒忤逆

人莫重乎孝。今观为人子者，不念身从何来，但怨家业浅薄，独不思父母勤劳辛苦，抚养长成，婚娶授业，岂无恩哉？何故反受儿媳每日数说，不时唠叨，更可异者，自己妻儿，穿新吃好，同处温暖之室，至于父母粗饭破衣，撇在冷落之所，甚至衰老难堪，另炊自爨，担柴负米，受冻忍饥，过节过年，却嫌未死。孔子曰："至于犬马，皆能有养。"此又犬马之不如者也。常有名为膳养者，父母力衰，还要做长做短，许多嫌好嫌歉，跌倒则呼唤不灵，病卧则哀号不睬，一朝气绝，只论家私，尸尚抛停，先搜遗业。此等忤逆之徒，不惟天诛，虽宥即活，亦属徒存。凡我族人，要思今日为不孝之子，即异日为受苦之父。何不及早醒悟，做个孝顺的榜样，与子孙看惯乎？

一、训女眷

《诗》云："窈窕淑女，君子好逑。"又曰："妇有长舌，维厉之阶。"古人何所取尔哉？盖言女眷之关系大也。乃有一等失训妇人，在家自任其性情，出嫁夫门，每多不遂，因而骂翁、骂姑、骂伯、骂叔、骂妯娌者有之。即不如此之甚，或有自己亲戚到家，敬之重之，如胶如漆，而翁姑、伯叔、妯娌辈，反视途人。甚有无事生波，日闻诟谇，稍为责备，顿欲寻死觅活，做出说不尽妇人丑态，再往父母家哭诉，遇有不知世事之人，登门詈闹，并至讦讼成仇，不宁惟是。亲邻族党间，挑拨百至，酿成极大祸端，破产亡家，辱先羞祖，皆由于此。与其悔祸于后，何如弭祸于先。谚有云："三朝媳妇，月里孩儿。"此最要紧关头。我愿族众生一女子，俟其稍有知识，便教之以孝顺两端。至六七岁后渐进之以三从四德，禁其妄动，戒其多言，和柔其情性，自无越礼犯分之为。正所谓桑条从小郁也。临嫁之日，再为之提命一番，俾知事翁姑，不可不孝；事夫主，不可有违。夫再维持调护于其间，勿令私蓄，毋使惰慢，衣服饮食之类，先尽翁姑小叔，费心劳苦之事，要知自己当为，克俭克勤，相夫劝业。夫或一时忿怒，须当忍耐，待其气平，慢慢分说。或与外人争竞，亦当解劝。切勿助兴，以致祸临。凡是禀命而行，毋自独行独断。洵如是，则闺门和理，百福自臻。盖自古及今，废与存亡之故，无论天子庶人，未有不是女眷始也。"牝鸡之晨，维家之索。"可不训哉？

一、戒溺爱

世间父母生子，未有不望异日长进成人。然欲长进成人，贵在幼时教训。今有父母，爱子太过，每事曲从。幼时语言粗率，父母恬不为怪，子亦率以为常。久之渐至，放荡异常，亦不觉察。且有人前出语差错，父母或不忍唐突其子，而子反敢唐突其父母。彼直以为待他人苟且不得，而独于父母则无伤。父母自敢淡薄，寒暑经营，惟以遂子之欲，久之子则惟知有已，何尝忆及父母哉，甚至因其忧我而厌心生，因其责我而忿心起，因其强与我事而恶声抢白，其不流为大不孝者几希矣。岂非溺爱之，而反害之乎？凡我族人，其无犯哉？

一、训读书

读书必须幼时先得教之之法，凡到四五岁，看其口角清楚，即用小纸块方寸许者，不计数，每块写一字，合其每日识几字，复凑集成句读之，或散或聚，听其玩耍。至字之识者过半，然后进之以应读之书，自然目之所视，亦知属意在书，不至仰天口诵矣。读《四书》，即逐字讲逐句讲，先将本日所教生书讲了一遍，然后教以读，数遍能成诵，即令自读。如读不下，再与之讲，如可以，读十余行。宁使其精力有余，教了一首生书，令读三十遍，令其写字，以养其气。字毕，令将前日所读之书读二十遍，又令少息，再读前日所教者二十遍，仍少息，再读前一日所教者二十遍，又读前二日所教者二十遍，总计一百十遍，连生书共读五首。每日清晨，令其将背过前四首背起，连背至今日应背之书，共五首，是一首书读过五日，又带背五日。然后朔望再加理书,可以永久不忘矣。《四书》完,直解已熟,即可细为讲究章旨,随教做破承起讲。读完一经,即可教作文矣。作文之法,必以规矩,题有不同,作文亦异。题有承上者,起下者,呼前者,吸后者,引诗者,叙事者,正出者,反入者,体不一法。每一体选文二篇,与之讲究做法,读百篇体可全备,即得作法。再教以开合跌宕,而文体自成。由此而造就精进何难?此初学入门之大概也。

一、训作文

开笔作文,先须讲明题目题旨,明透来踪去迹。一章重在何节,一节重在何句,一句重在何字。看得融会贯通,方可下笔。开讲必先明白,然后可求全篇。若开讲明通,当令其竟做全幅,切勿出股封股。盖今日纵能循规蹈矩,异日安能起灶作腊。成篇之后,文期切勿间断,搦管构思,毋蹈浮套,毋袭陈言,随时变化,揣摩风气,仍须独出心裁,切勿油腔滑调。

一、尚参悟

凡读书作文,自有一种窍妙,书有书窍妙,文有文窍秒,父兄不能传于子弟,师傅不能传于生徒,在人自悟,非由静参不得。夜以继日,坐以待旦,功无间断,心无杂虑。书文中奥妙,自有恍然独得之秘。持久而挥于褚墨,发为文章,何虑无过人之识哉。凡我族人,有志读书者,谅以余言为不谬云。

一、劝立志

自古及今,蓬蒿中,埋没多少聪明俊秀之士,此无他,志不立耳。士人于搦管时,思量作秀才,一作秀才,便轩然里闹,武断乡曲,里中此小口角必欲致之成讼,既贪口腹之饱,复图非义之财。自持甚小,如何得长进?若有志者,思量我这个身子,可以顶天立地,可以功建名立,断不沾沾于哺啜小利已也。朱夫子云:"读书志在圣贤,为官心存君国。"斯言诚足为立志者进一箴规。

一、惜字纸

字乃天地间之至宝,成人功名,佐人事业,开人见识,为人凭据,不思而得,不言而喻,能令古今人隔千万年觌面共语,能使天下人远千万里携手谈心,传圣贤欲传心之法,记世人难记之事件,非至宝乎?乃今之人,以旧书裹物糊窗,以废文揩台拭砚,或惯嚼草稿,或滥写门墙,习以为常,恬不知怪,安望子孙能识字乎?凡吾族人,惟见字便珍如拱璧,急急拾之,积而多焉,火化成灰,付之长流而已。帝君曰:"人不敬字,字不敬人。"人能久而敬之,将来子孙识字,可保无穷矣。

一、勉安穷

"穷"之一字,固足累人,然亦何病于人。而人偏不恪守者,以其自待者轻,不识本来面目耳。故即非义之财亦取,无耻之事亦为。至若君子,劳肋骨,饿体肤,空乏其身,困顿无聊之甚,而其操守益严,常若有处之泰然者,诚以穷命也,不穷亦命也,穷然后见君子。吾愿族人,尚其效君子之穷,而毋类小人之子孙。子孙未必能守,积书以遗子孙,子孙未必能读,不如积阴德于冥冥之中,以为子孙长久之计。斯真千古至言也。保家之道,孰愈于是。

一、种五谷

尝谓天地生物以养人,而五谷攸关性命,当体天爱惜,遍地种植,自然五谷饶足,价平人安。若弃本趋末,懒惰抛荒,未有不致缺乏腾贵者也。况物价贵贱,在于多寡。多寡之源,在于种植。方今生齿日繁,地不加广,今人妄想重利,将种五谷之地反种花果烟糖,不饱不暖等物,以致五谷不敷所食,价益昂贵,人益无聊。凡我族人,委知不敢抛荒,并不敢种不饱不暖等物,则五谷蕃多,虽遇灾年,恃有谷藏,可鲜饥寒之患,共享饱暖之乐矣。

一、劝积蓄

盖闻尧有九年之水,汤有七年之旱,而民不甚困,何哉?古人朴实,民各专其业务,农者多,游惰者少,耕三余一,耕九余三,蓄积多而可以备天灾也。近世无连年水旱之灾,而困苦之民不绝于道,皆由俗尚浇漓,人情奢惰,伤农耗财之积弊使然耳。故欲免饥寒,欲固安乐,非蓄积不可。贫人不妄费,可以致小康;富人崇俭约,可以享长久。少年节省,受用终身。老去矜持,泽延累禩。虽当戒非分之财,亦宜惜无益之费。一丝一粟,来处维艰,早作夜兴,操持不易。席丰履盛,当思创业之辛勤;逸乐偷安,诚恐后来之窘迫。凡我族人,不至耗财,自无穷困矣。

一、戒妄费

近来柴米腾贵,百物价昂,诸凡费用,可不减省哉?奈有一等好事之徒,每至一时兴起一事,如花炮烟煤、迎神赛会、弹词演戏、龙舟快船等类,诱引四方妇女,举室若狂;或农工舍耕业而游,或商贾弃经营而嬉,或士子抛诗书而玩耍,或妇女撤纺织而婆娑,轿子船只雇请殆尽,茶坊酒肆鬻物一空,一时之悦目,视钱财何其易也。又有骄奢淫逸之辈,日以游戏为事,或扁舟,或巨舰,张灯结彩,丝竹吹弹,携妓女,玩姣童,山珍海味排满桌,乘肥马,衣轻裘,绫罗鞋匹尽堆箱,奢华靡丽,视钱财为粪土也。及至青黄不接,柴米更昂贵,穷人叫苦连天,官长设法平粜,每人止许三升,犹必终朝拥挤,童妇唠叨白转,老弱忾叹空回,惨何如焉。一遇偏灾,遂致困苦,哀号无措,只得求借赈,吃官粥,挤伤踏死者有之,饿殍沟壑者有之,惨孰甚焉。凡我族人,妄费可不戒哉?

一、戒贪利

夫利之所在,谁人不欲。然取之有道,得之无害,方可安享。凡今之人只顾利不顾害,肆无忌惮,只图眼前快乐,立见此辈殃必及身。凡吾族人,勿贪小利,可也。

一、宜和气

　　人能气和,一生受用无穷。就小言之,即开行店,婉言买卖,自然柔可克刚。若傲气凌人,厉言激怒,不惟下回别往,即就现在,亦必生意难成。再如肩挑步担,面目凶狠,必少招呼。技艺百工,气质咆哮,必无主顾。俗语云:"和气不折本,生硬不赚钱。"此之谓也。

一、宜平心

　　凡事心平,自得便宜。即如讨债者,屡被延约,自必心中忿怒。然须量其真出无奈,实在贫苦,即当退后三分。设使任意强逼,未免人极计生,反为不美。至欠债者频遭催促,自然面目羞惭,亦当自想该还,善言求缓。倘反言讨急,老羞变怒,问心何以自安。诚能如此平心,处富处贫,随遇相安,可免许多是非。但心之应平者,在在皆是。凡吾族人即将此推而行之,可也。

一、宜忍耐

　　古今来第一受用,惟"忍耐"二字。每见世人有争尺地而卖数十亩者,有争百钱而费数千贯者,此皆不能忍耐之过。故即有人恃有拳勇,声高气硬,出口骂人,动手打人,借事生波,平空炙诈,此固极难忍极难耐之事。然忍不过时,尚须着力,再忍耐不过时,尚须着力,再耐到得忍过耐过,便省了多少烦恼。谚云:"舌齿同在口中,舌柔则临死犹存,齿刚则未老先折。"其言切其旨深。凡我族人细思而熟察之。

一、戒刻薄

　　古人云:"刻薄成家,理无久享。"又云:"难免儿孙荡费。"诚不刊之论,历试历验之言也。讵有一等居心刻薄之人,每以重利放债,盘算贫人,违例议租,炙剥穷佃,并有田产交涉,无论活绝,一经契售,贴赎俱穷。再肩挑步担,务占便宜。或劝伊公道,则曰:"杀不得穷汉,做不得财主。"更遇贫穷孤独,残废乞丐,不舍一粒。更遇贫穷亲族邻友,急难借贷,不破一文。或劝伊资助,则曰:"善门难开。"在彼以为挣有家业,为子孙之计。谁知刻薄太过,天有大算,或及身遭祸,顷刻破家;或子孙骄奢淫逸,化为乌有。自古及今,果报之相随甚速。凡我族人须知大富由天,非关之人算。宁宽毋刻,宁厚无薄。则作家传后之道,庶乎近也。

一、戒势利

人生立心制行,须要正气,最可恶"势利"二字。凡遇有财势者,每百计交欢,常恐不及。偶尔往来,辄诩诩自得,夸耀人前。非亲即亲,非友亦友,胁肩谄笑,尽能极妍,窥其意旨,无非欲叨余光,计图沾染。其族房亲戚。若有勤苦孤寒者踵门,非惟不为扶持,抑且不屑交谈。及至财势之家,一朝衰败,悍然不顾,避之若浼。或从前贫苦之辈,一朝发达,则又翻身趋附。此等浇薄,可痛可恨。昔有石崇梦中一跌,牵羊担酒不离门,范舟入山虎咬,谓之自不小心,至今犹贻嗤笑。凡我族人断断不可效,尤戒之,戒之!

一、醒人说

夫财为养命之资,宁曰可少,但自一身衣食,及仰事俯蓄,婚丧祭祀之外,其余即盈千累万,总与吾无干。至于命终时,岂能带得一文去耶?所以人生在世,素位而行。凡有财利当前,非义所当得者,一毫不取。苟有所余,即行善事,无有吝心。如是则富贵者常保富贵,而贫贱者不终于贫贱矣。古人云:"贫人死带一厌字,富人死带一恋字。"厌以贫也,恋以富也。不观月之有盈亏乎,其贫亏之时,其富盈之时也,盖盈亏消息,互为起伏,是目前之境亦其暂耳,何厌之有?何恋之有?人能知此,自然看破矣。

一、严娶媳

盖婚姻,所以合二姓之好,上敬翁姑,中事丈夫,下继后世,岂可忽哉?必择良善有家法者,取其门户相当,年齿相若,容貌端正者配合之,自然吉无不利。不可徒慕富贵,或误听合婚者之妄谈,以亏配择之义。譬如种五谷,尚择良田美种,娶媳反可不遴择乎？至若豪强逆乱，犯法灭伦，虽系富贵，慎勿与议也。若论嫁女，亦必量其可否，须是付托得人，庶免忧辱。

一、戒溺女

夫天赖阴阳以生庶物，人资男女以育诸儿。生生不息，化化无穷，此大千世界所以长不坏也。我族家传忠厚，非必秉心维忍，欲杀女孩。然或嫌生女过多，或因生计无聊，不免于产下溺死。噫！不知不识，痛罹灭顶之凶；无怨无仇，惨受杀身之祸。此无论循环报复，但人各有心，仰视天，俯视地，亦何忍行此。我皇上体上帝好生之德，处处设有育婴堂，收养全活婴孩，不可胜计。但堂内孖豛，亦有时时殀毙，孰若父母留养之为得哉。且天生一人，即有一人之禄。彼因贫穷溺女者，必不因弃女而不穷，亦必不因留女而更穷。若抚养长成，日后反享其门楣之福，亦未可知。岂得产下溺死，以致其死于非命。况天道昭彰，生生杀杀，果报不爽；国法显著，善善恶恶，故犯必惩。至溺女一事，揆情度理，骨肉尚忍伤残，则何事不可忍为。凡我族人父诫其子，兄勉其弟，毋溺此有冤莫诉之呱呱小女也。

一、重贞节

昔有杨忠愍、海忠介，人皆啧啧称之者，以其守正不阿，视死如归也。今女子有字而未婚者，闻夫亡，或投缳，或赴水，慷慨就义。亦有既嫁者，夫亡守志，劳苦辛勤，抚孤几十余年，冰清玉洁，此二者一节不移，直与椒山、刚峰卓列无异。倘有贫乏，不能请旌，凡我族人，必多方以助之，发潜德之幽光，实有补于世道人心不浅耳。

一、劝同居

古时兄弟不分，上下和睦，盖亦有法也。唐张公艺九世同居，高宗封泰山，过其门，召见公艺，问其所以睦族之道，公艺请纸笔书"忍"字百余以进其意。以为宗族之不睦，由尊长衣食或有不均，卑幼礼节或有不备，更相责望，遂为乖争。苟能相与忍之，则家道雍睦矣。噫！忍为百行之本。今之有父子异居，兄弟别借以成风，其所始，皆因小嫌浸成大憾，甚至相视如仇敌，只是不知忍之道也。能知忍之之道，则上之人不肯凌，下之人不敢犯上，乖争之事息，和悦情深，绵绵延延，聚族众盛，不自知其然矣。吾愿族众以张公为法，毋蹈今世之陋习也。

一、戒佛戏

吴下治丧，辄召僧徒数辈，启建道场，场中有破地狱，破血湖诸说，曰：非是无以资亡者脱离苦难也。夫浮屠荒诞，败坏天常，前贤韩退之、胡致堂、朱晦庵、刘伯温、马端临辈详著其说，力辨其无是事矣。今且勿论其无是事也，如或有之，则三代以前，佛法未兴，鬼又资谁冥度，而得离阿鼻耶？且十王已设，鬼卒难逃，佛又资谁冥度而得入殓伽耶？况果死后罹刑，亦必生前作孽。若因禅和一棒，便尔殉情破法，虽至愚者，亦知其必不能矣。即僧徒果有神通，则撬开地狱，戳破血湖，人人可走，必无乐在其中，而长受无穷之累者。况亲本无他，而诬以见居地狱、血湖，待僧破出，不又为大逆无道耶。凡吾族人，拨开觉路，勘破迷津，毋为大惑，终身不解耳。

一、谨祀先

凡祀祖宗，务在诚敬，切不可轻亵。如遇上元、清明、端阳、中元、中秋、孟冬、冬至、除夕等节，不可不以时食荐也。然祭之不谨，则与不祭无异。古云：轮祭祀先，仪物随力丰俭，不在多仪多物，而在至诚精洁，倘无孝敬之心，则三牲五鼎亦为不孝；苟能诚敬，虽蔬食菜羹，亦无不可。总不宜缺典失节，始谨终怠。子孙其慎之哉！

一、重祭墓

从来报本追远之义，莫重于祭。祭于家，又必祭于墓，死不祭，犹之生无养也。方今世风不古，往往有弃先墓而不祭者，以致编氓丘垄，竟同汉寝唐陵，虽有的派后裔，莫为九泉一滴。独不思墓不祭扫，必至荒芜，蛇兽穿穴，牛羊践履，棺椁毁灭，骨殖抛零，甚至水浸不堪，风水损坏，死者不安，生者不昌，遗害不浅。况今日之子孙，即为后日之祖宗，自弃祖宗而不祭，安望子孙之祭我乎？凡我族人，丁繁业厚者，公置祭扫，以垂久远；丁少业薄者，或合房均值，或几分轮当，断断不可推诿。如此则先墓永不荒芜,风水不致损坏,世世子孙,用叨荫庇矣。

一、戒火化

自古亲死惟有葬埋而已,后世竟有火化者,而崇俗尤甚。没有佛戏荐亲,靡费多金,至于亲柩营葬,则反无资,付之一炬。何不即将是日功果费用以资营葬,得目睹亲骸,安妥之为得乎?况父母生前无不畏火,死有何辜,冤遭毒烈,肌肉煎熬,筋骨灰灭,苦深兮践马以为泥,惨其兮粉骨以扬身,阴灵有知,能无抱痛,子孙目击,宁不伤心。余思葬法,最善石矿,其次砖矿,再次白云。倘棺朽难葬,应重整棺衾。若再力薄,则生□骨骸,还可权用。惟独火化,断断不可。且我乡地沧桑时变,尚须砖注姓名,以便后日迁移,易于识认。凡吾族人,亦毋忽诸。

一、御奴仆

凡为奴仆者,天资多拙,大过不得不惩,然宜当时责治,不可忿忿作不了语。至如偷闲得便,蠢而易忘,轻易发言,不识分寸,为家长者,少者悯其智短,老者惜其力衰,不必过为严刻。倘任意扑责,未免变生意外。至欲用其力,必先安其身,诸事须宜体量。尝有《奴咏》一律曰:"人家有婢任驱驰,不说旁人那得知。井上浣衣寒彻骨,灶前柴湿泪如珠。梳头娘子嫌汤冷,上学书生骂饭迟。堂前还未了,房中又叫抱孩儿。"由此观之,难乎不难?若果奸顽狡诈,难以驾驭者,惟有驱之为上策,亦不必结怨。族众志之,毋以予言为赘。

一、戒争讼

泰平百姓饮和食德,乐莫大焉,若一争讼害即随之。盖欲讼之,公庭要盘费要,奔走若造机关,又害心术。一到城中便受歇家,播弄到衙门更受吏皂呵斥,伺候几朝方得见官。理直犹可,理曲到底吃亏,受笞杖罚,甚至身家立破,贻害子孙。人又何乐而为之也。即有万不得已以至讼之官府矣,亦宜及早回头,不可终讼。圣人于卦曰:"惕中吉,终凶。"此是锦囊妙策,慎毋听讼师棍党教唆,致受无穷之害也。

一、戒相打

尝见后生辈，每恃膂力，人不如我，动辄打架，以为手段高强，一时甚属得意。倘一失手，人命攸关，破产亡身，皆由于此。幸仅殴伤，未必殒命，告官拘究，亦必先费钱文，审问理屈，究后法难宽宥。如或适降敌手，两硬必有一伤，倘自己被伤，或损肢体，终身莫赎，后悔何及。孔子曰："气血方刚，戒之在斗。"谚云："刚强人每见受伤犯法，柔弱人何曾惹祸招殃。"由此观之，当思让人三分，无逞膂力可也。又云：打人最是恶事，最是险事，未必便至于死，但一打后，或其人不幸遭病死，或因别事死，便不能脱然无累。保身保家，戒此为要。即极不堪者，自有官法，自有公论，何苦自蹈危险耶。况自家人而外，族当中与我平等，可妄凌辱乎？

一、戒刀笔

君子读书，修德业，应科名，巽光祖先，未有习于刀笔，教人词讼，而可立业成名者也。兹有持才肆狂，专工造状，尚自诩诩然曰："别人怀宝剑，我有笔如刀。"孰知官长爱民息讼，无不痛恨刀笔讼棍，或经访闻，或被告发，按律究拟，悔之无及。即或侥脱，而笔造蜃楼，簸弄愚民，株累无辜，大损阴德，近在自己，远在子孙，必受折报，可胜痛哉！凡我族人，有力者读，无力者耕。各习本分，万勿习此刀笔生涯。儆之，儆之！

一、戒唆醮

凡地方有寡妇，宜劝其守节，不然或守或嫁，听其自主。乃有一等善喜做媒者，先遣女流，到彼敲东击西，渐渐入题怂恿。谓名节亦虚事，何苦受凄凉。妇人水性杨花，易于煽惑，苟非立志素坚，鲜有不改其初念者。说合既成，使妇人失节，其夫在冥冥中岂不痛心。畏之，慎之！

一、戒争讼

太平百姓，饮和食德，乐莫大焉。若一争讼，害即随之。盖欲讼之公庭，要盘费，要奔走，若造机关，又害心术。一到城中，便受歇家拨弄，到衙门更受吏皂呵叱，伺候几朝，方得见官。理直犹可，理屈到底吃亏。受笞杖，受罪罚，甚至身家立破，贻害子孙，人又何乐而为之也。即有万不可已，以至讼之官府矣，亦宜及早回，头不可终讼。圣人于《讼卦》曰："惕中吉，终凶。"此是锦囊妙策，慎毋听讼师棍党教唆，致受无穷之害也。

一、戒淫行

夫人之易于造孽者，莫如色欲，而天下之速于报应者，无过邪淫。或狂童娇女情痴，做成歹事；或寡妇鳏夫相错，忽坏贞风。又有不知礼节之家，亲朋来往，内外不避，或夫嫌妻丑，或妻厌夫愚，以至贻羞中冓。或轻家鸡，爱野鹜，至妻妾情疏怨望，以为丈夫若此，我亦如之。或收艳妇顽童，在家淫乐，引动自己妻女姊妹，尤而效之。或弹唱淫词，引诱里中妇女，黄昏半夜，男女混杂，言挑意动，眉来眼去，遂成野合。或浪子挥钱买俏，或愚妇贪财失节，甚至捉破鸣官，男女遭刑，宗族合羞，子孙蒙垢。或淫婢女仆妇，常有自家骨血而为他人奴婢，他人遗种反作自己宗祧，罪岂胜言。或迷恋烟花，染恶疾，死非命。古云："万恶淫为首。"非虚言也。况此淫乱之人，无有不报，非妻女宣淫，即子孙还债。应富则削其福，而永受困穷；应贵则除其名，而终为微贱。又何苦以片晌之欢娱。而易一生之苦恼哉。凡我族人，须念女色乃追命之兵，欲海是沉身之所，慎毋自命为风流教主，而甘为此贱行也。

一、戒赌博

世人之赌，皆起于贪，然我贪人，人亦贪我，输赢未可必。即使必赢此财，亦为不义。况斗牌掷色，件件输钱，做宝转钱，般般破产。再被镶合暗算，捉弄痴愚，吾恐赌未精而家已破矣。迨至无钱可赌，而赌棍又为百计画策，诱他拐亲朋，顶客货，东撮西借，偷窃私房，变产卖屋。父兄得知怒气填胸，只得鸣之官长。岂知成讼后,差承熇炙,翻为冤上加冤,则这场官司又打在自己身上矣。呜呼！赌之为害一至于此。凡我族人尚其戒之哉！

一、戒食牛

夫牛性最驯,虽三尺之童亦服;牛力颇大,即有百亩之田可耕,食刍不厌,代耕有功,天子无故不杀,庶人岂得借以养生。故私宰者,律载徒流,冥遭谴责,官长示禁奚啻三令五申,善士劝人不惜千言万语。试看格言所载,或屠沽而现报其身,或嗜食而祸及其后,或劝宰而获福庇,或戒食而免祸灾。果报昭然,丝毫不爽。凡我族人念其有功而勿杀,畏有果报而勿食。彼屠贩之徒,亦何利而为之哉？

一、戒食犬

玄天上帝垂训云:"牢字从牛,狱字从犬,不食牛犬,牢狱可免。"则食牛宜戒,食犬亦当戒也。夫犬之于人,出则当前,入则随后,尾摇摇而眷主,声狺狺以司昏。不畏疾风猛雨,不畏酷暑严寒,终日防闲,通宵守护,功莫大焉。时眠黄叶,时吠白云。呼之即来,挥之即去,智莫及焉。甚至家业中落,良朋见弃,至亲莫顾,犬独楞腹而不去,依主而乞怜,义莫重也。救主捐躯,报恩毙命,或杀贼于异域,或寄书于千里,义果足称,勇更可嘉焉。犬之于人若是,何忍食其肉而寝处其皮乎？历观《因果录》中食犬之辈,或遭疯犬咬毙,或临终时匍匐状,第作惊吠哀鸣之状,现报甚惨而速。凡我族人念犬有功智义勇,不宰不食,天必佑之以福,永免狱灾之厄,并无惨报矣。

一、戒耽酒

酒之为用大矣,祭天地,享鬼神,及一切冠婚丧祭,岁时伏腊,皆不可缺者。但世之人往往饮酒过量,废时失事,寻衅生波,祸由兹起,病由兹生。是遣兴适以起衅,养神反以损神,稍有斟酌者,决不为此。况酒本健胃,呕吐每至伤胃,酒可活血,骨醉便至耗血,争斗及至成仇,讦讼更至破产,害既不浅,病即随之。人亦何乐,而耽此曲糵哉？凡吾族中宴客,止宜随量,居常不过微醺,毋或载号载呶,蹈乱德失仪之愆,是所厚望也。

以上家训，语虽浅近，然皆切于日用，不可视为常谈。盖余年近六旬，阅历人情世故，深见善恶之报应，不爽毫厘，故特辑则以为我族劝。倘我族众诚能随时省察，身体力行，并以训吾后人，是我所翘起而望者也。爰校而授之梓，后之续修者，永以为例，长附谱中，庶子孙知所自励云。

乾隆三十八年孟春谷旦，六十六世孙其国康吉氏参订

六十八世孙一元萃龙氏增辑

修谱论难

甚矣哉，修谱之难也！非谱之难，而欲自汉顾余侯期视公受姓以来，谱犹无讹无遗，则诚难耳。夫事关一族之重任，当与合族共任之，元岂敢冒窃为功乎？第先祖训有云：宗族当三十年一修。溯自高祖伯熙公于康熙乙卯辑成三修信谱，延及乾隆己未，先君子松川公继而汇修，奈刊刻未半而卒。计廿年以来，并无一人出而肩其任者，故欲复踵事焉。还念祖宗始一人之身。至子孙为千百亿身，然千百亿身，实同一人之身也。至于诸郡谱牒，特因散处各处，各奉始迁之祖为据，未曾汇刻，则一脉分荆，获□□□□浅。元为此惧，不辞芜陋，爰循旧谱增辑之。不过正其差讹，辅其缺略，务使宗支条贯，昭穆井然，上自始祖，下迄于今，世逾七十，一以贯之，较之各自为谱者，刻□纸板功程，固大倍也。而阖邑之尊卑长幼既明，即在大江南北，各郡世次，俱系汇成一帙，开卷之下，无不亲如同庆，推其本，于百世之前，广其恩，于百世之后，尊祖敬宗之义于以展，敦伦睦族之道亦于以昭。苏长公云：观我谱者，孝悌之心，可油然而生也。吾宗有贤智者，知家乘与国史并重。而□□□各之徒，或谓谱可不修，或谓即修，应归大□□□□□必众捐，又曰：若须捐助，何不自修。嘻！斯言亦悖理之甚矣。使富贵者而自出查修，即篮舆代步，尚苦局蹐之不宁，珍馐为肴，犹叹烹调之未善。欲请人代理，又必弊端滋起，咎归司事一人，是大有力者，不肯任也。如云各家自修，将撇去阖族祖孙，而独刻本派世系，试问本派□□从何而来。是各家者，又非谱体也，何得诿此两言，而不共襄厥事乎？且夫修谱一事，不特劳神茧足，辛苦倍尝，抑亦□□转贷，靡费繁多，故不得不借助于族人之沥液焉。试□□□建庙桥尚且欣然乐耽，况木本水源，承先启后，□□□□，最为切要者，而反若置之膜外，是不与我邑侯□□□□巍山范来等，呈词禁约，量力捐贷，齐心克济等□□□□刺谬哉。吁！元之辑成，亦极难耳。倘有议余者，另欲续修于后，正恐虚言莫补，出谱未卜何年。凡吾宗族，尚其鉴诸。

乾隆三十八年孟夏谷旦，六十八世孙一元萃龙氏谨识

我门子姓间有吝资财，忘本原，谋外务，弃谱牒略言

夫人立身宇内，尊祖故敬宗，敬宗故收族，恩莫大焉，情莫厚焉。乃见有家者，徒思营宫室，广田园，善生理，致家业丰厚，即援例投捐，奢华逸乐，如是而已。语以孝弟之外，惟睦族修辑之事为分中要务者，犹如充耳。自古迄今，本原相属，亲疏联合，谱事其首选乎。若同气连枝之义，邈矣无闻，名为一族，无异陌路，列祖有知，能无怨恫。故清夜思维，族中业厚者既不暇办，力薄者又不能办，彼此观望，势必凌夷不复，重为厘订，只知五服之内，不识五服之外，则我先我后，俱无定位矣。元不揣固陋，愿与通族商辑谱以序世数，笃亲亲也，维上以承先，下以启后。有先而不承，何以启后焉。然莫为之前，虽美弗彰，莫为之后，虽盛弗传。粤稽黄帝之世，有史官作世系考，诚虑世之远。而莫遡其绪也。所以立宗传嗣，五世一表，竖看便知高曾祖父之亲，横看便知嫡从亲疏之别，上统祖宗之所自出，下别子孙之所由分，至数百世而不乱，几千世而不绝，垂教后人意深矣。岂不念思赐公修石函，全谱一帙，以示来兹，其有裨于风俗者不浅。诚感惕是谱而收宗合族，以广孝思于无穷。盖自周末安朱公起世以来，岁历三千余载矣。书地书爵，立德立功，与讳谥世次，并垂无谬，则又夐乎其难之矣。又念族祖亮生、又昙、恬如、乐山诸公，高祖伯熙公之志，亦无非踵思赐公之志也。相继重修大宗谱牒，俱系遡委穷源，鳞次相承，六十余世，丝毫不爽，厥功盛大。然则五公之谱可继，钟篆彝鼎而珍重矣。元忤祖父之功，诸谱传今，与各属房谱合参有据，不惮校雠。从此辑整汇语，绵绵世系，虽山河阻隔，相去万里，无不指掌也。后日吾宗与他郡往来，舟次聚首，客路相逢，其数世可述也，其昭穆可考也，秩秩融融，何幸如之。至先祖勋猷，嘉言懿行，详志传中，使后子孙睹记，虽高曾已往，如或见之，惟忠惟孝，尽可楷模，一言一行，皆堪则效，讵可漠不关心乎？彼惟产业资财，为子孙之计，不思祖先文章政绩，德业功名，闵而不彰，此则子若孙之大过也。即为埋没祖先，不孝所由称也，可不惧哉。语云：遗子籯金，不如教子一经。斯真千古至言也。范文正有言曰：宗族甚众，于吾固有亲疏，祖宗视之，则均是子孙，固无亲疏也。我族当存水源木本之思，喜相庆，丧相吊，情深义重，恭敬弥笃，俾我族人，各贤其贤，各亲其亲，无怨无忘。合族咸知一本之亲，不失敬祢之义。即亲尽服终，亦知同出一源，不至骨肉而途人矣。嗣后正伦常，辨名分，要之非谱无稽云。来往亲友，均非文雅，出言不近人情，岂知孝思不匮乎？嗟乎！盛衰由天，贤不肖由人。古人云：毋为亲厚者所痛，见仇者所快。其言切，其旨深。凡吾同宗敦伦重族，熟思而详审之，谅以余言为不谬云。著为略。

嘉庆三年岁次戊午孟秋既望，六十八世孙一元萃龙氏一字云溪谨著

我族间有妄争修长偾事，考核诸谱，校正原由自叙

家之有宗族，犹身之有肢体，族有长幼，犹体有上下也。虽亲疏不同，而尊卑有定，其中脉络，若纲在纲。《易》曰："同人于宗。"《诗》曰："戚戚兄弟，莫远具尔。"《礼》曰："别子为祖，继别为宗。"又曰："百世不迁之宗，有五世则迁之宗。"无不以伦道为重。我圣祖仁皇帝上谕，首敦孝悌以重人伦，次笃宗族以昭雍睦。见圣天子鼓励群伦，而于睦族之风，尤谆谆训饬，时雍之化，总不外序尊亲，定名分也。幸生当盛世，熏沐仁恩，莫要于正伦常，知莫先于修家乘。凡尊祖尽伦之义，专在辑之者任其责，长幼之序不明，则天秩有乖，不曾治丝而棼之哉。元慨然有感于敦本之道，乾隆丙戌春，省阅箧簏，自汉及宋，洎历元明，前代相继纂修至我圣朝。思赐公修石函全谱，侃臣公修道安集谱，彦彰公修顾氏家乘，西严公修雍里族谱，谷田公修横溪族谱，大有公修埭溪近谱，复贞公修西洲族谱，亮生公修奕世家乘，无念公修东墙门谱，侣鸥公修沙溪近谱，同宇公修云阳支谱，又云公修武陵小史，旭沧公修露香图谱，乐山公修大宗世谱，止齐公修鹿城世谱，迨我高祖伯熙公修三修信谱，正阳公修吴淞家乘，盖臣公修同里族谱，泾舟公修广陵家谱，谔臣公修弇山支谱，良才公修齐门家谱，先君子松舟公修汇编世谱，维中公修吴塘房谱，以及友宾公修武陵家史，历历汇参之下，标名不同，精义则一。爰携诸谱，搜罗散失，编挂各属后裔，共相考核，务求其实。是族则收，非种则锄，校辑世系，合为一帙，宗凡有五，支凡十九，统凡六十，第族盛牒繁，工费浩大，倾囊垫资，督梓雕刻，犹且不足。因族众不能同心协助，除收数十处慷慨捐项外，复典田售业，接济成功。忽被潮浸，漂失新镌，重经揭借，补刻又成，通用四千余金，非矜世沽名。孔孟云：为山止于一篑，掘井弃于九轫。盖尝日夜兢兢，望族左提右挚，仔肩共任，倍笃尊亲之谊。益兴追远之思。奈俗尚浇漓，忘本薄族，疾视尊长，全无顾忌，礼义灭，名分失，长幼之序紊，一律年相若者，呼兄称弟，尊卑可勿问矣，何庸谱也。始以不遵老谱世数为叙，徒以黔白齿年，而称忘自争长，淆乱宗祧，断不从命，继以修长之心不遂，借口不必捐助，抹别长幼，曰：吾与某若何相称，某与吾若何叙述，而女忽列吾在幼行耶，不顾受谱，无非图赖刻资。又曰：必有谱在族，岂无谱不在族乎。呼！所言悖理，若此，独不思颠倒名分，获罪祖宗，非细故也。夫武断修长修幼，总属昧良。果无老谱查阅，尤无祖先褒录记略证对，尊卑世数，妄称他支修长，将吾支修幼，凭何征信，转使班班厘整者，屈受讪言，冤抑莫诉，不平之气塞胸，亦谓之妄人而已矣。我只尽我心，难与外人言。更可噱者，一遇富豪之族，往来觌面，原依汇谱世数称呼，窥其意念，畏彼气焰，不敢肆意矜夸，

固未修长修幼明甚。适有穷陋之族，趑趄前来，诘以原系何祖，派分何代？则有色然沮曰：吾几世矣，吾长女也。呜呼！气谊汩于炎谅，长幼绌于贫富，人心尚可问哉？又专趋势利者，明知谱系世数，过于缩幼相称，卑躬折节，只图沾润，品更劣矣。乃一族之中，实有一定名分，不在年齿而在世次，传流难远，厥祖贻谋，焕若彪炳，敢相侮乎？但以财势为长幼，单寒者自甘幼行，骄傲者夸诩吾长，俱失尊卑体统，徇私妄义，其礼安在？维伦重一本，明昭穆以为祖先也，序长幼以为名分也。各敬其宗族，夫敢陷身于不义，故从老谱世数而称，接以礼，洽以情，息争结爱，敦笃无已，何恰恰如也。所见名门旧族，礼原如此，或居同里，行必后长，坐必居隅，语言逊顺，悉有贫富刚柔之形迹哉。是以修谱一事，上以纪祖宗根本之深，下注子孙枝叶之茂，至千百世，长者无从降幼，幼者无从掇长。世系蝉联，不能于其间，增二代削一世也，若是吾祖而没之，则为蔑祖。蔑祖者不仁，非吾祖而续之，则谓欺宗。欺宗者不义，在彼甘为蔑祖之人，而元胡敢为欺宗之人哉？余忆友宾公于辛未岁，重修宗谱，自汴京刺史公字仲仁讳宪者，为金人之变，扈驾南行，卜吉于崇之西沙道安乡，越三世而至庆公，生三子：长伯林、次伯善、幼伯纪。纪徙通州，善徙太仓，伯林祖居崇，越四世而生君虎、君达、君寿、君玉，分为四支，崇邑世谱，自侃臣公始，及后复贞公重加增辑伯林后四支，其余俱存大略，以俟各支自为详述者。友宾公当年止得本宗西洲族谱旧牒一部，持携查辑通族诸沙宗裔，却无历代所修各支老谱备考，将四支外别部另支后裔卤莽补辑，追录支格世系，不少四君之裔。旋后配帙，无从安放，添列假君玉公一图，一支分为两支从君玉三传，而至得琬，得琬生梦本、梦立，梦立无传，梦本生镇、铉，铉又无传，谬将别支后裔移在无传两公后，造成一谱割裂附会，致乱大宗，反不如弗修之为愈也，然则祖父子孙，一气贯注，若假冒相蒙，移花接木，虽系修谱之通弊，上负祖先，下欺子姓，余则何敢？务必核诸前谱，质诸同派，互相考究，不差毫发，方可挂辑新名字号，聘娶氏族，世次分明，既能信族人之心，复能信列祖之心，何得师心自用，致东墙门谱中，向有后嗣者，抱恨无继。西洲族谱中，向来无后者，经行窜注，使嫡派子孙，竞作无本之人，听其零落无归，可乎哉？间有自己世数不知，遗忘远祖名氏，谨记近祖讳字，报名挂八。曩时未追前谱源流世次，后遂以讹传讹，至长者颠幼，幼者颠长，谱斯紊矣。又将天佑支以后五十七世升公无本直起而下，创著一集，无异郭崇韬妄拜汾阳墓，自诬为祖宗，昧其所从出，与老谱世系殊不相符，谱又杂矣。贤智者概未受领，庸愚者执此称呼，致老谱反不足信，余甚恨之，所以扼腕兴嗟者也。我宗世居吴郡，素称巨族，谁不知家乘与国史并垂不朽，奚庸仍讹蹉谬之说哉？兹惟直笔慎修，洵为江左大名谱耳。故崇祖先，继后昆，秩宗党，别远近，定尊卑，使长幼明，昭穆序，敦彝伦已耳。无论孤寒显达，褒贬惟其人，彰瘅惟所处，宗其宗，无援他族之宗，祖其祖，无忘自出之祖，斯免不仁不义之议。后之辨名分者，对谱牒而可告祖宗在天之灵。昔修君、虎君、达君、寿君玉四支详载伯林祖颠末，原委分明，有伦有要，不牵扯华胄，不厌恶寒族，又未尝不叹友宾公之功伟也。惟其间强附新裔名号，细心对校，悉照西洲族谱、东墙门谱、大宗世谱、三修信谱，循流按源复归嫡支裔下，累累相续，根苗相济，不冒接，亦不致无传。若混辑无根者，有考从原位修入，无考则名下削除。在前长幼倒置皆归厘正，俾七十余世，明如星皎，上补前代阙略，下备后人足征，由是诸谱仍各不爽，复修之新牒，从真舍伪，亦准先世老谱，志载明晰者，辑而行之可传，永不磨矣。唯兹争长之徒，反咎修之不公，何哉？嗟乎！祖先一人之身即子孙千万亿之身也，然千万亿之身即祖先一人之身也。长者长，幼者幼，如四肢百体，各有定位焉，无一毫私意于其间。伏祈高明洞达者，翻阅全帙世系，自周末安朱公起世以来，历传继别祖元叹公，又历传至中兴祖希凭公，通至分崇分支，诸祖由高曾以及耳孙支裔联属，所云序尊亲者在是，定名分者端在是矣。凡我同族，化贫富刚柔之见，循尊卑长幼之分，毋争长以滋陋习，毋吝财以偾厥事，则上体圣世睦族之道，下笃我宗一本之谊，厚德之风基之矣。呜呼！谱之难修，修之难成，非谱之难，要自周而数之，世系中绝者，再乃更历三千余岁世，守勿替，无舛讹，无遗缺，无附会，斯为难耳。余之半生精力，资产费尽，皆为此也，敢言苦瘁哉？距前继志汇修迄今，三十余载矣，奔驰不暇。自念七十六龄，殆后枝愈蕃，责愈巨，势有不能而再辑者。时在祖训所云三十年一修之制，庶无断续，爰率嗣男继修，使奕叶详明，嫡庶咸登，非说难冒，至世远年久，自己不能通其由来，在辑之者，又何能寻枝编入耶？须当谨遵祖训，凡系新添世次，按系可稽，或易里居，循途可询，嫡派不致遗漏，伪族无从冒窜。于卦辑编次，虽能洞悉，而素性愚讷，尚少应酬法度，偕族贤能，其任协修，务宜忠实精核，慎毋轻心造次，勿可舍己从人，不考源流卦辑，恐是谱中有不应入者以利入，有不应去者以无利去。苟且办理，纂赝遗正，遂至支格混淆。乌乎！非义之财亦取，不仁之事亦为，徒为有识者讪笑。一谱之修，近于史，矧可无美者为美，不长者为长耶？陨声闻而骗族人，种种庸恶，即为不肖子孙矣。而凡属我宗有能胜谱之任者，我爱之慕之，更望嗣男洁身自好，尤恤廉耻，仍依汇谱续修，矢公矢慎，毋废毋侈，复航海，历崎岖，不辞跋涉，编查各郡分支世系，远绍旁搜，始终无间。尚于谱图中严加一番考订，毋使失坠。修录一帙，照前翻刻，广布通族。此一片仁孝之意长垂于后，祈共鉴云。援笔书之，为叙。

嘉庆五年岁次庚申季夏谷旦
六十八世孙一元萃龙氏字云溪谨叙

一、祠内中堂正□□□始祖，继别之祖，中兴之祖，分宗之祖，分支之祖，□□□□□照依昭穆，排列于右。至后死者，仅主入祠，照支□□各支子孙到祠行礼，永以为例。

一、祖先后嗣，难主设供，排列上下肩，序行次长幼，不论卒年前后。长供于上，幼供于下，俱按昭穆为序。

一、元旦黎明，合族子孙各持香烛到祠拜谒，凡遇朔望，亦不可废。或有子孙久不至者，即为不孝。若乡城遥隔，不能数至，及元旦又不能到祠，或正月望月日，或二月朔日，补至可也。既以展孝，亦以会族。

一、凡遇祭祀，须各亲自赴祠，应前三日不饮酒，不茹荤，独寝别室，取其诚意，不得委之幼辈。

一、传知祀祖日期，合族子孙，应于辰巳二时到祠承祭，不得过午。主祭者，须前一日，预办祭物。

一、同姓有未入谱者，生则不许进祠致祭，亡则不许在祠设位。盖谱上无名，则难分世次，径行附合，则混淆宗祧，慎毋谓荣宗耀祖，不妨曲狥其情也。

一、族人或有品行不端，玷辱祖先者，族长祭主，鸣鼓攻之，不许入祠行礼以儆族人。

一、祠中春秋祭祀，香烛锭帛，以及祝文，其正中位前，猪羊一副，糕果香案，每橱位前设祭一桌，每桌果品五盆，荤菜六碗，蔬菜六碗，点心二碗，酒饭茶，凡祭费，视租所收多寡酌办，总以丰俭适宜，精洁为主。

一、每年租税，除完钱粮，祭费修祠外，其余即以置田为主。或一时无田可置，公议贮于正直族人，止取一分之息，多则难理。所贮之银即置祭田，不得久贮延宕，以起弊端。

一、祠中出入银钱，公举贤智经管，倘有侵蚀，不容经手，另行再举。若揭借者，致有拖欠，亦经手人之责也。

一、祠宇五年一修，不致损坏，祭器什物，年年增添，轮用不缺。

一、祠田须垂永久，若有不肖盗卖，应合族理论，鸣官抵赎可也。

一、祠中祭器什物，须逐项开明，登记账目，不可容情启端借用。

一、祠中祀先系追远，睦族之所，宜肃敬和雍者，若因酒后撒泼，或因夙嫌争闹，大为得罪祖宗。我族如有犯者，轻则责罚，重则鸣官。

一、祠有未置祀田者，设立章程，无论成丁未成丁，赴祠者，至于春秋助祭，量力捐资，十年为则，通族遵依。如有推诿，即为不义。公同议罚，罚后仍照前捐，始终如一。即捐助祭钱，一半营办祭物，一半以作积置祭田，其堆积之钱，公贮某典起息。至第十一年，即将典中本利，置买祭田。倘或所贮不敷，再冀富余宗族，量力捐助，以成美举耳。

【注】《顾氏汇集宗谱》，顾肇远纂修，同治十年(1871)玉山堂刻本。谱称为顾野王之后，一支于南宋建炎间避兵迁崇明西沙，一支于元至正间迁至崇明东沙，是为二支汇谱。

后　记

　　本书在编纂过程中,我的研究生刘雨佳进行了资料收集工作,上海师范大学的国子敬、胡琼、杨艺、司梦萦、黄思航诸位同学进行了文字输入,上海社会科学院图书馆高明、刘海琴也同样付出了辛勤的努力。上海社会科学院出版社的章斯睿编辑仔细审阅了全稿,使书稿质量有所提高,在此一并表示感谢。在查阅资料过程中,得到了上海图书馆、常州家谱馆朱炳国先生等的支持;在收集资料和出版过程中,得到了上海市哲学社会科学规划江南文化研究系列课题基金和上海社会科学院创新工程"特色人才"的资助,在此也同样致以衷心的谢意。本次编纂正值新冠肺炎疫情,收集整理资料受到了诸多限制,再加上整理者水平有限,遗漏、缺失所在多有,只能有待日后补充修订,更祈相关专家和读者予以指正。

叶　舟
2020年冬月于沪上

图书在版编目(CIP)数据

上海地区家风家训文献汇编 / 叶舟主编. — 上海：上海社会科学院出版社，2021
 ISBN 978-7-5520-3608-4

Ⅰ.①上… Ⅱ.①叶… Ⅲ.①家庭道德—文献—上海—汇编 Ⅳ.①B823.1

中国版本图书馆 CIP 数据核字(2021)第 122919 号

上海地区家风家训文献汇编

叶 舟 主编
责任编辑：章斯睿
封面设计：裘幼华
出版发行：上海社会科学院出版社
 上海顺昌路 622 号 邮编 200025
 电话总机 021-63315947 销售热线 021-53063735
 http://www.sassp.cn E-mail:sassp@sassp.cn
排　版：南京展望文化发展有限公司
印　刷：江苏凤凰数码印务有限公司
开　本：710 毫米×1010 毫米 1/16
印　张：26.5
字　数：486 千
版　次：2021 年 11 月第 1 版　2021 年 11 月第 1 次印刷

ISBN 978-7-5520-3608-4/D·621　　　定价：88.00 元

版权所有　翻印必究